人工智能教育丛书

图像模式识别

张善文　张传雷　迟玉红　郭　竞　编著

西安电子科技大学出版社

内 容 简 介

本书系统地介绍了图像模式识别的基本概念和常用方法，内容包括图像模式识别基础、图像预处理、图像的不变性特征提取、聚类分析、图像分割、特征提取与选择、分类器和图像数据维数约简等，给出了大部分方法的实现步骤和 MATLAB 仿真结果，各章还给出了典型方法的实际应用，并覆盖了部分当前研究前沿。全书内容安排力求系统性、可操作性和实用性。

本书可以作为高等院校自动化、计算机科学与技术、信息与通信系统、电子和通信、智能机器人学、工业自动化、模式识别等相关专业高年级本科生和一年级研究生的教材，也可作为计算机视角、计算机信息处理、图像处理、生物信息学、数据挖掘等领域从事模式识别相关工作的广大工程科技人员的参考用书。

图书在版编目(CIP)数据

图像模式识别/张善文等编著. —西安：西安电子科技大学出版社，2020.5
ISBN 978-7-5606-5588-8

Ⅰ.① 图… Ⅱ.① 张… Ⅲ.① 图象识别—模式识别—高等学校—教材
Ⅳ.① TP391.413

中国版本图书馆 CIP 数据核字(2020)第 022656 号

策划编辑 戚文艳
责任编辑 姚智颖 雷鸿俊
出版发行 西安电子科技大学出版社(西安市太白南路 2 号)
电　　话 (029)88242885 88201467　　邮　　编 710071
网　　址 www.xduph.com　　电子邮箱 xdupfxb001@163.com
经　　销 新华书店
印刷单位 陕西天意印务有限责任公司
版　　次 2020 年 5 月第 1 版 2020 年 5 月第 1 次印刷
开　　本 787 毫米×960 毫米 1/16 印张 19.5
字　　数 403千字
印　　数 1～3000 册
定　　价 46.00 元
ISBN 978-7-5606-5588-8/TP
XDUP 5890001-1

前　言

模式识别始于20世纪60年代初，是在信号处理、人工智能、控制论、计算机技术等学科基础上发展出的一门学科，是控制科学与工程中的一门理论与实际紧密结合、具有广泛应用价值的重要学科。随着计算机软硬件和人工智能的不断发展，模式识别技术得到了飞速发展，由传统的统计模式识别发展为模糊模式识别，主要处理对象也转化为图像，即图像模式识别。图像模式识别对表征事物或现象的各种形式的图像进行分析、处理和应用，从而达到对事物或现象进行描述、辨认、分类和解释的目的。图像模式识别广泛应用于机器识别、计算机识别和机器自动识别，其目的在于让机器和计算机自动识别事物，其研究内容是利用计算机对客观物体进行分类，在错误概率最小的条件下，使识别的结果尽量与客观事物相符。图像模式识别与数学、统计学、心理学、语言学、计算机科学、生物学、控制论等学科相互联系，与图像处理和数据挖掘等研究有交叉关系，其应用遍及人类社会和科学研究的各个领域。图像模式识别与人工智能、机器学习关系密不可分。自适应或自组织的模式识别系统都包含了人工智能的学习机制，同时人工智能研究内容也包含模式识别问题。图像模式识别技术是人工智能的重要组成部分。在智能化、信息化、大数据与云计算、网络化的时代，作为人工智能技术基础学科的图像模式识别技术获得了巨大的发展空间。

图像是人类获取和交换信息的主要来源，图像处理的应用领域必然涉及人类生活和工作的方方面面。随着人类活动范围的不断扩大，以及计算机和人工智能技术的不断发展，图像模式识别在图像数据挖掘中的应用日益广泛。图像模式识别已成为图像检测、分类与识别领域的研究方向。由于现代生活和科学研究中用于图像处理的模式识别方法很多，而且涉及的学科和应用领域很广泛，所以模式识别课程的研究内容也发生了较大变化，一些经典教材有些地方已不太适应模式识别的需要。本书结合当前社会需求，精简传统内容，充实图像处理新内容，进一步增强图像处理的实用性，以数学方法、计算机和MATLAB为主要工具，系统介绍图像模式识别的基本方法及其应用。本书的编写兼顾广大本科生学习的特点和本专业研究生的需求，力求使本专业学生能以本书作为其专业研究的重要起点，又使得非本专业学生通过本书能学到足够系统的基本知识。

本书包含了很多专家、老师和学者提出的模式识别方法，在此表示衷心感谢。由于编者水平有限，书中难免有疏漏或不足之处，敬请广大同行和读者批评指正，以便在再版时补充和修改。

本书得到了西京学院研究生教材建设项目的资助。

编著者

2020 年 1 月

目　　录

第 1 章　图像模式识别基础

模式识别是信息科学和人工智能的重要组成部分，是利用计算机实现人对客观事物的分类与识别能力的学科。本章介绍模式识别涉及的基本概念和知识。

1.1 基本概念

样本： 指具有某种特定性质的观察对象，是一个具体的研究(客观)对象，如某人的掌纹图像、某人写的一个汉字、某人制作的一幅图片等。

模式： 表示一类事物的统称。例如，印刷体 A 与手写体 A 属于同一模式，B 与 A 则属于不同模式，而每一个具体的字母 A 和 B 是它的模式的具体体现，即样本。一个人的许多照片是这个人的多个样本，而这个人本身是一个模式。模式具有可观察性、可区分性、相似性等直观特性。

模式与样本概念共同使用时，样本是具体的事物，是被分类或识别的模式的具体个体，而模式是对同一类事物概念性的概括。模式指的不是事物本身，而是从事物获得的信息，因此，模式往往表现为具有时间和空间分布的信息。模式可分成抽象和具体两种形式。前者属于概念识别研究的范畴，如意识、思想、议论等，是人工智能的一个研究分支。模式识别学科中所指的模式识别主要是对语音波形、地震波、心电图、脑电图、图片、文字、符号、三位物体和景物以及各种可以用物理、化学、生物传感器对对象进行测量的具体模式进行分类和辨识。

特征： 也称为属性，是人们对客体(研究对象)特征的定量或结构的描述，是来自客观世界的某一样本的测量值的集合。特征由样本的原始数据提取。如果样本有多个特征，则可以组合成特征向量。样本的特征构成了样本特征空间，空间的维数就是特征的个数，每一个样本就是特征空间中的一个点。特征用来体现类别之间相互区别的某个或某些数学测度，测度的值称为特征值。人类在识别和分辨事物时，往往是在先验知识和以往对此类事物的多个具体实例观察基础上产生对整体性质和特征的认识。其实，每一种外界事物都可以看作一种模式，人们对外界事物的识别，很大部分是通过把事物进行分类来完成的。

已知样本： 已经事先知道类别的样本。

未知样本： 类别标签未知但特征已知的样本。

样本集： 若干样本的集合，统计学中的样本即为样本集。

特征空间：由所有特征值为变量轴所形成的欧氏空间。

特征向量：以所有特征值为其分量的向量。对一个具体事物(样本)往往可用其多个属性来描述，因此，描述该事物用了多个特征，将这些特征有序地排列起来，如一个桌子的长、宽、高三种属性的度量值有序地排列起来，就成为一个向量。这种向量称为特征向量，每个属性称为它的一个分量，或一个元素。

向量维数：一个向量具有的分量数目，如向量 $\boldsymbol{X}=(x_1, x_2, x_3)$，则该向量的维数为3。

特征提取：把高维特征空间变换为低维空间的过程，并且尽可能地保持样本之间的“距离”信息。其可描述为：已知 N 个数据对象和它们的高维特征信息(D 维)，求出用 $d(d \ll D)$ 维特征来表示的 N 个数据对象，要求尽可能地保持数据对象之间的距离，从而能够保持它们的特性。由于有些物理特征对于分类并无多大意义，所以需要依据各种判决准则来提取对分类最有明显效果的特征，从而实现高维数据空间到低维特征空间的映射，使用物体的部分特征来实现分类就是特征提取的主要工作。目前，由于机器学习与数据挖掘等领域的广泛需求，新的特征提取方法不断涌现。

特征选择：特征选择与特征提取关系紧密而又有区别。从样本数据集中提取特征集后，一般还不能进行分类识别，因为此特征集一般比较大，需要进一步进行特征选择。特征选择方法是指直接从得到的特征集中选择一个最相关的特征子集。这个子集应该具有比原有特征集更好或相同的分类功能，不存在映射变换等问题。与特征提取方法不同的是把维数约简得到的特征加工变换到低维的新特征空间，新提取的特征通常是原始特征的线性组合。为此，有两个问题需要解决：① 确定选择的标准，需要选出的是某一可分性达到最大的那组特征；② 要找到一个好的算法，使运行时间符合人们的要求。

从 M 个特征中挑选出 m 个特征，理论上用穷举法可以达到目的，而实际中可能因为计算量太大而无法实现。因此，现在人们都用次优搜索算法，做到运算效果和运算量的一个折中。一般用“自下而上”和“自上而下”两种方法选择最优特征组。“自下而上”方法是从零个特征开始，将对分类作用大的特征选出，逐步增加至 m 个。“自上而下”方法是从整个特征集中逐步删除对分类作用小的特征，直至减少至 m 个。

类或类别：具有相同模式的样本集，该样本集是全体样本的子集。通常用 X_1、X_2 等来表示类别，两类问题中也会用$\{0, 1\}$或$\{-1, 1\}$。

特征空间：一种事物的每个属性值都是在一定范围内变化的，比如桌子高度一般在0.5米到1.5米范围内变化，宽度在0.6米到1.5米范围内变化，长度在1米到3米范围内变化，则由这三个范围限定的一个三维空间就是桌子的特征空间。所讨论问题的特征向量可能取值范围的全体就是特征空间。

模式类：具有某些共同特性的模式的集合。模式类与模式联合使用时，模式表示具体的事物，而模式类则是对这一类事物的概念性描述。

模式识别定义1：确定一个样本的类别属性(模式类)的过程，即把某一样本归属于多个类型中的某个类型，是对表征事物或现象的各种形式的(数值的、文字的和逻辑关系的)信息进行处理和分析，以对事物或现象进行描述、辨认、分类和解释的过程，是信息科学和人工智能的重要组成部分。

模式识别定义 2：“模式是指存在于时间和空间中具有可观察性、可度量性和可区分性的信息；模式识别是对模式进行分析与处理，进而实现描述、辨识、分类与解释。”(谭铁牛院士在中国科学院学部“科学与技术前沿论坛”上的报告《生物启发的模式识别》，2017.5.16。)

模式识别的研究目的：利用计算机对物理对象进行分类，在错误概率最小的条件下，使识别的结果尽量与客观物体相符合。

分类器：用来识别具体事物的类别的系统称为分类器。

模式识别系统：用来实现对所见事物(样本)确定其类别的系统。一个完整的模式识别系统基本上是由四个部分组成的，即数据采集、数据预处理、数据处理和分类决策或模型匹配，如图 1.1 所示。

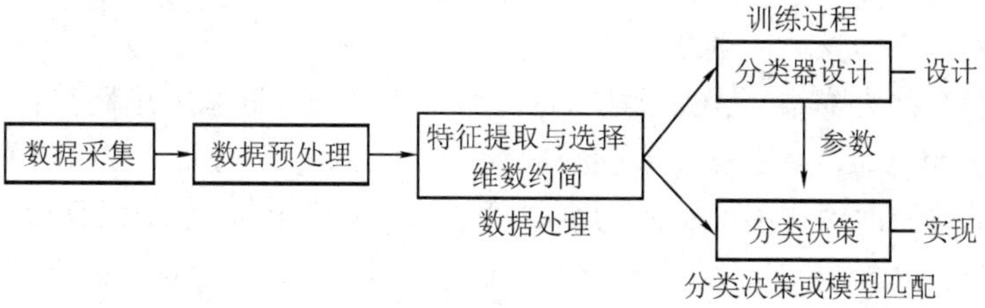

图 1.1　模式识别系统流程图

模式识别系统广泛应用在语音识别、指纹识别、数字水印等领域。在设计模式识别系统时，需要注意模式类的定义、应用场合、模式表示、特征提取和选择、聚类分析、分类器的设计和学习、训练和测试样本的选取、性能评价等。针对不同的应用目的，模式识别系统四个部分的内容可以有很大的差异，特别是在数据处理和分类决策这两部分，为了提高识别结果的可靠性往往需要加入知识库(规则)以对可能产生的错误进行修正，或通过引入限制条件缩小识别模式在模型库中的搜索空间，以减少匹配计算量。

数据采集(获取)：利用各种传感器把被研究对象的各种信息转换为计算机可以接受的数值或符号串集合，对应于外界物理空间向模式空间的转换。习惯上，称这种数值或符号串所组成的空间为模式空间。这一步的关键是传感器的选取。为了从这些数字或符号串中抽取出对识别有效的信息，必须进行数据处理，包括数字滤波和特征提取。

图像处理：图像处理包括图像预处理、滤波、增强、特征提取与选择和维数约简等过程，目的是消除输入图像中的噪声，排除不相干的信息，保留与被研究对象的性质和采用的识别方法密切相关的特征，如表征物体的形状、周长、面积等。例如，在指纹识别时，指纹扫描设备采用合适的滤波算法(如方向滤波、二值滤波等)过滤指纹图像中不必要的部分。原始数据在收集过程中往往由于气候、温度、光照和人工因素等影响含有很多噪声。由于这些噪声的干扰，原始数据不能被正确地认识和利用；另外通过数据获取设备得到的数据也可能夹杂着一些无用的信息，比如对植物叶片进行分类的过程中所获得的目标叶片图像可能存在于很复杂的背景中，从这些复杂背景中分割出叶片图像并且去掉与叶片识别无关的背景图像就是一个必需的数据预处理过程。所以，在数据处理前，需要对数据进行预处理。

特征提取：将原始特征转换为一组具有明显物理意义(如 Gabor、几何特征角点、几何不变量、LBP 特征和 HOG 纹理)或统计意义的特征。实际图像是由一系列像素点构成的，这些像素点本身无法被模式识别算法直接使用，但是若将这些像素点转化成矩阵的形式，即数值特征，则模式识别算法就可使用。

特征选择：从特征集合中挑选一组最具统计意义的特征，其目的是去掉无关特征，保留相关特征，即从所有的特征中选择一个最好的特征子集。

特征提取与选择是重要的数据处理过程，处于对象数据采集和分类识别两个环节之间，是模式识别研究的核心问题之一。

维数约简：又称为降维，是机器学习的一种必要手段，其基本思路是：将原始高维特征空间里的点向一个低维空间投影，新的空间维度低于原特征空间。若图像数据库 X 属于 n 维空间，通过维数约简算法将原空间的维数降至 m 维，要求 $m \ll n$，而且 m 维空间的特性能反映原空间数据的特征。

维数约简是机器学习领域中一个重要的研究方向。近年来，由于高维海量不可控数据的现状，维数约简算法又一次成为人们关注的焦点。图像维数约简的方法可以分为两大类，即线性维数约简和非线性维数约简，而非线性维数约简又可分为基于核函数的方法和基于特征值的方法。线性维数约简的方法主要有主成分分析(PCA)、独立成分分析(ICA)、线性判别分析(LDA)、局部特征分析(LFA)等。基于核函数的非线性维数约简方法有基于核函数的主成分分析(KPCA)、基于核函数的独立成分分析(KICA)、基于核函数的决策分析(KDA)等。

面对日益增长的海量数据，人们越来越多地依赖计算机智能化地从图像中得到问题解决所需要的有用信息。作为智能化图像处理的重要手段，维数约简算法和技术不仅能够有效减低图像检测、识别等过程的计算复杂度，而且能够显著提高识别结果的准确性和有效性。维数约简算法广泛应用于图像模式识别和计算机视觉领域，其中基于维数约简的特征提取已成为解决诸多相关问题的关键因素。尽管关于维数约简的研究已取得丰富的成果，但当前数据呈现出的高维数和多模态特点带来了新的挑战。在人脸图像识别、视频序列分析、文本与图像检索等实际应用需求下，维数约简技术通过对现有方法进行完善或探索新的理论方法获得了进一步的发展。

特征提取、选择与维数约简的过程都是从原始数据中减少数据存储、降低输入数据维数，减少冗余，寻找更有意义的潜在的变量，有助于对数据进行更深入理解，了解数据的结构和发布，以便计算机处理。它们都从预处理后的数据中衍生出有用的信息，以降低后续分类、识别等过程的难度。它们通常都是在满足某种约束条件的基础上实现目标优化，通过相应的变换将高维数据映射到低维空间中，从而获得一个关于原数据集内在特征的紧致低维表示，以便能更好地理解和分析数据。对于分类器的设计及其性能来说，它们起着决定性的作用，它们的优劣直接影响着分类器的性能。模式识别的主要目的是将高维数据进行维数约简处理，其基本任务就是研究如何从高维或众多特征中挖掘出那些对分类识别最有效的特征，从而实现特征空间维数的压缩。

在实际中，现代化生产和科学研究中得到的数据往往是海量的、高维的复杂数据，如金融数据、生物基因表达数据、图像数据等。在计算机中，人们用多变量组成的向量数据来表示这些内容，变量越多，维数越高。随着数据维数的不断增大，一方面数据所提供有关客观现象的信息更加丰富、细致；但另一方面数据维数的大幅度增大会给随后的数据处理工作带来巨大的困难，出现“维数灾难”问题，导致不能直接对高维数据进行分析和处理。而且在众多特征之间，可能存在大量的相关性和冗余性，也会影响分类识别。所以必须对高维数据进行维数约简。维数约简、特征提取与选择是克服“维数灾难”的数据处理技术和有效手段。

分类决策或模型匹配：根据一个事物(样本)的属性确定其类别，称为分类决策(或模型匹配)。基于数据处理生成模式特征空间，人们就可以进行模式分类或模型匹配。该阶段的输出结果可能是对象所属的类型，也可能是模型数据库中与对象最相似的模式编号。

模式识别系统的主要环节：包括特征提取(符号表示，如长度、波形等)、特征选择(选择有代表性的特征能够正确分类)、学习和训练(利用已知样本建立分类和识别规则)、分类识别(对所获样本按已建立的分类规则进行分类识别)。

两种用于数据维数约简的基本策略：① 从有关变量中消除无关、弱相关和冗余的维，寻找一个变量子集来构建模型，在所有特征中选择代表性的最优特征，称为特征选择；② 特征提取，通过对原始特征进行某种操作获取有意义的投影，即把 n 个原始变量变换为 m 个变量，在 m 个变量上进行后续操作。

分类决策方法：对一事物进行分类决策所用的具体方法，例如决策树、贝叶斯、人工神经网络、K-近邻、支持向量机和基于关联规则等。

训练：对分类器或分类器设计提供一批类别已知的样本(统计学概念)，使之可以确定适当的待分类别、待分类别个数、分类决策规则，以及估算错误分类的概率，从而形成可以对未知样本进行分类的分类器。这些类别已知的样本称为训练样本，否则称为未知样本或待分类样本(即识别对象)。

学习：学习过程有时指训练过程，但两者的含义和出发点有所不同，即训练是被动的，学习是主动的。

训练(样本)集：在训练过程中使用的样本集，该样本集中的每个样本的类别已知。例如，训练一个男女分类系统的训练集，应包含一个男生集和一个女生集，这两个集合中每个成员的性别是已知的。模式分类或描述通常是基于已经得到分类或描述的模式集合而进行的。人们称这个模式集合为训练集，由此产生的学习策略称为监督学习。学习也可以是非监督性学习，在此意义下产生的系统不需要提供模式类的先验知识，而是基于模式的统计规律或模式的相似性学习判断模式的类别。

先验概率：根据大量统计确定某类事物出现的比例，如我国理工科大学男女生比例大约为8∶2，则在这类学校一个学生是男生的先验概率为0.8，而为女生的概率是0.2，这两类概率是互相制约的，因为这两个概率应满足总和为1的约束。

后验概率：一个具体事物属于某种类别的概率，例如一个学生用特征向量 $\boldsymbol{X}$ 表示，它是男性或女性的概率表示成 P(男生｜$\boldsymbol{X}$) 和 P(女生｜$\boldsymbol{X}$)，这就是后验概率。由于一个学生只可能为两个性别之一，因此有 P(男生｜$\boldsymbol{X}$) + P(女生｜$\boldsymbol{X}$) = 1 的约束，这一点是与类分布密度函数不同的。后验概率与先验概率也不同，后验概率涉及一个具体事物，而先验概率是泛指一类事物，因此 P(男生｜$\boldsymbol{X}$) 和 P(男生) 是两个不同的概念。

判别函数：是一组与各类别有关的函数，对每一个样本可以计算出这组函数的所有函数值，然后依据这些函数值的极值(极大或极小)做分类决策。例如，基于最小错误率的贝叶斯决策的判别函数就是样本的每类后验概率，基于最小风险的贝叶斯决策中的判别函数是该样本对每个决策的期望风险。

决策域与决策面：根据判别函数组中哪一个判别函数值为极值的准则可将特征空间划分成不同的区域，称为决策域，相邻决策域的边界是决策分界面或称决策面。例如，两类问题的基于最小错误率的贝叶斯决策将整个特征空间划分成两个决策域，在同一个决策域中的每一点由同一类的后验概率占主导地位。

模式识别分类算法评估的三个标准：假设TP为将正类预测为正类数，FN为将正类预测为负类数，FP为将负类预测为正类数，TN为将负类预测为负类数，则

- 精准率：$P = \mathrm{TP} / (\mathrm{TP} + \mathrm{FP})$；
- 召回率：$R = \mathrm{TP} / (\mathrm{TP} + \mathrm{FN})$；
- F_1 值：$F_1 = 2PR / (P + R)$。

二类分类问题常用的评价指标为精准率与召回率。精准率、召回率和 F_1 取值都在0和1之间，若精准率和召回率高，则 F_1 值也会高。例如，假设一共有10篇文章，其中4篇是需要寻找的。根据某个算法找到其中5篇，但是实际上在这5篇里面只有3篇是真正要找的。那么这个算法的精准率是3/5=60%，召回率是3/4=75%，即该算法找到了3篇正确文章，有1篇是未寻找到的。

注：在信息检索领域，精确率和召回率又被称为查准率和查全率：

查准率=检索出的相关信息量 / 检索出的信息总量；

查全率=检索出的相关信息量 / 系统中的相关信息总量。

模式识别与人工智能、图像处理的研究有交叉关系。自适应或自组织的模式识别系统

包含了人工智能的学习机制；人工智能研究的景物理解、自然语言理解包含了模式识别问题。模式识别中的预处理和特征抽取环节过程中应用图像处理的技术；图像处理中的图像分析也应用了模式识别的技术。

1.2　模式识别分支

模式识别可以划分为统计模式识别、结构模式识别、模糊模式识别、神经网络模式识别和图像模式识别等。从研究方法上看，传统模式识别又可分为统计模式识别和句法模式识别。目前，模式识别与其他学科相互渗透，出现了诸如神经网络模式识别、遗传算法、支持向量机(SVM)等新方法或分支。

1. 统计模式识别

统计模式识别方法是受数学中的决策理论的启发而产生的一类基本的模式识别方法，其理论依据是贝叶斯理论。该类方法结合统计概率论的贝叶斯决策系统进行模式识别，又称为决策理论识别方法。它一般假定被识别的对象或提取的特征向量是符合一定分布规律的随机变量。其基本思想是对被研究图像进行大量统计分析，找出规律性的认识，并选取出反映图像本质的特征进行分类识别。统计模式识别中应用的统计决策分类理论相对比较成熟，研究的重点是特征提取。

统计模式识别过程主要由四个部分组成：信息获取、预处理、特征提取和选择及构造分类器。根据待识别对象所包含的原始数据信息，从中提取出若干能够反映该类对象某方面性质的相应特征参数，并根据识别的实际需要从中选择一些参数的组合作为一个特征向量，根据某种相似性测度，设计一个能够对该向量组所表示的模式进行区分的分类器，就可把特征向量相似的对象分为一类。构造分类器即设计对特征向量进行区分的分类器，由设计好的分类器进行最终的分类决策。特征提取占有重要的地位，但尚无通用的理论指导，只能通过分析具体识别对象决定选取何种特征。特征提取后可进行分类，即从特征空间再映射到决策空间。为此引入判别函数，由特征向量计算出相应于各类别的判别函数值，通过判别函数值实行分类。

统计模式识别的数学描述：相似的样本在模式空间中互相接近，并形成“类”。其分析方法是根据模式所测得的特征向量 $\boldsymbol{X}_i=(x_{i1}, x_{i2}, \cdots, x_{id})^{\mathrm{T}}$，$i=1, 2, \cdots, N$，将一个给定的模式归入 C 个类 $c_1, c_2, \cdots, c_C$ 中，然后根据模式之间的距离或相似性函数来判别分类。其中，T 表示转置；N 为样本点数；d 为样本特征数。

统计模式识别系统过程为：利用给定的有限数量样本集，在已知研究对象统计模型或已知判别函数类条件下，根据一定的准则通过学习算法把 d 维特征空间划分为 C 个区域，每一个区域对应一个类别。由识别系统判断被识别的对象落入哪一个区域，确定出它所属的类别。该过程可分为训练和分类两种运行模式。训练模式中，预处理模块负责将感兴趣的特征从背景中分割出来，去除噪声以及进行其他操作；特征选取模块主要负责找到合适的特征来表示输入模式；分类器负责训练分割特征空间。在分类模式中，被训练好的分类器将输入模式根据测量的特征分配到某个指定的类。训练过程可分为指导性训练和非指导性训练。非指导性训练一般对于数据的已知信息很少，如远程的空间遥感应用。另一种分类方法基于决策边界是直接获得还是间接获得，前者一般在几何空间即可完成。无论采用哪种方法，训练集非常关键，只有训练的数据量足够大且足够典型，才能保证算法的可靠性。训练集中训练样本的个数应该10倍于特性数据维数；相对于训练样本，分类器的未知参数不能过多，不能出现过度训练的问题。

统计模式识别的主要方法有判别函数法、近邻分类法、非线性映射法、特征分析法和主因子分析法等。

2. 结构模式识别

结构模式识别又称句法方法或语言学方法，其基本思想是把一个模式描述为较简单的子模式的组合，子模式又可描述为更简单的子模式的组合，最终得到一个树形的结构描述，在底层的最简单的子模式称为模式基元。选取基元的问题相当于在决策理论方法中选取特征的问题，通常要求所选的基元能对模式提供一个紧凑的反映其结构关系的描述，又要易于用非句法方法加以抽取。所以，基元本身不应该含有重要的结构信息。模式以一组基元和它们的组合关系来描述，称为模式描述语句，相当于在语言中句子和短语用词组合，词用字符组合。基元组合成模式的规则，由所谓语法来指定。一旦基元被鉴别，识别过程可通过句法分析进行，即分析给定的模式语句是否符合指定的语法，满足某类语法的即被分入该类。简言之，该方法通过考虑识别对象的各部分之间的联系，计算一个匹配程度值来评估一个未知对象或未知对象的某些部分与某种典型模式的关系如何。当成功地制定出了一组可以描述对象部分之间关系的规则后，应用一种特殊句法模式来检查一个模式基元的序列是否遵守某种规则，即句法规则或语法。

对于比较复杂的模式，采用统计模式识别方法所面临的一个困难就是特征提取，它所要求的特征量十分巨大，把它作为一个整体进行分类是相当困难的。因此，可以把它分解为若干较简单的且更容易区分的子模式。若得到的子模式仍有识别难度，则继续对其进行分解，直到最终得到的子模式具有容易表示且容易被识别的结构为止。通过这些子模式就可以复原最初比较复杂的模式结构，这些最终的子模式通常被称为模式基元；然后，通过对基元的识别来识别子模式，最终达到识别模式的目标。正如英文句子由一些短语构成，短语又由单词构成，单词又由字母构成一样。用一组模式基元和它们的组成来描述模式的结构的语言，称为模式描述语言。支配基元组成模式的规则称为文法。当每个基元被识别后，利用句法分析就可以作出整个的模式识别，即以这个句子是否符合某特定文法，以判别它是否属于某一类别。

一个结构模式识别系统由三部分组成：预处理、基元提取、句法分析和文法推断等。由预处理分割的模式，经基元提取形成描述模式的基元串(即字符串)。句法分析根据文法推理所推断的文法，判决有序字符串所描述的模式类别，得到判决结果，问题在于句法分析所依据的文法。不同的模式类对应着不同的文法，描述不同的目标。为了得到与模式类相适应的文法，需要类似于统计模式识别的训练过程，必须事先采集足够多的训练样本，经基元提取，把相应的文法推断出来。所以，这种方法实际应用还有一定的困难。

结构模式识别方法的主要优点是对字体变化的适应性强、区分相似字能力强；缺点是抗干扰能力差(如从汉字图像中精确地抽取基元、轮廓、特征点比较困难)、匹配过程复杂。若采用汉字轮廓结构信息作为特征，则需要进行松弛迭代匹配，耗时太长，而对于笔画较为模糊的汉字图像，抽取轮廓会遇到极大的麻烦；若抽取汉字图像中关键特征点来描述汉字，则特征点的抽取易受噪声点、笔画的粘连与断裂等影响。总之，单纯采用结构模式识别方法的印刷体汉字识别系统的识别率较低。

3. 模糊模式识别

模糊模式识别是在模式识别中引入模糊数学方法，用模糊技术来设计机器识别系统，可简化识别系统的结构，更广泛、更深入地模拟人脑的思维过程，从而对客观事物进行更为有效的分类与识别。该方法是对传统模式识别方法(即统计方法和结构方法)的补充，能对模糊事物进行识别和判断，它的理论基础是模糊数学。不少学者试图运用模糊数学的方法来解决模式识别问题，形成一个专门的研究领域——模糊模式识别。

模糊模式识别的理论基础是 20 世纪 60 年代诞生的模糊数学。模糊集理论认为模糊集合中的一个元素可以不是百分之百确定地属于该集合，而是以一定的比例属于该集合，不像传统集合理论中某元素要么属于要么不属于该集合的定义方式，更符合现实中许多模糊的实际问题，描述起来更加简单合理。在用机器模拟人类智能时模糊数学就可更好地描述现实当中具有模糊性的问题，进而更好地进行处理。模糊模式识别以模糊集理论为基础，根据一定的判定要求建立合适的隶属度函数来对识别对象进行分类。

由于模糊模式识别能够很好地解决现实当中许多具有模糊性的概念，因为成为了一种重要的模式识别方法。它根据人对事物识别的思维逻辑，结合人类大脑识别事物的特点，将计算机中常用的二值逻辑转向连续逻辑。在图像识别领域应用时，该方法可以简化图像识别系统，并具有实用、可靠等特点。在进行模糊识别时，也需要建立一个类似于统计模式识别的识别系统，需要对实际的识别对象的特征参数按照一定的比例进行分类，这些比例往往是根据人的经验作为参考值，只要符合认可的经验认识即可。建立相应的能够处理模糊性问题的分类器对不同类别的特征向量进行判别。比较成熟的理论和方法有最大隶属原则、基于模糊等价关系的模式分类、基于模糊相似关系的模式分类和模糊聚类，其中模糊聚类方法的研究和应用尤为成功和广泛。目前，模糊模式识别方法已广泛应用于图形识别、染色体和白血球识别、图像目标的形状分析、手写体文字识别等，但其中也遇到不少困难，一个典型的例子就是隶属函数的确定往往带有经验色彩。应用模糊方法进行图像识别的关键是确定某一类别的隶属函数，而各类的统计指标则要由样本像素的灰度值和样本像素的隶属函数的值即隶属度来决定。隶属度表示对象隶属某一类的程度。

4. 神经网络模式识别

神经网络是通过模仿生物神经网络的行为特征进行分布式并行信息处理的数学模型。这种网络依靠系统的复杂度，通过调整内部大量节点之间相互连接的关系，从而达到信息处理的目的。神经网络具有自学习和自适应的能力，可以通过预先提供的一批相互对应的输入输出数据，分析两者的内在关系和规律，最终通过这些规律形成一个复杂的非线性系统函数，这种学习分析过程被称作“训练”。神经元的每一个输入连接都有突触连接强度，用一个连接权值来表示，即将产生的信号通过连接强度放大，每一个输入量都对应有一个相关联的权重。处理单元将经过权重的输入量化，然后相加求得加权值之和，计算出输出量，这个输出量是权重和的函数，一般称此函数为传递函数。

与其他识别方法相比，神经网络的最大特点是对待识别的对象不要求有太多的分析与了解，具有一定的智能化处理的特点。在统计模式识别中，贝叶斯决策规则从理论上解决了最优分类器的设计问题，但却必须首先解决更困难的概率密度估计问题。BP 神经网络直接从观测数据(训练样本)学习，是更简便有效的方法，因而获得了广泛的应用，但它是一种启发式技术，缺乏指定工程实践的坚实理论基础。统计推断理论研究所取得的突破性成果产生了现代统计学习理论——VC 理论(Vapnik-Chervonenkis theory)，该理论不仅在严格的数学基础上圆满地回答了人工神经网络中出现的理论问题，而且导出了一种新的学习方法——支持向量机。

神经网络作为模式识别技术当中最重要的方法之一，相对于传统的模式识别方法，它的优势如下：① 神经网络属于自适应能力很强的方法；② 对于任意给定的函数，神经网络都能够无限逼近，这是因为在分类的整个过程中，神经网络通过调整权值不断地明确分类所依据的精确关系；③ 神经网络属于非线性模型，这使得它能够灵活地模拟现实世界中的数据之间的复杂关系。

在当前的互联网、物联网、大数据和云计算时代，神经网络是一种全新的模式识别技术，具有以下三个方面的特点：① 神经网络具有分布式存储信息的特点；② 神经元能够独立运算和处理收到的信息，即系统能够并行处理输入的信息；③ 具有自组织、自学习的能力。

5. 图像模式识别

模式识别是人工智能领域的基础，随着计算机和人工智能技术的发展，模式识别在图像处理中的应用日益广泛。近年来，模式识别取得了引人瞩目的成就，有很多不可忽视的进展。图像是人类获取和交换信息的主要来源，图像处理的应用领域必然涉及人类生活和工作的方方面面。随着人类活动范围的不断扩大，图像处理的应用领域也将随之不断扩大。基于模式识别的图像处理随着当今计算机和人工智能技术的发展，已经成为了图像识别领域的重要研究方向。图像处理与计算机视觉是人工智能的重要研究领域，通过对图像和视频的处理和分析使得机器具备识别、分割、预警等智能行为。

图像模式识别的主要研究有三个方面：

(1) 图像分割。把图像按相关度划分成各具特色的区域并提取出所需目标的技术和过程称为图像分割。图像分割是针对图像所需分割的对象，根据图像的结构特性将图像的所有组成部分分成“分割”和“非分割”两类。对于任何一个事物都有与其他事物相互区别的一些本质特征，提取能够与分割背景图像相区别并作为识别事物的依据的本质特征，即为分割依据。在分割图像定位对象时，可以选择由提取出的特征组成的特征空间进行定位识别。因此，将分割对象视为模式识别的对象，图像分割的过程是在模式识别中寻找特定模式类，并按照该模式类的特征，结合与其对应的分割技术进行分割。

(2) 特征提取。由于图像的随机性和数据量大，增加了在图像中选取有效的图像特征的难度，并直接影响到图像识别系统的性能，所以完成图像识别的首要任务是提取有效的图像特征。然而，在很多实际问题中不易找到所需的特征，或由于条件限制不能对它们进行测试，于是把特征选择和提取任务复杂化，成为构建模式识别系统困难的任务之一。图像的原始特性或属性被称为图像特征，其中有些是自然特征，有些是人为特征。特征提取是经过筛选或变换直到得出有效特征的全过程，其根本任务是选择有效的特征，并运用相应的技术进行特征提取。基于模式识别技术的图像特征提取工作的结果是得到某一具体图像与其他图像相区别的特征。

(3) 图像分类与识别。图像分类与识别是图像处理的高级阶段，研究的是通过仪器对周围物体的视觉图像进行分析和识别，从而得到有效的结论性判断。但是，为了使计算机系统也能认识人类视觉系统认识的图像，人们必须研究出计算方法分析图像特征，因而将模式识别技术应用到图像识别中，进而将图像特征用数学方法表示并使计算机能认识、识别这些特征。

1.3　图像模式识别与其他学科的关系

模式识别是近 30 年来得到迅速发展的人工智能分支学科，是一门交叉学科，其研究重点不是人类进行模式识别的神经生理学或生物学原理，而是研究如何通过一系列数学方法让机器来实现人类的识别能力。模式识别与统计学、心理学、语言学、计算机科学、生物学、控制论等都有关系，同时与人工智能、图像处理的研究有交叉关系。例如自适应或自组织的模式识别系统包含了人工智能的学习机制；人工智能研究的景物理解、自然语言理解也包含模式识别问题。又如模式识别中的预处理和特征抽取环节应用图像处理的技术；图像处理中的图像分析也应用模式识别的技术。图 1.2 给出了图像处理、模式识别、机器学习、人工智能、深度学习等之间的关系(可用手机扫右侧的二维码看彩色原图。后同，不另注)。

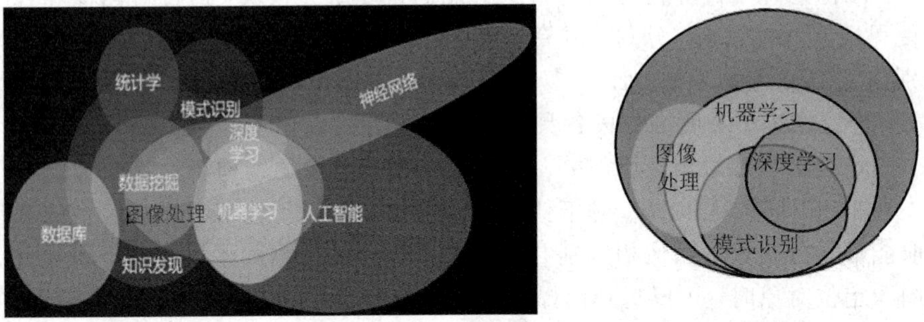

图 1.2　图像处理、模式识别、机器学习、人工智能、深度学习等之间的关系

图像模式识别的特点是自己建立模型刻画已有的特征，样本用于估计模型中的参数。模式识别是指对表征事物或现象的各种形式的信息进行处理和分析，以对事物或现象进行描述、辨认、分类和解释的过程。它是信息科学和人工智能的重要组成部分，主要应用领域是图像分析与处理、语音识别、声音分类、通信、计算机辅助诊断、数据挖掘等学科。随着计算机和人工智能技术的发展，模式识别在图像处理中的应用日益广泛。在图像处理中的模式识别任务主要有图像分割、特征提取、图像识别和带有生物医学信息的识别技术，如人脸识别等。

机器学习的特点是从样本中学习智能程序。根据样本训练模型，如训练好的神经网络是一个针对特定分类问题的模型，其重点在于“学习”，训练模型的过程就是学习，而机器学习的落脚点是思考。机器学习研究计算机如何模拟或实现人类的学习行为，以获取新的知识或技能，重新组织已有的知识结构，使之不断改善自身的性能。它是人工智能的核心，是使计算机具有智能的根本途径，它主要使用归纳、综合的方法，而不是演绎法。机器学习最主要的应用领域有专家系统、认知模拟、规划和问题求解、数据挖掘、网络信息服务、图像识别、故障诊断、自然语言理解、机器人和博弈等。

人工智能是由人类设计并在计算机环境下实现的模拟或再现某些人类智能行为的技术，是智能机器所执行的与人类智能有关的智能行为，如判断、推理、证明、识别、感知、理解、通信，涉及思考、规划、学习和问题求解等思维活动。该领域的研究包括逻辑推理与定理证明、专家系统、机器学习、自然语言理解、神经网络、模式识别、智能控制等。人工智能研究的一个主要问题是如何让系统具备“计划”和“决策”能力，从而使之完成特定的技术动作。这一问题便与计算机视觉问题息息相关。计算机视觉系统作为一个感知器，为决策提供信息。另外一些研究方向包括模式识别和机器学习(隶属于人工智能领域，但与计算机视觉有着重要联系)，所以计算机视觉时常被看作人工智能与计算机科学的一个分支。一般认为，人类智能活动可以分为两类：感知行为与思维活动。模拟感知行为的人工智能研究的一些例子包括：语音识别、话者识别等与人类听觉功能有关的"计算机听觉"，物体三维表现的形状知识、距离、速度感知等与人类视觉有关的"计算机视觉"等。模拟思维活动的人工智能研究的例子包括符号推理、模糊推理、定理证明等与人类思维有关的"计算机思维"等。从领域来说，模式识别和机器学习都是人工智能领域的概念。模式识别大概从 20 世纪 50 年代开始，而机器学习大概从 20 世纪 80 年代兴起。从内容来看，模式识别是人工智能研究的一部分，主要解决分类问题；而机器学习是人工智能目前研究的主题，涉及人工智能的各个方面。近些年模式识别增添的新理论方法主要都是在机器学习方面提出的，因此一些教材若主要介绍算法，则一些内容会重合。在应用上机器学习更广泛，但一般教材对于模式识别之外的内容较为弱化。从广义上讲，人工智能描述一种机器与周围世界交互的各种方式，通过先进的、像人类一样智能的、软件和硬件结合的一台人工智能机器或设备就可以模仿人类的行为或像人一样执行任务。在计算机视觉领域，生物特征识别、医学图像分析、光学文字识别对模式识别提出了更高的要求；模式识别中的预处理和特征抽取环节通常应用到很多图像处理技术，图像处理也应用到模式识别技术。在计算机视觉的大多数实际应用中，计算机被预设为解决特定的任务，基于机器学习的模式识别方法正日渐普及。随着机器学习研究的进一步发展，未来"泛用型"的电脑视觉应用或许可以成真。

模式识别是根据已有的特征，通过参数或者非参数的方法给定模型中的参数，从而达到判别目的的；机器学习侧重于在特征不明确的情况下，用某种具有普适性的算法给定分类规则。学过多元统计的可以这样理解：模式识别的概念可以类比判别分析是确定的、可检验的、有统计背景(或更进一步说有机理性基础理论背景)的，而机器学习的概念可以类比聚类分析(聚类本身就是一种典型的机器学习方法)，对"类"的严格定义尚不明确，更谈不上检验；机器学习是人工智能的一种途径或子集，它强调"学习"而不是计算机程序。一台机器使用复杂的算法来分析大量的数据，识别数据中的模式，并做出一个预测——不需要人在机器的软件中编写特定的指令。比如，在错误地将奶油泡芙当成橙子之后，系统的模式识别会随着时间的推移而不断改进，因为它会像人一样从错误中吸取教训并纠正自己。

深度学习是机器学习的一个子集，推动计算机智能取得长足进步。它用大量的数据和计算能力来模拟深度神经网络。从本质上说，这些网络模仿人类大脑的连通性，对数据集进行分类，并发现它们之间的相关性。如果有新学习的知识(无需人工干预)，机器就可以将其见解应用于其他数据集。机器处理的数据越多，它的预测就越准确。例如，一台深度学习的设备可以通过检查大数据，比如水果的颜色、形状、大小、成熟时间和产地，准确判断一个苹果是不是青苹果，一个橙子是不是血橙。

它们之间的区别与联系：模式识别是最古老的、最早提出的，机器学习是比较基础的，深度学习则是目前比较新颖、有影响的前沿领域。人工智能是计算机科学中涉及研究、设计和应用智能机器的一个分支，研究如何让机器具有人类智能的学科，目标是让机器具有人类的智能。机器学习是达到人工智能目标的手段之一；模式识别也是达到人工智能的手段之一；数据挖掘，与知识发现相提并论，是从数据中发现价值的学科；机器学习是达到数据挖掘目的的手段之一。值得一提的是，应用日常的Excel工具也可以做数据挖掘。机器学习是研究如何让程序和算法自我优化的学科，比如一个兔子(程序和算法)，喂给它萝卜(数据)，它就越来越聪明。模式识别是依靠专家(具有很多图像知识的人)来识别构建模式的学科。20世纪90年代后，人们发现一种不用极高深专业知识(专家)也可以构建模式的方法，而且更廉价：首先收集大量的数据，然后选择一个算法，就可以冲一杯咖啡晒着太阳等待计算机完成识别和构建模式，这就是机器学习。

针对很多关于模式识别与机器学习的著作中存在内容重合的情况，应该理解为：

(1) 算法是中性的，两个不同的学科领域关键看思维。如神经网络的应用，如果通过具体学科，如通过生物学的机理分析明确了某种昆虫的基因型应该分为两类，同时确定了其差异性的基因会表现在触角长和翅长两个表现型的话，那么构造两个(触角长，翅长)—(隐含层)—(A类，B类)的网络可以看作对已有学科知识的表达，只是通过网络刻画已有知识而已。而机器学习的思路是：采样，发现两类品种差异最大的特征是触角长和翅长(可能会用到诸如KS检验之类的方法)，然后按照给定的两类类目来构造神经网络进行分类。同一个算法，两个学科是两种思路。模式识别在人工智能上的前沿成果已经慢慢被机器学习取代，很多新成果是机器学习做出的，所以很多以AI为导向的模式识别书籍包含了很多机器学习的算法。

(2) 关于应用范围，机器学习目前在狭义的人工智能领域走得比较快，但是在广度上还是模式识别更广泛，模式识别在很多经典领域(如信号处理、计算机图像与计算机视觉、自然语言分析等)都不断有新发展。

(3) 从发展目标看，机器学习是要计算机学会思考，而模式识别是具体方法的自动化实现(不止计算机，还包括广义的控制系统)，从立意上机器学习要高一筹。至于现实中是否能实现，当前的机器学习热潮会不会陷入泡沫，都值得观察。

总之，图像模式识别是一门交叉学科，它和许多技术学科有着密切的联系，它本身就是人工智能的重要组成部分。要实现计算机视觉必须有图像处理的帮助，而图像处理倚仗模式识别的有效运用，所以图像模式识别是人工智能领域的一个重要分支，人工智能与机器学习密不可分。

1.4　图像模式识别的发展和应用

模式识别是20世纪70年代和80年代非常流行的一个术语。它强调的是如何让一个计算机程序去做一些看起来很“智能”的事情，例如识别“3”这个数字。在融入了很多的智慧和直觉后，人们也的确构建了这样的程序，例如，区分“3”和“B”或者区分“3”和“8”。早在以前，大家不会关心你是如何实现的，只要这个机器不是由人躲在盒子里面伪装的即可。但是，如果你的算法对图像应用了一些像滤波器、边缘检测和形态学处理等高大上的技术后，模式识别领域肯定就会对它感兴趣。光学字符识别就是从这个领域诞生的。因此，把模式识别称为 70 年代到 90 年代初的“智能”信号处理比较合适，决策树、启发式和二次判别分析等全部诞生于这个时代。在这个时代，模式识别也成了计算机科学领域研发的事物。90 年代初，人们开始意识到一种可以更有效地构建模式识别算法的方法，那就是用数据(可以通过廉价劳动力采集获得)替换专家(具有很多图像方面知识的人)。因此，搜集大量的人脸和非人脸图像，再选择一个算法，然后冲着咖啡晒着太阳等待计算机完成对这些图像的学习，这就是机器学习的思想。“机器学习”强调在给计算机程序(或者机器)输入一些数据后，它必须做一些事情，那就是学习这些数据，而这个学习的步骤是明确的。即使计算机完成学习要耗上一天的时间，也会比你邀请你的研究伙伴来到你家，然后专门手工为这个任务设计一些分类规则要更有效率。现在，机器学习成为了计算机科学领域一个重要的研究课题，计算机科学家们开始将这些想法应用到更大范围的问题上，不再限于识别字符、识别猫和狗或者识别图像中的某个目标等这些问题。研究人员开始将机器学习应用到机器人(强化学习、操控、行动规划、抓取)、基因数据的分析和金融市场的预测中。另外，机器学习与图论的联姻也成就了一个新的课题——图模型。每一个机器人专家都成为了机器学习专家。同时，机器学习也迅速成为了众人渴望的必备技能之一。

图像模式识别简史：

- 1929 年，G. Tauschek 发明了阅读机，能够阅读 0～9 的数字。
- 30 年代，Fisher 提出了统计分类理论，奠定了统计模式识别的基础。
- 50 年代，NoamChemsky 提出了形式语言理论，傅京荪提出了句法结构模式识别。
- 60 年代，L. A. Zadeh 提出了模糊集理论，模糊模式识别方法得以发展和应用。
- 80 年代，以 Hopfield 神经网络、BPNN 为代表的神经网络模型使得人工神经元网络复活，并在模式识别得到较广泛的应用。
- 90 年代，小样本学习理论、支持向量机也受到了很大的重视。

图像模式识别的应用很广，举例如下：

生物学：自动细胞学、染色体特性研究、遗传研究等。

天文学：天文望远镜图像分析、自动光谱学等。

经济学：股票交易预测、企业行为分析等。

医学：心电图分析、脑电图分析、医学图像分析等。

工程：产品缺陷检测、特征识别、语音识别、自动导航系统、污染分析等。

军事：航空摄像分析、雷达和声呐信号检测和分类、自动目标识别等。

安全：指纹识别、人脸识别、监视和报警系统等。

第2章 图像预处理

在当今互联网和大数据快速发展的时代，图像是一种重要的信息源，实际生活中的大部分数据都是以图像表示，所以图像处理就显得尤为重要。图像处理和预处理可以帮助我们了解信息的内涵，增强对信息的把握度。但图像容易受到损坏或噪声污染，失去部分信息。图像预处理就是在这一需求下应运而生的。

图像预处理是指在图像分析中，在对输入图像进行特征提取、分割和匹配之前所进行的处理。其主要目的是减少后续图像处理的难度和时间，消除图像中无关的信息，恢复有用的真实信息，增强有关信息的可检测性和最大限度地简化数据，从而改进特征抽取、图像分割、匹配和识别的可靠性。图像预处理方法繁多，本章介绍图像预处理中平滑处理、中值滤波、均值滤波的主要方法和算法，提供一些了解和学习图像预处理的基础性知识，以便更系统地进行图像处理。

2.1 图像预处理基础

图像预处理是模式识别的一个重要步骤。输入图像从实际景物转换成数字图像时，由于图像采集环境的不同，如光照明暗程度以及设备性能的优劣等，往往存在噪声以及对比度不够等缺陷；另外，距离远近、焦距大小等也使得图像目标在整幅图像中的位置和大小不确定。图像的质量、背景、光照以及图像中图像目标的平移和旋转等都会影响目标识别的准确性。为了保证提取的特征对目标在图像中的大小、位置和旋转角度的不变性，以及对光照条件的不敏感性，需要在提取特征之前对图像进行预处理。预处理过程一般包含图像变换、数字化、归一化、滤波、平滑、边缘检测、复原和增强等。

几何变换：用于改正图像采集系统的系统误差和仪器位置的随机误差所进行的变换。对于卫星图像的系统误差，如地球自转、扫描设备速度和地图投影等因素所造成的畸变，可以用模型表示，并通过几何变换来消除。随机误差如飞行器姿态和高度变化引起的误差，难以用模型表示出来，所以一般是在系统误差被纠正后，通过把被观测的图像和已知正确几何位置的图像相比较，用图像中一定数量的地面控制点来求解双变量多项式函数组而达到变换的目的。

空间变换：包括可用数学函数表达的简单变换(平移、拉伸等仿射变换)和依赖实际图像而不易用函数形式描述的复杂变换。很多图形变换都是复杂变换，如对存在几何畸变的摄像机所拍摄的图像进行校正，需要实际拍摄栅格图像，根据栅格的实际扭曲数据建立空间变换；再如通过指定图像中一些控制点的位移及插值方法来描述的空间变换。

仿射变换：$f(x) = \boldsymbol{AX} = \boldsymbol{b}$，其中$\boldsymbol{A}$是变形矩阵，$\boldsymbol{b}$是平移矢量。任何一个仿射变换可以分解为尺度、伸缩、扭曲、旋转、平移的组合。

透视变换：是中心投影的射影变换，在利用非齐次射影坐标表达时是平面的分式线性变换，常用于图像的校正。

几何校正：指按照一定目的将图像中的典型几何结构校正为没有变形的原始形式。例如，对一幅走廊图像进行校正分两种情况，一种是针对地砖形状的校正，另一种是针对最右侧有把手的门形状的校正。

图像卷绕：是通过指定一系列控制点的位移来定义空间变换的图像变形处理。非控制点的位移根据对控制点进行插值来确定。

边缘检测：边缘是指图像中灰度发生急剧变化的区域。图像灰度的变化情况可以用灰度分布的梯度来反映，给定连续图像 $f(x, y)$，其方向导数在边缘法线方向上取得局部最大值。图像中一点的边缘被定义为一个矢量，模为当前点最大的方向导数，方向为该角度代表的方向。通常只考虑其模，而不关心方向。

梯度算子可分为三类：① 使用差分近似图像函数导数的算子(有些是具有旋转不变性的，如 Laplacian 算子，因此只需要一个卷积掩模来计算；其他近似一阶导数的算子使用几个掩模)；② 基于图像函数二阶导数过零点的算子(如 Canny 边缘检测算子)；③ 将图像函数与边缘的参数模型相匹配的算子。

数字化：一幅原始照片的灰度值是空间变量(位置的连续值)的连续函数。在 $M \times N$ 点阵上对照片灰度采样并加以量化(归为 $2b$ 个灰度等级之一)，可以得到计算机能够处理的数字图像。为了使数字图像能重建原来的图像，对 M、N 和 b 值的大小就有一定的要求。在接收装置的空间和灰度分辨能力范围内，M、N 和 b 的数值越大，重建图像的质量就越好。当取样周期等于或小于原始图像中最小细节周期的一半时，重建图像的频谱等于原始图像的频谱，因此重建图像与原始图像可以完全相同。由于 M、N 和 b 三者的乘积决定一幅图像在计算机中的存储量，因此在存储量一定的条件下需要根据图像的不同性质选择合适的 M、N 和 b 值，以获取最好的处理效果。

归一化：使图像的某些特征在给定变换下具有不变性质的一种图像标准形式。图像的某些性质，例如物体的面积和周长，本来对于坐标旋转来说就具有不变的性质。在一般情况下，某些因素或变换对图像一些性质的影响可通过归一化处理得到消除或减弱，从而可以被选作测量图像的依据。例如对于光照不可控的遥感图像，灰度直方图的归一化对于图像分析是十分必要的。灰度归一化、几何归一化和变换归一化是获取图像不变性质的三种归一化方法。

平滑：消除图像中随机噪声的技术。对平滑技术的基本要求是在消去噪声的同时不使图像轮廓或线条变得模糊不清。常用的平滑方法有中值法、局部求平均法和 K 近邻平均法。局部区域大小可以是固定的，也可以是逐点随灰度值大小变化的。此外，有时应用空间频率域带通滤波方法。

图像锐化：目的是使图像的边缘更陡峭、清晰。锐化的输出图像 f 是根据下式从输入图像 g 得到的：$f(i, j) = g(i, j) + c \cdot s(i, j)$，其中 c 是反映锐化程度的正系数，$s(i, j)$ 是图像函数锐化程度的度量，用梯度算子来计算，Laplacian 算子常用于这一目的。由于噪声点对边缘检测有较大的影响，效果更好的边缘检测器是高斯-拉普拉斯(LOG)算子。它把高斯平滑滤波器和拉普拉斯锐化滤波器结合起来，先平滑掉噪声，再进行边缘检测，所以效果更好。

过零点检测：在实现时一般用两个不同参数的高斯函数差分(Difference of Gaussians, DOG)对图像作卷积来近似，这样检测出来的边缘点称为 $f(x, y)$ 的过零点。

彩色图像锐化的过程：① 读取 RGB 彩色图像；② 分别提取 R、G、B 通道的分量；③ 设置锐化模板；④ 对图像的 3 个分量分别进行锐化滤波；⑤ 将滤波后的三分量组合。

彩色图像锐化的代码：

```
rgb1= imread('img.jpg'); rgb=im2double(rgb1);
rgb_R=rgb(:, :, 1); rgb_G= rgb(:, :, 2); rgb_B= rgb(:, :, 3);
lapMatrix=[1 1 1; 1 -8 1; 1 1 1];    %模板 1 的 1×8

%模板 1 的 3 个不同参数的锐化滤波
f_R=imfilter(rgb_R, lapMatrix, 'replicate'); f_G=imfilter(rgb_G, lapMatrix, 'replicate');
f_B=imfilter(rgb_B, lapMatrix, 'replicate');
rgb_tmp=cat(3, f_R, f_G, f_B); %模板 1 锐化后的 3 分量
imshow(rgb_tmp);title('cat_r_g_b'); %结果如图 2.1 所示
```

以上代码的运行结果如图 2.1 所示。

图 2.1　彩色图像锐化

复原：校正各种原因所造成的图像退化，使重建或估计得到的图像尽可能逼近于理想的、无退化的像场。在实际应用中常常发生图像退化现象，例如大气流的扰动，光学系统的像差，相机和物体的相对运动都会使遥感图像发生退化。基本的复原技术是把获取的退化图像 $g(x, y)$ 看成是退化函数 $h(x, y)$ 和理想图像 $f(x, y)$ 的卷积，即 $g(x, y) = h(x, y) \otimes f(x, y)$。它们的傅里叶变换存在关系 $G(u, v) = H(u, v)F(u, v)$。根据退化机理确定退化函数后，就可从此关系式求出 $F(u, v)$，再利用傅里叶反变换求出 $f(x, y)$，该方法称为反向滤波器。实际应用时，由于 $H(u, v)$ 随距离 $u-v$ 平面原点的距离增加而迅速下降，为了避免高频范围内噪声的强化，当 $u^2 + v^2$ 大于某一界限值 W 时，使 $M(u, v)$ 等于 1。W_0 的选择应使 $H(u, v)$ 在 $u^2 + v^2 \leqslant W$ 范围内不会出现零点。图像复原的代数方法是以最小二乘法最佳准则为基础，寻求一个估值，使优度准则函数值最小。这种方法比较简单，可推导出最小二乘法维纳滤波器。当不存在噪声时，维纳滤波器成为理想的反向滤波器。

增强：对图像中的信息有选择地加强和抑制，以改善图像的视觉效果，或将图像转变为更适合于机器处理的形式，以便于数据提取或识别。例如一个图像增强系统可以通过高通滤波器来突出图像的轮廓线，从而使机器能够测量轮廓线的形状和周长。图像增强技术有多种方法，反差展宽、对数变换、密度分层和直方图均衡等都可用于改变图像灰调和突出细节。实际应用时往往要用不同的方法，反复进行试验才能达到满意的效果。

MATLAB 图像预处理代码如下：

```
w = fspecial('gaussian', 3, 0.5); size_a = size(I);          % 生成高斯滤波器的核
g = imfilter(I, w, 'conv', 'symmetric', 'same');              % 进行高斯滤波
img = im2bw(img);%(图像分割)转化为二值图
BW = im2bw(in_image(:, :, 3), 0.6); se = strel('disk', 4), figure;imshow(BW);title('去除
    背景');
img = not(img); %把图像想表达的内容变成 1
p=imcomplement(I); %进行图像二值反转，将黑白两部分颜色反转
se=strel('square', 2); %设定一个 2×2 矩形模板，用于进行形态学开闭运算，进行边界平滑处
    理，可在 MATLAB 中使用 help strel 命令查看相关方法使用
sel=strel('disk', 2); %设定一个直径为 2 的圆形模板，功能同上
bw=imerode(p, se);%进行形态学腐蚀操作，该步骤的目的是将气管和肺实质间距离增大。这
    样在后面进行区域连通标记时不会出现两者粘连而无法去除气管的情况，
%可根据需要进行模板设定，为了不使提取边界误差较大，使用 2×2 矩形模板
[L, N]=bwlabel(bw, 4);%进行区域连通标记，为 4 邻域区域标记，因为 8 连通下边界会出现
    不均匀情况。L 为返回的二维数组，N 为区域个数。
scatter(data(1: 50, 1), data(1: 50, 2), 'b+'); %图像散点图
hold on, scatter(data(51: 100, 1), data(51: 100, 2), 'r*');      %画散点图
hold on, scatter(data(101: 150, 1), data(101: 150, 2), 'go');    %画散点图
```

```
%图像放大函数代码
function [ imgout ] = pyr_expand( img )
% 功能：图像金字塔扩张，img 是待扩张的图像，imgout 是扩张后的图像
kw = 5; cw = .375; ker1d = [.25-cw/2 .25 cw .25 .25-cw/2];kernel = kron(ker1d, ker1d')*4;
ker00 = kernel(1:2:kw, 1:2:kw); ker01 = kernel(1:2:kw, 2:2:kw); ker10 = kernel(2:
      2:kw, 1:2:kw);
ker11 = kernel(2:2:kw, 2:2:kw); img = im2double(img); sz = size(img(:,:,1)); osz
      = sz*2-1;
imgout = zeros(osz(1), osz(2), size(img, 3));
for p = 1:size(img, 3)
  img1 = img(:,:,p); img1ph = padarray(img1, [0 1], 'replicate', 'both');
  img1pv = padarray(img1, [1 0], 'replicate', 'both');
  img00 = imfilter(img1, ker00, 'replicate', 'same'); img01 = conv2(img1pv,
        ker01, 'valid');
  img10 = conv2(img1ph, ker10, 'valid'); img11 = conv2(img1, ker11, 'valid');
  imgout (1:2:osz(1), 1:2:osz(2), p) = img00; imgout(2:2:osz(1), 1:2:osz(2), p)
       = img10;
  imgout (1:2:osz(1), 2:2:osz(2), p) = img01; imgout(2:2:osz(1), 2:2:osz(2), p)
       = img11;
end, end
```

2.2 图像彩色模式转换

从技术角度彩色空间可分成如下三类：

(1) RGB 型彩色空间/计算机图形彩色空间主要用于电视机和计算机的颜色显示系统，例如 RGB、HIS、HSL 和 HSV 等彩色空间。

(2) XYZ 型彩色空间/CIE 彩色空间是由国际照明委员会定义的彩色空间，通常作为国际性的彩色空间标准，用作颜色的基本度量方法。例如 CIE 1931 XYZ、Lab、Luv 和 LCH 等彩色空间就可作为过渡性的转换空间。

(3) YUV 型彩色空间/电视系统彩色空间是由广播电视需求的推动而开发的彩色空间，主要目的是通过压缩色度信息以有效地播送彩色电视图像。

各个不同色彩空间之间可以进行转换。

1. 彩色图像转化灰度图像

利用彩色图像的颜色信息进行模式识别往往受到复杂背景影响，存在缺陷。而灰度图像易于处理，所以大多数经典的图像处理算法都以灰度图像为研究对象，即将彩色图像进

行灰度化处理。将彩色图像转化为灰度图像的过程叫作图像灰度化。由于彩色图像的每个像素的颜色由 R、G、B 三个分量组成，即红、绿、蓝三种颜色。每种颜色都有 255 种灰度值，而灰度图像则是 R、G、B 三个分量灰度值相同的一种特殊的图像，所以在数字图像处理过程中，将彩色图像转换成灰度图像后就会使后续的图像处理的计算量变得相对很小，且灰度图像对图像特征的描述与彩色图像没有什么区别，仍能反映整个图像的整体和局部的亮度和色度特征。现在大部分的彩色图像都采用 RGB 颜色模式，处理图像时要分别对 R、G、B 三个分量进行处理，实际上 RGB 并不能反映图像的形态特征，只是从光学原理上进行颜色的调配。所以人们在进行图像处理和预处理时先进行图像的灰度化处理，以便对图像的后续化处理，减少图像的复杂度和信息处理量。

最简单的彩色图像灰度化方法有以下四种：

(1) 取分量法。将彩色图像中的三个分量之一的亮度值作为灰度图像的灰度值，根据需要选取一种作为灰度图像。

(2) 最大值法。将彩色图像中的三个分量中亮度的最大值作为灰度图像的灰度值，即 $R=G=B=\max(R, G, B)$。

(3) 平均值法。将彩色图像中的三个分量的亮度值求平均值得到一个灰度值，作为灰度图像的灰度，即 $R=G=B=(R+G+B)/3$。

(4) 加权平均值法。根据三个分量的重要性及其他指标，将三个分量以不同的权值进行加权平均运算，即 $R=G=B=(0.299R+0.587G+0.114B)/3$。

由于人眼对绿色的敏感度高，对蓝色的敏感度低，故可以按照不同的权值对 R、G、B 三个分量进行加权平均运算得到比较合理的灰度图像。MATLAB 中的彩色图灰度化函数 rgb2gray()就是采用加权平均值法识别出临近区域灰度值相差大的分界区域。

彩色图像灰度化的过程可表示为 $f: \mathbf{R}^3 \to \mathbf{R}^1$。目前最常用的彩色图像灰度化算法是将彩色颜色值映射到亮度值 Y，$Y=0.299\times R+0.587\times G+0.114\times B$。该方法虽然效率高、速度快，但生成的灰度图像不可避免地丢失了许多细节。基于保持相邻像素视觉可分辨性的彩色图像灰度化的两种方法可以克服该方法的不足：

(1) 等光亮度间距法。首先根据光亮度值 (L^*) 对图像中像素的颜色进行排序，然后将它们在灰度轴线上等间距隔开。这个操作用数学表示为

$$L^*_{n,\,\mathrm{out}}=L^*_{\min}+(L^*_{\max}-L^*_{\min})\cdot\frac{n-1}{N-1} \tag{2.1}$$

式中，n 表示光亮度排序的序号。当 $n=1$ 时为光亮度值最小、$n=N$ 时为光亮度值最大。

(2) 加权光亮度间距法。等光亮度间距法结合颜色的相对差异，即得到加权光亮度间距法。该方法将排序后相邻光亮度的两种颜色的总体颜色差异作为权值，计算颜色排序的光亮度间距。因此当两种颜色的光亮度、色度和色调等差别不大时，由这两种颜色得到的光亮度值变化不大。按下式计算加权光亮度值：

$$L^*_{n,\ \text{out}} = \begin{cases} L^*_{\min}, & \text{当 } n = 1 \\ L^*_{\min} + (L^*_{\max} + L^*_{\min}) \cdot \dfrac{\sum\limits_{i=2}^{n} \Delta E_{i,\ i-1}}{\sum\limits_{i=2}^{N} \Delta E_{i,\ i-1}}, & \text{当 } 2 \leqslant n \leqslant N \end{cases} \tag{2.2}$$

该彩色灰度化方法在一些用颜色衡量区分度的应用中，如统计图表中的饼图、柱状图等，具有很好的效果。将彩色图像灰度化变换问题当作色域维数减少问题，提出了视觉细节保留的色域维数缩减方法。

彩色图像灰度化包括两个方面的细节保留问题：

(1) 对比度保留。对比度保留指在原彩色图像中很容易区别，变换成灰度图像后也应该容易区别。从感知颜色空间(如 CIELab 等)方面来说，就是原彩色图像中两两像素值差与变换后的灰度图像中灰度值差成比例关系。

(2) 保持亮度的一致性。阴影、高光以及颜色渐变区域为图像提供了深度提示信息，在变换后的灰度图像中也同样要保留这些信息。若阴影被变亮、高光却变暗的话，会使人迷惑以致难以理解图像内容。若在变换到灰度的过程中亮度的变化信息能保持一致性，则阴影、高光等效果将得到保持。

2. 彩色图像转化二值图像

多值图像指具有多个灰度级的单色图像。为了突出图像特征和便于进行特征提取，需要将多值图像转换成二值图像；二值图像指只具有黑白两个灰度级的图像。将图像进行二值化处理后，可得到灰度值仅为 0/1 的二值化图像。

图像的二值化是指通过设定阈值把灰度图像变成仅用两个值分别表示图像的目标和背景的二值图像。设一幅灰度图像 $I(i, j)$ 中目标的灰度分布在 $[T_1, T_2]$ 内，经过阈值运算后的图像为二值图像 $B(i, j)$，即

$$B(i, j) = \begin{cases} 1, & T_1 \leqslant I(i, j) \leqslant T_2 \\ 0, & \text{其他} \end{cases} \tag{2.3}$$

在图像处理实践中，涌现出数十种图像二值化的方法，不同的图像二值化方法各有特点。对于同一幅图像的处理可取得不同的二值分割效果，其效果的好坏取决于阈值的选择。常用的二值化方法有整体阈值法、局部阈值法和动态阈值法等。

3. YIQ 空间与 RGB 空间的线性转换

YIQ 是适用于 NTSC 彩色电视制式的信号编码，它可通过 RGB 模型的线性变换而得到：

$$\begin{bmatrix} Y \\ I \\ Q \end{bmatrix} = \begin{bmatrix} 0.299 & 0.587 & 0.114 \\ -0.595716 & -0.274453 & -0.321263 \\ 0.211456 & -0.522591 & 0.311135 \end{bmatrix} \begin{bmatrix} R \\ G \\ B \end{bmatrix} \tag{2.4}$$

其中 R、G、B 为归一化的值，Y 分量代表色彩的亮度，常用于彩色图像边缘检测；I 和 Q 是两个彩色分量，用于描述图像的色调和饱和度。由下式将 YIQ 转换为 RGB：

$$\begin{bmatrix} R \\ G \\ B \end{bmatrix} = \begin{bmatrix} 1 & 0.956 & 0.623 \\ 1 & -0.272 & -0.648 \\ 1 & -1.105 & 0.705 \end{bmatrix} \begin{bmatrix} Y \\ I \\ Q \end{bmatrix} \tag{2.5}$$

YIQ 部分消除了 R、G、B 分量的相关性。由于是线性变换，计算量远小于非线性变换。利用下面的线性变换进行 RGB 与 YUV(YCbCr)之间的相互转换：

$$\begin{bmatrix} Y \\ U \\ V \end{bmatrix} = \begin{bmatrix} 0.299 & 0.587 & 0.114 \\ -0.1678 & -0.3313 & 0.5 \\ 0.5 & -0.4187 & -0.0813 \end{bmatrix} \begin{bmatrix} R \\ G \\ B \end{bmatrix} \tag{2.6}$$

$$\begin{bmatrix} R \\ G \\ B \end{bmatrix} = \begin{bmatrix} 1 & 0 & 1.402 \\ 1 & -0.34414 & -0.71414 \\ 1 & 1.1772 & 0 \end{bmatrix} \begin{bmatrix} Y \\ U \\ V \end{bmatrix} \tag{2.7}$$

4. CIE 与 RGB 的转换

CIE 彩色系统是一种均匀彩色空间，它的三个分量为 X、Y、Z，可以通过 RGB 三分量线性变换而得到：

$$\begin{pmatrix} X \\ Y \\ Z \end{pmatrix} = \begin{pmatrix} 0.607 & 0.174 & 0.200 \\ 0.299 & 0.587 & 0.114 \\ 0.000 & 0.066 & 1.116 \end{pmatrix} \begin{pmatrix} R \\ G \\ B \end{pmatrix} \tag{2.8}$$

当 XYZ 三色坐标定义后，就可以定义许多 CIE 彩色空间，CIE(Lab)和 CIE(Luv)是典型的两种，它们是通过对 X、Y、Z 值的非线性变换得到的。CIE(Lab)定义为

$$\begin{cases} L^* = 116\left(\sqrt[3]{\dfrac{Y}{Y_0}}\right) - 16 \\ a^* = 500\left(\sqrt[3]{\dfrac{X}{X_0}} - \sqrt[3]{\dfrac{Y}{Y_0}}\right) \\ b^* = 200\left(\sqrt[3]{\dfrac{Y}{Y_0}} - \sqrt[3]{\dfrac{Z}{Z_0}}\right) \end{cases} \tag{2.9}$$

其中，X_0，Y_0，Z_0 为标准白光对应的 X，Y，Z 值。

由式(2.9)看出，由 XYZ 变换为 CIE Lab 时包含有立方根计算，复杂度较高。虽然 CIE 彩色系统为一种均匀彩色空间，但实际上 CIE Lab 空间对于人眼的色彩感觉来说还是不均匀的，这种差异称之为色差。

5. RGB 与 HIS 空间的相互转换

对于彩色图像分割而言，有时需要将 RGB 变换为 HSI 坐标，以便反映人类观察彩色的方式，对应的转换公式如下：

$$\begin{cases} I = \dfrac{R+G+B}{3} \\ H = \dfrac{1}{360}\left[90 - \arctan(\dfrac{F}{\sqrt{3}}) + \{0, G > B; 180, G < B\}\right] \\ S = 1 - \dfrac{\min(R, G, B)}{I} \end{cases} \tag{2.10}$$

其中 $F = \dfrac{2R-G-B}{G-B}$。

反过来，由 HSI 变换为 RGB 坐标的公式如下：

(1) 当 $0°\leqslant H<120°$时，$R=\dfrac{I}{\sqrt{3}}\left[1+\dfrac{S\cos(H)}{\cos(60°-H)}\right]$，$B=\dfrac{I}{\sqrt{3}}(1-S)$，$G=\sqrt{3}I-R-B$

(2) 当 $120°\leqslant H<240°$时，$G=\dfrac{I}{\sqrt{3}}\left[1+\dfrac{S\cos(H-120°)}{\cos(180°-H)}\right]$，$R=\dfrac{I}{\sqrt{3}}(1-S)$，$B=\sqrt{3}I-R-G$

(3) 当 $240°\leqslant H<360°$时，$B=\dfrac{I}{\sqrt{3}}\left[1+\dfrac{S\cos(H-240°)}{\cos(300°-H)}\right]$，$G=\dfrac{I}{\sqrt{3}}(1-S)$，$R=\sqrt{3}I-G-B$

常用彩色特征空间特点比较如表 2-1 所示。

表 2-1 常用彩色特征空间特点比较

空　间	优　点	缺　点
RGB	便于显示	因具有高度相关性，不适合于彩色图像处理
YIQ	有效用于美制电视信号的彩色信息编码；部分消除 RGB 的相关性；计算量小；Y 适用于边缘检测	由于是线性变换，仍具有相关性，但不如 RGB 高
YUV	有效用于欧制电视信号的彩色信息编码；部分消除 RGB 的相关性；计算量小	由于是线性变换，仍具有相关性，但不如 RGB 高
$I_1 I_2 I_3$	部分消除 RGB 的相关性；计算量小，能够有效用于彩色图像处理	由于是线性变换，仍具有相关性，但不如 RGB 高
Nrgb	单个彩色分量与图像亮度无关；便于调色板的表示；受光照变化影响很小	由于是非线性变换，在低亮度区域易受噪声影响
HSI	基于人眼的色彩感知，在一些亮度变化的场合特别有用，色调与耀斑、阴影无关；色调对区分不同颜色的物体非常有效	由于是非线性变换，在低饱和度区域具有奇异性和不稳定性
CIE Lab Luv	能够独立地控制色彩信息和亮度信息；能够直接用彩色空间的欧氏距离比较不同色彩；有效地用于测量小的色差	同其他非线性变换一样，存在奇异点问题

2.3　图像集扩充

在模式识别特别是深度学习过程中，由于没有足够的训练样本，容易出现过拟合和小样本等问题。为此，人们经常采用一些数据扩展方法增加训练样本数，主要有：

镜像变换：将图像进行水平、垂直翻转，得到3个新的图像。

旋转：将原图按照一定角度旋转后作为新图像，旋转角度常取为 −30°、−15°、15°和 30°；

图像比例缩放：将图像分辨率变为原图的0.8、0.9、1.1、1.2等倍数，作为新图像。

抠取：随机抠取，即在原图的随机位置抠取图像块作为新图像；监督式抠取，即只抠取含有明显语义信息的图像块。

色彩抖动：对图像原有的像素值分布进行轻微扰动(即加入轻微噪声)作为新图像。

Fancy PCA：对所有训练数据的像素值进行主成分分析(PCA)，根据得到的特征向量和特征值计算一组随机值，作为扰动加入到原像素值中。

下面介绍常见的三种扩展方法。

1. 图像比例缩放

将给定的图像在 x 轴方向按比例缩放 fx 倍，在 y 轴按比例缩放 fy 倍，从而获得一幅新图像。若 $fx=fy$，即在 x 轴方向和 y 轴方向缩放的比率相同，称这样的比例缩放为图像的全比例缩放。若 $fx\neq fy$，图像的比例缩放会改变原始图像的像素间的相对位置，产生几何畸变。设原图像中的点 $P_0(x_0, y_0)$ 比例缩放后在新图像中的对应点为 $P(x, y)$，则比例缩放前后两点 $P_0(x_0, y_0)$、$P(x, y)$ 之间的关系可以用矩阵形式表示为

$$\begin{bmatrix} x \\ y \\ 1 \end{bmatrix} = \begin{bmatrix} fx & 0 & 0 \\ 0 & fy & 0 \\ 0 & 0 & 1 \end{bmatrix} \begin{bmatrix} x_0 \\ y_0 \\ 1 \end{bmatrix} \tag{2.11}$$

其逆运算为

$$\begin{bmatrix} x_0 \\ y_0 \\ 1 \end{bmatrix} = \begin{bmatrix} \dfrac{1}{fx} & 0 & 0 \\ 0 & \dfrac{1}{fy} & 0 \\ 0 & 0 & 1 \end{bmatrix} \cdot \begin{bmatrix} x \\ y \\ 1 \end{bmatrix} \text{ 或 } \begin{cases} x_0 = \dfrac{x}{fx} \\ y_0 = \dfrac{y}{fy} \end{cases} \tag{2.12}$$

比例缩放所产生的图像中的像素可能在原图像中找不到相应的像素点，这样就必须进行插值处理。下面首先讨论图像的比例缩小。最简单的比例缩小时，当 $fx=fy=1/2$ 时图

像被缩到一半大小，此时缩小后图像中的(0，0)像素对应于原图像中的(0，0)像素；(0，1)像素对应于原图像中的(0，2)像素；(1，0)像素对应于原图像中的(2，0)像素，以此类推。图像缩小之后，因为承载的数据量小了，所以画布可相应缩小。此时，只需在原图像基础上，每行隔一个像素取一点，每隔一行进行操作，即取原图的偶(奇)数行和偶(奇)数列构成新的图像。若图像按任意比例缩小，则需要计算选择的行和列。

若 $M\times N$ 大小的原图像 $F(x, y)$ 缩小为 $kM\times kN$ 大小($k<1$)的新图像 $I(x, y)$，则

$$I(x, y) = F(\text{int}(c\times x), \text{int}(c\times y)) \tag{2.13}$$

其中，$c=1/k$。由此式可以构造出新图像。

当 $fx\neq fy$(fx、fy 小于1)时，图像不按比例缩小。这种操作在 x 方向和 y 方向的缩小比例不同，一定会带来图像的几何畸变。图像不按比例缩小的方法是：

若 $M\times N$ 大小的旧图 $F(x, y)$ 缩小为 $k_1M\times k_2N$($k_1<1$，$k_2<1$)大小的新图像 $I(x, y)$，则

$$I(x, y) = F(\text{int}(c_1\times x), \text{int}(c_2\times y)) \tag{2.14}$$

其中 $c_1=1/k_1$，$c_2=1/k_2$。由此式可以构造出新图像。

按比例将原图像放大 k 倍时，若按照最近邻域法则需要将一个像素值添在新图像的 $k\times k$的子块中。显然，若放大倍数太大，按照这种方法处理会出现马赛克效应。

当 $fx\neq fy$(fx、fy 大于1)时，图像在 x 方向和 y 方向不按比例放大，由于 x 方向和 y 方向的放大倍数不同，一定会带来图像的几何畸变。放大的方法是将原图像的一个像素添到新图像的一个 $k_1\times k_2$ 的子块中去。为了提高几何变换后的图像质量，常采用线性插值法。该方法的原理是，当求出的分数地址与像素点不一致时，求出周围四个像素点的距离比，根据该比率，由四个邻域的像素灰度值进行线性插值。

2. 图像旋转

以图像的中心为原点，将图像上的所有像素都旋转一个相同的角度。图像旋转变换时图像的位置也变换，但旋转后图像的大小一般会改变。在图像旋转变换中，既可以把转出显示区域的图像截去，也可以扩大图像范围以显示所有的图像。

同样，图像的旋转变换也可以用矩阵变换来表示。设点 $P_0(x_0, y_0)$逆时针旋转 θ 角后的对应点为 $P(x, y)$。则旋转前后点 $P_0(x_0, y_0)$、$P(x, y)$的坐标分别是

$$\begin{cases} x_0 = r\cos\alpha \\ y_0 = r\sin\alpha \end{cases}$$

$$\begin{cases} x = r\cos(\alpha+\theta) = r\cos\alpha\cos\theta - r\sin\alpha\sin\theta = x_0\cos\theta - y_0\sin\theta \\ y = r\sin(\alpha+\theta) = r\sin\alpha\cos\theta + r\cos\alpha\sin\theta = x_0\sin\theta + y_0\cos\theta \end{cases} \tag{2.15}$$

式(2.15)写成矩阵表达式为

$$\begin{bmatrix} x \\ y \\ 1 \end{bmatrix} = \begin{bmatrix} \cos\theta & -\sin\theta & 0 \\ \sin\theta & \cos\theta & 0 \\ 0 & 0 & 1 \end{bmatrix} \begin{bmatrix} x_0 \\ y_0 \\ 1 \end{bmatrix} \tag{2.16}$$

其逆运算为

$$\begin{bmatrix} x_0 \\ y_0 \\ 1 \end{bmatrix} = \begin{bmatrix} \cos\theta & \sin\theta & 0 \\ -\sin\theta & \cos\theta & 0 \\ 0 & 0 & 1 \end{bmatrix} \begin{bmatrix} x \\ y \\ 1 \end{bmatrix} \tag{2.17}$$

利用上述方法进行图像旋转时需要注意如下两点：① 图像旋转之前，为了避免信息的丢失，要进行坐标平移；② 图像旋转后，会出现许多空洞点，要对这些空洞点进行填充。

以上所讨论的旋转是绕坐标轴原点(0，0)进行的。若图像旋转是绕一个指定点(a, b)旋转，则先要将坐标系平移到该点，再进行旋转，然后将旋转后的图像平移回原来的坐标原点，这实际上是图像的复合变换。如将一幅图像绕点(a, b)逆时针旋转θ度，首先将原点平移到(a, b)，得

$$\boldsymbol{A} = \begin{bmatrix} 1 & 0 & -a \\ 0 & 1 & -b \\ 0 & 0 & 1 \end{bmatrix}$$

旋转得

$$\boldsymbol{B} = \begin{bmatrix} \cos\theta & -\sin\theta & 0 \\ \sin\theta & \cos\theta & 0 \\ 0 & 0 & 0 \end{bmatrix}$$

再平移得

$$\boldsymbol{C} = \begin{bmatrix} 1 & 0 & a \\ 0 & 1 & b \\ 0 & 0 & 1 \end{bmatrix}$$

综上所述，变换矩阵为$\boldsymbol{T}=\boldsymbol{C}\cdot\boldsymbol{B}\cdot\boldsymbol{A}$。

3. 镜像变换

镜像变换包括水平镜像和垂直镜像。图像的水平镜像操作是将图像的左半部分和右半部分以图像垂直中轴线为中心镜像进行对换；图像的垂直镜像操作是将图像上半部分和下半部分以图像水平中轴线为中心镜像进行对换。

设图像高度为H、宽度为W，原图中(x_0, y_0)经过水平镜像后坐标将变为(x_1, y_1)，其

矩阵表达式为

$$\begin{bmatrix} x_1 \\ y_1 \\ 1 \end{bmatrix} = \begin{bmatrix} -1 & 0 & W \\ 0 & 1 & 0 \\ 0 & 0 & 1 \end{bmatrix} \begin{bmatrix} x_0 \\ y_0 \\ 1 \end{bmatrix} \tag{2.18}$$

逆运算矩阵表达式为

$$\begin{bmatrix} x_0 \\ y_0 \\ 1 \end{bmatrix} = \begin{bmatrix} -1 & 0 & W \\ 0 & 1 & 0 \\ 0 & 0 & 1 \end{bmatrix} \begin{bmatrix} x_1 \\ y_1 \\ 1 \end{bmatrix}$$

即

$$\begin{cases} x_0 = W - x_1 \\ y_0 = y_1 \end{cases}$$

同样，(x_0, y_0)经过垂直镜像后坐标将变为$(x_0, H - y_0)$，其矩阵表达式为

$$\begin{bmatrix} x_1 \\ y_1 \\ 1 \end{bmatrix} = \begin{bmatrix} 1 & 0 & 0 \\ 0 & -1 & H \\ 0 & 0 & 1 \end{bmatrix} \begin{bmatrix} x_0 \\ y_0 \\ 1 \end{bmatrix} \tag{2.19}$$

逆运算矩阵表达式为

$$\begin{bmatrix} x_0 \\ y_0 \\ 1 \end{bmatrix} = \begin{bmatrix} 1 & 0 & 0 \\ 0 & -1 & H \\ 0 & 0 & 1 \end{bmatrix} \begin{bmatrix} x_1 \\ y_1 \\ 1 \end{bmatrix}$$

即

$$\begin{cases} x_0 = x_1 \\ y_0 = H - y_1 \end{cases} \tag{2.20}$$

利用上面的扩展方法对一幅图像进行处理，得到多幅图像，如图 2.2 所示。

图 2.2　一幅图像的 20 幅扩展图像

利用 MATLAB 函数 rot90、flipud、fliplr、flipdim、imrotate 对一幅图像进行处理，也可以得到多幅扩展图像，如图 2.3 所示。

上下反转　左右翻转　旋转90°　旋转270°　旋转10°　旋转20°　旋转30°　旋转50°

图 2.3　一幅图像的 8 幅扩展图像

2.4　基于直方图的图像预处理

图像的直方图能够描述图像的灰度分布情况，能够直观地展示图像中各个灰度级所占的多少，是图像的重要特征。直方图是一幅图像中全部或部分区域内相同亮度值的统计分布图，反映图像的像素灰度级与这种灰度级出现的概率之间的相对关系。由直方图可以看出图像总的亮度和对比度情况以及图像的像素值的动态范围等一系列信息。

2.4.1　直方图

图像的灰度直方图是灰度级的函数。图像的灰度直方图描述图像的灰度分布情况，其横坐标为灰度级 $b\in[0, L-1]$(图像灰度级数为 L)，纵坐标为该灰度 b 在图像中出现的频率 $p(b)=N(b)/M$，其中 M 表示图像中总像素数目，$N(b)$表示像素灰度值为 b 的数目。因此 $p(b)$是一个在[0, 1]区间的随机数，代表区域的概率密度函数。通常，直方图给出了一幅灰度图像的全局描述。在实际应用中把整个直方图作为特征通常是没有必要的。

设一幅尺寸为 $M\times N$ 的图像的灰度值分布可以用矩阵 $\boldsymbol{I}(i, j)$形式表示，$1\leqslant i\leqslant M$，$1\leqslant j\leqslant N$，矩阵每个元素值即为图像中该点的像素值，则图像的灰度值分布概率密度函数的均值和均方差分别为

$$\begin{cases}\mu=\dfrac{1}{MN}\sum\limits_{i=1}^{M}\sum\limits_{j=1}^{N}\boldsymbol{I}(i, j)\\ \sigma=\sqrt{\dfrac{1}{MN}\sum\limits_{i=1}^{M}\sum\limits_{j=1}^{N}(\boldsymbol{I}(i, j)-\mu)^2}\end{cases}\tag{2.21}$$

当图像中的特征不能取遍所有可能值时，统计直方图会出现零值。为解决零值问题，

可采用累积直方图，累积直方图能大大减少原统计图中出现的零值数量。具体的应用是通过加大图像特征取值的间隔(即量化间隔 Δ)减少特征取值数量。图像的累积直方图也是一个一维离散函数，即

$$I(k) = \sum \frac{n_k}{N},\ k = 0,\ 1,\ \cdots,\ L-1 \tag{2.22}$$

其中，$I(k)$代表图像的特征取值，n_k 是特征可取值的个数，是图像中具有特征值为 k 的像素个数，N 是图像像素的总数。

利用 MATLAB 中的 imhist 函数可以得到图像不同等级的直方图，如图2.4所示，其中(a)为原图，(b)为灰度图，(c)为常规直方图(等级为 256)，(d)是等级为 10 的直方图，(e)是等级为 30 的直方图。

2.4.2 直方图均衡化

若图像的视觉效果差或有特殊需要，常常需要对图像的灰度级进行修正，即增强图像的对比度。图像对比度是指图像中明暗区域最亮的白和最暗的黑之间不同亮度层级的测量，即图像灰度反差的大小，差异越大说明对比越大，差异越小说明对比越小。好的对比率为 120∶1，就可容易显示生动、丰富的色彩。当对比率高达 300∶1 时，便可支持各阶的颜色。图像对比度增强的方法可以分成两类，直接对比度增强方法和间接对比度增强方法。直方图拉伸和直方图均衡化是两种最常见的间接对比度增强方法。直方图拉伸是通过对比度拉伸对直方图进行调整，从而扩大前景和背景的灰度差别，以达到增强对比度的目的，该方法可以利用线性或非线性的方法来实现。直方图均衡化则通过使用累积函数对灰度值进行调整以实现对比度的增强。直方图均衡化是图像处理中较常用的方法之一。直方图均衡化就是对图像进行非线性拉伸，重新分配图像像素值，使一定灰度范围内的像素数量大致相同。它以概率论为理论基础，运用灰度点运算实现直方图的变化，从而达到图像处理的目的。直方图的变换函数取决于直方图的累积分布函数。简单地说，即把已知灰度值概率分布的图像经过一种变换，让它成为一个灰度值概率均匀分布的新图像。比如有些图像在低灰度区间的分布频率较大，较暗地方的细节边缘比较模糊，此时可以进行直方图均衡化使图像的灰度范围均匀分布。当图像的直方图分布为均匀分布时，图像包含的信息量最多，看起来就很清晰。另外，由于直方图只是近似的概率函数，直接变换求直方图很少能得到完全平坦的分布，而且变换后会出现灰度级减少的现象，即“简并”。当图像的有用灰度的对比度相当接近时，图像直方图均衡化能够增加图像的局部对比度而不影响整体的对比度，使得图像的亮度可以更好地在直方图上分布。

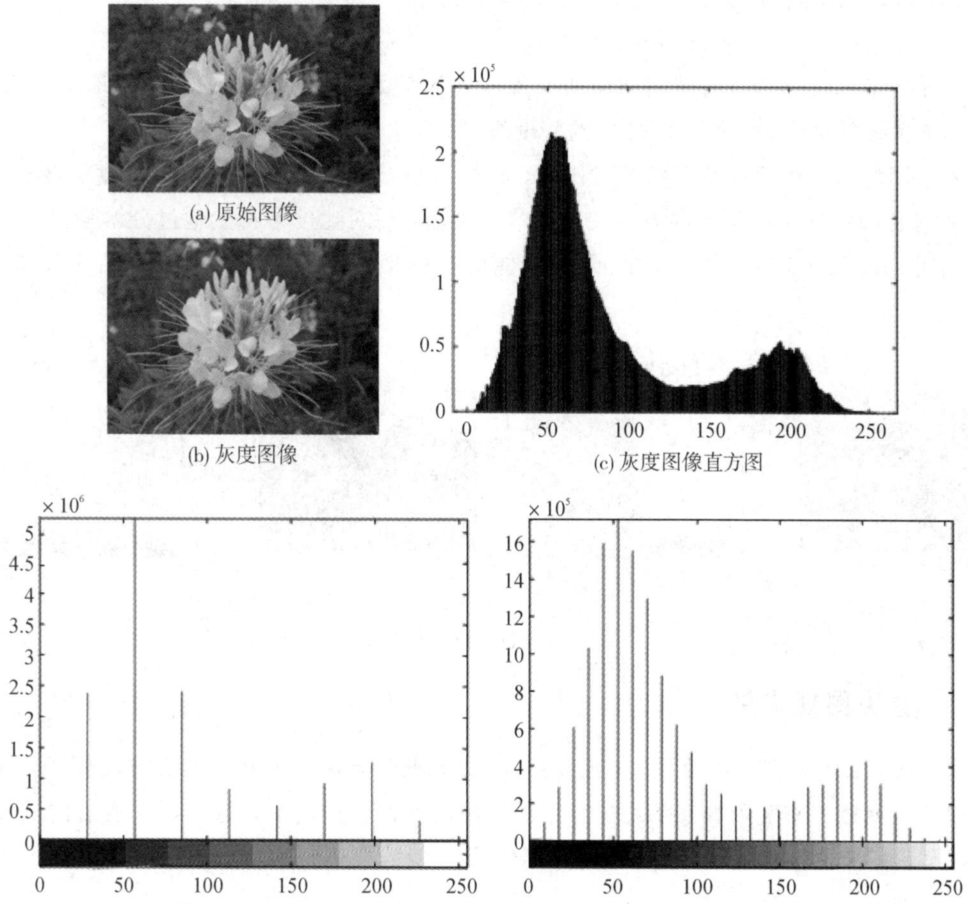

(a) 原始图像　(b) 灰度图像　(c) 灰度图像直方图

(d) 等级为10的直方图　(e) 等级为30的直方图

图 2.4　一幅图像及其直方图

直方图均衡化算法的步骤如下：

（1）确定图像的灰度级。若处理的图像是彩色图像，需要将其转化为灰度图像，然后确定图像的灰度级。

（2）计算原始直方图分布概率。对原始图像的灰度情况进行统计分析，统计直方图每个灰度级出现的次数，计算每一个灰度在整个图像中像素个数的占比，即概率 $p(x_i)=n_i/n$，其中，x_i 为图像中第 i 个灰度级，n 为图像的像素总数，n_i 为灰度值为 x_i 的像素个数。

（3）计算直方图概率累计值：

$$cp(x_i) = \sum_{k=0}^{i} \frac{n_k}{n}$$

(4) 求取像素映射关系，可得直方图均衡化结果

$$s_i = \text{int}\{[\max(x_i) - \min(x_i)] \cdot cp(x_i) + 0.5\}$$

其中，$\max(x_i)$，$\min(x_i)$为原图像中所有灰度级的最大值和最小值，int 表示取整运算，s_i为第 i 灰度级所对应的均衡化图像中的灰度级。

直方图均衡化用于调整图像的对比度，有如下缺点：① 变换后图像的灰度级减少，某些细节消失；② 如某些图像的直方图有高峰，经处理后对比度不自然地过分增强。

利用 MATLAB 中的函数 hist、histeq 能够对图像进行直方图均衡化，结果如图 2.5 所示。

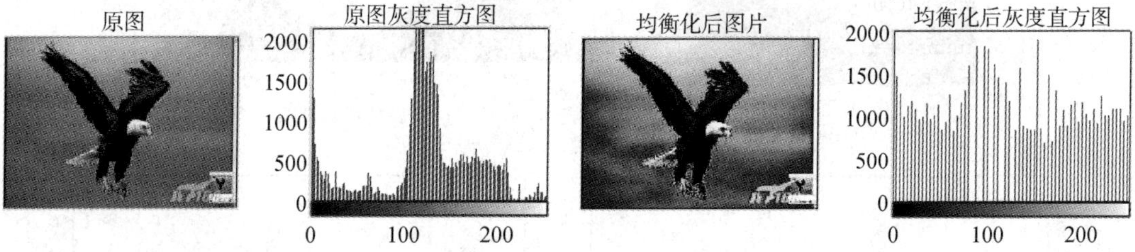

图 2.5　直方图均衡化

2.4.3　直方图规定化

直方图均衡化虽然有很多优点，但是它是以累积分布函数为基础的直方图修正，变换后所得的灰度概率密度函数都是均匀分布的。在很多特殊情况下，需要让变换后的图像直方图以某种特定的曲线显示，例如对数和指数等，就需要进行直方图规定化。直方图规定化的方法如下：

假设 r 是原始图像的像素值，$p_r(v)$是原图像分布的概率密度函数，s 是直方图均衡后的灰度值，$p_z(v)$是希望得到的图像的概率密度函数。先对原图像做直方图均衡化，即

$$s = T(r) = \int_0^r p_r(v)\mathrm{d}v \tag{2.23}$$

对规定化的直方图进行均衡化，即

$$u = G(z) = \int_0^z p_z(v)\mathrm{d}v \tag{2.24}$$

其中，u 为均衡化后像素，z 为规定化后的像素。$s=u$ 且 $z=G^{-1}(u)=G^{-1}(T(r))$，这样就能够得到所需要的 $p_z(v)$函数的直方图。

实际上，规定化也是均衡化的一种，那么，就可以把均衡化的结果作为一种中间结果，建立起原始图像与固定化图像的一种桥梁。

直方图规定化的具体步骤如下：

(1) 首先对原始图像做直方图均衡化，得到每个像素 r 和累积分布 $T(r)$；

(2) 根据需要的规定化直方图求累积分布 $G(z)$；

(3) 若累积直方图中有零值，那么是不会分配像素值的，因为 0 乘以 255 还是 0；

(4) 对于每一个 $T(r)$(假设其像素值为 s)，找到在 $G(z)$中与其差值最小值(假设对应的像素值为 z)，那么规定化后就把 s 变换为 z。

利用 MATLAB 中的函数 imhist、histeq 能够对图像进行直方图规定化，代码如下，结果如图 2.6 所示，其中(a)和(b)为两个原图，(c)为直方图规定化。

```
I = imread('bird1.jpg'); I_M = imread('bird2.jpg');
I_M_imhist = imhist(I_M); %产生规定化模板
J = histeq(I, I_M_imhist); %直方图规定化
```

(a)　　(b)　　(c)

图 2.6　直方图规定化

2.5　图像增强和滤波

图像增强和图像滤波是分不开的，其目的是增强图像中的有用信息，滤除无用的信息，改善图像的视觉效果。针对给定图像的应用场合，有目的地强调图像的整体或局部特性，将原来不清晰的图像变得清晰或强调某些感兴趣的特征，扩大图像中不同物体特征之间的差别，抑制不感兴趣的特征，改善图像质量，丰富信息量，加强图像判读和识别效果，满足某些特殊分析的需要。

1. 图像增强

图像增强一般不考虑图像降质原因，主要目的是突出图像中感兴趣的部分。图像增强算法可分成四大类：空间域法、频率域法、多分辨分析法和模糊增强法。

1) 空间域法

空间域指组成图像的像素的集合。空间域法图像增强直接对图像中的像素灰度值进行

运算处理，如空间的邻域平均法、线性灰度变换、非线性灰度变换、中值滤波法和直方图均衡化处理等。可以分为点运算算法和邻域增强算法。点运算算法即灰度级校正、灰度变换（又叫对比度拉伸）和直方图修正等。邻域增强算法分为图像平滑和锐化两种。平滑常用算法有均值滤波、中值滤波、空域滤波。锐化常用算法有梯度算子法、二阶导数算子法、高通滤波、掩模匹配法等。

2）频率域法

频率域法是一种间接图像增强算法，一般需通过傅里叶变换将图像从空间域变换到频率域来实现。首先，对图像进行频域变换；然后，对各频谱成分进行相应操作；最后，经过频域逆变换获得所需结果。任何一种图像增强算法都只是在特定的场合下才可以达到较为满意的增强效果。为了适应不同特点的图像，出现了各种改进的图像增强方法，如局部直方图均衡化、基于幂函数的加权自适应直方图均衡化、平台直方图均衡化等。常用的频域增强方法有低通滤波器和高通滤波器。低通滤波器有理想低通滤波器、巴特沃斯低通滤波器、高斯低通滤波器、指数滤波器等；高通滤波器有理想高通滤波器、巴特沃斯高通滤波器、高斯高通滤波器、指数滤波器。

3）多分辨分析法

基于多尺度分析的图像增强方法，即多分辨率分析。以小波分析为代表的多尺度分析方法被认为是分析工具及方法上的重大突破。小波分析在时域或频域上都具有良好的局部特性。由于对高频信号采取逐步精细的时域或空域步长，从而可以聚焦到分析对象的任意细节。小波分析在图像增强中取得了许多研究成果，如基于小波域的软阈值噪声图像增强、基于小波变换的自适应增强算法等。

4）模糊增强法

很多学者致力于把模糊集理论引入到图像处理和识别技术的研究中。由于图像本身的复杂性，多灰度分布具有不确定性和不精确性（即模糊性），可以将模糊集合理论应用于图像增强。

由于还没有一种通用的衡量图像质量和设计图像增强算法的准则用来评价图像增强方法的优劣，图像增强没有形成一套统一的理论，对于具体问题往往是根据需要选择不同的算法。图像增强理论有待进一步深入研究。对图像增强技术的探索具有试验性和多样性，增强的方法往往具有针对性，对某类图像效果较好的增强方法未必一定适用于另一类图像。

2. 图像滤波（降噪）

图像在生成和传输过程中常常因受到各种噪声的干扰、破坏而失去原来的本色，这将对后续的图像处理比如图像分割、压缩、图像理解等产生不好的影响。为了抑制和消减噪声，改善图像的质量，便于做进一步的处理，对图像进行去噪预处理是首要的步骤。人们根据图像的实际特点、噪声的统计特点、频谱的分布规律等，发展了各式各样的减噪方法。图像的去噪方法种类很多，依据的原理也各不相同，其中比较常用的就是图像平滑去噪方法。

灰度变换和直方图修正都可以对图像进行简单的预处理，然而这些预处理仅限于图像没有受到污染，即没有因为各种原因产生噪声或受到不规则破坏，否则灰度变换和直方图就不能达到预期的效果。对于图像的复杂处理一般采用平滑去噪方法。

1）图像平滑去噪

图像平滑去噪是一种比较实用的数字图像预处理技术，主要目的是减少图像传输过程中掺杂的噪声。一种优良的图像平滑方法应该是既可以消除图像噪声的影响，又不会让图像的边缘轮廓和线条变得模糊不清。图像平滑去噪的方法分为两大类，即空域法和频域法。

空域法又可分为两个方面，一类是噪声消除，即先判定这个点是否为噪声点，若是则重新赋值给它，不是就按原值输出；另一类则是平均法，即不一一对噪声点进行清除，而是对整个图像依据某种方法进行平均运算，这类滤波方法有均值滤波、高斯滤波、维纳滤波等。空域滤波还可以根据输出图像所采用的组合不同，分为线性滤波和非线性滤波，线性滤波就是输出像素是输入像素的邻域像素的线性组合，而非线性滤波则指的是输出像素是输入像素的邻域像素的非线性组合。最常见的空间域滤波方法均值滤波和高斯滤波都属于线性滤波，而空域滤波中的中值滤波属于非线性滤波。线性平滑滤波在大多数情况下对各种类型的噪声有很好的去除效果。线性滤波器用连续窗函数内像素加权和来实现平滑滤波。线性滤波器是空间不变的，这样就可以使用卷积模板来实现滤波。

2）邻域滤波法

邻域滤波法的基本思想是用几个邻域像素灰度的平均值来代替每个像素的灰度值。其基本步骤如下：

(1) 选择一个$(2n+1)\times(2n+1)$的窗口（通常为3×3或5×5），并用该窗口沿图像数据进行行或列滑动。

(2) 读取窗口下各对应像素的灰度值。

(3) 求取这些像素的灰度平均值，用这个平均值替代窗口中心位置的原始像素灰度值。

邻域滤波法可分为领域均值法、邻域中值法和领域最大(小)值法。

(1) 邻域均值法。由于图像中噪声的灰度值与其相邻像素的灰度值明显不同，所以采用邻域平均法来消除图像中的噪声。设$f(x, y)$表示图像中(x, y)点的实际灰度值，$O_i(i=1, 2, \cdots, 8)$表示$f(x, y)$各相邻点的灰度值，则邻域平均法表示为

$$g(x, y)=\begin{cases}\dfrac{1}{8}\displaystyle\sum_{i=1}^{8}O_i, & \left|f(x, y-\dfrac{1}{8}\displaystyle\sum_{i=1}^{8}O_i)\right|>\varepsilon \\ f(x, y), & 其他\end{cases} \tag{2.25}$$

(2) 邻域中值法。中值滤波是用一个奇数点的移动窗口，将窗口中心点的灰度值用窗口内各点的灰度中值代替。设一维数列 f_1，f_2，…，f_n，从中取 m(奇数)个窗口元素，f_i 为窗口中心值，则窗口中心点的值被代替为

$$y_i = \text{median}\{f_{i-v}, \cdots, f_i, \cdots, f_{i+v}\}, i \in N, v = \frac{(m-1)}{2} \tag{2.26}$$

通常应用的中值滤波有 3×3、5×5、7×7 等中值滤波。

(3) 邻域最大(小)值法。该方法是用一个移动窗口，将窗口中心点的灰度值用窗口内各点的灰度的最大(小)值代替该点的灰度值。设一维数列 f_1，f_2，…，f_n，从中取 m(奇数)个窗口元素，f_i 为窗口中心值，则窗口中心点的值被代替为

$$y_i = \max\{f_{i-v}, \cdots, f_i, \cdots, f_{i+v}\}, i \in N, v = \frac{(m-1)}{2} \tag{2.27}$$

常用的邻域窗口有 3×3、5×5、7×7 等。

邻域滤波的优势在于算法简单、速度较快，但该方法采用一个平均值(中值、最值)来代替原有的像素，破坏了图像的峰值谷值的像素信息，从而造成图像的模糊，不利于边缘的检测，难以分辨阈值处理后的黑白边际。

3) 加权均值滤波

加权均值滤波算法是一种有效去除高斯噪声的滤波算法。滤波窗口中心点的灰度值由窗口内各像素样本点的灰度值加权平均获得，其表达式如下：

$$\hat{x}_{k,l} = \frac{\sum\limits_{x_{i,j} \in M(k,l),\ i=k,\ j=l} w_{i,j} \times x_{i,j}}{\sum\limits_{i=k,\ j=l} w_{i,j}} \tag{2.28}$$

其中，$x_{i,j}$为中心点(k, l)邻域内像素的灰度值，$\hat{x}_{i,j}$为中心像素点滤波后的灰度估计值，$w_{i,j}$为滤波窗中$x_{i,j}$对应的权重。

对受高斯噪声污染的图像进行加权均值滤波时，平滑区内由于噪声引起的奇异点通常是孤立的或不连续的点，而图像的边缘由于具有某一方向的持续性而不会是孤立点。因此，对图像边缘点估计时，给予邻域内边缘上的点较大的权重，而邻域内非边缘点则对应较小的权重；对平滑区的点估计时，由于邻域内像素点灰度值相似，未受噪声污染或污染不严重的像素点对应权重较大，受噪声严重污染的孤立点的权重就会比较小，从而平滑噪声。

引入灰度值相似度函数$\mu_{i,j}$和空间临近度函数$d_{i,j}$：

$$\mu_{i,j} = \exp\left[-\left(\frac{x_{i,j} - x_{k,l}}{K}\right)^6\right], d_{i,j} = \exp\left[-\left(\frac{(i-k)^2 + (j-l)^2}{D^2}\right)\right] \tag{2.29}$$

其中，(k, l)是中心点的坐标，(i, j)为邻域点的坐标，$x_{i,j}$与$x_{k,l}$分别为中心点和邻域点的灰度值，K 为常数，D 值取为以 (k, l)为中心点的窗口 $M(k, l)$ 的边长大小 L。

算法步骤如下：

(1) 定义 $x_{i,j}-x_{k,l}$ 与 K 的比值为 $R_{i,j}=|x_{i,j}-x_{k,l}|/K$，则灰度值相似度函数为 $u_{i,j}=\exp(-R_{i,j}^6)$。

(2) 采用分段函数逼近式降低计算量。根据 $\mu_{i,j}$ 和 $R_{i,j}$ 的函数曲线可知，$R_{i,j}$ 在区间[0.77，1.15]时灰度相似度变小，衰减速度很快，可以认为对应的灰度差值在区间[$2\delta_n$，$3\delta_n$]，根据步骤(1)，可得 $K=2.5\delta_n$，δ_n 为权值自由度。同理可知，$R_{i,j}$ 在区间[0.60，0.77]时对应的灰度差值在区间[$1.5\delta_n$，$2\delta_n$]。这也符合邻域内灰度差值变化与高斯噪声的关系。所以，一般取 $K=\lambda 2.5\delta_n$，λ 为调节常数，取值范围为 0.8～1.2。得到近似表示式为

$$u_{i,j}=\begin{cases}1, & R_{i,j}<0.6\\ -0.7354R_{i,j}+1.3956, & 0.6\leqslant R_{i,j}\leqslant 0.77\\ -2.0R_{i,j}+2.3693, & 0.77\leqslant R_{i,j}\leqslant 1.15\\ 0.001, & R_{i,j}\geqslant 1.15\end{cases} \tag{2.30}$$

(3) 由于邻域内各点的空间临近度 $d_{i,j}$ 的大小与邻域内的各点灰度值无关，只与邻域窗口大小有关。所以对于某个固定的窗口可以由式(2.29)计算出空间临近度后用固定的模板实现。5×5 窗口的模板表示为式(2.31)，中心点的值为 0，可以有效去除孤立噪声点。

$$\boldsymbol{D}=[d_{i,j}]_{5\times 5}=\begin{bmatrix}0.73 & 0.82 & 0.85 & 0.82 & 0.73\\ 0.82 & 0.92 & 0.96 & 0.92 & 0.82\\ 0.85 & 0.96 & 0 & 0.96 & 0.85\\ 0.82 & 0.92 & 0.96 & 0.92 & 0.82\\ 0.73 & 0.82 & 0.85 & 0.82 & 0.73\end{bmatrix} \tag{2.31}$$

根据灰度值相似度函数和空间临近度函数，得到邻域内各像素点的权重 $w_{i,j}=u_{i,j}\times d_{i,j}$。

(4) 将式(2.31)代入式(2.28)从而得到加权均值滤波器。

简单邻域滤波和加权均值滤波存在如下缺点：

(1) 均值滤波算法在平滑图像噪声的同时，必然会模糊图像的细节。采用均值算法在将图像噪声方差缩小 M 倍的同时，实际上也将由图像细节信号本身建立的模型方差缩小了 M 倍，这必然会造成图像细节的模糊。这是均值算法本身存在的固然缺陷，而且只能改善，不能改变。

(2) 采用相同权值进行平滑，算法存在盲目性，而这种盲目性的结果则表现为算法对脉冲噪声的敏感性。这样，当采用相同的权值对含有噪声的图像进行均值滤波时，若被处理区域含有受脉冲噪声污染的像素点，那么这个像素点会在很大程度上影响滤波效果，并且它还会通过此时的均值运算把它的影响扩散到其周围的像素点。另外，采用相同权值的均值滤波算法没有充分利用像素间的相关性和位置信息。

利用 MATLAB 中的 fspecial(用于产生预定义滤波器)、imnoise(加入高斯噪声)、imadjust(灰度的调整)、medfilt2(中值滤波)、filter2(各种滤波)、fspecial(建立预定义的滤

波算子)、imfilter(多维图像进行滤波)等函数，对图像进行各种滤波，结果如图 2.7 所示。

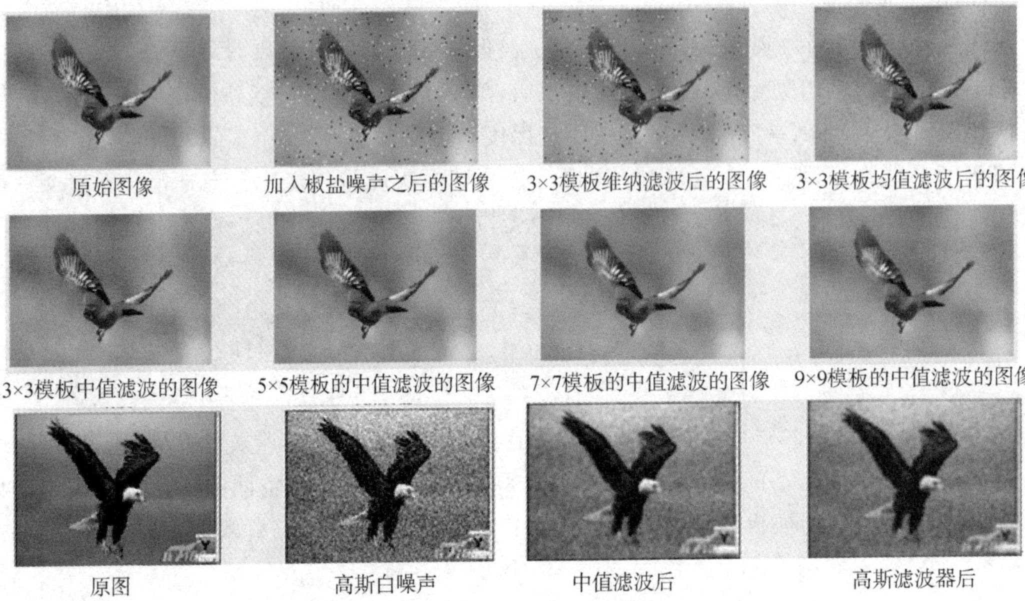

图 2.7　中值和高斯滤波

主要代码如下：

```
I=imread('n.jpg'); I=rgb2gray(I);        %从文件夹中读取，转换为灰度图像
J=imnoise(I, 'salt & pepper', 0.02);     %图像加入均值为 0 方差为 0.02 的椒盐噪声
h=ones(3, 3)/9;                          %产生 3×3 的全 1 数组
B=conv2(J, h);                           %卷积运算
Q=wiener2(J, [3 3]);                     %对加噪图像进行二维自适应维纳滤波
P=filter2(fspecial('average', 3), J)/255; %均值滤波模板尺寸为 3
K1=medfilt2(J, [a a]);                   %进行 a×a 模板的中值滤波，默认为 3×3
sigma1 = 10;                             %高斯正态分布标准差
gausFilter = fspecial('gaussian', [5 5], sigma1);   %高斯滤波器
J2=imfilter(J, gausFilter, 'replicate');  %高斯滤波
```

2.6　图像压缩

一幅原始彩色图像(1920×1080)，若每个像素用 32 bit 表示 RGB 的值，则该图像需要的内存为 1920×1080×3= 6220800 B，即 6 MB，这是计算机不能接受的。若这样，1 GB 硬

盘只能存 100 多幅图像。对于视频图像也一样，若 1920×1080、30 f/s、1 小时的视频，则压缩大概需要的内存为 6 MB×30×60×60 = 648000 MB，即 648 GB。由此得出，实际应用中需要对图像进行压缩，去除多余数据。以数学的观点来看，这一过程实际上就是将二维像素阵列变换为一个在统计上无关联的数据集合。图像压缩是指以较少的比特有损或无损地表示原来的像素矩阵的技术，也称图像编码。在图像压缩中，需要解决的问题是如何最大限度地压缩图像数据，并确保使用这些数据能重建图像，并被用户接受。图像编码和压缩实质上是将原始图像数据按照一定的规则进行变换和组合，以尽可能少的代码(符号)来表示尽可能多的数据信息。

数字图像的冗余是图像压缩的依据，包括空间冗余、时间冗余、视觉冗余、信息熵冗余、结构冗余和知识冗余。

(1) 空间冗余。一幅图像表面上各采样点的颜色之间往往存在着空间连贯性。图像中颜色相同的块就可压缩。比如说，第一行像素为[105，105，…，105]，若共 100 个像素，则需要 1 B×100 存贮空间。最简单的压缩结果为[105，100]，表示后面 100 个像素的灰度值都是 105，则只要 2 个字节就能表示整行数据，即压缩了图像。

(2) 时间冗余。时间冗余主要针对视频。视频图像一般为位于一时间轴区间的一组连续图像序列，相邻帧往往包含相同的背景和移动物体，只是移动物体所在的空间位置略有不同。所以后一帧的数据与前一帧的数据有许多共同像素区域，这种共同性是由于相邻帧记录了相邻时刻的同一场景画面，称为时间冗余。当视频存在时间冗余时可进行压缩。

(3) 视觉冗余。人类的视觉系统由于受生理特性的限制，对于图像场的注意是非均匀，人对细微的颜色差异感觉不明显。例如，人类视觉的分辨能力一般为 26 灰度等级，而一般的图像量化采用 28 灰度等级，即存在视觉冗余。通常情况下，人类视觉系统对亮度变化敏感，而对色度的变化相对不敏感；在高亮度区，人眼对亮度变化敏感度下降；对物体边缘敏感，内部区域相对不敏感；对整体结构敏感，而对内部细节相对不敏感。存在视觉冗余的图像可以压缩，其核心思想是去掉那些人眼看不到或可有可无的图像数据，使得压缩后再还原即使有允许范围的变化人也感觉不出来。

(4) 信息熵冗余。信息熵是指一组数据所携带的信息量。如果图像中平均每个像素使用的比特数大于该图像的信息熵，则图像中存在冗余，这种冗余称为信息熵冗余。

(5) 结构冗余。结构冗余是指图像中存在很强的纹理结构或自相似性。有些图像从大域上看存在着非常强的纹理结构，例如布纹图像和草席图像，可以说它们在结构上存在冗余。

(6) 知识冗余。知识冗余是指有些图像包含与某些先验知识有关的信息。有许多图像的理解与某些基础知识有相当大的相关性。例如，人脸的图像有固定的结构，嘴的上方有鼻子，鼻子的上方有眼睛，鼻子位于正脸图像的中线上，等。这类规律性的结构可由先验知识即相关背景知识得到。

图像压缩分为两大类：

（1）无损压缩，也称为冗余压缩，使用数据的统计冗余进行压缩。即使用压缩后的数据进行重构，重构所得数据与原数据完全相同，没有损失。从数学上讲，这是一种可逆的操作。然而，压缩率受统计冗余的影响，理论极限一般在 2∶1 和 5∶1 之间。该方法被广泛应用于文本数据、程序及特殊应用场合的图像数据(如指纹图像、医学图像等)的压缩。由于压缩比的限制，无损压缩无法解决图像、视频的存储、传输的所有问题。

（2）有损压缩，也称为信息压缩，对图像或声音中的某些频率成分并不敏感，允许在压缩过程中丢失某些信息。也就是说，解码后的图像与原始图像不同，并且允许有一定的失真。有损压缩允许损失一定的信息。虽然不能完全恢复原始数据，但损失部分对理解原图像的影响小，压缩比却可以大很多。有损压缩在语音、图像和视频数据的压缩中有着广泛的应用。

矩阵计算和分析在工程技术中有着很广泛的应用，许多实际问题可以通过矩阵分解来变换和求解。在众多的矩阵分解方法中，奇异值分解(SVD)是一种性能优良的完全正交分解。随着计算机技术的发展和信息工程的需要，SVD 广泛应用于图像压缩中。其优点有：① 图像奇异值的稳定性非常好，当图像受到较小的干扰时，图像的奇异值不会发生很大的变化；② 奇异值代表图像的内在特征，而不是视觉特征。

假设 $\boldsymbol{M}$ 是一个 $m\times n$ 阶矩阵，SVD 表示为

$$\boldsymbol{M}=\boldsymbol{U\Sigma V}^{*} \tag{2.32}$$

其中：奇异值从小到大顺序排列，$\boldsymbol{U}$ 是 $m\times m$ 阶酉矩阵；$\boldsymbol{\Sigma}$ 是半正定 $m\times n$ 阶对角矩阵；而 $\boldsymbol{V}^{*}$ 为 $\boldsymbol{V}$ 的共轭转置，是 $n\times n$ 阶酉矩阵。这样的分解就称作 $\boldsymbol{M}$ 的奇异值分解。$\boldsymbol{\Sigma}$ 对角线上的元素 Σ_i 表示 $\boldsymbol{M}$ 的奇异值。

SVD 图像压缩的主要代码如下：

```
img=imread('001.jpg');                              %读取图像
k=5;                                                %保留最大奇异值个数
img=rgb2gray(img); imshow(mat2gray(a));
[m n]=size(img); a=double(img); r=rank(img);
[s v d]=svd(double(ing));                           %SVD 分解
plot(diag(s), 'b-', 'LineWidth', 3); title('图像矩阵的奇异值'); ylable('奇异值');
re=s(:, :) * v(:, 1: k) * d(:, 1: k)';              %重构图像
imshow(mat2gray(re));                               %画图
compressratio = n^2/(k * (2 * n+1));                %计算压缩比
imwrite(mat2gray(re), '1.jpg')                      %保存图像
```

对于不同的最大奇异值得到的压缩图像如图 2.8 所示。

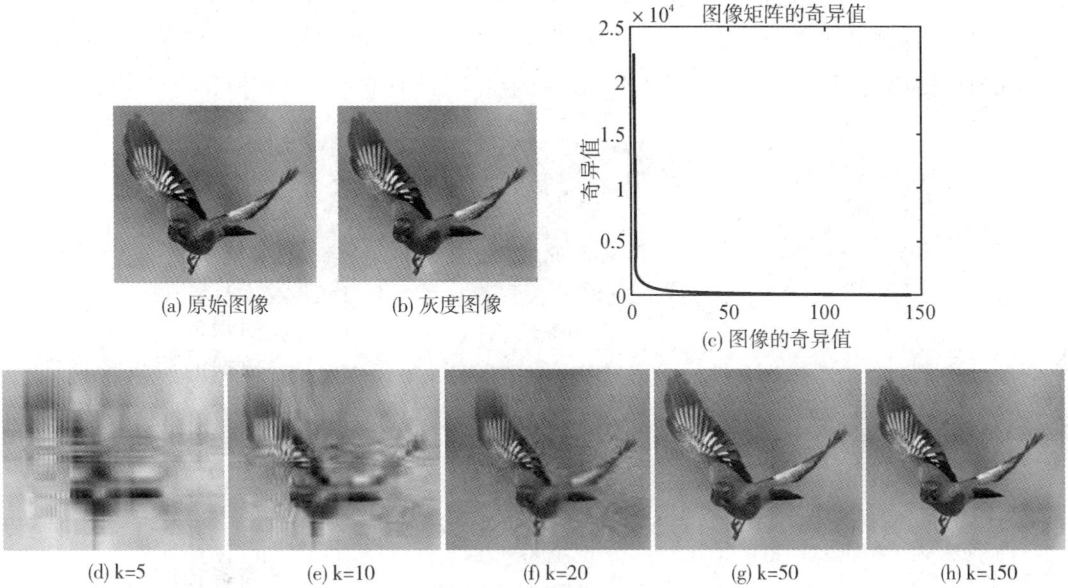

图 2.8　不同最大奇异值数压缩得到的图像

假定一幅图像 A 大小为 $n\times n$，即图像有 $n\times n=n^2$ 个像素(设 $n=100$，则有 10^4 个数据)。n^2 个数据进行存储或发送、传送所需数据量很大。假定对图像 A 进行 SVD，奇异值从小到大的顺序排列，从中选取 k 个最大奇异值以及对应的左右奇异向量逼近原图像，便可以仅使用 $k(2n+1)$ 个数值取代原来的 n^2 个图像像素数据。图 2.8(b)所示图像大小为 196×196，若要存储该图像就需要 38416 个数据。利用 MATLAB 中的函数 svd 对它进行 SVD，得奇异值矩阵为

$$S=\begin{bmatrix} 22539 & 0 & 0 & \cdots & 0 \\ 0 & 2295 & 0 & \cdots & 0 \\ 0 & 0 & 1726 & \cdots & 0 \\ \vdots & \vdots & \vdots & \vdots & \vdots \\ 0 & 0 & 0 & \cdots & 1 \end{bmatrix} \tag{2.33}$$

图 2.8(c)所示为图像的奇异值。第 40 个奇异值为 158，与第一个奇异值 22539 相比已经很小，所以就把矩阵第 40 个奇异值之后的奇异值全部舍去，只需要存贮矩阵 $\boldsymbol{U}$ 和 $\boldsymbol{V}$ 的前 40 列和奇异值矩阵。奇异值矩阵中比较小的奇异值舍去的越多，则图像的压缩比越大，同时失真度也越高。

利用 SVD 也可以对彩色图像进行压缩，其过程与灰度图像压缩基本相同：① 利用 SVD 对彩色图像的每个通道彩色图像进行分别压缩；② 利用 MATLAB 中的 cat 函数对三个通道的压缩图像进行合成。示例如图 2.9 所示。

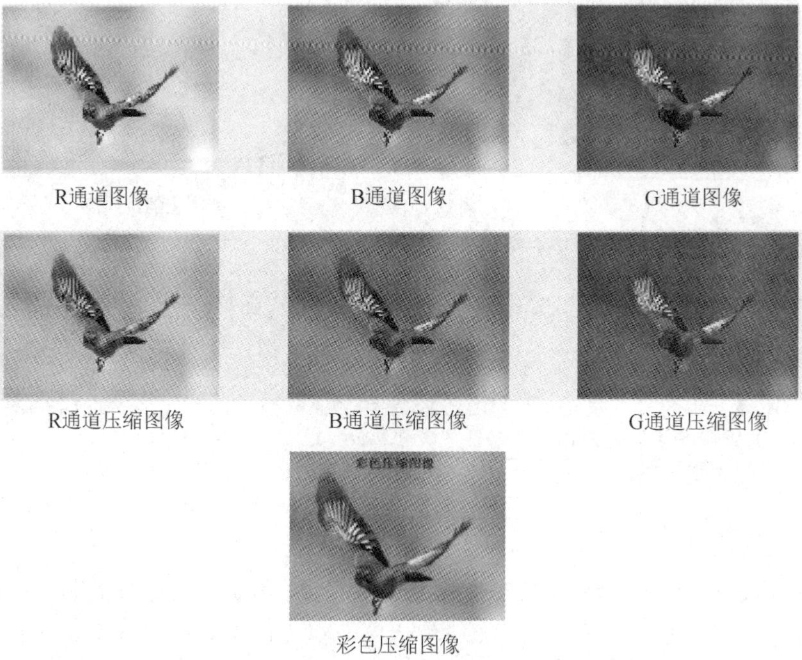

图 2.9　各通道压缩图像和彩色压缩图像

在彩色图像压缩中，为了提高图像压缩速度，先将输入的图像分成多个子图像，子图像大小一般为 2×2、4×4、8×8，然后利用 SVD 分别对每个子图像的三通道彩色图像分别进行压缩，最后整合为彩色压缩图像。

2.7　图像数学形态学处理

数学形态学由一系列代数运算子组成，最常见的形态学运算包括膨胀、腐蚀、开运算和闭运算，结合这些算子中的一种或多种可实现图像增强、边界检测和提取、图像分割等。数学形态学处理对象大多是二值图像，基本思想是将二值图像看成一个集合，并用结构元素去扫描搜集图像信息。结构元素是一个尺寸较小、能够在图像上平移的集合，结构元素在图像中移动的过程会携带图像形态、大小以及灰度和色度信息从而反映出目标图像的结构特点。下面介绍形态学中的三种基本运算。

1. 膨胀和腐蚀

1）膨胀

膨胀是将与物体接触的所有背景点合并到该物体中，使边界向外部扩张的过程，可以用来填补物体中的空洞。膨胀实质上相当于对目标图像进行加长或变粗，其中加长或变粗的程度由结构元素的大小来决定的。通过利用确定的结构元素对相邻距离较短的区域进行连接，从而扩展物体的边界点。

膨胀算法：用 3×3 的结构元素扫描图像的每一个像素，将结构元素与其覆盖的二值图像做“与”操作，如果都为 0，则图像的该像素为 0；否则为 1。此时二值图像扩大一圈。若 A 被 b 膨胀，记作 $A \oplus b$，即

$$A \oplus b = \{z \mid (\hat{b})_z \cap A \neq \varnothing\} \tag{2.34}$$

式中，$\varnothing$ 为空集，A 为目标图像，b 为结构元素，z 是 A 被 b 膨胀的集合。

2）腐蚀

与膨胀运算相反，腐蚀是一种消除边界点使边界向内部收缩的过程，是细化或收缩目标对象，细化和收缩的程度受结构元素控制，可以用来消除小且无意义的物体。

腐蚀算法：用 3×3 的结构元素扫描图像的每一个像素，将结构元素与其覆盖的二值图像做“与”操作，如果都为 1，则图像的该像素为 1；否则为 0。此时二值图像减小一圈。腐蚀是膨胀的对偶运算，能够消除目标图像的边界点。若 A 被 b 腐蚀，记作 $A\Theta b$，即

$$A\Theta b = \{z \mid (\hat{b})_z \cap A\} \tag{2.35}$$

无论腐蚀还是膨胀，都是把结构元素 b 像卷积操作那样在图像上平移，b 中的原点就相当于卷积核的核中心，结果也是存储在核中心对应位置的元素上。只不过腐蚀是 b 被完全包含在其所覆盖的区域，膨胀时 b 与其所覆盖的区域有交集即可。

2. 开闭运算

实际操作中往往是把膨胀和腐蚀组合起来对图像进行操作，从而可以形成开闭两种运算形式。

1）开运算

先腐蚀后膨胀的过程称为开运算。开运算的目的是消除小物体，在纤细点处分离物体、平滑较大物体边界的同时不明显改变其面积。A 被 b 的开运算记作 $A \circ b$，它是一种先腐蚀后膨胀的操作：

$$A \circ b = (A\Theta b) \oplus b \tag{2.36}$$

开运算平滑了目标图像的轮廓，删除图像中不包含结构元素的对象区域。

开运算通常是在需要去除小颗粒噪声以及断开目标物之间粘连时使用。其主要作用与腐蚀相似，与腐蚀操作相比，具有可以基本保持目标原有大小不变的优点。

2）闭运算

先膨胀后腐蚀的过程称为闭运算。闭运算的目的是填充物体内细小空洞，在连接邻近物体、平滑其边界的同时不明显改变其面积。同形态学开运算类似，闭运算也能够平滑目标对象的轮廓，并将一些狭小的断裂处连接起来。A 被 b 的闭运算记作 $A \cdot b$，它是先膨胀后腐蚀，定义为

$$A \cdot b = (A \oplus b) \Theta b \tag{2.37}$$

通常情况下，有噪声的图像用阈值二值化后，所得到的边界是很不平滑的，物体区域具有一些错判的孔洞，背景区域散布着一些小的噪声物体，连续的开和闭运算可以显著地改善这种情况。这时需要在连接几次腐蚀迭代之后，再加上相同次数的膨胀，才可以产生期望的效果。

3. 形态学重建

形态学重建就是根据一幅图像(即掩模图像)的特征来处理另一幅图像，掩模图像的峰值点代表图像开始处理的位置，然后用结构元素定义连通性，基于像素连通性向被标记图像的其他部位扩展。形态学重建通常具有以下几个特征：

(1) 基于掩模和标记两幅图像以及结构元素来进行处理。

(2) 进行重复处理直到图像稳定为止。

(3) 它是基于图像的连通性进行操作处理的。

连通性是描述区域和边界的重要概念，判断两个像素连通的必要条件是两个像素位置相邻且灰度值满足特定的相似性准则。连通域是指二值图像中位置相邻的前景像素点组成的区域。假定二值图像 M 包含于二值图像 N，即 $M \subseteq N$。N 被称为掩膜图像，M 称为标记图像，则标记图像对掩膜图像的重建为 N 中包含 M 的连通域的并集，定义为

$$\rho_N(M) = \bigcup_{N_i \cap M \neq \varnothing} (N_i \mid N_i \text{是} N \text{中的连通域}, i = 1, 2, \cdots, n) \tag{2.38}$$

测线距离：两个像素 p 和 q 之间的测线距离是指在给定集合 X 的范围内，p 和 q 之间的最短距离。

形态学重建的核心是测线膨胀和测线腐蚀，两者都是基于测线距离定义的。

测线膨胀：$X \subseteq Z^2$ 是 Z^2 上的一个离散集，$Y \subseteq X$。也就是在给定集合 X 范围内，若结构元素的尺寸为 n，对 Y 的测线膨胀为 X 中到 Y 的测线距离小于等于 n 的所有像素的集合，即

$$d_x^{(n)}(Y) = \{p \in X \mid d_x(p, Y) \leqslant n\} \tag{2.39}$$

尺寸为 n 的测线膨胀可以由尺寸为 1 的单位尺寸的测线膨胀通过迭代运算获取：

$$\delta_x^{(n)}(Y) = \delta_x^{(1)} \circ \delta_x^{(1)} \circ \cdots \circ \delta_x^{(1)}(Y) \tag{2.40}$$

$$\delta_x^{(1)}(Y) = (Y \oplus b) \cap X \tag{2.41}$$

图像重建：$Y \subseteq X$ 对 X 的重建可以通过 Y 在 X 内部的基本测线膨胀的迭代而获取：

$$\rho_x(Y) = \bigcup_{n \geqslant 1} \delta_X^{(n)}(Y) \tag{2.42}$$

二值图像按其定义扩展可得到基于测线膨胀的灰度图像重建：

$$D_I(J) = \bigvee_{n \geqslant 1} \delta_I^{(n)}(J) \tag{2.43}$$

式中，$\vee$ 表示逐点求最大值，J 表示灰度图像，$D_I(J)$为膨胀重建，$\delta_I^{(n)}(J)$表示经过 n 次灰度测线膨胀过程。

同理，腐蚀重建定义为

$$E_I(J) = \bigwedge_{n \geqslant 1} \varepsilon_I^{(n)}(J) \tag{2.44}$$

式中，$\wedge$ 表示逐点求取最小值，$\varepsilon_I^{(n)}(J)$表示 n 次灰度测线腐蚀运算。

若 A 为灰度图像，当 J 为 $A\Theta b$ 时，形态学开重建运算为

$$O^{(\text{rec})}(A, b) = D_A(J) \tag{2.45}$$

当 J 为 $A \oplus b$ 时，形态学闭重建运算为

$$C^{(\text{rec})}(A, b) = E_A(J) \tag{2.46}$$

若对图像先进行开重建操作后再进行闭重建操作就称为形态学开闭重建运算。

利用 MATLAB 函数 strel(生成模板)、imerode(腐蚀)、imdilate(膨胀)、imopen(开运算)和 imclose(闭运算)能够对图像进行处理。代码如下，结果如图 2.10 所示。

```
% 膨胀和腐蚀运算
b=[0 1 0 1 0 1 1 1 1 1 0 1 0]；%b 为结构元素
A2=imdilate(II, b)；%图像 A1 被结构元素 b 膨胀
A3=imdilate(A2, b)；A4=imdilate(A3, b)；
subplot(141), imshow(II)；title('原始图像')；
subplot(142), imshow(A2)；title('使用 b 后 1 次膨胀后的图像')；
subplot(143), imshow(A3)；title('使用 b 后 2 次膨胀后的图像')；
subplot(144), imshow(A4)；title('使用 b 后 3 次膨胀后的图像')；
%在以上代码中，只需要将 imdilate 换成 imerode，就得到腐蚀运算
%开运算和闭运算
b=strel('disk', 5)；%b 为结构元素
subplot(131), imshow(II)；title('原始图像')；
I_opened = imopen(I, b)；
subplot(132), imshow(I_opened, [ ]) ；title('开运算后的图像')；
I_opened = imclose(I, se)；
subplot(133), imshow(I_opened, [ ]) ；title('闭运算后的图像')；
```

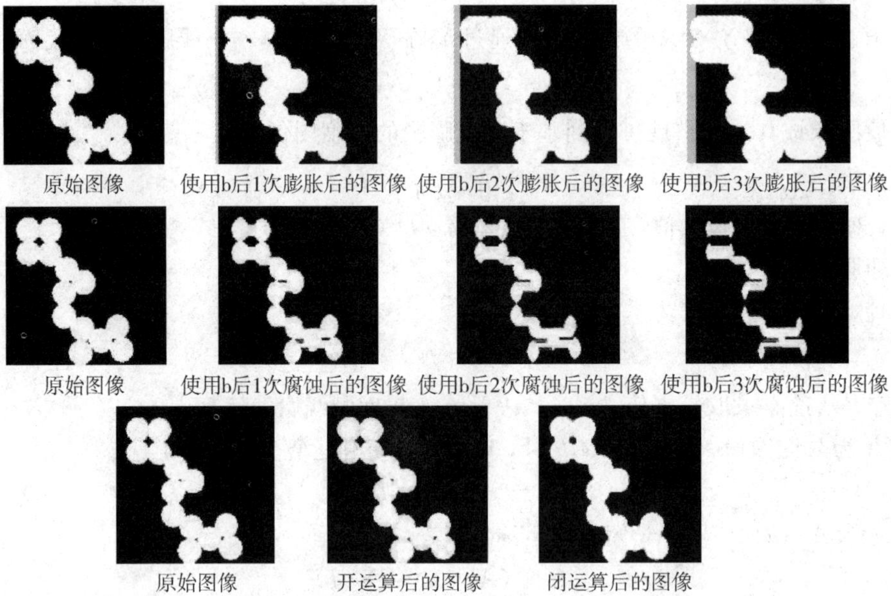

图 2.10　膨胀、腐蚀、开运算和闭运算图

第 3 章　图像的不变性特征提取

图像特征代表某一类图像区别于其他类图像的本质差异。通过测量或处理抽取图像特征来表示整幅图像内容，然后就可以根据特征识别、分类图像。也可以将某一类图像的多个或多种特征组合在一起，形成一个特征向量来代表该类图像。若只有一个特征，则特征向量就是一维向量；若是多个特征的组合，则称为多维特征向量。模式识别中进行匹配识别或分类器分类识别时，判断的依据就是图像的特征向量。本章介绍一些常用的图像的不变性特征提取方法。

3.1　图像的基本几何特征

特征是某一类对象区别于其他类对象的相应(本质)特点或特性，或是这些特点和特性的集合。特征是通过测量或处理能够抽取得到的数据。对于图像而言，每一幅图像都具有能够区别于其他类图像的自身特征，有些是可以直观地感受到的自然特征，如亮度、边缘、纹理和色彩等；有些则是需要通过变换或处理才能得到的，如矩、直方图以及主成分等。

局部图像特征描述的核心问题具有不变性(鲁棒性)和可区分性。由于使用局部图像特征描述子通常是为了鲁棒地处理各种图像变换的情况，因此，在构建/设计特征描述子时，不变性问题就是首先需要考虑的问题。在宽基线匹配中，需要考虑特征描述子对于视角变化的不变性、对尺度变化的不变性、对旋转变化的不变性等；在形状识别和物体检索中，需要考虑特征描述子对形状的不变性。

边缘：边缘是组成两个图像区域之间边界(或边缘)的像素。一般一个边缘的形状可以是任意的，还可能包括交叉点。在实践中边缘一般被定义为图像中拥有大的梯度的点组成的子集。一些常用的算法还会把梯度高的点联系起来构成一个更完善的边缘。这些算法也可能对边缘提出一些限制。

角：角是图像中点似的特征，在局部它有两维结构。早期的算法首先进行边缘特征提取，然后分析边缘的走向来寻找边缘突然转向(角)。后来发展的算法不再需要边缘特征提取这个步骤，而是可以直接在图像梯度中寻找高度曲率。后来发现这样有时会在图像中本来没有角的地方发现具有与角一样的特征的区域。

区域：与角不同的是，区域描写图像中的一个区域性的结构，但是区域也可能仅由一个像素组成。因此，许多区域检测也可以用来检测角。一个区域检测器可以检测图像中一个对于角检测器来说太平滑的区域。区域检测可以被想象为把一张图像缩小，然后在缩小的图像上进行角检测。

脊：长条形的物体被称为脊。在实践中脊可以被看作代表对称轴的一维曲线，此外局部针对每个脊像素有一个脊宽度。从灰梯度图像中提取脊要比提取边缘、角和区域困难。在空中摄影中往往使用脊检测来分辨道路，在医学图像中它被用来分辨血管。

图像的几何统计特征包括周长、面积、区域的质心、灰度均值、灰度中值和欧拉数等。

周长：区域边界的长度，即位于区域边界上的像素数目。

面积：区域中的像素总数。

区域的质心：即区域中心。

灰度均值：区域中所有像素的平均值。

灰度中值：区域中所有像素的排序中值。包含区域的最小矩形，最小或最大灰度级，大于或小于均值的像素数。

欧拉数：区域中的对象数减去这些对象的孔洞数。

直方图：图像直方图利用数字图像中每个亮度值的像素数来描述图像中的亮度分布，对图像的灰度值进行统计。直方图能够显示图像中色调的分布情况，揭示图像中每一个亮度级别下像素出现的次数。直方图横坐标表示亮度分布，左边暗、右边亮；纵坐标表示像素分布。由于其计算代价较小且具有图像平移、旋转、缩放不变性等众多优点，被广泛地应用于图像处理的各个领域，特别是灰度图像的阈值分割、基于颜色的图像检索以及图像分类。

3.2 尺度不变特征变换及其改进

在实际生活中，人看一张照片时，观测距离越远，图像越模糊。计算机在“看”一张照片时，会从不同的“尺度”去观测照片，尺度越大，图像也越模糊。这里的“尺度”就是二维高斯函数中的 σ 值。一张照片与二维高斯函数卷积后能够得到很多张不同 σ 值的高斯图像，这就好比人眼从不同距离去观测那张照片。所有不同尺度下的高斯图像构成单个原始图像的尺度空间。图像尺度空间表达的就是图像在所有尺度下的描述。尺度是自然客观存在的，不是主观创造的。高斯卷积只是表现尺度空间的一种形式。高斯核是一个可以产生多尺度空间的核。在低通滤波中，高斯平滑滤波无论是在时域还是在频域都十分有效。高斯函数为

$$G(x, y, \sigma) = \frac{1}{2\pi\sigma^2} e^{-(x^2+y^2)/2\sigma^2} \tag{3.1}$$

式中，σ 称为尺度空间因子。

σ 大小决定图像的平滑程度，是高斯正态分布的标准差。正态分布是一种钟形曲线，越接近中心，取值越大；越远离中心，取值越小，反映图像被模糊的程度，其值越大图像越模

糊，对应的尺度也就越大。

由图 3.1 可以看出，高斯核是圆对称的，在图片像素中展现出来的是一个正方形，其大小由高斯模板确定。卷积的结果使原始像素值有最大的权重，距离中心越远的相邻像素值权重也越小。高斯核越大，图像越模糊。

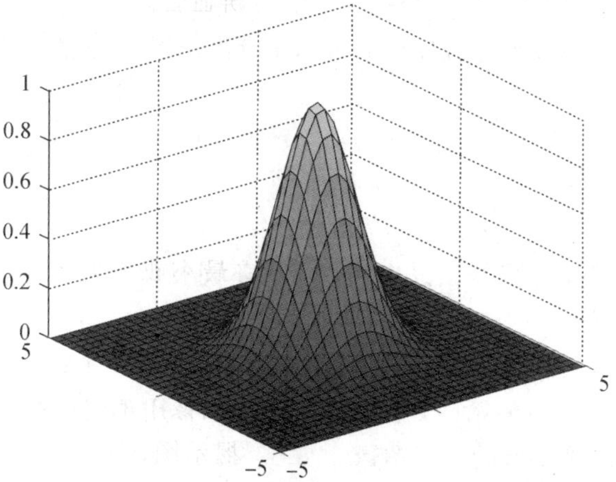

(a) 二维高斯函数

0.000006586	0.000424781	0.01330373	0.000424781	0.000006586
0.000424781	0.0273984	0.109878	0.0273984	0.000424781
0.01330373	0.109878	**0.440655**	0.109878	0.01330373
0.000424781	0.0273984	0.109878	0.0273984	0.000424781
0.000006586	0.000424781	0.01330373	0.000424781	0.000006586

(b) 高斯核

图 3.1　高斯函数和高斯函数对应的高斯核

因为高斯函数具有 5 个重要性质：① 二维高斯具有旋转对称性；② 高斯函数是单值函数；③ 高斯函数的傅里叶变换频谱是单瓣的；④ 高斯滤波器的宽度(决定着平滑程度)是由参数 σ 表征的，而且 σ 与平滑程度的关系非常简单；⑤ 二维高斯滤波的计算量随滤波模板宽度成线性增长而不是成平方增长。

1. 多尺度特征

在视觉信息处理模型中引入尺度参数，通过连续变化尺度参数获得不同尺度下的视觉特征，然后综合这些特征以深入地挖掘图像的本质特征。高斯卷积核是实现尺度变换的唯一线性核。二维图像 $I(x, y)$ 的高斯尺度空间定义为

$$L(x, y, \sigma) = G(x, y, \sigma) * I(x, y) \tag{3.2}$$

其中，$*$ 表示卷积运算，$L(x, y, \sigma)$是图像的高斯尺度空间，$G(x, y, \sigma)$是高斯核函数。

利用窗函数可以得到图像的角点，在不同的尺度空间应该使用不同的窗函数检测极值点。对小的角点要使用小的窗口，对大的角点只能使用大的窗口。为了达到这个目的我们使用尺度空间滤波器，该滤波器可以使用一些具有不同方差 σ 的高斯卷积核构成。使用具有不同方差 σ 的高斯拉普拉斯算子(LOG)对图像进行卷积，由于 LOG 具有不同的方差值 σ，可以用来检测不同大小的角点(斑点)。实验表明，当 LOG 的方差 σ 与角点直径相等时能

够使角点完全平滑。简单来说，方差σ就是一个尺度变换因子。使用一个小方差σ的高斯卷积核可以很好地检测出小的角点，而使用大方差σ的高斯卷积核时可以很好地检测出大的角点。所以，可以在尺度空间和二维平面中检测到图像的局部最大值。

LOG 的计算量非常大，SIFT(Scale-Invariant Feature Transform，尺度不变特征变换)算法使用高斯差分(Difference of Gaussian，DOG)算子来对 LOG 做近似。为了检测出在不同的尺度下都存在的特点，通常使用高斯差分来近似计算 LOG，即利用不同尺度的高斯差分核与图像卷积生成：

$$\begin{aligned} D(x, y, \sigma) &= (G(x, y, k\sigma) - G(x, y, \sigma)) * I(x, y) \\ &= L(x, y, k\sigma) - L(x, y, \sigma) \end{aligned} \tag{3.3}$$

构造$D(x, y, \sigma)$的详细步骤如下：

(1) 采用不同尺度因子的高斯核对图像进行卷积以得到图像的不同尺度空间，将这一组图像作为金字塔图像的第一层。

(2) 对第一层图像中的 2 倍尺度图像(相对于该层第一幅图像的 2 倍尺度)以 2 倍像素距离进行下采样来得到金字塔图像的第二层中的第一幅图像，对该图像采用不同尺度因子的高斯核进行卷积，以获得金字塔图像中第二层的一组图像。

(3) 以金字塔图像中第二层中的 2 倍尺度图像(相对于该层第一幅图像的 2 倍尺度)以 2 倍像素距离进行下采样来得到金字塔图像的第三层中的第一幅图像，对该图像采用不同尺度因子的高斯核进行卷积，以获得金字塔图像中第三层的一组图像。以此类推，从而获得金字塔图像的每一层的一组图像。

(4) 将上面得到的每一层相邻的高斯图像相减，就得到了高斯差分图像。

2. 删除不好的极值点(特征点)

通过比较检测得到的 DOG 的局部极值点是在离散的空间搜索得到的，由于离散空间是对连续空间采样得到的结果，在离散空间找到的极值点不一定是真正意义上的极值点，因此要设法将不满足条件的点剔除掉。可以通过尺度空间 DOG 函数进行曲线拟合寻找极值点，这一步的本质是去掉 DOG 局部曲率非常不对称的点。要剔除掉的不符合要求的点主要有两种：低对比度的特征点和不稳定的边缘响应点。

1) 剔除低对比度的特征点

候选特征点x，其偏移量定义为Δx，其对比度为$D(x)$的绝对值$|D(x)|$，对$D(x)$应用泰勒展开式：

$$D(x) = D + \frac{\partial D}{\partial x}\Delta x + \frac{1}{2}\Delta x \frac{\partial^2 D}{\partial x^2}\Delta x \tag{3.4}$$

由于x是$D(x)$的极值点，所以对上式求导并令其为 0，得到

$$\Delta x = -\frac{\partial^2 D^{-1}}{\partial x^2} \cdot \frac{\partial D(x)}{\partial x} \tag{3.5}$$

然后再把求得的 Δx 代入到 $D(x)$ 的泰勒展开式中

$$D(\hat{x}) = D + \frac{1}{2}\frac{\partial D}{\partial x}\hat{x} \tag{3.6}$$

设对比度的阈值为 T，若 $|D(\hat{x})| \geqslant T$，则该特征点保留，否则剔除掉。

2) 剔除不稳定的边缘响应点

在边缘梯度的方向上主曲率值比较大，而沿着边缘方向主曲率值较小。候选特征点的DOG 函数 $D(x)$ 的主曲率与 2×2 的 Hessian 矩阵 $\boldsymbol{H}$ 的特征值成正比。

$$\boldsymbol{H} = \begin{bmatrix} D_{xx} & D_{yx} \\ D_{xy} & D_{yy} \end{bmatrix} \tag{3.7}$$

其中，D_{xx}，D_{xy}，D_{yy} 是候选点邻域对应位置的差分求得的。

为了避免求 $\boldsymbol{H}$ 的具体值，可以使用 $\boldsymbol{H}$ 特征值的比例。设 $\alpha = \lambda_{\max}$ 为 $\boldsymbol{H}$ 的最大特征值，$\beta = \lambda_{\min}$ 为 $\boldsymbol{H}$ 的最小特征值，则

$$\begin{aligned} \mathrm{tr}(\boldsymbol{H}) &= D_{xx} + D_{yy} = \alpha + \beta \\ \det(\boldsymbol{H}) &= D_{xx} + D_{yy} - D^2{}_{xy} = \alpha \cdot \beta \end{aligned} \tag{3.8}$$

其中，$\mathrm{tr}(\boldsymbol{H})$ 为矩阵 $\boldsymbol{H}$ 的迹，$\det(\boldsymbol{H})$ 为矩阵 $\boldsymbol{H}$ 的行列式。

设 $\gamma = \alpha/\beta$ 表示最大特征值和最小特征值的比值，则

$$\frac{\mathrm{tr}(\boldsymbol{H})^2}{\det(\boldsymbol{H})} = \frac{(\alpha+\beta)^2}{\alpha\beta} = \frac{(\gamma\beta+\beta)^2}{\gamma\beta^2} = \frac{(\gamma+1)^2}{\gamma} \tag{3.9}$$

上式的结果与两个特征值的比例有关，而与具体的大小无关，当两个特征值相等时其值最小，并且随着 γ 的增大而增大。为了检测主曲率是否小于某个阈值 γ，只需检测

$$\frac{\mathrm{tr}(\boldsymbol{H})^2}{\det(\boldsymbol{H})} < \frac{(\gamma+1)^2}{\gamma} \tag{3.10}$$

若上式成立，则剔除该特征点，否则保留(默认取 $\gamma = 10$)。

3. 求取特征点主方向

经过以上分析能够找到图像在不同尺度下都存在的特征点。为了实现图像的旋转不变性，需要给特征点的方向进行赋值。利用特征点邻域像素的梯度分布特性来确定其方向参数，再利用图像的梯度直方图求取关键点局部结构的稳定方向。找到了特征点，可得到该特征点的尺度 σ，计算以特征点为中心、以 $3\times1.5\sigma$ 为半径的区域图像的幅值和幅角，每个点 $L(x, y)$ 的梯度的模 $m(x, y)$ 以及方向 $\theta(x, y)$ 由下式求得：

$$m(x, y) = \sqrt{[L(x+1, y) - L(x-1, y)]^2 + [L(x, y+1) - L(x, y-1)]^2} \tag{3.11}$$

$$\theta(x, y) = \mathrm{arctan2}\left(\frac{L(x, y+1) - L(x, y-1)}{L(x+1, y) - L(x-1, y)}\right) \tag{3.12}$$

其中，L 所用的尺度为每个特征点各自所在的尺度。

计算得到梯度方向后，就要使用直方图统计特征点邻域内像素对应的梯度方向和幅值。梯度方向的直方图的横轴是梯度方向的角度(梯度方向的范围是 0°～360°，直方图每 36°一个柱、共 10 个柱，或每 45°一个柱、共 8 个柱)，纵轴是梯度方向对应梯度幅值的累加，在直方图上的峰值就是特征点的主方向。

为了增强匹配的鲁棒性，只保留峰值大于主方向峰值 80%的方向作为该特征点的辅方向。因此，对于同一梯度值的多个峰值的关键点位置，在相同位置和尺度将会有多个关键点被创建但方向不同。仅有 15%的特征点被赋予多个方向，但可以明显地提高特征点匹配的稳定性。

4. 关键点特征描述

通过以上的步骤已经找到了 SIFT 特征点的位置、尺度和方向信息，下面就需要使用一组向量来描述关键点，也就是生成特征点描述子。这个描述子不仅包含特征点，也含有特征点周围对其有贡献的像素点。描述子应具有较高的独立性，以保证匹配率。

特征描述子的生成有三个步骤：

(1) 校正旋转主方向，确保旋转不变性。

(2) 生成描述子，最终形成一个 128 维的特征向量。

(3) 归一化处理，将特征向量长度进行归一化处理，进一步去除光照的影响。

为了保证特征向量的旋转不变性，要以特征点为中心，在附近邻域内将坐标轴旋转 θ(特征点的主方向)角度，即将坐标轴旋转为特征点的主方向。旋转后邻域内像素的新坐标为

$$\begin{bmatrix} x' \\ y' \end{bmatrix} = \begin{bmatrix} \cos\theta & -\sin\theta \\ \sin\theta & \cos\theta \end{bmatrix} \begin{bmatrix} x \\ y \end{bmatrix} \tag{3.13}$$

旋转后以主方向为中心取 8×8 的窗口。如图 3.2 所示，左图的中央为当前关键点的位置，每个小格代表关键点邻域所在尺度空间的一个像素。求取每个像素的梯度幅值与梯度方向。箭头方向代表该像素的梯度方向，长度代表梯度幅值。然后利用高斯窗口对其进行加权运算。最后在每个 4×4 的小块上绘制 8 个方向的梯度直方图，计算每个梯度方向的累加值，即可形成一个种子点。每个特征点由 4 个种子点组成，每个种子点有 8 个方向的向量信息。这种邻域方向性信息联合增强了算法的抗噪声能力，同时对于含有定位误差的特征匹配也提供了比较理想的容错性。

与求主方向不同，此时每个种子区域的梯度直方图在 0°～360°划分为 8 个方向区间，每个区间为 45°，即每个种子点有 8 个方向的梯度强度信息。在实际的计算过程中，为了增强匹配的稳健性，对每个关键点使用 4×4 共 16 个种子点来描述，这样一个关键点就可以产生 128 维的 SIFT 特征向量，如图 3.3 所示。

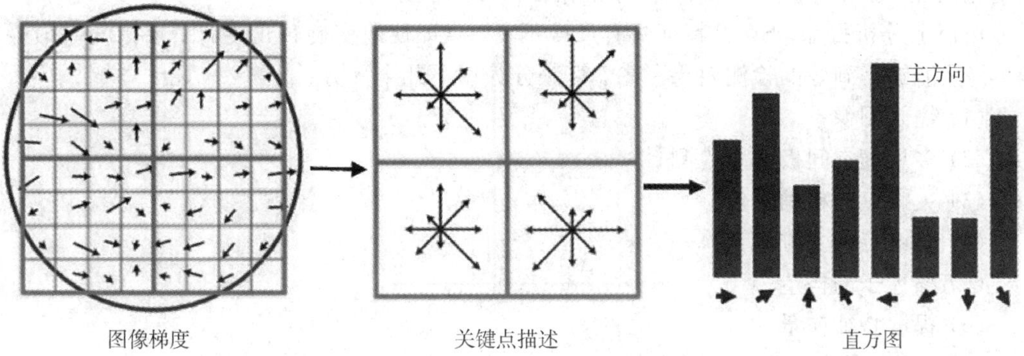

图 3.2　SIFT 特征向量的生成

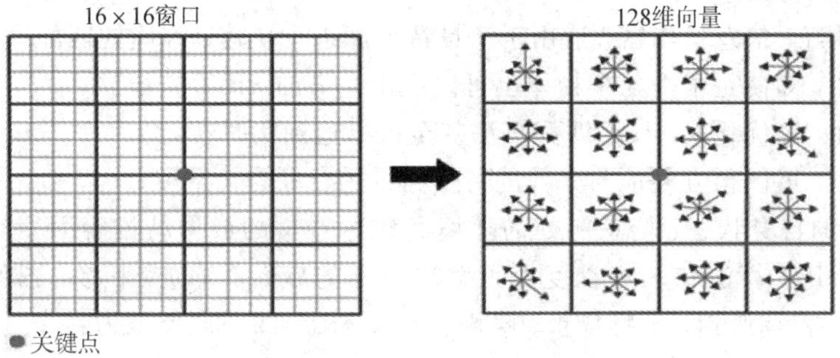

图 3.3　生成的 128 维的 SIFT 特征向量

在每个 4×4 的 1/16 象限中，通过统计 8 个方向区间的直方图，计算出一个梯度方向直方图。这样就可以对每个特征形成一个 4×4×8=128 维的描述子，每一维都表示 4×4 个格子中一个的尺度/方向。将这个向量归一化之后，就可以进一步去除光照的影响。

5. 尺度不变特征变换

尺度不变特征变换(Scale-Invariant Feature Transform，SIFT)是用于图像处理领域的一种描述。这种描述具有尺度不变性，可在图像中检测出关键点，是一种局部特征描述子。SIFT 特征基于物体上的一些局部外观的兴趣点，而与影像的大小和旋转无关，对于光线、噪声、微视角改变的容忍度也相当高。基于这些特性，它们高度显著而且相对容易获取，在母数比较庞大的特征数据库中，很容易辨识物体而且很少有误认。使用 SIFT 特征描述对于部分物体遮蔽的侦测率也是相当的高，甚至只需要 3 个 SIFT 物体特征就足以计算出位置与方位。SIFT 算法的实质是在不同的尺度空间上查找关键点(特征点)，并计算出关键点的方向。SIFT 所查找到的关键点是一些十分突出的，不会因光照、仿射变换和噪音等因素而变化的点，如角点、边缘点、暗区的亮点及亮区的暗点等。

由以上分析得知，SIFT 特征具有尺度不变性，即使改变旋转角度，图像亮度或拍摄视角，仍然能够得到好的检测效果。整个算法分为以下几个部分：

(1) 输入图像；

(2) 多尺度空间极值点检测；

(3) 关键点的精确定位；

(4) 关键点的主方向计算；

(5) 描述子的构造；

(6) 提取特征向量。

SIFT 算法具有以下特点：

- 图像的局部特征对旋转、尺度缩放、亮度变化保持不变，对视角变化、仿射变换、噪声也保持一定程度的稳定性。
- 独特性好，信息量丰富，适用于海量特征库进行快速、准确的匹配。
- 多量性，即使是很少几个物体也可以产生大量的 SIFT 特征。
- 高速性，经优化的 SIFT 匹配算法甚至可以达到实时性。
- 扩展性，可以很方便地与其他的特征向量进行联合。

由于目标的自身状态、场景所处的环境和成像器材的成像特性等因素影响图像识别、跟踪的性能。SIFT 算法在一定程度上可解决目标的旋转/ 缩放/平移、图像仿射/投影变换、光照影响、目标遮挡、杂物场景、噪声。提取 SIFT 的一般步骤为：

(1) 构建尺度空间，检测极值点，获得尺度不变性。搜索所有尺度空间上的图像，通过高斯微分函数来识别潜在的对尺度和选择不变的兴趣点。

(2) 特征点过滤并进行精确定位。在每个候选的位置上，通过一个拟合精细模型来确定位置尺度。关键点的选取依据它们的稳定程度。

(3) 为特征点分配方向值。基于图像局部的梯度方向分配给每个关键点位置一个或多个方向，后续的所有操作都是对于关键点的方向、尺度和位置进行变换，从而提供特征的不变性。

(4) 生成特征描述子。在每个特征点周围的邻域内，在选定的尺度上测量图像的局部梯度，这些梯度被变换成一种表示，这种表示允许比较大的局部形状变形和光照变换。以特征点为中心取 16×16 的邻域作为采样窗口，将采样点与特征点的相对方向通过高斯加权后归入包含 8 个 bin 的方向直方图，最后获得 $4\times4\times8=128$ 维特征描述子。

得到两幅图像 A 和 B 的 SIFT 特征向量后，采用关键点特征向量的欧氏距离作为两幅图像中关键点的相似性判定度量。取图像 A 的某个关键点，通过遍历找到图像 B 中的距离最近的两个关键点。在这两个关键点中，若最近距离除以次近距离小于某个阈值，则判定为一对匹配点。

6. 基于 SIFT 的图像识别

SIFT 算法实现物体识别主要有三个步骤：提取关键点；对关键点附加局部特征；通过两方特征点(附带上特征向量的关键点)的两两比较找出相互匹配的若干对特征点，建立物体间的对应关系。

一般情况下，给出一幅包含物体的参考图像，然后在另外一幅同样含有该物体的图像中实现它们的匹配。两幅图像中的物体一般只是旋转和缩放的关系，加上图像的亮度及对比度的不同等，在这些条件下要实现物体之间匹配。利用 SIFT 算法只要找到 3 对多物体间的匹配点就可以通过射影几何的理论建立它们的一一对应关系。在形状上物体既有旋转又有缩放变化时，首先找到图像中的一些“稳定点”，这些点是一些十分突出的点且不会因光照条件的改变而消失，比如角点、边缘点、暗区域的亮点以及亮区域的暗点。由于两幅图像中有相同的景物，因此使用某种方法分别提取各自的稳定点，这些点之间会有相互对应的匹配点，正是基于这样合理的假设，SIFT 算法的目的是找到目标图像的稳定点，即为灰度图的局部最值。

7. SURF 特征

SURF(Speeded Up Robust Features，加速稳健特征)是对 SIFT 的一种改进，它利用 Haar 小波来近似 SIFT 方法中的梯度操作，同时利用积分图技术进行快速计算，执行效率更快，一般是 SIFT 的 3～7 倍，大部分情况下它与 SIFT 的性能相当。因此它在很多应用中得到了应用，尤其是对运行时间要求高的场合。SURF 算法对积分图像进行操作，卷积只和前一幅图像有关，其降采样的方法是增加图像核的尺寸，这也是 SIFT 算法与 SURF 算法在使用金字塔原理方面的不同。SURF 算法允许尺度空间多层图像同时被处理，不需对图像进行二次抽样，从而提高算法性能。

下面介绍 SURF 特征提取的步骤：

1) 构建 Hessian 矩阵

Hessian 矩阵是 SURF 算法的核心。为了方便运算，假设函数 $f(x, y)$，Hessian 矩阵 $\boldsymbol{H}$ 由函数 $f(x, y)$的偏导数组成，即

$$\boldsymbol{H}(f(x, y)) = \begin{bmatrix} \dfrac{\partial^2 f}{\partial x^2} & \dfrac{\partial^2 f}{\partial x \partial y} \\ \dfrac{\partial^2 f}{\partial x \partial y} & \dfrac{\partial^2 f}{\partial y^2} \end{bmatrix} \tag{3.14}$$

则每一个像素点都可以求出一个 Hessian 矩阵。在离散空间上，为了得到 Hessian 矩阵的 4 个元素，SURF 采用二阶标准高斯核函数对图像进行卷积运算，因为高斯核能够构造出不同尺度下的响应图像。

在 SURF 算法中，利用图像像素 $I(x, y)$代替函数值 $f(x, y)$，选用二阶标准高斯核函

数作为滤波器，则 $L_{xx}(x, y, \sigma)$ 为高斯二阶偏导数在点 (x, y) 处图像 $I(x, y)$ 卷积的结果，即

$$L_{xx}(x, \sigma) = G(x, y, \sigma) \oplus I(x, y)$$

$$G(x, y, \sigma) = \frac{\partial^2 g(x, y, \sigma)}{\partial^2 x} \tag{3.15}$$

同理可得 $L_{yy}(x, \sigma)$，$L_{xy}(x, \sigma)$。在不同尺度 σ 下图像任一点 (x, y) 处对应 Hessian 矩阵为

$$\boldsymbol{H}(x, \sigma) = \begin{bmatrix} L_{xx}(x, \sigma) & L_{xy}(x, \sigma) \\ L_{xy}(x, \sigma) & L_{yy}(x, \sigma) \end{bmatrix} \tag{3.16}$$

由此可以计算出图像上所有点的 Hessian 行列式值。利用 Hessian 矩阵的行列式值判断点 (x, y) 是否是极值点：

$$\det(\boldsymbol{H}) = L_{xx}(x, \sigma)L_{yy}(x, \sigma) - L_{xy}^2(x, \sigma) \tag{3.17}$$

为了能加速运算，有学者采用盒子滤波器对高斯二阶微分模板进行近似处理，因为盒子滤波器在积分图像上计算非常快。为了提取与尺度无关的特征点，在进行 Hessian 矩阵构造前，需要对其进行高斯滤波。采用盒子滤波器与图像卷积的结果分别记为 D_{xx}，D_{yy} 和 D_{xy}，它们是对原 Hessian 矩阵的近似。由相关推导可以证明采用下式更接近真实值。

$$\det(\boldsymbol{H}) = D_{xx}D_{yy} - (0.9D_{xy})^2 \tag{3.18}$$

其中，0.9 为一个经验值。

2）构建尺度空间

构造尺度空间是为了在空间域与尺度域上找到极值点，作为初步的特征点。图像的尺度空间 $L(x, t)$ 是这幅图像在不同解析度下的表示。在计算视觉领域，尺度空间被象征性地表述为一个图像金字塔，其中，输入图像函数反复与高斯函数的核卷积并反复对其进行二次抽样。这种方法主要用于 SIFT 算法的实现。但每层图像依赖于前一层图像，并且图像需要重设尺寸，因此，SIFT 方法运算量较大。SURF 算法允许尺度空间多层图像同时被处理，不需对图像进行二次抽样，从而提高算法性能。

3）精确定位特征点

精确定位特征点时，SURT 与 SIFT 类似，将经过 Hessian 矩阵处理过的每个像素点与其三维邻域的 26 个点比较大小，若是这 26 个点中的最大值或者最小值，则保留下来当作初步的特征点。采用三维线性插值法得到亚像素级的特征点，同时也去掉那些值小于一定阈值的点。

4）主方向确定

SIFT 在特征点邻域内统计其梯度直方图，取直方图 bin 值最大的以及超过最大 bin 值 80％的那些方向作为特征点的主方向。而在 SURF 中，不统计其梯度直方图，而是统计特征点邻域内的 Harr 小波特征，即在特征点的邻域（比如说，半径为 6s 的圆内，s 为该点所

在的尺度)内，统计 60°扇形内所有点的水平 Haar 小波特征和垂直 Haar 小波特征总和，Haar 小波的尺寸变长为 $4s$。这样一个扇形得到了一个值。然后 60°扇形以一定间隔进行旋转，最后将最大值那个扇形的方向作为该特征点的主方向。

5）特征点描述子生成

与 SIFT 类似，SURF 对每层图像上的每个像素与空间邻域内和尺度邻域内的响应值比较(不包括第一层与最后一层图像)，同层上有 8 个邻域像素，向量尺度空间共有 2×9＝18 个，共计 26 个像素的值进行比较，若是极大值则保留下来，作为候选特征点。SIFT 中，是在特征点周围取 16×16 的邻域，并把该邻域化为 4×4 个的小区域，每个小区域统计 8 个方向梯度，最后得到 4×4×8＝128 维的向量，该向量作为该点的 SIFT 描述子。在 SURF 中，也是在特征点周围取一个正方形框，框的边长为 $20s$(s 是所检测到该特征点所在的尺度)。该框带方向，方向就是第 4 步检测出来的主方向。然后把该框分为 16 个子区域，每个子区域统计 25 个像素的水平方向和垂直方向的 Haar 小波特征，这里的水平和垂直方向都是相对主方向而言的。该 Haar 小波特征为水平方向值之和、水平方向绝对值之和、垂直方向之和、垂直方向绝对值之和。这样每个小区域就有 4 个值，所以每个特征点就是 16×4＝64维的向量，相比 SIFT 少了一半，这在特征匹配过程中会大大加快匹配速度。

8. SURF 和 SIFT 的区别

SURF 和 SIFT 的主要区别归纳如下：

(1) 预处理：SITF 将图像在各个方向上扩大了两倍，SURF 则是计算积分图像。

(2) 尺度空间的构造：SIFT 用高斯卷积乘以图像获得 LOG 空间，通过相邻层相减得到 DOG 尺度空间，对原图进行向下采样得到下一层；SURF 通过改变盒式滤波器的尺寸来得到不同的尺度空间，无需改变图像的大小。

(3) 极值点的确定：SIFT 通过比较 DOG 尺度空间三维(3×3×3)像素灰度值来确定极值；SURF 用 Hessian 矩阵行列式的特征值符号来确定极值。

(4) 是否需要剔除边缘响应：SIFT 需要，根据 Hessian 的求出主曲率，采用阈值抑制掉边缘响应；而 SURF 不需要剔除边缘响应。

(5) 极值点方向估计：SIFT 根据像素的梯度来确定，将 360°分成 36 份，进行直方图统计；SURF 根据像素在 x、y 方向上的 Harr 小波响应来确定，将 360°分成 72 份，用直方图统计每相邻 60°之内的响应值之和。

(6) 特征向量维数：SIFT 是 4×4 个子区域，8 个方向共 128 维；SURF 是 4×4 个子区域，4 个方向的响应值共 64 维。

(7) 相似度度量方法：SIFT 基于 KD 的存储结构，采用 BBF 算法进行匹配；SURF 是快速索引匹配和欧氏距离差方匹配。

(8) 剔除伪匹配点：SIFT 采用 RANSAC 算法剔除伪匹配点；SURF 则不需要剔除伪

匹配点。

9. 基于 SIFT 和 SURF 的目标检测方法

利用 MATLAB 中的函数 sift 和 detectSURFFeatures 能够实现目标检测、跟踪。下面分别给出基于 SIFT 和 SURF 的目标检测方法的程序代码。

(1) 基于 SIFT 的目标匹配方法。

```
%读入了幅图像
image1= imread('images1.jpg'); image1=rgb2gray(I1);
image2= imread('images2.jpg'); image2 =rgb2gray(I2);
[im1, des1, loc1]=sift(image1); [im2, des2, loc2]=sift(image2);
distRatio=0.6; des2t=des2'; % 矩阵变换
for i=1 : size(des1, 1)
    dotprods=des1(i, : ) * des2t; [vals, indx]=sort(acos(dotprods));
    if (vals(1)<distRatio * vals(2)) match(i)=indx(1); else match(i)=0; end
end
im3=appendimages(im1, im2);
figure('Position', [100 100 size(im3, 2) size(im3, 1)]);
colormap('gray'); imagesc(im3); hold on;
cols1=size(im1, 2);
for i=1: size(des1, 1)
    if (match(i) > 0)
        line([loc1(i, 2) loc2(match(i), 2)+cols1], [loc1(i, 1) loc2(match(i), 1)],
        'Color', 'c');
end
end
hold off; num=sum(match>0); printf('Found %d matches. \n', num);
```

(2) 基于 SURF 的目标匹配方法。

```
%读入一幅图像
I1= imread('image.jpg'); I1=imresize(I1, 0.5); I1=rgb2gray(I1);
I2= imread('image2.jpg');I2=imresize(I2, 0.5);I2=rgb2gray(I2);
%寻找特征点
points1=detectSURFFeatures(I1); oints2=detectSURFFeatures(I2);
%计算描述向量
[f1, vpts1]=extractFeatures(I1, points1); [f2, vpts2]=extractFeatures
(I2, points2);
%检索匹配点的位置，SURF 特征向量已被标准化
%进行匹配
```

```
indexPairs=matchFeatures(f1, f2, 'Prenormalized', true) ;
matched_pts1=vpts1(indexPairs(:, 1)); matched_pts2=vpts2(indexPairs(:, 2));
%对匹配结果进行显示，可以看到一些异常值
figure('name', 'result'); showMatchedFeatures(I1, I2, matched_pts1,
matched_pts2);
legend('matched points 1', 'matched points 2');
```

3.3 灰度图像直方图特征

图像的直方图具有以下特点：

(1) 直方图中没有图像的位置信息。直方图只反映了图像的灰度分布，与灰度所在的位置没有关系。因此，不同的图像也可能具有相同的直方图。

(2) 直方图反应了图像整体灰度分布，对于较暗的图像，直方图集中在灰度级低一侧，相反，较亮图像的直方图则集中于灰度级较高的一侧。

(3) 直方图具有可叠加性。图像的直方图等于它各个部分直方图之和。

(4) 直方图具有统计特性。从定义知，连续图像的直方图是连续函数，它具有统计特征。

可以使用从直方图中提取出来的一阶统计测度，如均值、方差、偏度、能量、熵等，作为类别间的特征差异。

- 均值 μ 表示灰度概率分布的均值，定义为

$$\mu = \sum_{b=0}^{L-1} bp(b)$$

- 方差 σ^2 是图像灰度值分布离散性的度量，定义为

$$\sigma^2 = \sum_{b=0}^{L-1} (b-\mu)^2 p(b)$$

- 偏度是对灰度分布的对称情况的度量，定义为

$$S = \frac{1}{\sigma^3} \sum_{b=0}^{L-1} (b-\mu)^3 p(b)$$

它描述了数据集(图像像素)关于中心点 μ 左右对称的情况。对于任何对称分布的数据集，其偏度都近似为 0，例如正态分布的偏度就是 0。若偏度为负数，表示数据集偏于中心点 μ 的左边；如是正数，则表示图像像素集偏于中心点 μ 的右边。

- 峰度表示图像灰度分布的集中情况，定义为

$$K = \frac{1}{\sigma^4} \sum_{b=0}^{L-1} (b-\mu)^4 p(b)$$

对于正态分布来说，图像像素的分布是集中在均值附近，呈尖峰状，或是分布于两端，呈平坦状。若像素分布有高峰度值，则说明在均值附近有一尖峰；若峰度值低，则峰值较平缓。但是对于均匀分布来说，却是个例外，正值表示数据集中在均值附近，负值则表示数据是平缓分布的。

• 能量表示灰度分布的均匀性，定义为

$$\mathrm{EN}=\sum_{b=0}^{L-1}[p(b)]^2$$

若图像灰度值是等概率分布的，则能量为最小。

• 熵是图像中信息量的度量，信息熵是衡量分布的混乱程度或分散程度的一种度量，定义为

$$\mathrm{ER}=-\sum_{b=0}^{L-1}p(b)\log[p(b)]$$

一般来说，图像的均值特征 μ 反映图像的平均亮度，方差 σ^2 反映图像灰度级分布的分散性。这两个统计量容易受图像的采样情况(如光照条件等)所影响，因此在纹理分类问题中，一般情况下都先对图像进行规范化处理，使得所有图像有相同的均值和方差。偏度是直方图偏离对称情况的度量。峰度反映直方图所表示的分布是集中在均值附近还是散布于端尾。能量是灰度分布对于原点的二阶矩。根据信息理论，熵度量图像中信息量多少，等概率分布时熵最大。

灰度归一化用于对图像进行光照补偿等处理，光照补偿能够一定程度地克服光照变化的影响而提高识别率。灰度归一化的方法很多，其中比较典型的是直方图均衡化法。直方图均衡化法的目的是增加像素灰度值动态范围，增强图像整体对比度，其原理是使各灰度级具有相同的出现概率，把图像的灰度范围拉开，并且让灰度频率大的灰度级间隔变大，让灰度直方图在较大的动态范围内趋于一致，使图像看起来比较清晰。

3.4 颜色、形状和纹理特征

常用的图像特征有颜色特征、形状特征、纹理特征和空间关系特征。

3.4.1 颜色特征

颜色特征是一种全局特征，描述了图像或图像区域所对应的景物的表面性质。一般颜色特征是基于像素点的特征，此时所有属于图像或图像区域的像素都有各自的贡献。由于颜色对图像或图像区域的方向、大小等变化不敏感，所以颜色特征不能很好地捕捉图像中对象的局部特征。图像的颜色特征无需进行大量计算，只需将数字图像中的像素值进行相应转换，表现为数值即可。因此颜色特征以其低复杂度成为了一个较好的特征。在图像处

理中，可以将一个具体的像素点所呈现的颜色用多种方法分析，并提取出其颜色特征分量。下面介绍颜色直方图和颜色矩的概念。

1. 颜色直方图

颜色直方图用以反映图像颜色的组成分布，即各种颜色出现的概率，它所描述的是不同色彩在整幅图像中所占的比例，而并不关心每种色彩所处的空间位置，即无法描述图像中的对象或物体。颜色直方图特别适于描述那些难以进行自动分割的图像。Swain 和 Ballard 最先提出了应用颜色直方图进行图像特征提取的方法，首先利用颜色空间 3 个分量的剥离得到颜色直方图，之后通过观察实验数据发现将图像进行旋转变换、缩放变换、模糊变换后图像的颜色直方图改变不大，即图像直方图对图像的物理变换是不敏感的。因此，常提取颜色特征并将颜色直方图应用于衡量和比较两幅图像的全局差。另外，若图像可以分为多个区域，并且前景与背景颜色分布具有明显差异，则颜色直方图呈现双峰形。

设图像 I 是大小为 $w\times h$ 的图像，图像 I 中的颜色量化值分别为 C_1，C_2，$\cdots C_n$。对于像素点 $p=(x, y)\in I$，令 $C_{(p)}$ 表示其颜色，即 $I_c \underline{\Delta} \{p \mid C_{(p)}=C\}$，则对于颜色 C_i，$i\in m$，图像 I 的直方图为

$$H_{C_i}(I)=\|I_{C_i}\| \tag{3.19}$$

为了保证直方图的尺度不变性，一般用下式对直方图进行标准化：

$$h_{C_I}=\Pr[p\in I_{C_i}]=\frac{H_{C_I}(I)}{w\times h} \tag{3.20}$$

直方图能简单描述一幅图像中颜色的全局分布，即不同色彩在整幅图像中所占的比例，特别适用于描述那些难以自动分割的图像和不需要考虑物体空间位置的图像。对彩色图像，可对其 3 个分量分别做直方图。直方图没有原图像所具有的空间信息，只反映某一灰度值（或颜色值）像素所占的比例。通过灰度（或颜色值）直方图可以检查输入图像灰度（或颜色）值在可能利用灰度范围内分配得是否恰当。

由于颜色直方图是全局颜色统计的结果，因此丢失了像素点间的位置特征。可能有几幅图像具有相同或相近的颜色直方图，但其图像像素位置分布完全不同。因此，图像与颜色直方图的多对一关系使得颜色直方图在识别前景物体上不能获得很好的效果。

2. 颜色矩

颜色矩是一种有效的颜色特征。利用颜色一阶矩（平均值）、颜色二阶矩（方差）和颜色三阶矩（偏斜度）来描述颜色分布。与颜色直方图不同，利用颜色矩进行图像描述无需量化图像特征。由于每个像素具有颜色空间的 3 个颜色通道，因此图像的颜色矩有 9 个分量来描述（3 个颜色分量，每个分量上 3 个低阶矩）。3 个颜色矩分别定义为

$$\mu_i=\frac{1}{N}\sum_{j=1}^{N}p_{i,j},\ \sigma_i=\left(\frac{1}{N}\sum_{j=1}^{N}(p_{i,j}-u_i)^2\right)^{\frac{1}{2}},\ s_i=\left(\frac{1}{N}\sum_{j=1}^{N}(p_{i,j}-u_i)^3\right)^{\frac{1}{3}} \tag{3.21}$$

其中，$p_{i,j}$表示彩色图像第 i 个颜色通道分量中灰度为 j 的像素出现的概率，N 表示图像中的像素个数。

颜色空间 YUV 图像的 3 个分量 Y、U、V，图像的前三阶颜色矩组成一个 9 维直方图向量，即图像的颜色特征表示如下：

$$F_{\text{color}} = [\mu_Y, \sigma_Y, s_Y, \mu_U, \sigma_U, s_U, \mu_V, \sigma_V, s_V] \tag{3.22}$$

由于颜色矩的维度较少，因此常将颜色矩与其他图像特征综合使用。该方法的优点在于不需要颜色空间量化，特征向量维数低。但实验发现该方法的检索效率比较低，因而在实际应用中往往用来过滤图像以缩小检索范围。

3. 颜色聚合向量

颜色聚合向量是一种颜色特征，它包含了颜色分布的空间信息，克服了颜色直方图无法表达图像色彩的空间位置的缺点。颜色聚合向量是一种更复杂的颜色直方图，是图像颜色直方图的一种演变。其核心思想是当图像中颜色相似的像素所占据的连续区域的面积大于一定的阈值时，该区域中的像素为聚合像素，否则为非聚合像素，这样统计图像所包含的每种颜色的聚合像素和非聚合像素的比率称为该图像的颜色聚合向量。在图像检索与识别过程中将目标图像和检索图像的聚合向量进行匹配与比较。聚合向量中的聚合信息在某种程度上保留了图像颜色的空间信息。令 a_i 为第 i 个聚合像素，β_j 为第 j 个非聚合像素，则颜色聚合矢量定义为

$$\langle(\alpha_1, \beta_1), (\alpha_2, \beta_2), \cdots, (\alpha_N, \beta_N)\rangle \tag{3.23}$$

$\langle(\alpha_1+\beta_1), (\alpha_2+\beta_2), \cdots, (\alpha_N+\beta_N)\rangle$为图像的颜色直方图。

由于加入了空间信息，采用颜色聚合矢量比采用颜色直方图检索的效果要好，特别是对于大块的均匀区域或图像中大部分为纹理的图像检索效果更好，但是计算量会增大。

4. 颜色相关图

颜色相关图是图像颜色分布的另一种表达方式。其核心思想是将属于直方图每一个柄的像素分成两部分，若该柄内的某些像素所占据的连续区域的面积大于给定的阈值，则该区域内的像素作为聚合像素，否则作为非聚合像素。这种特征不但刻画了某一种颜色的像素数量占整个图像的比例，还反映了不同颜色对之间的空间相关性。实验表明，颜色相关图比颜色直方图和颜色聚合向量具有更高的检索效率，特别是查询空间关系一致的图像。若考虑到任何颜色之间的相关性，颜色相关图会变得非常复杂和庞大。一种简化的变种是颜色自动相关图，它只考察具有相同颜色的像素间的空间关系，因此大大降低了空间复杂度。

3.4.2 形状特征

物体的形状识别是模式识别的重要研究方向，广泛应用于图像分析、机器视觉和目标

识别中。已有大量的基于不同形状特征(如边界特征点、不变矩、傅里叶描绘子和自回归模型等)的形状识别方法。通常情况下，形状特征有两类表示方法，一类是轮廓特征，另一类是区域特征。图像的轮廓特征主要针对物体的外边界，而图像的区域特征则关系到整个形状区域。

各种基于形状特征的检索方法都可以比较有效地利用图像中感兴趣的目标来进行检索，但它们也有一些共同的问题，包括：① 目前基于形状的检索方法还缺乏比较完善的数学模型；② 目标有变形时检索结果往往不太可靠；③ 许多形状特征仅描述了目标局部的性质，要全面描述目标常对计算时间和存储量有较高的要求；④ 许多形状特征所反映的目标形状信息与人的直观感觉不完全一致，或说，特征空间的相似性与人视觉系统感受到的相似性有差别。另外，从二维图像中表现的三维物体实际上只是物体在空间某一平面的投影，从二维图像中反映出来的形状常不是三维物体真实的形状，由于视点的变化，可能会产生各种失真。

1. 边界特征法

边界特征方法通过对边界特征的描述来获取图像的形状参数。Hough 变换是一种在图像中寻找直线、圆及其他简单形状的方法。当需要对图像进行边缘检测时，可使用 Hough 变换识别其中的简单形状。Hough 变换是利用图像全局特性而将边缘像素连接起来组成区域封闭边界的一种方法，其基本思想是点-线的对偶性；边界方向直方图法首先微分图像求得图像边缘，然后做出关于边缘大小和方向的直方图，通常的方法是构造图像灰度梯度方向矩阵。在计算机中，经常需要将一些特定形状的图形从图片中提取出来，若直接用像素点来搜寻非常困难，这时候需要将图像按照一定的算法映射到参数空间。Hough 变换提供了一种从图像像素信息到参数空间的变换方法。对于如直线、圆、椭圆这样的规则曲线，Hough 是一种常用的算法。Hough 变换最大的优点在于特征边缘描述中间隔的容忍性并且不受图像噪声的影响。Hough 变换将图像上的点映射到累加的参数空间，实现对已知解析式曲线的识别。

由于直线斜率 k 存在无穷大的情况，检测直线的 Hough 变换使用含极坐标参数的直线表示形式，简称极坐标式(不是极坐标方程，因为还是在笛卡尔坐标下表示)，即 $\rho = x\cos\theta + y\sin\theta$，如图 3.4 所示。$\rho$ 表示直线到原点的距离，θ 限定了直线的斜率(这里只是说限定，没说是直线的斜率)。任意一条直线都可以通过(ρ, θ)来表示。参数空间 $H(\rho, \theta)$表示有限个点的集合。参数空间 $H(\rho, \theta)$的每一个点都代表一条直线。

Hough 变换通过从直角坐标系到极坐标系的转换，将直角坐标系中的一条“直线”转换为极坐标系上的一个“点”。落在这条“直线”上的像素点越多，这个极坐标中“点”的权越重。通过分析各个“点”的权重(局部最大值)获取重要线段。其优点是抗噪能力强、对边缘间断不敏感；缺点是运算量大，占用内存多。

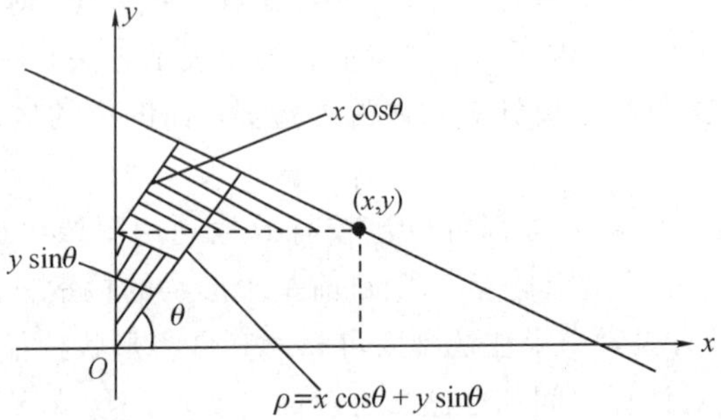

图 3.4　直角坐标系转换到极坐标系

2. 图像的内外边界

图像内边界的像素全都在目标里面，图像外边界的像素全都不在目标上，包围着目标。求图像内边界最简单的方法为：对原图像腐蚀，然后用原图像减去腐蚀后的图像就得到边界。还有一种方法，其步骤如下：

(1) 遍历图像。

(2) 标记第一个遇见像素块的前景像素(i, j)。

(3) 对这个像素周围 8 邻域逆时针搜索，若搜索到周围有前景像素，则更新坐标(i, j)为(i', j')，并标记。

(4) 不断执行第(3)步直到再次遇见此像素块第一次标记的像素。

(5) 继续执行第(1)步。

外边界提取方法与内边界提取方法类似。最简单的方法是：先对原图像进行膨胀，然后用膨胀后的图像减去原图像即可。另一种方法是将图像中前景像素周围的非前景像素标记一下。

利用 MATLAB 中的腐蚀和膨胀函数可以得到图像的内、外边界图像，如图 3.5 所示。

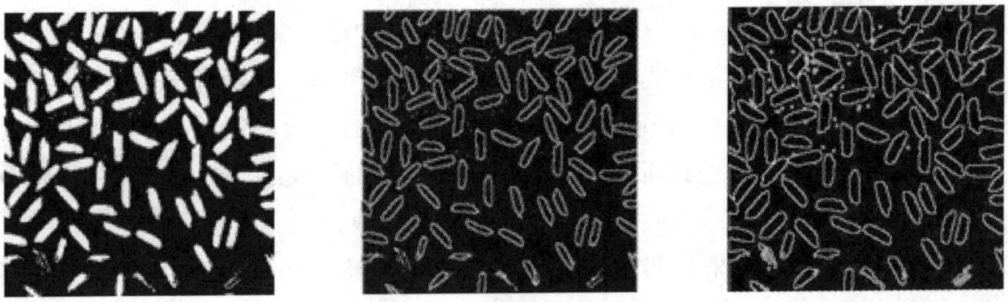

(a)原图　(b)内边界　(c)外边界

图 3.5　图像的内外边界

求内边界的程序代码是：

```
se=strel('square', 3); imgn=img-imerode(img, se); imshow(imgn);
```

求外边界的程度代码是：

```
se=strel('square', 3); imgn=imdilate(img, se)-img; imshow(imgn)。
```

3. 傅里叶形状描述子

傅里叶形状描述子用物体边界的傅里叶变换作为形状描述，利用区域边界的封闭性和周期性，将二维问题转化为一维问题。由边界点导出三种形状表达，分别是曲率函数、质心距离和复坐标函数。傅里叶描述子的基本思想是：假定物体的形状是一条封闭的曲线，沿边界曲线上的一个动点 $P(l)$ 的坐标变化 $x(l)+iy(l)$ 是一个以形状边界周长为周期的函数，这个周期函数可以用傅里叶级数展开表示，傅里叶级数中的一系列系数 $z(k)$ 是直接与边界曲线的形状有关的，称为傅里叶描述子。

如图 3.6 所示，形状的轮廓被视为闭合曲线，由其来自原点 A 的弧长 s 描述，L 为闭合曲线的弧长。定义函数表示原点 A 的切线和位置 t 的切线之间的角度变化，如下所示：

$$\Phi(t) = \phi(t) - t, \quad t = \frac{2\pi s}{L} \tag{3.24}$$

此函数是连续的周期函数(周期为 2π)，可以通过傅里叶级数来表示：

$$\Phi(t) = \sum_{k=0}^{\infty} a_k \exp(-jkt) \tag{3.25}$$

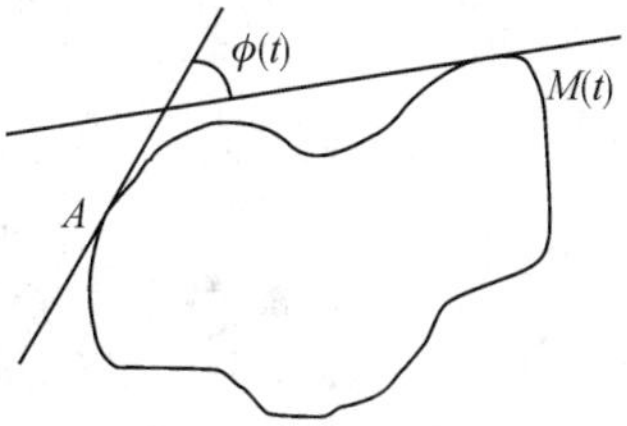

图 3.6　傅里叶描述子示意图

其中，$a(k)$为傅里叶描述子。

提取傅里叶描述子的 MATLAB 程序代码如下：

```
f=imread('tron. bmp'); g=rgb2gray(f); bw=edge(g, 'canny'); bw = bwareaopen(bw, 30);
[border_fft, border_restored, xx, yy]=make_fft_sec(bw, 10);
figure(1), imshow(~bw), title('original');
figure(2), imshow(~bw), hold on;plot((xx), yy, 'ro'), title('reconstructed point(red)');
figure(3), imshow(~border_restored), title('reconstruction figure');
%%% 边缘检测算子
function [border_fft, border_restored, xx, yy] = make_fft_sec(image_edged, ncoef)
border_fft=zeros(size(image_edged));border_restored=zeros(size(image_edged));
[a, b]=size(image_edged); f=find(image_edged); lenf=length(f); %提取边缘
[new_indeces]=find_close_indeces(image_edged); ii=new_indeces(:, 1);jj=new_indeces(:, 2);
border_cmplx=ii+j*jj; border_fft =fftshift(fft(border_cmplx));
if mod(lenf, 2) lenf = lenf-1; end
rc = fix(lenf/2)+1; p1=[ (rc+1): (rc+1+ncoef-1)]; p2=[ (rc-1): -1: (rc-1-ncoef+1)];
```

```
border_ifft=zeros(1, lenf);
for ind=1:(ncoef)
    mfreq_vec=zeros(1, lenf); mfreq_vec(p1(ind))=border_fft(p1(ind));
    mfreq_vec(p2(ind))=border_fft(p2(ind)); border_ifft = border_ifft+(ifft(ifftshift(mfreq_vec)));
end
mfreq_vec=zeros(1, lenf); mfreq_vec(rc)=border_fft(rc);
border_ifft = border_ifft+(ifft(ifftshift(mfreq_vec))); border_restored = zeros(size(image_edged));
yy=real(border_ifft);xx=imag(border_ifft); yyt=round(yy);xxt=round(xx);
if(length(xxt)==0) return ; end
hind=sub2ind(size(border_restored), yyt, xxt); border_restored(round(hind))=1;
%%%
function [new_indeces]=find_close_indeces(im_in)
[r, c]=find(im_in); p=pdist([r c]); psqr=squareform(p);
nl=length(r); new_indeces=[r(1) c(1)]; ind_ind_data=1; lenindata=1; newind=1;
for ind=2:nl
    mcur_dist=psqr(newind, :); [dist_min, dist_min_ind]=sort(mcur_dist);
    [dmin inddmin]=setdiff( dist_min_ind, ind_ind_data);
    dist_min_ind = dist_min_ind(sort(inddmin)); newind=dist_min_ind(1);
    new_indeces =[new_indeces; [r(newind) c(newind)]];
    ind_ind_data=[ind_ind_data; newind]; lenindata=length(ind_ind_data);
end
```

4. 几何参数法

形状的表达和匹配采用更为简单的区域特征描述方法，例如采用有关形状定量测度(如矩、面积、周长等)的形状参数法(shape factor)。利用圆度、偏心率、主轴方向和代数不变矩等几何参数，能够进行基于形状特征的图像检索。需要说明的是，形状参数的提取必须以图像处理及图像分割为前提，参数的准确性必然受到分割效果的影响，对分割效果很差的图像，形状参数甚至无法提取。

5. 形状不变矩法(几何不变矩)

不变矩作为图像的特征被广泛地应用于二维图像识别领域中。在图像处理中，不变矩作为一个重要的特征，可以用来对图像进行分类等操作。在连续情况下，假设图像表示为 $f(x, y)$，则图像的 $(p+q)$ 阶几何矩(原点矩或标准矩)定义为

$$m_{pq}=\int_{-\infty}^{\infty}\int_{-\infty}^{\infty}x^p y^q f(x, y)dxdy \tag{3.26}$$

$(p+q)$ 阶中心距定义为

$$\mu_{pq}=\int_{-\infty}^{\infty}\int_{-\infty}^{\infty}(x-\bar{x})^p(y-\bar{y})^q f(x, y)dxdy \tag{3.27}$$

其中，$p=0, 1, 2, \cdots, q=0, 1, 2, \cdots, (\bar{x}, \bar{y})$代表图像的重心。

对于离散的数字图像，采用求和号代替积分来求图像的不变矩，几何矩和中心矩分别为

$$m_{pq}=\sum_{y=1}^{N}\sum_{x=1}^{M}x^{p}y^{q}f(x, y), \quad \mu_{pq}=\sum_{y=1}^{N}\sum_{x=1}^{M}(x-\bar{x})^{p}(y-\bar{y})^{q}f(x, y) \tag{3.28}$$

其中，N、M 分别是图像的列数与行数。

为抵消尺度变化对中心矩的影响，利用零阶中心矩 μ_{00} 对各阶中心距进行归一化处理，得到归一化中心矩为

$$\eta_{pq}=\frac{\mu_{pq}}{(\mu_{00}^{\rho})}, \rho=\frac{(p+q)}{2}+1 \tag{3.29}$$

由零阶矩和一阶矩可求得图像的重心坐标为 $\bar{x}=m_{10}/m_{00}$，$\bar{y}=m_{01}/m_{00}$。

图像低价矩的物理意义描述如下：

(1) 零阶矩(m_{00})表示目标区域的质量(面积)；

(2) 一阶矩(m_{01}，m_{10})表示目标区域的质心；

(3) 二阶矩(m_{02}，m_{11}，m_{20})也称为惯性矩，表示目标区域的旋转半径；

(4) 三阶矩(m_{03}，m_{12}，m_{21}，m_{30})表示目标区域的方位和斜度，反应目标的扭曲程度。

在实际图像识别中，只有一阶矩和二阶矩不变性保持得比较好，其他的几个不变矩产生的误差比较大。二阶中心矩用来确定目标物体的主轴，长轴和短轴分别对应最大和最小的二阶中心矩，可以计算主轴方向角。由一阶矩和二阶矩可以确定一个与原图像惯性等价的图像椭圆。所谓图像椭圆，是一个与原图像的二阶矩及原图像的灰度总和均相等的均匀椭圆，使得主轴与图像的主轴方向重合，利于分析图像性质。对于三阶或三阶以上矩，使用图像在轴或轴上的投影比使用图像本身的描述更方便。三阶矩描述图像投影的扭曲程度，扭曲是一个经典统计量，用来衡量关于均值对称分布的偏差程度。四阶矩表示投影峰度，峰度是一个用来测量分布峰度的经典统计量。可以计算峰度系数，当峰度系数为 0 时，表示高斯分布；当峰度系数小于 0 时，表示平坦的少峰分布；当峰度系数大于 0 时，表示狭窄的多峰分布。

实践表明，直接用原点矩或中心矩作为图像的特征不能保证特征同时具有平移、旋转和比例不变性。如果仅用中心矩表示图像的特征，则特征仅具有平移不变性。如果利用归一化中心矩，特征不仅具有平移不变性，而且还具有比例不变性及旋转不变性。

1962 年，Hu 由二维图像的几何矩的非线性组合推导出了 7 项具有旋转、平移和尺度不变性的不变矩，简称为 Hu 矩，表示为 $M1\sim M7$：

$$M1=\eta_{20}+\eta_{02}$$

$$M2=(\eta_{20}-\eta_{02})^{2}+4\eta_{11}^{2}$$

$$M3=(\eta_{30}-3\eta_{12})^{2}+(3\eta_{21}-\eta_{03})^{2}$$

$$M4=(\eta_{30}+\eta_{12})^{2}+(\eta_{21}+\eta_{03})^{2}$$

$$M5=(\eta_{30}-3\eta_{12})(\eta_{30}+\eta_{12})((\eta_{30}+\eta_{12})^{2}-3(\eta_{21}+\eta_{03})^{2})$$

$$+(3\eta_{21}-\eta_{03})(\eta_{21}+\eta_{03})(3(\eta_{30}+\eta_{12})^2-(\eta_{21}+\eta_{03})^2)$$

$$M6=(\eta_{20}-\eta_{02})((\eta_{30}+\eta_{12})^2-(\eta_{21}+\eta_{03})^2)$$
$$+4\eta_{11}(\eta_{30}+\eta_{12})(\eta_{21}+\eta_{03})$$

$$M7=(3\eta_{21}-\eta_{03})(\eta_{30}+\eta_{12})((\eta_{30}+\eta_{12})^2-3(\eta_{21}+\eta_{03})^2)$$
$$-(\eta_{30}-3\eta_{12})(\eta_{21}+\eta_{03})(3(\eta_{30}+\eta_{12})^2-(\eta_{21}+\eta_{03})^2)$$

由 Hu 矩组成的特征量对图像进行识别，其优点就是速度很快，缺点是识别率比较低，对于已经分割好的手势轮廓图，得到的识别率较低。对于纹理比较丰富的图像，识别率可能更低。部分原因是，Hu 矩只用到低阶矩(即一阶矩、二阶矩和三阶矩)，对图像的描述不够完整。Hu 矩一般用来识别图像中大的物体。若图像的纹理特征不太复杂，图像的形状描述得比较好，如水果的形状或车牌中的简单字符等，Hu 矩的识别率较高，识别效果较好。

Hu 不变矩的主要程序代码如下：

```
function inv_m7 = invariable_moment(image)
%计算图像的 7 个 Hu 不变矩，输入 image-RGB 图像，输出 inv_m7-7 个不变矩
image=rgb2gray(image); image=double(image);
%将图像矩阵的数据类型转换成双精度型
m00=sum(sum(image)); %计算灰度图像的零阶几何矩
m10=0; m01=0; [row, col]=size(image);
for i=1: row
    for j=1: col
        m10=m10+i * image(i, j); m01=m01+j * image(i, j);
    end
end
u10=m10/m00; u01=m01/m00; %计算图像的二阶几何矩、三阶几何矩
m20 = 0;m02 = 0;m11 = 0;m30 = 0;m12 = 0;m21 = 0;m03 = 0;
for i=1: row
    for j=1: col
        m20=m20+i^2 * image(i, j); m02=m02+j^2 * image(i, j); m11=
          m11+i * j * image(i, j);
        m30=m30+i^3 * image(i, j); m03=m03+j^3 * image(i, j); m12=
          m12+i * j^2 * image(i, j);
        m21=m21+i^2 * j * image(i, j);
    end
end
%计算图像的二阶中心矩、三阶中心矩
y00=m00;y10=0;y01=0;y11=m11-u01 * m10;y20=m20-u10 * m10;y02=
  m02-u01 * m01;
```

```
y30=m30-3*u10*m20+2*u10^2*m10;y12=
  m12-2*u01*m11-u10*m02+2*u01^2*m10;
y21=m21-2*u10*m11-u01*m20+2*u10^2*m01;y03=
  m03-3*u01*m02+2*u01^2*m01;
%%%计算图像的归一化中心矩
n20=y20/m00^2; n02=y02/m00^2; n11=y11/m00^2; n30=
  y30/m00^2.5; n03=y03/m00^2.5;
n12=y12/m00^2.5; n21=y21/m00^2.5;
%%%==计算图像的 7 个不变矩
h1 = n20 + n02; h2 = (n20-n02)^2 + 4*(n11)^2; h3 =
  (n30-3*n12)^2 + (3*n21-n03)^2;
h4 = (n30+n12)^2 + (n21+n03)^2;
h5=(n30-3*n12)*(n30+n12)*((n30+n12)^2-3*(n21+n03)^2)+
  (3*n21-n03)*(n21+n03)*(3*(n30+n12)^2-(n21+n03)^2);
h6 = (n20-n02)*((n30+n12)^2-(n21+n03)^2)+
  4*n11*(n30+n12)*(n21+n03);
h7=(3*n21-n03)*(n30+n12)*((n30+n12)^2-3*(n21+n03)^2)+(3*n12-
  n30)*(n21+n03)*(3*(n30+n12)^2-(n21+n03)^2);
inv_m7= [h1 h2 h3 h4 h5 h6 h7]; %七阶不变矩特征向量
```

6. 形状上下文特征

形状上下文特征是一种很流行的形状描述子，多用于目标识别。它采用一种基于形状轮廓的特征描述方法，在对数极坐标系下利用直方图描述形状特征，能够很好地反映轮廓上采样点的分布情况。形状上下文基本原理如下：

• 对于给定的一个形状，通过边缘特征提取算子(如 Canny 算子)获取轮廓边缘，对轮廓边缘采样得到离散的点集 $P=\{p_1, p_2, \cdots, p_n\}$。

• 计算形状上下文。以其中任意一点 p_i 为参考点，在以 p_i 为圆心、R 为半径的局域内按对数距离间隔建立 N 个同心圆。将此区域沿圆周方向 M 等分，形成靶状模板。点 p_i 到其他各点的向量相对位置简化为模板上各扇区内的点分布数。这些点的统计分布直方图 $h_i(k)$称为点 p_i 的形状上下文，其计算如下：

$$h_i(k) = \#\{q \neq p_i: (q - p_i) \in \text{bin}(k)\} \tag{3.30}$$

其中，$k=1, 2, \cdots, K$，$K=M\times N$；

采用对数距离分割可以使形状上下文描述子对邻近的采样点比对远离的采样点更敏感，能强化局部特征。轮廓不同点处的形状上下文是不同的，但相似轮廓的对应点处趋于有相似的形状上下文。对于整个点集 P，分别以 n 个点 p_1，p_2，…，p_n 作参考点，依次计算每个点与剩下的 $n-1$ 个点构成的形状直方图，最终得到 n 个形状直方图。以 $n(n-1)$大小的矩阵存储。这样，对于任意一个目标，可用 $n(n-1)$ 大小的矩阵表示其形状信息，$n(n-1)$ 大小的矩阵就是点集 P 的形状上下文，它描述整个轮廓形状的特征。采样点越多，形状表达也越精细，计算量也会成倍加大。

3.4.3 纹理特征

纹理特征是一种全局特征，它描述了图像或图像区域所对应景物的表面性质。由于纹理是由灰度分布在空间位置上反复出现而形成，因而在图像空间中相隔某距离的两像素之间会存在一定的灰度关系，即图像中灰度的空间相关特性。当图像中大量出现同样的或差不多的基本图像像素(模式)时，纹理分析是研究这类图像的最重要的手段之一。

1. 基于自相关函数的纹理模型

纹理的周期性表明纹理可认为是灰度基元重复组合而产生的，所以对真实图像区域可借助其中灰度基元的空间尺寸来表达纹理。一般较细的纹理对应小尺寸的灰度基元，粗糙的纹理对应大尺寸的灰度基元。基于自相关函数的模型就是在此基础上建立的。若对图像进行自相关计算，所得到的自相关函数可用作描述灰度基元尺寸的特征，自相关函数的值对粗纹理大而对细纹理小，所以看作是对纹理的一个测度。

下面给出图像自相关函数的计算方法。假设纹理图像 $B(i, j)$ 的大小为 $M\times M$，首先计算原始文理图像步长为 s 的亮度差值图像：

$$I_s(i, j) = B(i, j) - \frac{1}{\|N(s)\|}\sum_{k,\ i\in N(s)} B(i+k, j+l) \tag{3.31}$$

其中 $\|N(s)\|$ 表示 $N(s)$ 中包含的像素数，$N(s)$ 是内外半径分别为 $s-1$ 和 s 的圆环内像素的集合，即

$$N(s) = \{k, l \mid (s-1)^2 < k^2 + l^2 \leqslant s^2\} \tag{3.32}$$

则

$$R_{I_s}(s) = \frac{1}{M^2}\sum_{i,\ j=0}^{M-1}\left[I_s(i, j)\cdot\frac{1}{\# N(s)}\sum_{k,\ l\in N(s)} I_s(i+k, j+l)\right] \tag{3.33}$$

2. 灰度共生矩阵法

灰度共生矩阵(Gray-Level Co-occurrence Matrix，GLCM)是一种通过研究灰度的空间相关特性来描述纹理的常用方法，是对图像上保持某距离的两像素分别具有某灰度的状况进行统计得到的。灰度共生矩阵能反映图像灰度关于方向、相邻间隔、变化幅度的综合信息，它是分析图像的局部模式和它们的排列规则的基础。

取图像(大小为 $N\times N$)中任意一点 (x, y) 及偏离它的另一点 $(x+a, y+b)$，设该点对的灰度值为 (g_1, g_2)。让点 (x, y) 在整个画面上移动，则会得到各种值的 (g_1, g_2)。设灰度值的级数为 k，则 (g_1, g_2) 的组合共有 k^2 种。对整个画面，统计出每一种 (g_1, g_2) 值出现的次数，然

后排列成一个方阵，再用(g_1, g_2)出现的总次数将它们归一化为出现的概率$P(g_1, g_2)$，这样的方阵称为灰度共生矩阵。距离差分值(a, b)取不同的数值组合可以得到不同情况下的联合概率矩阵。(a, b)取值要根据纹理周期分布的特性来选择，对于较细的纹理，选取(1，0)、(1，1)、(2，0)等小的差分值。当$a=1$、$b=0$时，像素对是水平的，即0°扫描；当$a=0$、$b=1$时，像素对是垂直的，即90°扫描；当$a=1$、$b=1$时，像素对是右对角线的，即45°扫描；当$a=-1$，$b=1$时，像素对是左对角线，即135°扫描。这样，两个像素灰度级同时发生的概率就将(x, y)的空间坐标转化为"灰度对"(g_1, g_2)的描述，形成灰度共生矩阵。

灰度共生矩阵的阶数与灰度图像灰度值的阶数相同，即当灰度图像灰度值阶数为N时，灰度共生矩阵为$N\times N$的矩阵。计算 GLCM 的基本步骤为：

(1) 将多通道的图像(一般指 RGB 图像)转换为灰度图像，分别提取出多个通道的灰度图像。纹理特征是一种结构特征，使用不同通道图像得到的纹理特征都是一样的，所以可以任意选择其一。

(2) 灰度级量化。一般图像的灰度级有 256 级，即 0～255。但在计算灰度共生矩阵时并不需要 256 个灰度级，且计算量实在太大，所以一般分为 8 个灰度级或 16 个灰度级。当分成 8 个灰度级时，若直接将像素点的灰度值除以 32 取整，会引起影像清晰度降低。所以进行灰度级压缩时，首先将图片进行直方图均衡化处理，增加灰度值的动态范围，这样就增加了影像的整体对比效果。

(3) 计算特征值前选择三个参数：

- 滑动窗口尺寸：一般选择 5×5 或 7×7 的滑动窗口进行特征值计算；
- 步距d：一般选择$d=1$，即中心像素直接与其相邻像素点做比较运算；
- 方向选择：计算灰度共生矩阵的方向一般为 0°、45°、90°和 135°四个方向。

(4) 求出四个方向矩阵的特征值，通过计算四个特征值的平均值作为最终特征值共生矩阵。

灰度直方图是对图像上单个像素的某个灰度进行统计的结果，而灰度共生矩阵是对图像上保持某距离的两像素分别具有某灰度的状况进行统计得到的。为了简单说明纹理特征值的计算，将灰度被分为 4 阶，灰度阶为 0～3，窗口大小为 6×6。图 3.7 所示分别是窗口 A 和窗口 B 的灰度矩阵。

0	1	2	3	0	1
1	2	3	0	1	2
2	3	0	1	2	3
3	0	1	2	3	0
0	1	2	3	0	1
1	2	3	0	1	2

(a) 窗口A

0	0	0	0	1	1
0	0	0	0	1	1
0	0	0	0	1	1
0	0	0	0	1	1
2	2	2	2	3	3
2	2	2	2	3	3

(b) 窗口B

图 3.7　窗口 A 和窗口 B 的灰度矩阵

以左上角元素为坐标原点，原点记为(1，1)；以此为基础，第四行第二列的点记为(4，2)。

情景1：$d=1$，求矩阵 $\boldsymbol{A}$ 的0°方向共生矩阵。按照0°方向(即水平方向从左向右，从右向左两个方向)统计矩阵值(1，2)，如图3.8中的左图所示。

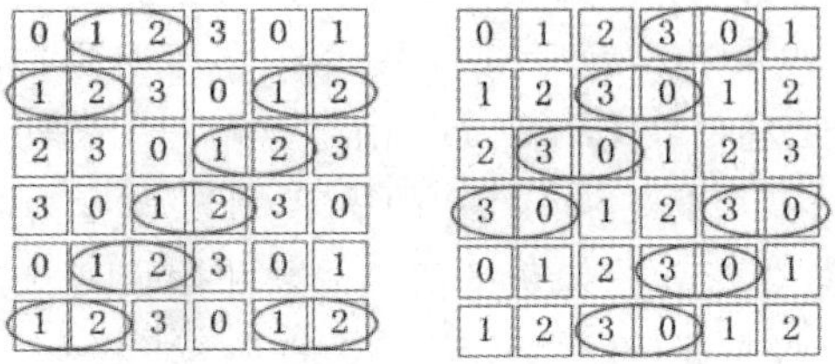

图3.8　灰度直方图实例

此时满足矩阵值(1，2)统计条件的值共有8个，如图3.8左图所示，所以该窗口对应的灰度共生矩阵统计矩阵的(1，2)位置元素的值即为8。若统计矩阵值(3，0)，此时满足矩阵值(3，0)统计条件的值，共有7个，如图3.8右图所示，所以该窗口对应的GLCM的(1，2)位置元素的值即为7。由于此例设定的灰度级只有4级，所以GLCM是一个4×4的矩阵。最后的GLCM矩阵结果如下：

$$\boldsymbol{P}_A(d=1,\ \theta=0°)=\begin{bmatrix}0&8&0&7\\8&0&8&0\\0&8&0&7\\7&0&7&0\end{bmatrix}\tag{3.34}$$

情景2：$d=1$，求45°方向矩阵 $\boldsymbol{A}$ 的共生矩阵。按照情景1，同理可得此时的统计矩阵结果如下：

$$\boldsymbol{P}_A(d=1,\ \theta=45°)=\begin{bmatrix}12&0&0&0\\0&14&0&0\\0&0&12&0\\0&0&0&12\end{bmatrix}\tag{3.35}$$

情景3：$d=1$，求0°与45°方向矩阵 $\boldsymbol{B}$ 的共生矩阵。与前面同理，可以得到矩阵 $\boldsymbol{B}$ 的统计矩阵结果如下：

$$\boldsymbol{P}_B(d=1,\ \theta=0°)=\begin{bmatrix}24&4&0&0\\4&8&0&0\\0&0&12&2\\0&0&2&4\end{bmatrix},\ \boldsymbol{P}_B(d=1,\ \theta=45°)=\begin{bmatrix}18&3&3&0\\3&6&1&1\\3&1&6&1\\0&1&1&2\end{bmatrix}\tag{3.36}$$

矩阵 $\boldsymbol{A}$ 和 $\boldsymbol{B}$ 的90°、135°矩阵与上面同理可得。

这样，就已经计算得到了单个窗口的灰度共生矩阵的各个方向的矩阵，下面就要用刚才算出的矩阵计算灰度共生矩阵特征值。

用 **P** 表示灰度共生矩阵的归一化频率矩阵，i 和 j 表示按照某方向同时出现于两个像素的某两个级别的灰度值，所以 $P(i, j)$表示满足这种情况的两个像素出现的概率。以上述情景 2 中的矩阵为例，原矩阵为

$$\boldsymbol{P}(d=1, \theta=45^{\circ})=\begin{bmatrix} 12 & 0 & 0 & 0 \\ 0 & 14 & 0 & 0 \\ 0 & 0 & 12 & 0 \\ 0 & 0 & 0 & 12 \end{bmatrix} \tag{3.37}$$

归一化后矩阵变为

$$\boldsymbol{P}(d=1, \theta=45^{\circ})=\begin{bmatrix} 12/50 & 0 & 0 & 0 \\ 0 & 14/50 & 0 & 0 \\ 0 & 0 & 12/50 & 0 \\ 0 & 0 & 0 & 12/50 \end{bmatrix} \tag{3.38}$$

由灰度共生矩阵可以得到 14 个特征值，但由于灰度共生矩阵的计算量很大，为了简便，一般采用 4 个最常用的特征来提取图像的纹理特征，即能量、对比度、相关度、熵。

能量是灰度共生矩阵各元素的平方和，又被称角二阶距。它是图像纹理灰度变化均一的度量，反映了图像灰度分布均匀程度和纹理粗细程度。能量的定义为

$$\text{ASM}=\sum_{i}\sum_{j}P(i, j)^{2}$$

对比度是灰度共生矩阵主对角线附近的惯性矩，它体现矩阵的值如何分布，反映了图像的清晰度和纹理沟纹的深浅。对比度的定义为

$$\text{CON}=\sum_{i}\sum_{j}(i-j)^{2}P(i, j)$$

相关度体现了空间灰度共生矩阵元素在行或列方向上的相似程度，反映了图像局部灰度相关性。相关度的定义为

$$\text{CORRLN}=\frac{\left[\sum_{i}\sum_{j}((ij)P(i, j))-\mu_{x}\mu_{y}\right]}{\sigma_{x}\sigma_{y}}$$

熵体现了图像纹理的随机性，其定义为

$$\text{ENT}=-\sum_{i}\sum_{j}P(i, j)\log P(i, j)$$

若共生矩阵中所有值都相等，熵取得最大值；若共生矩阵中的值不均匀，则熵值会变得很小。

求出该灰度共生矩阵各个方向的特征值后，再对这些特征值进行均值和方差的计算，这样处理就消除了方向分量对纹理特征的影响。由于纹理只是一种物体表面的特性，并不

能完全反映出物体的本质属性，所以只利用纹理特征无法获得图像高层次内容。与颜色特征不同，纹理特征不是基于像素点的特征，它需要在包含多个像素点的区域中进行统计计算。在模式匹配中，这种区域性的特征具有较大的优越性，不会由于局部的偏差而无法匹配成功。作为一种统计特征，纹理特征常具有旋转不变性，并且对噪声有较强的抵抗能力。但是，纹理特征也有缺点，一个很明显的缺点是当图像的分辨率变化时，所计算出来的纹理可能会有较大偏差。另外，由于有可能受到光照、反射情况的影响，从二维图像中反映出来的纹理不一定是三维物体表面真实的纹理。

3.4.4 空间关系特征

空间关系指图像中分割出来的多个目标之间相互的空间位置或相对方向关系，这些关系也可分为连接/邻接关系、交叠/重叠关系和包含/包容关系等。通常空间位置信息可以分为两类：相对空间位置信息和绝对空间位置信息。前一种关系强调的是目标之间的相对情况，如上下左右关系等；后一种关系强调的是目标之间的距离大小以及方位。显而易见，由绝对空间位置可推出相对空间位置，但表达相对空间位置信息常比较简单。空间关系特征的使用可加强对图像内容的描述区分能力，但空间关系特征常对图像或目标的旋转、反转、尺度变化等比较敏感。另外，实际应用中，只利用空间信息往往是不够的，不能有效、准确地表达场景信息。为了检索，除使用空间关系特征外，还需要其他特征来配合。

提取图像空间关系特征有两种方法，一种方法是首先对图像进行自动分割，划分出图像中所包含的对象或颜色区域，然后根据这些区域提取图像特征，并建立索引；另一种方法则简单地将图像均匀地划分为若干规则子块，然后对每个图像子块提取特征，并建立索引。

3.5 图像的边缘特征提取

图像的边缘是图像周围像素灰度急剧变化的那些像素的集合，是图像分割所依赖的最重要依据。由于边缘是位置的标志，对灰度的变化不敏感，因此边缘也是图像匹配的重要特征。图像边缘(边界)检测是图像处理和计算机视觉中的基本问题，边缘特征提取的目的是标识数字图像中亮度变化明显的点。图像属性中的显著变化通常反映了属性的重要事件和变化，包括深度上的不连续、表面方向不连续、物质属性变化和场景照明变化。边缘特征提取是图像处理和计算机视觉中，尤其是特征提取中的一个研究领域。图像边缘特征提取能够大幅度地减少数据量，并且剔除不相关的信息，保留图像重要的结构属性。

3.5.1 图像边缘的基本知识

边缘是图像的固有特征，是图像像素灰度发生显著变化或灰度值不连续的像素点集，存在于物体与背景之间、物体与物体之间、区域与区域之间，往往是由图像中物体的物理特性变化引起的，即物理特性变化的不同产生了不同的边缘。图像的边缘具有方向和幅度两个特征。平行于边缘走向，像素值变化平缓；垂直于边缘走向，像素值变化剧烈，呈现阶跃状或是斜坡状。因此，通常将边缘分为阶跃型和屋脊型两种。阶跃型边缘两侧的灰度值变化较明显，边缘两边像素的灰度值明显不同；而屋脊型边缘位于灰度值增加和减少的交界处。

1. 基本思路

边缘特征提取的基本思路是先确定图像中的边缘像素，然后再把这些像素连接在一起就构成所需的区域边界。在视觉计算理论框架中，抽取二维图像上的边缘、角点、纹理等基本特征，是整个系统框架中的第一步。这些特征所组成的图称为基元图。不同"尺度"意义下的边缘点在一定条件下包含了原图像的全部信息。

在图像中，可以从数学角度用导数来刻画边缘点的变化。边缘一般是位于一阶导数较大的像素处，因此，可以求图像的一阶导数来确定图像的边缘，像 Sobel 算子等一系列算子都是基于这个思想。通常对边缘分别求取一阶、二阶导数即可以得到边缘点的变化。阶跃型边缘灰度变化曲线的一阶导数在边缘处达到极大值，其二阶导数在边缘处与横轴零交叉；而屋脊型的灰度变化曲线的一阶导数在边缘处与横轴零交叉，其二阶导数在边缘处达到负极大值。一旦计算出导数之后，下一步要做的就是给出一个阈值来确定哪里是边缘位置。阈值越低，能够检测出的边缘越多，结果也就越容易受到图片噪声的影响，并且越容易从图像中挑出不相关的特性。与此相反，一个高的阈值将会遗失细的或短的线段。一个常用的方法是带有滞后作用的阈值选择，这个方法使用不同的阈值去寻找边缘。首先使用一个阈值上限去寻找边线开始的地方。一旦找到了一个开始点，即在图像上逐点跟踪边缘路径，当大于阈值下限时一直记录边缘位置，直到数值小于下限之后才停止记录。

2. 边缘特征提取步骤

边缘特征是图像处理和计算机视觉中的一个基本问题，边缘特征提取的目的是标识数字图像中亮度变化明显的点。边缘特征提取的基本步骤为：

(1) 滤波。边缘特征提取算法主要是基于图像强度的一阶和二阶导数，但导数的计算对噪声很敏感，因此必须使用滤波器来改善与噪声有关的边缘提取的性能。需要指出，大多数滤波器在降低噪声的同时也导致了边缘强度的损失，因此，增强边缘和降低噪声之间需要折中。

(2) 增强。增强边缘的基础是确定图像各点邻域强度的变化值。增强算法可以将邻域(或局部)强度值有显著变化的点突显出来。边缘增强一般是通过计算梯度幅值来完成的。

(3) 检测。在图像中有许多点的梯度幅值比较大，而这些点在特定的应用领域中并不都是边缘，所以应该用某种方法来确定哪些点是边缘点。最简单的边缘特征提取依据是梯度幅值阈值判据。

(4) 定位。若某一应用场合要求确定边缘位置，则边缘的位置可在子像素分辨率上来估计，边缘的方位也可以被估计出来。

在边缘特征提取步骤中，前三个步骤用得十分普遍。这是因为大多数场合下，只需要边缘检测器指出边缘出现在图像某一像素点的附近，而没有必要指出边缘的精确位置或方向。边缘特征提取误差通常是指边缘误分类误差，即把假边缘判别成边缘而保留，或把真边缘判别成假边缘而去掉。边缘估计误差是用概率统计模型来描述边缘的位置和方向误差的。将边缘特征提取误差和边缘估计误差区分开，是因为它们的计算方法完全不同，其误差模型也完全不同。

3. 边缘特征提取的三个共性准则

- 要有好的检测结果，或说对边缘的误测率尽可能低，也就是图像边缘出现的地方在检测结果中不应该没有，另一方面又不要出现虚假的边缘。
- 对边缘的定位要准确，也就是标记出的边缘位置要和图像上真正边缘的中心位置充分接近。
- 对同一边缘要有尽可能低的响应次数，也就是检测响应最好是单像素的。

3.5.2 图像边缘特征提取方法

边缘特征提取的实质是采用某种算法来提取出图像中对象与背景间的交界线。将边缘定义为图像中灰度发生急剧变化的区域边界。图像灰度的变化情况可以用图像灰度分布的梯度来反映，因此可以用局部图像微分技术来获得边缘特征提取算子。经典的边缘特征提取方法通过对原始图像中像素的某小邻域构造边缘特征提取算子来达到检测边缘这一目的。

1. 边缘点提取方法

常用的边缘提取方法主要有阈值法和零交叉方法。

1）阈值法

阈值法的基本方法是设定门限值 T，若微分增强后像素点的数值大于 T，则认为是边缘点，否则不是边缘点。合理设置 T 值对后续处理非常重要，因为阈值设置过高，容易丢失目标边缘，过低则会增加背景噪声，这样会影响后续处理的精度和实时性。通常边缘提取的阈值是基于边缘增强自适应确定的，根据处理数据的范围分为全局和局部自适应方法。随着理论和应用技术的发展，阈值的选取也产生很多新的方法，主要有 Ostu 阈值法、迭代阈值法、均匀分布阈值法、一维熵阈值法、模糊阈值法等。

只有一个阈值并不充分，可能会造成断边缘或是假边缘，因此 Canny 提出了双阈值方法。首先利用累加统计直方图得到高阈值，然后再取一个低阈值，若图像信号的响应大于高阈值，则它一定是边缘；若低于低阈值则为非边缘；若在两者之间，则要看它的 8 个邻域像素有无大于高阈值的值。

2）零交叉方法

零交叉边缘提取方法的应用也很广泛。基于零交叉的方法可以通过找到由图像得到的二阶导数的零交叉点来定位边缘，通常用拉普拉斯算子或非线性微分方程的零交叉点。滤波作为边缘特征提取的预处理是必要的，通常采用高斯滤波。Marr 和 Hildreth 提出的 LOG 算法，就是用算子卷积图像，通过判断符号的变化确定零交叉点的位置为边缘点。Kalitzin 使用符号结合法定位边缘，取得了较好的效果。

2. 边缘特征提取算子(模板)

边缘特征提取就是利用模板对图像矩阵进行卷积运算，模板与图像卷积可计算梯度值。不同的检测方法具有不同的模板。模板就是很多算法中使用的算子。经典的边缘特征提取算子包括 Roberts 算子、Laplace 算子、Prewitt 算子、Sobel 算子、LOG 算子、Canny 算子等。在实际中各种微分算子常用小区域模板来表示，微分运算是利用算子和图像卷积来实现的。

1）微分算子法

微分算子是最基本的边缘特征提取方法，主要是根据图像边缘处的一阶导数有极值或是二阶导数过零点的原理来检测边缘。在实际应用中用模板卷积近似计算边缘导数。微分算子法主要包括一阶微分和二阶微分法。一阶微分算子方法是基于梯度的方法，在实际应用中用两个模板组合构成梯度算子，由不同大小、不同元素值的模板产生不同的算子，最常用的有 Roberts 算子、Sobel 算子、Prewitt 算子、Krisch 算子等。基于一阶微分的边缘特征提取算子属于矢量，既有大小又有方向，和标量相比其数据的存储量较大。若所求得一阶导数高于某一阈值即可确定某点为边缘点，将导致检测到的边缘点过多，精确度低。而基于一阶导数的局部最大值对应着二阶导数的零交叉点的原理，通过寻找图像像素点的二阶导数的零交叉点来寻找边缘的方法是更精确更好的方法，这就是二阶微分方法。在实际应用中，通常都是利用简单的卷积核来计算方向差分，不同的算子对应着不同的卷积核。它们在图像的像素点上所产生的两个方向的偏导数用均方值或绝对值求和的形式来近似代替梯度幅值，然后选取一个合适的阈值，用所得到的梯度幅值和所设定的阈值进行比较来判断边缘点。若大于所取的阈值，则判断为边缘点；否则，判断为非边缘点。很显然，在提取边缘的过程中，阈值的选取特别重要，尤其在含噪图像中，阈值的选择要折中考虑噪声造成的伪边缘和有效边缘的丢失。

2）Roberts 算子

Roberts 算子是一种利用局部差分来寻找边缘的算子。Roberts 梯度算子所采用的是对角方向相邻两像素值之差，算子形式如下：

$$|G(x, y)| = \sqrt{G_x^2 + G_y^2} \tag{3.39}$$

其中，$G_x = f(i, j) - f(i-1, j-1)$，$G_y = f(i-1, j) - f(i, j-1)$。

Roberts 梯度算子对应的卷积模版为

$$\boldsymbol{G}_X = \begin{bmatrix} -1 & 0 \\ 0 & 1 \end{bmatrix}, \boldsymbol{G}_Y = \begin{bmatrix} 0 & -1 \\ 1 & 0 \end{bmatrix}$$

用以上两个算子与图像运算后，可求出图像的梯度幅值 $G(x, y)$，然后选择适当的阈值 τ，若 $G(x, y)>\tau$，则 (i, j) 为边缘点，否则，判断 (i, j) 为非边缘点。由此得到一个二值边缘图像。Roberts 算子的边缘定位精度高，对于水平和垂直方向的边缘检测效果较好，而对于有一定倾角的斜边缘检测效果则不理想，存在许多的漏检。另外，在含噪声的情况下，Roberts 算子对噪声敏感，不能有效地抑制噪声，容易产生一些伪边缘。因此，该算子适合于对低噪声且边缘明显的图像提取边缘。

3) Sobel 算子

Sobel 算子常用于边缘检测。Sobel 算子的模板为两个 3×3 的矩阵，分别用于检测水平边缘和垂直边缘，如下所示：

$$\boldsymbol{G}_X=\begin{bmatrix}-1 & 0 & 1\\ -2 & 0 & 2\\ -1 & 0 & 1\end{bmatrix},\quad \boldsymbol{G}_Y=\begin{bmatrix}-1 & 2 & -1\\ 0 & 0 & 0\\ 1 & 2 & 1\end{bmatrix} \tag{3.40}$$

图像中的每个像素点与以上两个算子做卷积运算后，再计算得到梯度幅值 $G(x, y)$，然后选取适当的阈值 τ，若 $G(x, y)>\tau$，则 (i, j) 为边缘点，否则，判断 (i, j) 为非边缘点。由此得到一个二值图像 $\{G(i, j)\}$，即边缘图像。Sobel 算子在空间上比较容易实现，不但可以产生较好的边缘特征提取效果，同时，由于引入了局部平均，受噪声的影响也较小。若使用较大的邻域，抗噪性会更好，但也增加了计算量，并且得到的边缘比较粗。由于 Sobel 算子没有基于图像灰度进行处理，也没有严格地模拟人的视觉生理特征，所以提取的图像轮廓有时并不令人满意。

4) Prewitt 算子

与 Sobel 算子相似，Prewitt 算子也是一种将方向的差分运算和局部平均相结合的方法，也是取水平和垂直两个卷积核来分别对图像中各个像素点做卷积运算。水平和垂直的 Prewitt 算子为

$$\boldsymbol{P}_x=\begin{bmatrix}-1 & -1 & -1\\ 0 & 0 & 0\\ 1 & 1 & 1\end{bmatrix},\quad \boldsymbol{P}_y=\begin{bmatrix}-1 & 0 & 0\\ -1 & 0 & 1\\ -1 & 0 & 1\end{bmatrix}$$

图像中的每个像素点和以上水平、垂直两个卷积算子做卷积运算后，再得到梯度幅值 $G(x, y)$，然后选取适当阈值 τ，若 $G(x, y)>\tau$，则 (i, j) 为边缘点；否则判断 (i, j) 为非边缘点。由此得到一个二值图像 $\{G(i, j)\}$，即边缘图像。在此基础上，有人提出了改进的 Prewitt 算子，将其扩展到 8 个方向，依次用这些边缘模板去检测图像。与被检测区域最为相似的模板给出最大值，用这个最大值作为算子的输出值就可将边缘像素检测出来。

Prewitt 算子通过对图像上的每个像素点的 8 方向邻域的灰度加权差之和进行边缘检测，对噪声有一定抑制作用，抗噪性较好，但由于采用了局部灰度平均，因此容易检测出伪边缘，并且边缘定位精度较低。

5）Kirsch 算子

Kirsch 算子是一种 3×3 的非线性方向算子。基本思想是希望改进取平均值过程，从而尽量使边缘两侧的像素各自与自己同类的像素取平均值，然后求平均值之差，来减小由于取平均值所造成的边缘细节丢失。通常采用 8 方向 Kirsch 模板的方法进行检测，取其中最大的值作为边缘强度，而将与之对应的方向作为边缘方向。常用的 8 方向 Kirsch 模板为

$$\begin{bmatrix}-3 & -3 & 5\\-3 & 0 & 5\\-3 & -3 & 5\end{bmatrix},\begin{bmatrix}-3 & 5 & 5\\-3 & 0 & 5\\-3 & -3 & -3\end{bmatrix},\begin{bmatrix}5 & 5 & 5\\-3 & 0 & -3\\-3 & -3 & -3\end{bmatrix},\begin{bmatrix}5 & 5 & -3\\5 & 0 & -3\\-3 & -3 & -3\end{bmatrix}$$

$$\begin{bmatrix}5 & -3 & -3\\5 & 0 & -3\\5 & -3 & -3\end{bmatrix},\begin{bmatrix}-3 & -3 & -3\\5 & 0 & -3\\5 & 5 & -3\end{bmatrix},\begin{bmatrix}-3 & -3 & -3\\-3 & 0 & -3\\5 & 5 & 5\end{bmatrix},\begin{bmatrix}-3 & -3 & -3\\-3 & 0 & 5\\-3 & 5 & 5\end{bmatrix}$$

6）Laplacian 算子

Laplacian 算子是最简单的各向同性、二阶微分算子，具有旋转不变性，比较适用于只关心边缘位置而不考虑周围像素的灰度值差的情况。Laplacian 算子对噪声比较敏感，所以图像一般先经过平滑处理。因为平滑处理也是用模板进行的，所以，通常的分割算法都是把 Laplacian 算子和平滑算子结合起来生成一个新的模板。Laplacian 算子表示为

$$\begin{bmatrix}0 & -1 & 0\\-1 & 4 & -1\\0 & -1 & 0\end{bmatrix},\begin{bmatrix}-1 & -1 & -1\\-1 & 8 & -1\\-1 & -1 & -1\end{bmatrix},\begin{bmatrix}1 & -1 & 1\\-2 & 4 & -2\\1 & -2 & 1\end{bmatrix}$$

7）LOG 算子（Laplacian of Gaussian，LOG）

LOG 算子将拉普拉斯锐化滤波器与高斯平滑滤波器两者结合起来，先对待处理图像进行平滑处理去除噪声，再进行边缘特征提取，对噪声有一定抑制作用。该算子克服了 Laplacian 算子抗噪声能力较差的缺点，但是在抑制噪声的同时也使原来尖锐的边缘变平滑，使得图像中部分尖锐边缘无法被检测到，还会产生双边缘。实际应用中常用的 LOG 算子的模板为

$$\begin{bmatrix}0 & 0 & -1 & 0 & 0\\0 & -1 & -1 & -1 & 0\\-1 & -2 & 16 & -2 & -1\\0 & -1 & -2 & -1 & 0\\0 & 0 & -1 & 0 & 0\end{bmatrix},\begin{bmatrix}-2 & -4 & -4 & -4 & -2\\-4 & 0 & 8 & 0 & -4\\-4 & 8 & 24 & 8 & -4\\-4 & 0 & 8 & 0 & -4\\-2 & -4 & -4 & -4 & -2\end{bmatrix}$$

基于 LOG 算子的边缘特征提取方法的基本步骤如下：

（1）采用二维高斯滤波器平滑滤波；

（2）采用二维拉普拉斯算子进行图像增强；

（3）依据二阶导数零交叉进行边缘特征提取。

二维高斯滤波器的函数为

$$G(x, y) = \frac{1}{2\pi\beta^2}\exp\left(-\frac{x^2+y^2}{2\beta^2}\right)$$

用 $G(x, y)$ 与原始图像 $f(x, y)$ 进行卷积，得到平滑图像 $I(x, y)=G(x, y)*f(x, y)$，其中“$*$”为卷积运算符。然后，用拉普拉斯算子(∇^2)来获取平滑图像 $I(x, y)$ 的二阶方向导数图像 $M(x, y)$。由线性系统中卷积和微分的可交换性可得：

$$\begin{aligned} M(x, y) &= \nabla^2\{I(x, y)\} = \nabla^2[G(x, y)*f(x, y)] \\ &= [\nabla^2 G(x, y)]*f(x, y) \end{aligned} \tag{3.41}$$

图像的高斯平滑滤波与拉普拉斯微分运算可以结合成一个卷积算子：

$$\nabla^2 G(x, y) = \frac{1}{2\pi\beta^4}\exp\left(\frac{x^2+y^2}{\beta^2}-2\right)\exp\left(-\frac{x^2+y^2}{2\beta^2}\right) \tag{3.42}$$

其中，$\nabla^2 G(x, y)$ 为 LOG 算子，又称为高斯拉普拉斯算子。求取 $M(x, y)$ 的零穿点轨迹即可得到图像 $f(x, y)$ 的边缘。以 $\nabla^2 G(x, y)$ 对原始灰度图像进行卷积运算后提取的零交叉点作为边缘点。

LOG 算子在边缘特征提取时会产生双边缘问题，解决方法就是利用它对阶跃性的零交叉性质来定位图像边缘，同时进行高通滤波，使图像中尖锐边缘部分不会完全被平滑掉。Marr 和 Hildreth 提出了各向同性的拉普拉斯二阶差分算子，其基本思路如下：

- 所用的平滑滤波器是高斯滤波器；
- 增强步骤采用二阶导数(即二维拉普拉斯函数)；
- 边缘特征提取的判据是二阶导数过零点并且对应一阶导数的极大值。

该方法的特点是先用高斯滤波器与图像进行卷积，既平滑了图像又降低了噪声，使孤立噪声点和较小结构组织被滤除。由于对图像的平滑会导致边缘的延展，因此只考虑那些具有局部梯度极大值的点作为边缘点，这可用二阶导数的零交叉来实现。拉普拉斯函数可用作二维二阶导数的近似，因为它是一种标量算子。为了避免检测出非显著的边缘，应该选择一阶导数大于某一阈值的零交叉点来作为边缘点。

8) Canny 算子

Canny 算子检测方法包含了滤波、增强与检测，该算子是目前理论上相对最完善的一种边缘特征提取算法。Canny 算法的目标是找到一个最优的边缘检测算法。最优边缘检测的含义是：① 最优检测，即算法能够尽可能多地标识出图像中的实际边缘，漏检真实边缘的概率和误检非边缘的概率都尽可能小；② 最优定位准则，即检测到的边缘点的位置距离实际边缘点的位置最近，或者是由于噪声影响引起检测出的边缘偏离物体的真实边缘的程度最小；③ 检测点与边缘点一一对应，即算子检测的边缘点与实际边缘点应该是一一对应。

为了满足上述要求，Canny 方法使用变分法，这是一种寻找具有优化特定功能的函数的方法。最优检测使用 4 个指数函数项表示，比较近似于高斯函数的一阶导数。

利用 Canny 算子检测边缘的步骤：

(1) 用二维高斯滤波模板与原始图像进行卷积来消除噪声，一般采用模板的尺寸为3×3。

(2) 在每一点计算出局部梯度和边缘方向，可以利用 Sobel 算子、Roberts 算子等来计算。在求出边缘方向的基础上，将边缘梯度的方向分为 4 个(0°、45°、90°和 135°)，并找到对应的梯度方向上的邻接像素。

(3) 遍历图像。由于边缘点为梯度方向上其强度局部最大的点，所以可以采用非极大值抑制技术遍历梯度图中的每一点，判定其是否为边缘，若不是边缘，就将这个像素置为 0。

(4) 通过累计直方图进行双阈值计算和边缘连接，小于低阈值的一定不是边缘；凡是大于高阈值的一定是边缘。若检测结果在两个阈值之间，则检查这个像素的邻接像素中有没有超过高阈值的边缘像素，若没有则它不是边缘，否则就是边缘。

(5) 利用双阈值算法进行检测和边缘连接。

Canny 算子在二维空间具有检测边缘点方向性好、抗噪能力强、便于后续处理等优点。它的缺点是容易丢失一部分边缘细节，这是为了达到较理想的检测结果而选择较大的滤波模板所致。

9) Susan 算子

Susan 是一种基于灰度的特征点获取方法，适用于图像中边缘和角点的提取，是可以去除图像中噪声的算子，具有简单、有效、抗噪声能力强、计算速度快的特点，不仅具有很好的边缘特征提取性能，而且对角点提取也具有很好的效果。由于其指数基于对周边像素的灰度比较，完全不涉及梯度的运算，因此其抗噪声能力很强，运算量也比较小；同时，Susan 算子还是一个各向同性的算子；最后，通过控制参数 t 和 g，可以根据具体情况很容易地对不同对比度、不同形状的图像进行控制。如果图像的对比度较大，则可选取较大的 t 值，而如果图像的对比度较小，则可选取较小的 t 值。

Susan 算子的基本思路是选择一个圆形模板，将模板在图像上进行规则移动，并将模板内像素点与模板中心像素点(称为核)比较如下：

$$c(r, r_0) = \begin{cases} 1, 若\,|I(r) - I(r_0)| \leqslant t \\ 0, 若\,|I(r) - I(r_0)| > t \end{cases} \tag{3.43}$$

其中，r_0 为模板的核像素点；t 为设定的灰度差阈值；r 为模板中除核以外的其他任意像素点；$I(r)$为 r 点像素的灰度值；$c(r, r_0)$为判别 r 点像素是否属于 Susan 区域的函数。为了更精确地检测边缘，通常采用如下更稳定、更有效的相似比较函数：

$$f(r, r_0) = \exp\left[-\left(\frac{I(r) - I(r_0)}{t}\right)^6\right] \tag{3.44}$$

其中，$I(r)$为除核以外的其他像素的灰度值，$I(r_0)$为模板覆盖区域核 r_0 的灰度值，t 为灰度差别阈值，$f(r, r_0)$为比较函数。

由式(3.43)计算模板下的每个像素点的 $c(r, r_0)$，求和得 $n(r_0)=\sum_{r\neq r_0}c(r, r_0)$，其中 n 为 Susan 的像素数目。比较 $n(r_0)$ 与预先设定的阈值 g，这个 g 一般取为 $3/(4n_{max})$，其中 n_{max} 表示圆形模板内像素点的总个数。初始边缘响应 $R(r_0)$ 表示为

$$R(r, r_0)=\begin{cases}g-n(r_0), & 若\ n(r_0)<g\\ 0, & 若\ n(r_0)>g\end{cases} \tag{3.45}$$

从(3.45)式可以看出，Susan 区域越小，边缘响应就越大。Susan 边缘特征提取具有如下特点：边缘交界处的连续性很好，没有出现断裂的情况，检测到的边缘位置恰好在待测图像的边缘处。Susan 边缘特征提取算法对于不同亮度区域之间的微小变化也适用。

利用 Susan 算子提取角点的步骤如下：

(1) 利用圆形模板遍历图像，计算每点处的 Susan 值；

(2) 设置一阈值 g，一般取值为 Susan 最大值的一半，进行阈值化，得到角点响应；

(3) 使用非极大值抑制来寻找角点。

通过上面的方式得到的角点中存在很多伪角点。为了去除伪角点，① 计算 Susan 区域的重心，然后计算重心和模板中心的距离，若距离较小则不是正确的角点；② 判断 Susan 区域的重心和模板中心的连线所经过的像素是否都属于 Susan 区域，若属于则这个模板中心的点就是角点。

利用 MATLAB 工具箱中 bwboundaries 函数可以得到图像边缘。该函数通过全局阈值将图像上的所有像素值替换为 1 或 0，从二维或三维灰度图像创建二进制图像。默认情况下，imbinarize 使用 Otsu 图像分割方法，该方法选择阈值以最小化阈值的黑白像素的类内方差。一般使用 256 位图像直方图来计算 Otsu 的阈值。具体代码如下，运行结果如图 3.9 所示。

```
I = imread('rice.png'); BW = imbinarize(I); %二值化
B = bwboundaries(BW, 'noholes'); imshow(I); hold on;
for k = 1 : length(B) % 边界着色
    thisBoundary = B{k}; plot(thisBoundary(:, 2), thisBoundary(:, 1), 'r', 'LineWidth', 2);
end
```

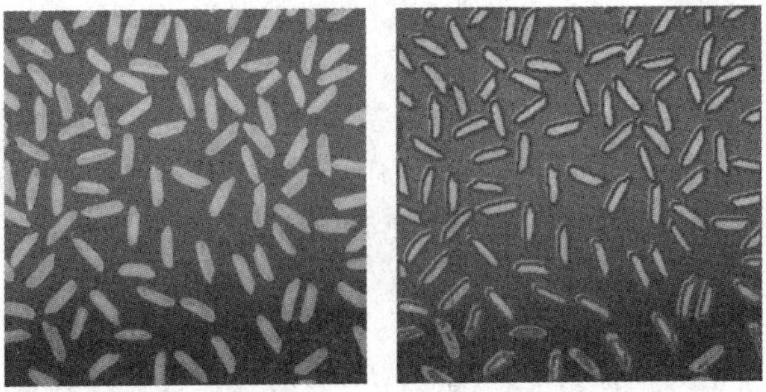

图 3.9　图像边缘

利用 MATLAB 工具箱中的 edge 函数，即 BW＝edge(gray，type)，通过选择不同的参数 type 可以用不同的算子得到不同的边缘特征提取效果，示例如图 3.10 所示。

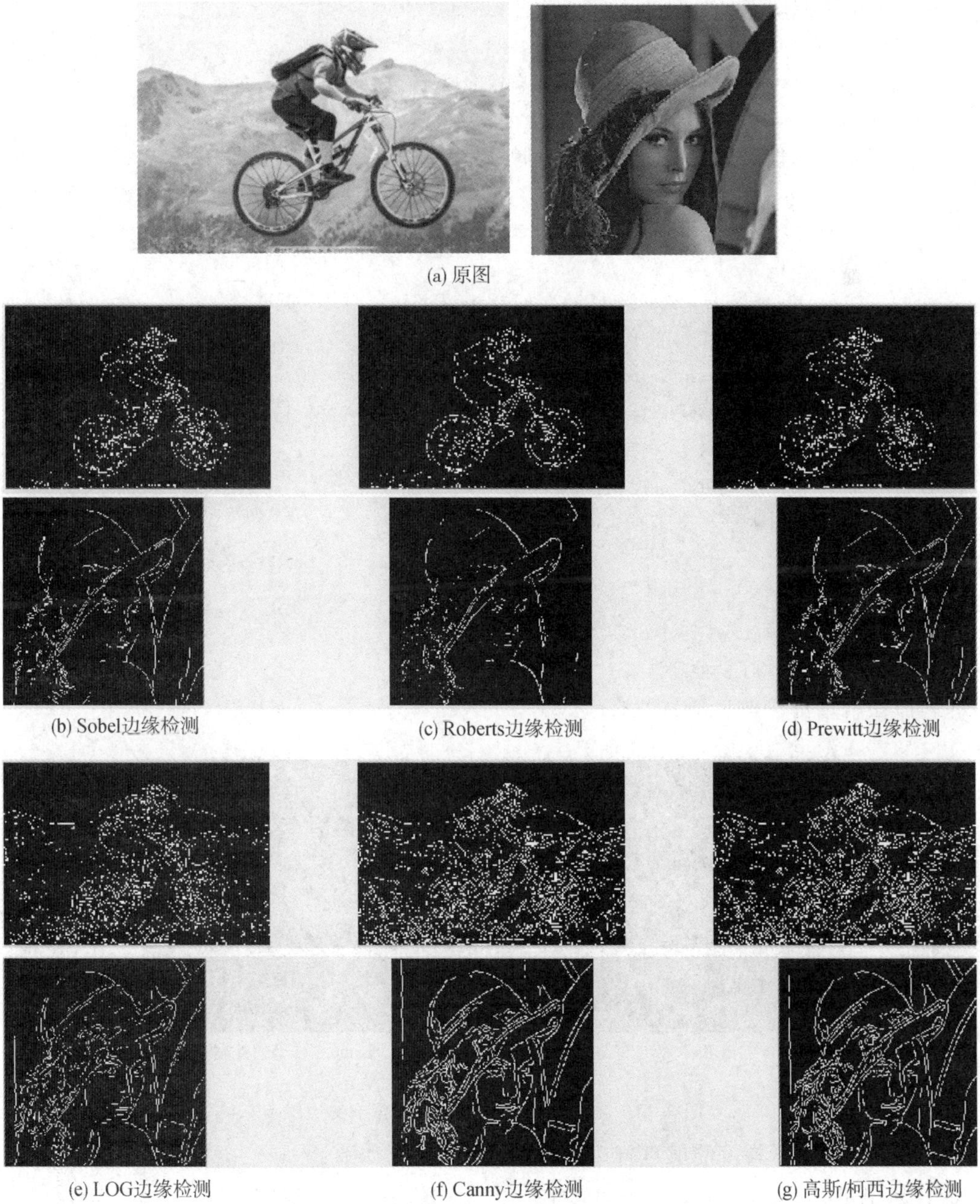

(a) 原图

(b) Sobel边缘检测　(c) Roberts边缘检测　(d) Prewitt边缘检测

(e) LOG边缘检测　(f) Canny边缘检测　(g) 高斯/柯西边缘检测

图 3.10　不同算子得到的图像边缘

根据图像边缘定义，利用差分方法编程实现边缘特征提取，得到图像的边缘特征，以Roberts 算子为例，实现代码如下：

```
clear all; clc;
sourcePic=imread('ma.jpg'); %图像读入
grayPic=mat2gray(sourcePic); %实现图像的矩阵归一化操作
[m, n]=size(grayPic); newGrayPic=grayPic;
robertsNum=0; %经 Roberts 操作得到的每个像素的值
robertThreshold=0.2; %设定阈值
for j=1: m-1 %进行边界提取
    for k=1: n-1
        robertsNum=abs(grayPic(j, k)-grayPic(j+1, k+1)) +
          abs(grayPic(j+1, k)-grayPic(j, k+1));
        if(robertsNum > robertThreshold)
            newGrayPic(j, k)=255;
        else
            newGrayPic(j, k)=0;
        end
    end
end
figure, imshow(newGrayPic);
title('roberts 算子的处理结果')
```

程序运行结果如图 3.11 所示。

Roberts算子的处理结果　　Roberts算子的处理结果

图 3.11　彩色图像基于 Roberts 算子的边缘

利用单尺形态学梯度能够进行边缘检测，程序代码如下：

```
% 利用单尺度形态学梯度进行边缘检测
I=imread('r.jpg'); grayI=rgb2gray(I);
```

```
se=strel('square', 3); grad=imdilate(grayI, se)-imerode(grayI, se);
figure, imshow(grad)
se1=strel('square', 1); se2=strel('square', 3); se3=strel('square', 5);
  se4=strel('square', 7);
grad1=imerode((imdilate(grayI, se2)-imerode(grayI, se2)), se1);
grad2=imerode((imdilate(grayI, se3)-imerode(grayI, se3)), se2);
grad3=imerode((imdilate(grayI, se4)-imerode(grayI, se4)), se3);
multiscaleGrad=(grad1+grad2+grad3)/3;
figure, imshow(multiscaleGrad)
```

图 3.12(b)为基于单尺度形态学梯度的边缘检测图。为了比较，图 3.12 还给出了基于常见的五种算子的边缘检测图。

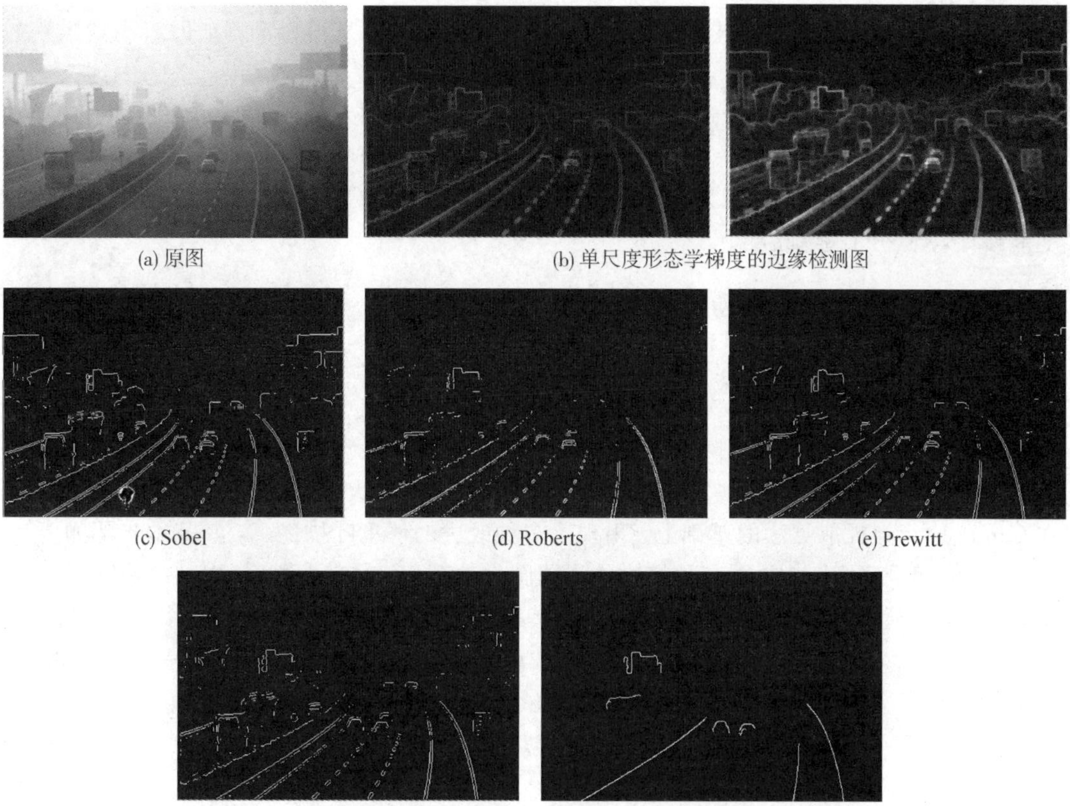

(a) 原图　(b) 单尺度形态学梯度的边缘检测图

(c) Sobel　(d) Roberts　(e) Prewitt

(f) LOG　(g) Canny

图 3.12　基于不同方法的边缘图

结合图 3.10、图 3.11 和图 3.12，将常用的五种边缘检测算子与形态边缘检测方法进行比较：

Roberts算子检测方法对具有陡峭的低噪声的图像处理效果较好，检测水平和垂直边缘的效果好于斜向边缘，定位精度高。但由于未对图像进行平滑处理，对噪声敏感。

Sobel算子检测方法对灰度渐变和噪声较多的图像处理效果较好，但得到的边缘图像点断点多、连贯性差，丢失了一些细节信息，只得到图像的大概轮廓。

Prewitt算子检测方法对灰度渐变和噪声较多的图像处理效果较好。但边缘较宽，而且间断点多。

Laplacian算子能增强图像中灰度突变的区域，减弱灰度变化缓慢的区域，但对噪声比较敏感，使用前应先进行滤波。

LOG算子得到的边缘图像连续性增强，一些细节信息得到凸显，但对高斯噪声和椒盐噪声比较敏感。相比Sobel算子，LOG算子图像边缘特征提取效果较好。

Canny算子得到的边缘图像清晰、边缘更完整，细节信息得以凸显，但对高斯噪声较敏感。

Canny算子与Sobel算子通过计算图像中局部小区域的差分来实现边缘检测。这类边缘检测对噪声比较敏感，并且常常会在检测边缘的同时加强噪声。而形态边缘检测方法主要利用形态梯度的概念，虽然对噪声也比较敏感，但不会加强噪声。利用单尺度形态学梯度能够有效地进行边缘检测。

3.5.3 中心轮廓距离的傅里叶描述子

图像的边缘点包含了图像识别的大部分分类信息，是图像分割、定位、分类与识别的重要特征。Canny边缘点提取算法是一种简单、实用的边缘点检测方法，具有较好的边缘点检测性能，在复杂图像检测和识别中得到了广泛应用。但该特征与边缘点选取的起始点有关。傅里叶级数中的一系列系数是直接与边界曲线的形状有关的，称为傅里叶描述子。在Canny边缘点提取算法的基础上，出现了多种改进的傅里叶描述子，其基本步骤如下：

(1) 灰度化。实际上，同一种植物的不同图像的颜色、纹理、形状和大小之间存在很大差异，所以在进行图像分类之前将彩色图像转换为灰度图像，消除颜色对分类的干扰：

$$Y = 0.2989R + 0.5870G + 0.1141B \tag{3.46}$$

其中，R、G和B分别表示红、绿、蓝三个分量，Y表示灰度值。

(2) 滤波。利用高斯滤波方法对灰度图像进行平滑处理，降低图像的噪声，以便更准确地计算图像的梯度及边缘点幅值，得到的图像为

$$f_1(x, y) = G(x, y) \otimes f(x, y) \tag{3.47}$$

其中，$f(x, y)$为灰度图像，$\otimes$为卷积运算，$G(x, y)$为高斯函数：

$$G(x, y) = \frac{1}{2\pi\beta^2}\exp\left(-\frac{x^2 + y^2}{2\beta^2}\right) \tag{3.48}$$

(3) 计算图像像素的幅值和梯度方向。选择 Sobel 算子计算灰度图像沿 x 和 y 两个方向的平滑图像的偏导数(G_x，G_y)，在实际应用中，一般通过在 2×2 邻域的有限差分来计算，即

$$\begin{cases} G_x = \dfrac{f_1(x+1,\ y) - f_1(x,\ y) + f_1(x+1,\ y+1) - f_1(x,\ y+1)}{2} \\ G_y = \dfrac{f_1(x,\ y+1) - f_1(x,\ y) + f_1(x+1,\ y+1) - f_1(x+1,\ y)}{2} \end{cases} \tag{3.49}$$

由偏导数计算图像像素的幅值 $G(x,\ y) = \sqrt{G_x^2 + G_y^2}$ 与梯度方向 $\theta(x,\ y) = \arctan(G_x/G_y)$。

(4) 确定边缘点。在水平、竖直、45°和 135°的 4 个边缘点梯度方向搜索各个像素梯度方向的邻域像素。若某个像素的灰度值与其梯度方向上前后两个像素的灰度值相比不是最大，则这个像素置为 0，即不是边缘点，最后得到边缘点的坐标集合。

从每幅图像中得到图像的边缘点后，若利用所有边缘点进行图像识别，可能导致运算量增大；若对边缘点进行等间隔采样，可能丢失图像形状的部分关键信息，导致识别率下降。通过观察图像的边缘点局部放大图，可发现图像的边缘点像素点排列在 0°、45°、90°和 135°这 4 个方向呈现出单方向性。当有边缘点出现时，在像素点两边会出现两种角度方向。根据这一特点，首先采用小窗口模板(3×3)对边缘点进行粗定位，然后利用大窗口进行边缘点精确定位，即对 3×3 窗口内的边缘点像素进行方向判断，若只有一个边缘点方向，则该点为普通的边缘点；若包括两种方向信息，则该点先判断为粗边缘点。再计算该点两边直线夹角，若夹角小于 15°，即两边直线几近成一条直线，则认为该边缘点为伪边缘点，删除该点；反之，认为该点为真边缘点，保留该边缘点信息。

设由以上步骤得到的边缘点坐标集为$\{(x_i,\ y_i)\mid i=0,\ 1,\ 2,\ \cdots,\ n-1\}$，其中$(x_0,\ y_0)$为边缘点的始点。

(5) 计算边缘点的中心坐标$(x_c,\ y_c)$

$$x_c = \sum_{i=1}^{n} x_i,\quad y_c = \sum_{i=1}^{n} y_i \tag{3.50}$$

(6) 以$(x_c,\ y_c)$为极点，将边缘点的直角坐标点$(x_i,\ y_i)(i=0,\ 1,\ 2,\ \cdots,\ n-1)$转换为极坐标$(r_i,\ \theta_i)(i=0,\ 1,\ 2,\ \cdots,\ n-1)$，即

$$r_i = \sqrt{(x_i - x_c)^2 + (y_i - y_c)^2},\ \theta_i = \arctan^{-1} \frac{y_i - y_c}{x_i - x_c} \tag{3.51}$$

其中，$r_i(i=0,\ 1,\ 2,\ \cdots,\ n-1)$为中心边缘点距离。

(7) 按照 $\theta_i(i=0,\ 1,\ 2,\ \cdots,\ n-1)$的升序对 $r_i(i=0,\ 1,\ 2,\ \cdots,\ n-1)$进行排序，得到一个中心边缘点距离序列 $\mathbf{V}=[r_0,\ r_1,\ \cdots,\ r_{n-1}]$，$\mathbf{V}$ 与图像的旋转和平移无关。

(8) 由于 $\mathbf{V}$ 与图像的大小和边缘点序列的起始点有关，为了得到鲁棒的图像分类特征，对 $\mathbf{V}$ 进行快速傅里叶变换。$\mathbf{V}$ 的 K 点傅里叶变换为

$$F(k)=\frac{1}{K}\sum_{i=0}^{K-1}\mathbf{V}(i)\mathrm{e}^{-\frac{\mathrm{j}2\pi ik}{K}},\ k=0,1,\cdots,K-1 \tag{3.52}$$

频域变换后的边界序列中 $F(0)$表示直流分量，不能反映不同图像之间形状差异，而较低频率系数能够反映图像形状的主要特征信息，较高频率系数能够反映图像形状的细节信息。

(9) 由式(3.52)构建傅里叶描述子：

$$F_{\mathbf{V}}=\left\{\frac{|F(2)|}{|F(1)|},\frac{|F(3)|}{|F(1)|},\cdots,\frac{|F(K-1)|}{|F(1)|}\right\} \tag{3.53}$$

其中，$|\cdot|$表示傅里叶频谱。

由于边缘点序列 $\mathbf{V}$ 与图像的旋转和平移无关，而且 $F_{\mathbf{V}}$ 与图像的缩放和边缘点集中的起始点无关，则由式(3.52)得到的傅里叶描述子与图像的大小、旋转、平移和边缘点的起始点无关，所以利用傅里叶描述子对图像进行分类识别的方法具有鲁棒性。下面证明 $F_{\mathbf{V}}$ 与图像的大小、旋转和角点序列的起始点无关。

假设图像缩放 α 倍、起始点移动 N 个单位后边缘序列 $\mathbf{V}$ 变化为 $\mathbf{V}'=\alpha\cdot[r_N, r_{N+1}, \cdots, r_0, r_1, r_2, \cdots, r_{N-1}]$，则 $\mathbf{V}'$的傅里叶变换为

$$\begin{aligned}F(k)&=\frac{1}{K}\sum_{i}\alpha\cdot\mathbf{V}'(i)\mathrm{e}^{-\frac{\mathrm{j}2\pi ik}{K}}=\frac{1}{K}\sum_{i=0}^{N-1}\alpha\cdot\mathbf{V}(i+N)\mathrm{e}^{-\frac{\mathrm{j}2\pi(i+N)k}{K}}\\&=\alpha\cdot\mathrm{e}^{-\frac{\mathrm{j}2\pi N}{K}}\frac{1}{K}\sum_{i=0}^{N-1}\mathbf{V}(i+N)\mathrm{e}^{-\frac{\mathrm{j}2\pi ik}{K}},\ k=0,1,\cdots,K-1\end{aligned} \tag{3.54}$$

由式(3.54)得

$$\frac{\left|\alpha\cdot\mathrm{e}^{-\frac{\mathrm{j}2\pi N}{K}}F(k)\right|}{\left|\alpha\cdot\mathrm{e}^{-\frac{\mathrm{j}2\pi N}{K}}F(1)\right|}=\frac{|F(k)|}{|F(1)|} \tag{3.55}$$

则 $F_{\mathbf{V}'}=F_{\mathbf{V}}$。

利用 Canny 算法从每幅图像中提取图像的边缘，然后利用粗细角点判定法提取边缘的角点，再对得到的角点序列进行极坐标转换、排序，得到每幅图像的中心角点距离序列，然后对其进行傅里叶变换，构建傅里叶描述子。

3.6 图像角点

图像角点没有明确的数学定义，人们普遍认为角点是二维图像亮度变化剧烈的点或图像边缘曲线上曲率极大值的点，或是两个边缘的角点、邻域内具有两个主方向的特征点。这些点在保留图像图形重要特征的同时，可以有效地减少信息的数据量，使其信息含量提高，有效地提高计算速度，有利于图像的可靠匹配，使得实时处理成为可能。

角点特征提取是计算机视觉系统中用来获得图像特征的一种方法，广泛应用于运动检

测、图像匹配、视频跟踪、三维建模和目标识别等领域中，也称为特征点检测。而实际应用中，大多数所谓的角点是拥有特定特征的图像点，而不仅是“角点”。这些特征点在图像中有具体的坐标，并具有某些数学特征，如局部最大或最小灰度、某些梯度特征等。角点特征提取方法的一个很重要的评价标准是其对多幅图像中相同或相似特征的检测能力，及是否能够应对光照变化、图像旋转等图像变化。现有的角点特征提取方法可归纳为三类：基于灰度图像的、基于二值图像的和基于轮廓曲线的。角点是图像很重要的特征，对图像图形的理解和分析有很重要的作用。本节对灰度图像、二值图像、边缘轮廓曲线的角点特征提取算法进行综述，分析相关的算法，并对各种检测算法给出评价。

3.6.1　Haar 特征

Haar 特征分为四类：边缘特征、线性特征、中心特征和对角线特征，这些特征组合成特征模板，并定义该模板的特征值为白色矩形像素和减去黑色矩形像素和，包括 5 种基本型(Basic)、3 种中心型(Core)模板和 6 种对角型(即 45°旋转)模板(Titled)，共 14 种(Haar)模板，如图 3.13 所示。

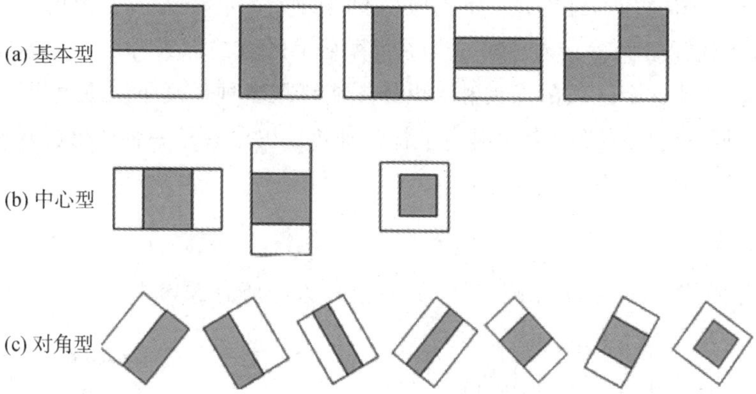

图 3.13　Haar 特征模板

在使用 Opencv 自带的训练工具进行训练时，haarFeatureParams 参数中的 mode 参数正对应了训练过程中所使用的特征模板集合。

(1) 若 mode 为 Basic，则只使用 Basic 的 5 种 Haar 特征进行训练，训练出的分类器也只包含这 5 种特征模板；

(2) 若 mode 为 Core，则使用 Basic 的 5 种加上 Core 的 3 种 Haar 特征进行训练；

(3) 若 mode 为 All，则使用 5 种 Basic 特征、3 种 Core 特征以及 6 种 Titled 特征，共 14 种特征模板进行训练。

默认使用 Basic 模板，实际中训练和检测效果已经足够好。一般不建议使用 All 参数，引入 Titled 倾斜特征需要多计算一张倾斜积分图，所以极大降低了训练和检测的速度。

Haar 特征模板内有白色和黑色两种矩形，Haar 特征值等于整个 Haar 区域内像素和乘以权重，再加上黑色区域内像素和乘以权重，即

$$F(x) = \text{weight}_{\text{all}} \times \sum_{\text{pixel} \in \text{all}} \text{pixel} + \text{weight}_{\text{black}} \times \sum_{\text{pixel} \in \text{black}} \text{pixel} \tag{3.56}$$

Haar 特征能够反映图像的灰度变化。例如，人脸部的一些特征能够由矩形特征简单地描述。一般情况下，眼睛比脸颊颜色深，鼻梁两侧比鼻梁颜色深，嘴巴比周围颜色深等。由于矩形特征模板只对一些简单的图形结构(如边缘、线段等)较敏感，所以只能描述特定走向(水平、垂直、对角)的结构。但通过改变特征模板的大小和位置，在图像子窗口中能够得到大量的特征。矩形特征值是矩形模版类别、矩形位置和矩形大小这三个因素的函数。所以，类别、大小和位置的变化，使得很小的检测窗口含有非常多的矩形特征，如在 24×24 的检测窗口内矩形特征数量可以达到 16 万个。一般而言，Haar 特征值计算出来的值跨度很大，所以在实际的特征提取中，需要对 Haar 特征进行标准化，压缩特征值范围。积分图只遍历一次图像就可以求出图像中所有区域像素和的快速算法，能够极大提高图像特征值计算的效率。积分图的基本思想是：将图像从起点开始到各个点所形成的矩形区域像素之和作为一个数组的元素保存在内存中，当要计算某个区域的像素和时可以直接索引数组的元素，不用重新计算这个区域的像素和。积分图能够在多种尺度下，使用相同的时间(常数时间)来计算不同的特征，因此大大提高了检测速度。积分图是一种能够描述全局信息的矩阵表示方法。积分图的构造方式如下：

$$ii(i, j) = \sum_{k \leqslant i,\ l \leqslant j} f(k, l) \tag{3.57}$$

即位置(i, j)处的值$ii(i, j)$是原图像(i, j)左上角方向所有像素之和。

积分图构建步骤如下：

(1) 用$s(i, j)$表示行方向的累加和，初始化$s(i, -1)=0$。

(2) 用$ii(i, j)$表示一个积分图像，初始化$ii(-1, i)=0$。

(3) 逐行扫描图像，递归计算每个像素(i, j)行方向的累加和$s(i, j)$和积分图像$ii(i, j)$的值

$$s(i, j) = s(i, j-1) + f(i, j),\ ii(i, j) = ii(i-1, j) + s(i, j)$$

(4) 扫描图像一遍，当到达图像右下角像素时，积分图像 ii 就构造好了。

积分图构造好后，图像中任何矩阵区域的像素累加和都可以通过简单运算得到。矩形特征的特征值计算，只与此特征矩形的端点的积分图有关，所以不管此特征矩形的尺度变换如何，特征值的计算所消耗的时间都是常量。这样只要遍历图像一次，就可以求得所有子窗口的特征值。

Haar 边缘特征提取算法的要点为：① 使用 Haar 特征做检测；② 使用 MATLAB 积分图函数 IntegralImage 对 Haar 特征求值进行加速；③ 使用 AdaBoost 算法训练区分人脸和非人脸的强分类器；④ 利用 MATLAB 梯度函数 gradient 计算梯度；⑤ 使用筛选式级联把强分类器级联到一起，提高准确率。

示例代码如下：

```
img=imread('XXX.jpg')；img=rgb2gray(img)；%读取并转化成灰度图像
II=integralImage(img)；% 求积分图
II=II(2：end，2：end)；
height=size(II，1)；width=size(II，2)；
total =II(4：height-1，4：width-1)+II(1：height-4，1：width-4)-…
                                    II(1：height-4，4：width-1)-II(4：height-1，1：
                                    width-4)；
black=img(3：height-2，3：width-2)；
haar=(total - 2 * double(black))；[hgx，hgy]=gradient(haar)；
  hg=sqrt(hgx.^2+hgy.^2)；
imshow(hg，[ ])
```

图 3.14(a)～(c)为以上程序的运行结果。同理可得工件和米粒的 Haar 特征图，分别如图 3.14(e)和图 3.14(g)所示。

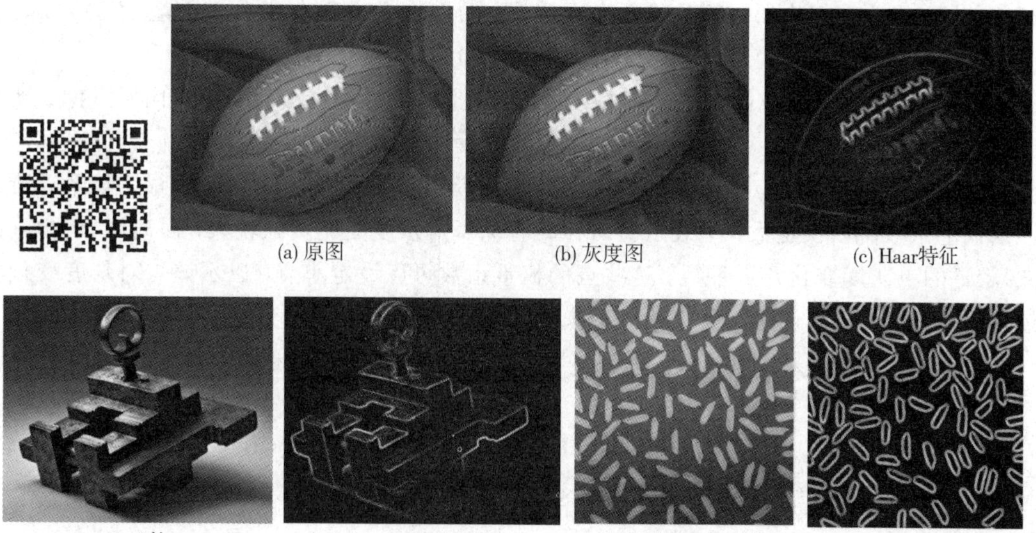

(a) 原图　(b) 灰度图　(c) Haar特征

(d) 工件　(e) Harr特征　(f) 米粒　(g) Haar特征

图 3.14　Haar 特征

3.6.2 Harris 角点

角点是在邻域内具有两个主方向的特征点。Harris 角点是基于角点的特征描述子。Harris 角点是特征点检测的基础。Harris 角点提取原理是利用移动的窗口在图像中计算灰度变化值，其中关键流程包括转化为灰度图像、计算差分图像、高斯平滑、计算局部极值、确认角点。人眼对角点的识别通常是在一个局部的小区域或小窗口完成的。若在各个方向上移动这个特征的小窗口，窗口内区域的灰度发生了较大的变化，则认为在窗口内有角点。若这个特定的窗口在图像各个方向上移动时，窗口内图像的灰度没有发生变化，则认为窗口内无角点；若窗口在某一个方向移动时，窗口内图像的灰度发生了较大的变化，而在其他方向上没有发生变化，则窗口内的图像可能就是一条直线的线段。

1. 基本原理

使用一个固定窗口在图像上进行任意方向上的滑动，比较滑动前与滑动后两种情况，窗口中的像素灰度变化程度，如果在任意方向上的滑动都有较大的灰度变化，那么可以认为该窗口中存在角点。对于图像 $I(x, y)$，通过自相关函数给出点 (x, y) 处平移 $(\Delta x, \Delta y)$ 后的自相似性，即

$$c(x, y;\Delta x, \Delta y) = \sum_{(u, v)\in W(x, y)} w(u, v)\,(I(u, v) - I(u+\Delta x, v+\Delta y))^2 \tag{3.58}$$

其中，(x, y) 为窗口内所对应的像素坐标位置，窗口有多大就有多少个位置，$(\Delta x, \Delta y)$ 为窗口的偏移量，$W(x, y)$ 是以点 (x, y) 为中心的窗口，$w(u, v)$ 为加权函数。

$w(u, v)$ 既可是常数，也可以是高斯加权函数，最简单的情形就是窗口内所有像素所对应的权重系数 w 均为 1。有人会将 $w(u, v)$ 函数设定为以窗口中心为原点的二元正态分布。如果窗口中心点是角点，那么在窗口移动前与移动后该点的灰度变化应该最为剧烈，所以该点权重系数可以设定大些，表示窗口移动时该点对灰度变化贡献较大；而离窗口中心(角点)较远的点灰度变化几近平缓，这些点的权重系数可以设定小点，以示该点对灰度变化贡献较小，则自然想到使用二元高斯函数来表示窗口函数。

根据泰勒展开，对图像 $I(x, y)$ 在平移 $(\Delta x, \Delta y)$ 后进行一阶近似：

$$\begin{aligned} I(u+\Delta x, v+\Delta y) &= I(u, v) + I_x(u, v)\Delta x + I_y(u, v)\Delta y + O(\Delta x^2 + \Delta y^2) \\ &\approx I(u, v) + I_x(u, v)\Delta x + I_y(u, v)\Delta y \end{aligned} \tag{3.59}$$

其中，I_x，I_y 是图像 $I(x, y)$ 的偏导数，这样的话，自相关函数可以简化为

$$\begin{aligned} c(x, y;\Delta x, \Delta y) &\approx \sum_{W(x, y)} (I_x(u, v)\Delta x) + I_y(u, v)\Delta y)^2 \\ &= [\Delta x, \Delta y]\boldsymbol{M}(x, y)\begin{bmatrix}\Delta x \\ \Delta y\end{bmatrix} \end{aligned} \tag{3.60}$$

其中，

$$
\begin{aligned}
\boldsymbol{M}(x, y) &= \sum_{W(x, y)} \begin{bmatrix} I_x(x, y)^2 & I_x(x, y)I_y(x, y) \\ I_x(x, y)I_y(x, y) & I_y(x, y)^2 \end{bmatrix} \\
&= \begin{bmatrix} \sum\limits_{W(x, y)} I_x(x, y)^2 & \sum\limits_{W(x, y)} I_x(x, y)I_y(x, y) \\ \sum\limits_{W(x, y)} I_x(x, y)I_y(x, y) & \sum\limits_{W(x, y)} I_y(x, y)^2 \end{bmatrix} \\
&= \begin{bmatrix} A & C \\ C & B \end{bmatrix}
\end{aligned}
$$

也就是说图像 $I(x, y)$ 在点 (x, y) 处平移 $(\Delta x, \Delta y)$ 后的自相关函数可以近似为二次项函数：

$$c(x, y; \Delta x, \Delta y) \approx A\Delta x^2 + 2C\Delta x\Delta y + B\Delta y^2 \tag{3.61}$$

其中，$A = \sum\limits_{W(x, y)} I_x^2$，$B = \sum\limits_{W(x, y)} I_y^2$，$C = \sum\limits_{W(x, y)} I_x I_y$。

二次项函数本质上就是一个椭圆函数。椭圆的扁率和尺寸是由 $\boldsymbol{M}(x, y)$ 的特征值 λ_1，λ_2 决定的，椭圆方向是由 $\boldsymbol{M}(x, y)$ 的特征矢量决定的，椭圆方程为

$$[\Delta x, \Delta y]\boldsymbol{M}(x, y)\begin{bmatrix} \Delta x \\ \Delta y \end{bmatrix} = 1 \tag{3.62}$$

λ_1、λ_2 与图像中的角点、直线（边缘）和平面之间的关系可分为三种情况：

(1) 图像中的直线。一个特征值大，另一个特征值小，$\lambda_1 > \lambda_2$ 或 $\lambda_1 < \lambda_2$。自相关函数值在某一方向上大，在其他方向上小。

(2) 图像中的平面。两个特征值都小，且近似相等；自相关函数数值在各个方向上都小。

(3) 图像中的角点。两个特征值都大，且近似相等，自相关函数在所有方向都增大。

根据二次项函数特征值的计算公式可以求 $\boldsymbol{M}(x, y)$ 矩阵的特征值。但是 Harris 给出的角点差别方法并不需要计算具体的特征值，而是计算一个角点响应值 R 来判断角点。R 的计算为

$$R = \det(\boldsymbol{M}) - \alpha(\mathrm{tr}(\boldsymbol{M}))^2 \tag{3.63}$$

其中，$\det(\boldsymbol{M})$ 为矩阵 $\boldsymbol{M} = \begin{bmatrix} A & B \\ B & C \end{bmatrix}$ 的行列式；$\mathrm{tr}(\boldsymbol{M})$ 为矩阵 $\boldsymbol{M}$ 的直迹；α 为经常常数，取值范围为 0.04～0.06。事实上，特征隐含在 $\det(\boldsymbol{M})$ 和 $\mathrm{tr}(\boldsymbol{M})$ 中，因为

$$\det(\boldsymbol{M}) = \lambda_1\lambda_2 = AC - B^2$$

$$\mathrm{tr}(\boldsymbol{M}) = \lambda_2 + \lambda_2 = A + C$$

2. Harris 角点提取算法实现

根据上述讨论，Harris 图像角点提取算法分以下 5 步：

(1) 计算图像 $I(x, y)$在 X 和 Y 两个方向的梯度 I_x、I_y，其中

$$I_x = \frac{\partial I}{\partial x} = I \otimes [-1 \quad 0 \quad 1]$$

$$I_y = \frac{\partial I}{\partial x} = I \otimes [-1 \quad 0 \quad 1]^{\mathrm{T}}$$

(2) 计算图像两个方向梯度的乘积：$I_x^2 = I_x \cdot I_y$，$I_y^2 = I_y \cdot I_y$，$I_{xy} = I_x \cdot I_y$。

(3) 使用高斯函数对 I_x^2、I_y^2 和 I_{xy}进行高斯加权(取$\sigma=1$)，生成矩阵 $\boldsymbol{M}$ 的元素 A、B 和 C：

$$A = g(I_x^2) = I_x^2 \otimes w, C = g(I_y^2) = I_y^2 \otimes w, B = g(I_{x,y}) = I_{xy} \otimes w$$

(4) 计算每个像素的 Harris 响应值 R，并对小于某一阈值 t 的 R 置为零，即

$$R = \{R: \det(\boldsymbol{M}) - \alpha(\mathrm{tr}(\boldsymbol{M}))^2 < t\}$$

(5) 在 3×3 或 5×5 的邻域内进行非最大值抑制，局部最大值点即为图像中的角点。

3. Harris 角点的性质

增大 α 的值，将减小角点响应值 R，降低角点提取的灵敏性，减少被提取角点的数量；减小 α 值，将增大角点响应值 R，增加角点提取的灵敏性，增加被提取角点的数量。可以得出以下三个结论：

(1) Harris 算子对亮度和对比度的变化不敏感。在进行 Harris 角点提取时，使用了微分算子对图像进行微分运算，而微分运算对图像密度的拉升或收缩、亮度的抬高或下降不敏感。换言之，亮度和对比度的仿射变换并不改变 Harris 响应的极值点出现的位置，但是，阈值的选择可能会影响角点提取的数量。

(2) Harris 算子具有旋转不变性。Harris 算子使用的是角点附近的区域灰度二阶矩阵。而二阶矩阵可以表示成一个椭圆，椭圆的长短轴正是二阶矩阵特征值平方根的倒数。当特征椭圆转动时，特征值并不发生变化，所以判断角点响应值 R 也不发生变化，由此说明 Harris 算子具有旋转不变性。

(3) Harris 算子不具有尺度不变性。当图像被缩小时，在检测窗口尺寸不变的前提下，在窗口内所包含图像的内容是完全不同的。左侧的图像可能被检测为边缘或曲线，而右侧的图像则可能被检测为一个角点。

4. 多尺度 Harris 角点

虽然 Harris 算子具有部分图像灰度变化的不变性和旋转不变性，但它不具有尺度不变性。尺度不变性对图像特征来说至关重要。人们在使用肉眼识别物体时，不管物体远近或尺寸的变化都能认识物体，这是因为人的眼睛在辨识物体时具有较强的尺度不变性。下面

将 Harris 算子与高斯尺度空间表示相结合，使用 Harris 算子提取尺度的不变性特征。

假设图像尺度自适应二阶矩表示为

$$\boldsymbol{M} = \mu(x, \sigma_I, \sigma_D) = \sigma_D^2 g(\sigma_I) \otimes \begin{bmatrix} L_x^2(x, \sigma_D) & L_x L_y(x, \sigma_D) \\ L_x L_y(x, \sigma_D) & L_y^2(x, \sigma_D) \end{bmatrix} \tag{3.64}$$

其中，$g(\sigma_I)$ 表示尺度为 σ_I 的高斯卷积核，x 表示图像的位置，$L(x)$表示经过高斯平滑后的图像，符号⊗表示卷积，$L_x(x, \sigma_D)$ 和 $L_y(x, \sigma_D)$表示对图像使用高斯函数 $g(\sigma_D)$进行平滑后在 x 或 y 方向取其微分的结果，即 $L_x=\partial_x L$、$L_y=\partial_y L$。通常将 σ_I称为积分尺度，它是决定 Harris 角点当前尺度的变量；σ_D 为微分尺度或局部尺度，它是决定角点附近微分值变化的变量。

首先，检测算法从预先定义的一组尺度中进行积分尺度搜索，这一组尺度定义为 $\sigma_1 \cdots \sigma_n = \sigma_0 \cdots k^n \sigma_0$。一般情况下使用 $k=1.4$。为了减少搜索的复杂性，微分尺度 σ_D 一般是积分尺度乘以一个比例常数，即 $\sigma_D = s\sigma_I$，一般取 $s=0.7$。这样，使用积分和微分的尺度便可以生成 $\mu(x, \sigma_I, \sigma_D)$，再利用 Harris 角点判断准则，对角点进行搜索。具体可以分两步进行：

(1) 与 Harris 角点搜索类似，对于给定的尺度空间值 σ_D，进行如下角点响应值计算和判断：

$$\text{cornerness} = \det(\mu(x, \sigma_n) - \alpha \text{tr}^2(\mu(x, \sigma_n))) > \text{threshold}_H$$

(2) 对于满足(1)中条件的每个点，在其 8 邻域内进行角点响应最大值搜索(即非最大值抑制)，搜出在 8 邻域内角点响应最大值的点。对每个尺度 $\sigma_n(1, 2, \cdots, n)$都进行如上搜索。

由于位置空间的候选点并不一定在尺度空间上也能成为候选点，所以，还要在尺度空间上进行搜索，找到该点的特征尺度值。

搜索特征尺度值也分两步：

(1) 对于位置空间搜索到的每个候选点，进行拉普拉斯变换，并使其绝对值大于给定的阈值条件，即

$$F(x, \sigma_n) = \sigma_n^2 \left| L_{xx}(x, \sigma_n) + L_{yy}(x, \sigma_n) \right| \geqslant \text{threshold}_L \tag{3.65}$$

(2) 与邻近的两个尺度空间的拉普拉斯响应值进行比较，使

$$F(x, \sigma_n) > F(x, \sigma_t), \ t \in \{n-1, n+1\}$$

满足上述条件的尺度值就是该点的特征尺度值，由此可以找到在位置空间和尺度空间都满足条件的 Harris 角点。

上面描述的 Harris 角点具有光照不变性、旋转不变性、尺度不变性，但是严格意义上来说并不具备仿射不变性。Harris-Affine 是一种检测仿射不变特征点的方法，可以处理明显的仿射变换，包括大尺度变化和明显的视角变化。

Harris-Affine 主要是依据以下三点：

(1) 用特征点周围的二阶矩对区域进行的归一化计算具有仿射不变性。

(2) 通过在尺度空间上归一化微分的局部极大值求解来精化对应尺度。

(3) 自适应仿射 Harris 检测器能够精确定位特征点。

SIFT 算子是一种检测局部特征的算法，该算法通过求一幅图中的特征点及其有关尺寸和方向的描述子得到特征并进行图像特征点匹配。每个特征点的 SIFT 特征是 128 维向量，计算量巨大。

利用 MATLAB 函数 cornerPoints、detectHarrisFeatures、detectMinEigenFeatures、detectFASTFeatures、extractFeatures、matchFeatures 可以得到图像的角点。MATLAB 程序代码如下，运行如图 3.15 所示。

```
points=detectHarrisFeatures(I);                %求取 Harris 特征点
strongest=points. selectStrongest(100);        %显示 100 个最强的角点
imshow(I); hold on;                            %画原图像
plot(strongest);                               %显示角点
strongest. Location                            %给出角点坐标
C=corner(I);                                   %当期望角点的最大数目为默认设置值 200 时，显示角点
```

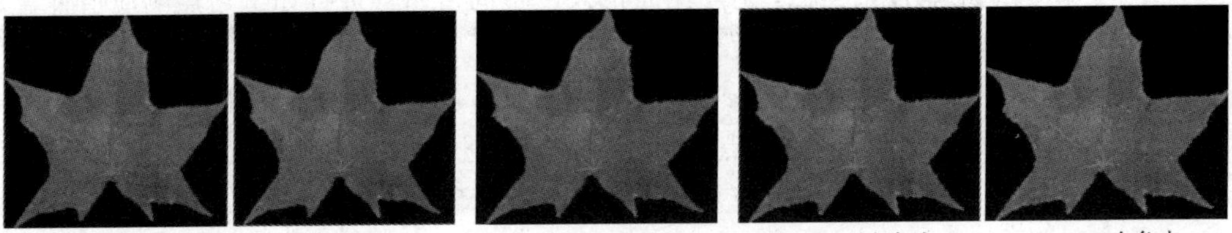
(a) 原图像　(b)10个角点　(c) 50个角点　(d)200个角点　(e)500个角点

图 3.15　叶片图像角点

3.7　实际应用

3.7.1　植物叶片图像识别

植物叶片识别是植物物种识别的重要方法，在计算机中，叶片的形状有多种表示方式，不同的形状表示方式对应不同的形状识别方法，如傅里叶描述子、主分量分析、不变性距等方法。在形状识别中，识别所基于的模式特征非常重要。模式特征要包含足够的待识别客体的信息和反映客体特征的结构信息。设叶片的形状是一条封闭曲线，沿边界曲线上的一个动点 $P(i)$ 的坐标变化 $x(i)+jy(i)$（即复数形式表示）是一个以形状边界周长为周期的函数，该函数可以展开成傅里叶级数形式。

利用基于曲线多边形近似的连续傅里叶变换方法计算傅里叶描述子，并通过形状的主方向消除边界起始点相位影响，定义具有旋转、平移和尺度不变性的归一化傅里叶描述子。

该方法不但减少了由于边界曲线等间距离散化引起的误差，且大大降低了傅里叶变换的运算量。通过归一化傅里叶描述子可以计算任意两个形状之间的相似程度，识别具有旋转、平移和尺度不变性的叶片形状。由于傅里叶变换的各频率分量互相正交，一般采用欧氏距离计算归一化傅里叶描述子间的形状差异。由于形状的能量大多集中在低频部分，傅里叶变换的高频分量一般很小且容易受到高频噪声的干扰，因此一般只利用归一化傅里叶描述子的低频分量计算叶片形状的相似差异(一般取 12 个最大系数)。当距离为 0 时，两个叶片形状完全相似；距离越大，叶片形状的差异越大。

叶片识别的基本步骤描述如下：

(1) 叶片图像预处理。利用高斯滤波方法对灰度图像进行平滑处理，降低图像的噪声，以便更准确地计算图像的梯度及边缘幅值。

(2) 特征提取。提取中心轮廓距离，并进行归一化。

(3) 计算中心轮廓距离的傅里叶描述子。

(4) 物品识别。将所有的傅里叶描述子划分为训练集和测试集。训练集用于训练分类器，测试集用于测试算法的性能。利用 K -最近邻分类器或 BP 神经网络(BPNN)进行叶片图像分类识别。

图 3.16 为叶片特征提取的过程图。

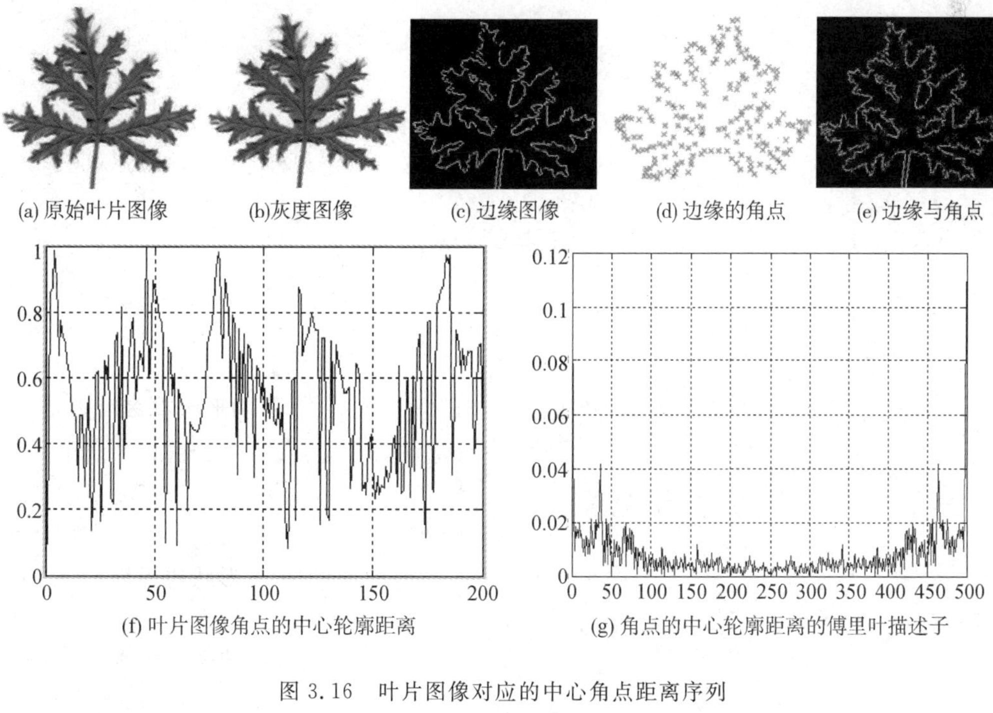

图 3.16　叶片图像对应的中心角点距离序列

由于信号的傅里叶变换与信号的起点无关，所以中心角点距离序列的傅里叶描述子与角点序列的起始点无关，起始点可以任意选择。

3.7.2 基于不变矩的掌纹识别

在拍摄掌纹时，得到的掌纹图像往往不对齐，影响了后续的身份识别率，需要进行对齐预处理。尺度不变特征组成的向量对于平移、旋转和比例尺变化具有保持不变的性质，因此可以作为掌纹图像的分类特征，对掌纹进行识别。采用 PolyU 掌纹库(http：//www.comp.polyu.edu.hk/～biometrics/)仿真掌纹识别。该数据库中共包括 600 幅掌纹图像，采集自 100 个不同的人，每个人的掌纹有 6 幅图像(分别在 2 个时期采集的，采集时间间隔为 2 个月)。在实验中，每个人第一时期采集的 3 幅图像作为训练集，第二时间采集的 3 幅图像作为测试集。首先，将所有的掌纹图像归一化为 128×128 的子图像，然后计算每幅图像的 7 个不变矩作为掌纹识别特征向量，再利用简单的 K -最近邻分类器(K＝1)进行身份识别，识别率为 95.4％。

第 4 章　聚 类 分 析

聚类分析是将未知数据按相似程度分类到不同的类或簇的过程。一般根据实验数据本身所具有的定性或定量的特征来对大量的数据进行分组归类以了解数据集的内在结构，并且对每一个数据集进行描述。K-均值、K-中心点等聚类分析算法已被加入到许多统计分析软件包中，如 SPSS、SAS 等,以帮助电子商务的用户了解自己的客户，向客户提供更合适的服务。

4.1　聚类算法概述

聚类将一定数量的样本数据看成一类，然后根据样本的亲疏程度，将亲疏程度最高的两类进行合并，然后比较合并的类与其他类之间的亲疏程度，再将亲疏程度最高的两类进行合并，重复这一次过程，直至将所有的样本合并成一类。聚类分析又称群分析，它是研究(样本或指标)分类问题的一种统计分析方法，同时也是数据挖掘的一个重要算法。聚类分析由若干模式组成，模式是一个度量的向量，或是多维空间中的一个点。聚类分析起源于分类学，在古老的分类学中，人们主要依靠经验和专业知识来实现分类，很少利用数学工具进行定量的分类。随着人类科学技术的发展，对分类的要求越来越高，因此仅凭经验和专业知识难以确切地进行分类，于是人们逐渐地把数学工具引用到了分类学中，形成了数值分类学，之后又将多元分析的技术引入到数值分类学形成了聚类分析。聚类算法和技术通常又被称为无监督学习，与监督学习不同，在聚类中没有表示数据类别的分类或者分组信息。聚类分析内容非常丰富，有系统聚类法、动态聚类法、模糊聚类法、图论聚类法、聚类预报法等。

4.1.1　聚类的数学基础

聚类的依据是同一聚类中的对象相似度较高而不同聚类中的对象相似度较小。聚类相似度是利用各聚类中对象的均值所获得的一个“中心对象”(引力中心)来进行计算的。聚类分析以相似性为基础，同类对象之间具有相似性。模式相似性测度用于描述各模式之间的特征的相似程度。

1. 聚类内容的选择

相似度评定对于聚类至关重要，选用的聚类内容决定了相似度的偏向。看图 4.1 中的两幅图。

图 4.1 人图像和狗图像

若以轮廓和色调作为聚类标准，那么图 4.1 中的两幅图很容易被分为一类；若以眼睛鼻子来聚类，就能区分开。所以在不同的场景下，应该选用不同的聚类内容，例如：

- 图片检索：图片内容相似度；
- 图片分割：图片像素(颜色)相似度；
- 网页聚类：文本内容相似度；
- 社交网络聚类：(被)关注人群、喜好、喜好内容；
- 电商用户聚类：点击/加车/购买商品，行为序列(比如按时间聚类，夜晚 12 点以后还在购物的多是学生党)。

2. 距离度量的选择

不管用什么样的评定内容，最终都可以把样本表示成向量，然后计算向量之间的距离或相似度。设 $\boldsymbol{x}=\{x_i, i=1, 2, \cdots, n\}$，$\boldsymbol{y}=\{y_i, i=1, 2, \cdots, n\}$ 为两个向量，$d(\boldsymbol{x}, \boldsymbol{y})$ 表示 $\boldsymbol{x}$，$\boldsymbol{y}$ 之间的距离。常用的距离计算度量有：

(1) 欧几里得距离(欧氏距离)：

$$d(\boldsymbol{x}, \boldsymbol{y}) = \|\boldsymbol{x}-\boldsymbol{y}\| = \left[\sum_{i=1}^{n}(x_i-y_i)^2\right]^{\frac{1}{2}}$$

(2) 绝对值距离：

$$d(\boldsymbol{x}, \boldsymbol{y}) = \|\boldsymbol{x}-\boldsymbol{y}\| = \sum_{i=1}^{n}|x_i-y_i|$$

(3) 切比雪夫距离：

$$d(\boldsymbol{x}, \boldsymbol{y}) = \|\boldsymbol{x}-\boldsymbol{y}\| = \max_{i}|x_i-y_i|$$

(4) 汉明距离：

$$d(\boldsymbol{x}, \boldsymbol{y}) = \|\boldsymbol{x}-\boldsymbol{y}\| = \left[\sum_{i=1}^{n} |x_i - y_i|^m\right]^{\frac{1}{m}}, m = 1, 2, \cdots, \infty$$

(5) 马氏距离：若 $\boldsymbol{x}$，$\boldsymbol{y}$ 是从期望矢量为 $\boldsymbol{\mu}$、协方差矩阵为 $\boldsymbol{\Sigma}$ 的母体 G 中抽取的两个样本，它们之间的马氏距离定义为

$$d^2(\boldsymbol{x}, \boldsymbol{y}) = (\boldsymbol{x}-\boldsymbol{y})^{\mathrm{T}}\boldsymbol{\Sigma}^{-1}(\boldsymbol{x}-\boldsymbol{y})$$

若将 $\boldsymbol{x}$，$\boldsymbol{y}$ 视作两个数据集中的样本，设 $\boldsymbol{C}$ 是它们的互协方差矩阵，则马氏距离定义为

$$d^2(\boldsymbol{x}, \boldsymbol{y}) = (\boldsymbol{x}-\boldsymbol{y})^{\mathrm{T}}\boldsymbol{C}^{-1}(\boldsymbol{x}-\boldsymbol{y})$$

设 $\boldsymbol{x}_i$，$\boldsymbol{x}_j$ 是矢量集 $\{\boldsymbol{x}_1, \boldsymbol{x}_2, \cdots, \boldsymbol{x}_m\}$ 中的两个矢量，它们之间的马氏距离 d 定义为

$$d^2(\boldsymbol{x}_i, \boldsymbol{x}_j) = (\boldsymbol{x}_i-\boldsymbol{x}_j)^{\mathrm{T}}\boldsymbol{V}^{-1}(\boldsymbol{x}_i-\boldsymbol{x}_j)$$

其中 $\boldsymbol{V} = \dfrac{1}{m-1}\sum_{i=1}^{m}(\boldsymbol{x}_i-\bar{\boldsymbol{x}})(\boldsymbol{x}_i-\bar{\boldsymbol{x}})^{\mathrm{T}}$，$\bar{\boldsymbol{x}} = \dfrac{1}{m}\sum_{i=1}^{m}\boldsymbol{x}_i$。

马氏距离的特点是对一切非奇异线性变换具有不变性，不受特征量纲的影响，且具有平移不变性。

3. 相似性或相关性

相似测度是以两向量的方向是否相近作为度量的基础的，向量长度并不重要。设 $\boldsymbol{X} = (x_1, x_2, \cdots, x_n)^{\mathrm{T}}$，$\boldsymbol{Y} = (y_1, y_2, \cdots, y_n)^{\mathrm{T}}$，则

相关系数 1：

$$r_{ij} = \frac{\sum_{k=1}^{n}(x_{ik}-\bar{x}_i)\cdot(y_{jk}-\bar{y}_j)}{\sqrt{\sum_{k=1}^{n}(x_{ik}-\bar{x}_i)^2}\sqrt{\sum_{k=1}^{n}(y_{jk}-\bar{y}_j)^2}}$$

其中 $\bar{x}_i = \dfrac{1}{n}\sum_{k=1}^{n}x_{ik}$，$\bar{y}_j = \dfrac{1}{n}\sum_{k=1}^{n}y_{jk}$。

相关系数 2：随机变量 $\boldsymbol{X}$ 和 $\boldsymbol{Y}$ 的 Pearson 相关系数为

$$\rho(\boldsymbol{X}, \boldsymbol{Y}) = \frac{\mathrm{cov}(\boldsymbol{X}, \boldsymbol{Y})}{\sqrt{D(\boldsymbol{Y})}\sqrt{D(\boldsymbol{Y})}}$$

其中 $D(\boldsymbol{X})$ 为 $\boldsymbol{X}$ 的方差，$\mathrm{cov}(\boldsymbol{X}, \boldsymbol{Y})$ 为 $\boldsymbol{X}$ 和 $\boldsymbol{Y}$ 的协方差。

余弦相似系数(夹角余弦)：

$$\cos(\boldsymbol{X}, \boldsymbol{Y}) = \frac{\boldsymbol{X}^{\mathrm{T}}\boldsymbol{Y}}{\|\boldsymbol{X}\|\|\boldsymbol{Y}\|}$$

余弦相似度用向量空间中两个向量夹角的余弦值来衡量两个个体间差异的大小。相比距离度量，余弦相似度更加注重两个向量在方向上的差异，而不是距离或长度上。余弦相似度的优点为不受坐标轴旋转、放大缩小的影响。

指数相似系数：

$$e(x, y) = \frac{1}{n}\sum_{i=1}^{n}\exp\left[-\frac{3}{4}\frac{(x_i - y_i)^2}{\sigma_i^2}\right]$$

其中 σ_i^2 为相应分量的协方，n 为矢量维数，它不受量纲变化的影响。

Jaccard **系数：** 设 G_1 和 G_2 为两个二进制图像，则它们之间的 Jaccard 相似系数为

$$J(G_1, G_2) = \frac{M_{11}}{M_{01} + M_{10} + M_{11}}$$

其中，M_{11} 为 G_1 和 G_2 都取 1 的数目，M_{01} 为 G_1 取 0 而 G_2 取 1 的数目，M_{10} 为 G_1 取 1 而 G_2 取 0 的数目。

Jaccard 系数主要用于计算符号度量或布尔值度量的个体间的相似度，因为个体的特征属性都是由符号度量或布尔值标识的，因此无法衡量差异具体值的大小，只能获得“是否相同”这个结果，所以 Jaccard 系数只关心个体间共同具有的特征是否一致这个问题。

Tanimoto 系数(又称广义 Jaccard 系数)：

$$d = 1 - \frac{x_1y_1 + x_2y_2 + \cdots + x_ny_n}{\sqrt{x_1^2 + x_2^2 + \cdots + x_n^2} + \sqrt{y_1^2 + y_2^2 + \cdots + y_n^2} - (x_1y_1 + x_2y_2 + \cdots + x_ny_n)}$$

通常应用于 $\boldsymbol{x}$ 为布尔向量，即各分量只取 0 或 1 的时候。此时，表示 $\boldsymbol{x}$，$\boldsymbol{y}$ 的公共特征占 $\boldsymbol{x}$，$\boldsymbol{y}$ 所占有特征的比例。

4. 协方差矩阵

协方差矩阵能处理多维问题。两个实随机变量 X 与 Y 之间的协方差定义为

$$\mathrm{cov}(X, Y) = E[XY] - E[X]E[Y]$$

其中，$E[X]$与$E[Y]$分别为 X 与 Y 的期望值；协方差矩阵是一个对称矩阵，对角线是各个维度上的方差；协方差矩阵计算的是不同维度之间的协方差，而不是不同样本之间的协方差；样本矩阵中若每行是一个样本，则每列为一个维度，所以计算协方差时要按列计算均值。若数据是 3 维的，那么协方差矩阵为

$$\boldsymbol{C} = \begin{pmatrix} \mathrm{cov}(x, x) & \mathrm{cov}(x, y) & \mathrm{cov}(x, z) \\ \mathrm{cov}(y, x) & \mathrm{cov}(y, y) & \mathrm{cov}(y, z) \\ \mathrm{cov}(z, x) & \mathrm{cov}(z, y) & \mathrm{cov}(z, z) \end{pmatrix} \tag{4.1}$$

5. 类内距离

类内距离指同一类模式中样本集内各样本间的均方距离。

- 平方形式：

$$\overline{D}^2 = E\{\|\boldsymbol{X}_i - \boldsymbol{X}_j\|^2\} = E\{(\boldsymbol{X}_i - \boldsymbol{X}_j)^{\mathrm{T}}(\boldsymbol{X}_i - \boldsymbol{X}_j)\}$$

其中，$\boldsymbol{X}_i$ 和 $\boldsymbol{X}_j$ 为任意两个 n 维样本。

- 若$\{\boldsymbol{X}\}$中的样本相互独立，则

$$\overline{D}^2 = 2E\{\boldsymbol{X}^{\mathrm{T}}\boldsymbol{X}\} - 2E\{\boldsymbol{X}^{\mathrm{T}}\}E\{\boldsymbol{X}\} = 2[E\{\boldsymbol{X}^{\mathrm{T}}\boldsymbol{X} - \boldsymbol{M}^{\mathrm{T}}\boldsymbol{M}\}$$

$$= 2\mathrm{tr}[\boldsymbol{R} - \boldsymbol{M}\boldsymbol{M}^{\mathrm{T}}] = 2\mathrm{tr}[\boldsymbol{C}] = 2\sum_{k=1}^{n}\sigma_k^2$$

式中，$\boldsymbol{R}$ 为该类模式分布的自相关矩阵；$\boldsymbol{M}$ 为均值向量；$\boldsymbol{C}$ 为协方差矩阵；σ_k^2 为 $\boldsymbol{C}$ 主对角线上的元素，表示模式向量第 k 个分量的方差；tr 为矩阵的迹(方阵主对角线上各元素之和)。

6. 类间距离

类间距离指不同类模式中样本集内各样本间的差异度量。

- 最短距离指不同类中相距最近的样本间的距离，$D_{kl} = \min\limits_{i,j}[d_{ij}]$。
- 最长距离指不同类中相距最远的样本间的距离，$D_{kl} = \max\limits_{i,j}[d_{ij}]$。
- 类平均距离指两类样本两两之间平方距离的平均值作为类之间的距离，即

$$D_{pq}^2 = \frac{1}{n_{pq}}\sum_{i\in G_p,\ j\in G_q} d_{ij}^2$$

其中，G_q 和 G_p 为不同的两类样本集，n_{pq} 为 G_p 和 G_q 的样本数之积。该度量应用广泛，聚类效果好。

7. 信息熵

信息熵是衡量分布的混乱程度或分散程度的一种度量。

计算给定的样本集 X 的信息熵的公式：

$$\mathrm{Entropy}(X) = \sum_{i=1}^{n} - p_i \log_2 p_i \tag{4.2}$$

其中，n 为样本集 X 的分类数，p_i 为 X 中第 i 类元素出现的概率。

信息熵越大，表明样本集 X 分类越分散；信息熵越小，则表明 X 分类越集中。当 X 中 n 个分类出现的概率一样大时(都是 $1/n$)，信息熵取最大值 $\mathrm{lb}(n)$。当 X 只有一个分类时，信息熵取最小值 0。

4.1.2 聚类算法的标准

参与聚类的变量绝大多数都是区间型变量，不同区间型变量之间的数量单位不同，比如有的是吨，有的是克，若不处理的话，对聚类的结果有很大的影响。数据的标准化不仅可以为聚类计算的各个属性赋予相同的权重，而且可以有效地化解不同属性因度量单位不同所带来的潜在的数量等级的差异，造成结果的失真。标准差标准化又叫 Z-Score 标准化，经过处理后的数据符合标准正态分布，即均值为 0、标准差为 1。

在聚类分析中需要围绕具体分析目的和业务需求挑选聚类变量并进行相关性检测，可防止相关性高的变量同时进入聚类计算。主成分分析作为一种常用的降维方法，可以在聚类之前进行数据的清理，帮助有效地精简变量的数量，确保变量少而精。

聚类算法的目的是将数据对象自动地归入到相应的有意义的聚类中。追求较高的类内相似度和较低的类间相似度是聚类算法的指导原则。一个聚类算法的优劣可以从以下几个方面来衡量：

（1）可伸缩性。好的聚类算法可以处理大到包含几百万个对象的数据集。

（2）处理不同类型属性的能力。许多算法是针对基于区间的数值属性而设计的，但是有些应用需要针对其他数据类型（如符号类型、二值类型等）进行处理。

（3）发现任意形状的聚类。一个聚类可能是任意形状的，聚类算法不能局限于规则形状的聚类。

（4）输入参数的最小化。要求用户输入重要的参数不仅加重了用户的负担，也使聚类的质量难以控制。

（5）对输入顺序的不敏感。不能因为不同的数据提交顺序而使聚类的结果不同。

（6）高维性。一个数据集可能包含若干维或属性，一个好的聚类算法不能仅局限于处理二维或三维数据，而需要在高维空间中发现有意义的聚类。

（7）基于约束的聚类。在实际应用中要考虑很多约束条件，设计能够满足特定约束条件且具有较好聚类质量的算法也是一项重要的任务。

（8）可解释性。聚类的结果应该是可理解的、可解释的以及可用的。

聚类分析的重点是处理数据噪声和异常值，常见的处理方法有：

（1）直接删除那些比其他任何数据点都要远离聚类中心点的异常值。为了防止误删除，需要在多次的聚类循环中监控异常值，根据业务逻辑将多次的循环结果进行比较，然后决定删除。

（2）随机抽样的方法也能够较好地规避数据噪声的影响。因为是随机抽样，所以被抽中的几率很小，不仅可避免数据噪声的误导和干扰，而且聚类后的结果作为聚类模型可以应用到剩余的数据集中——直接用该聚类模型对剩余的数据集进行判断，利用监督学习的分类器原理，每个聚类作为一个类别用于判断剩余的那些数据点最适合放进哪个类别或聚类群体中。

4.2 聚类算法分类

聚类分析是非监督学习的重要领域。所谓非监督学习，就是数据是没有类别标记的，算法要从对原始数据的探索中提取出一定的规律。聚类分析就是试图将数据集中的样本划分为若干个不相交的子集，每个子集称为一个“簇”。给定 N 个训练样本（未标记的）X_1，X_2，…，X_N，目标是把比较“接近”的样本放到一个簇里，总共得到 K 个簇。没有给定标记，聚类唯一会使用到的信息是样本与样本之间的相似度，聚类就是根据样本相互之间的相似度“抱团”的。聚类算法优劣的评定，以“高类内相似度，低类间相似度”为原则。

聚类算法很多，包括系统聚类法、分解法、加入法、动态聚类法、有序样品聚类、有重叠聚类和模糊聚类等。所有的聚类方法可以分为 6 类。

1. 基于划分的聚类

该方法的基本思想是，首先选择若干个样本点作为聚类中心，然后按照某种聚类准则使各样本点向各个中心聚集，从而得到初始分类；然后判断初始分类是否合理，如果不合理，则修改聚类中心；反复进行修改，直到分类合理为止。给定一个有 N 个对象的数据集，采取分裂法将所有对象划分到 K 个分组，每一个分组就代表一个聚类，$K<N$。其原理是，将要划分的对象看成一堆散点，聚类效果就是“类内的点都足够近，类间的点都足够远”。其特点是划分方法一般从初始划分和最优化一个聚类标准开始，计算量大。适合发现中小规模的数据库中的球状簇。

基于划分的聚类简单、易于理解和实现，时间复杂度低。

基于划分的聚类缺点有：要手工输入类数目，对初始值的设置很敏感；对噪声和离群值非常敏感；不能解决非凸(non-convex)数据；主要发现圆形或球形簇，不能识别非球形的簇。

典型的基于划分的聚类方法有 K-均值(K-means)、K-中心点方法(K-mediods)、CLARANS 算法。

为了达到全局最优，基于划分的聚类可能需要列举所有可能的划分，计算量极大。实际上，大多数应用都采用了流行的启发式方法，如 K-均值和 K-中心算法，渐近地提高聚类质量，逼近局部最优解。这些启发式聚类方法很适合发现中小规模的数据库中的球状簇。

2. 基于层次的聚类

层次聚类法也称为系统聚类法，开始时把每个样本点作为一类，计算任意两个样本之间的距离，每次将距离最近的点合并到同一个类。然后，再计算类与类之间的距离，将距离最近的类合并为一个大类。不断地合并，直到合成一个类。其中类与类的距离的计算方法有最短距离法、最长距离法、中间距离法、类平均法等。系统聚类法的特点是聚类速度快，但不能更正错误的决定，一旦一个步骤(合并或分裂)完成，它就不能被撤销。

层次聚类法的代表性算法有 BIRCH 算法、CURE 算法、CHAMELEON 算法。

层次聚类法可分为凝聚和分裂方法。凝聚方法也称自底向上方法，其策略是先将每个对象作为一个簇，然后将这些原子簇为合并为越来越大的簇，直到所有对象都在一个簇中，或某个终结条件被满足；分裂方法也称为自顶向下方法，开始将所有的对象置于一个簇中，在每次的迭代中，将一个簇划分为更小的簇，直到最终每个对象在单独的一个簇中。该方法可以是基于距离的或基于密度或连通性的。该方法的一些扩展也考虑了子空间聚类。

绝大多数层次聚类属于凝聚型层次聚类，它们只是在簇间相似度的定义上有所不同。下面给出采用最小距离的凝聚层次聚类算法的步骤。

(1) 将每个对象看作一类，计算两两之间的最小距离。

(2) 将距离最小的两个类合并成一个新类。

(3) 重新计算新类与所有类之间的距离。

(4) 重复步骤(2)和(3)，直到所有类最后合并成一类。

可以看出，凝聚层次聚类并没有类似基本 K-均值的全局目标函数，没有局部极小问题或是很难选择初始点的问题。合并操作往往是最终的，一旦合并两个簇之后就不会撤销，所以其计算存储的代价比较大。

层次聚类法的优点：能够一次性得到整个聚类的过程，只要得到聚类树，想要分多少个簇都可以直接根据树结构来得到结果，改变簇数目不需要再次计算数据点的归属；距离和规则的相似度容易定义，限制少；不需要预先制订聚类数；可以发现类的层次关系；可以聚类成其他形状。

层次聚类法的缺点：计算量比较大，因为每次都要计算多个簇内所有数据点的两两距离；得到的解可能是局域最优，不一定是全局最优。

3. 基于密度的聚类

根据样本集的密度完成样本的聚类称为基于密度的聚类。将紧密相连的样本划为一类，就得到了一个聚类类别。将所有各组紧密相连的样本划为各个不同的类别，就得到了最终的所有聚类类别结果。

基于密度的聚类方法的代表性算法有 DBSCAN 算法、OPTICS 算法和 DENCLUE 算法。

基于密度的聚类方法的基本思想：只要“邻域”中的密度(对象或数据点的数目)超过了某个阈值(用户自定义)，就继续增长给定的簇。基于密度的方法与其他方法的一个根本区别是它不是基于各种各样的距离的，而是基于密度的。大部分基于划分的聚类方法基于对象之间的距离进行聚类，该类方法只能发现球状簇，但不容易聚类任意形状簇的数据。基于密度的方法能够克服基于距离的算法只能发现“类圆形”的聚类的缺点。

4. 基于模型的聚类

基于模型的聚类方法假设每个聚类的模型并发现适合相应模型的数据。给每一个聚类假定一个模型，然后去寻找能够很好地满足这个模型的数据集。一个模型可能是数据点在空间中的密度分布函数或其他。该方法主要指基于概率模型的方法和基于神经网络模型的方法。概率模型主要指概率生成模型，同一“类”的数据属于同一种概率分布。基于概率模型的方法的优点就是对“类”的划分不那么“坚硬”，而是以概率形式表现，每一类的特征也可以用参数来表达；但缺点就是执行效率不高，特别是分布数量很多并且数据量很少的时候。其中最典型、最常用的方法是高斯混合模型(Gaussian Mixture Models，GMM)。基于神经网络模型的方法主要指自组织映射神经网络(Self-Organizing Maps，SOM)。

最大期望算法(EM 算法)属于基于模型的聚类方法，其过程为：初始化分布参数，重复 E 步骤和 M 步骤直到收敛。

• E步骤：选择出合适的隐变量分布(一个以观测变量为前提条件的后验分布)，利用对隐藏变量的现有估计值，使得参数的似然函数与其下界相等，从而计算最大似然的期望值。

• M步骤：最大化在E步骤找到的最大似然的期望值，也就是最大化似然函数的下界，从而计算参数的最大似然估计，拟合出参数。

在M步骤上找到的参数估计值被用于下一个E步骤计算中，这个过程不断交替进行。

在统计计算中，EM算法是在概率模型中寻找参数最大似然估计或最大后验估计的算法，其中概率模型依赖于无法观测的隐含变量。EM是一种以迭代的方式来解决一类特殊最大似然问题的方法，这类问题通常无法直接求得最优解。若引入隐含变量，在已知隐含变量的值的情况下，就可以转化为简单的情况，直接求得最大似然解。EM算法就是在含有隐含变量时，把隐含变量的分布设定为一个以观测变量为前提条件的后验分布，使得参数的似然函数与其下界相等，通过极大化这个下界来极大化似然函数，从而避免直接极大化似然函数过程中因为隐含变量未知而带来的困难。比如，食堂的大师傅炒了一份菜，要等分成两份给两个人吃，显然没有必要拿来天平精确地去称分量，最简单的办法是先随意的把菜分到两个碗中，然后观察是否一样多，把比较多的那一份取出一点放到另一个碗中，这个过程一直迭代地执行下去，直到大家看不出两个碗所容纳的菜有什么分量上的不同为止。

5. 基于网格的聚类

首先将数据空间划分为有限个单元(cell)的网格结构，所有的处理都是以单个的单元为对象，再利用网格结构完成聚类。优点是处理速度快；缺点是输入参数对聚类结果影响大且较难设置，噪声若未做处理会导致聚类结果变差。

基于网格的聚类的代表性算法有STING算法、CLIQUE算法、WAVE-CLUSTER算法。STING(Statistical Information Grid)是一个利用网格单元保存的统计信息进行聚类的方法。CLIQUE(Clustering In Quest)和WAVE-CLUSTER则是将基于网格与基于密度相结合的方法。

6. 图论聚类法

图论聚类方法要建立与问题相适应的图，图的节点对应被分析数据的最小单元，图的边(或弧)对应最小处理单元数据之间的相似性度量。因此，每一个最小处理单元数据之间都会有一个度量表达。图论聚类法是以样本数据的局域连接特征作为聚类的主要信息源，因而其主要优点是易于处理局部数据。

图论分析中，把待分类的对象X_1，X_2，…，X_n看成一个全连接无向图$G=[X, E]$中的节点，然后给每一条边赋值，定义任意两点之间的距离为边的权值，并生成最小支撑树，设置阈值将对象进行聚类分析。

4.3　K-means 聚类

K-means，也称为 K－平均或 K－均值，是一种最简单的、应用广泛的聚类算法。它是硬聚类算法，是典型的基于原型的目标函数聚类方法，它将数据点到原型的某种距离作为优化的目标函数，利用函数求极值的方法得到迭代运算的调整规则。K-means 算法默认以欧氏距离作为相似度测度，求对应某一初始聚类中心向量 $\boldsymbol{V}$ 的最优分类，使得评价指标 J 最小，采用误差平方和准则函数作为聚类准则函数。首先从 n 个数据对象中任意选择 k 个对象作为初始聚类中心；而对于所剩下其他对象，则根据它们与这些聚类中心的相似度(距离)，分别将它们分配给与其最相似的(聚类中心所代表的)聚类；然后再计算每个所获新聚类的聚类中心(该聚类中所有对象的均值)；不断重复这一过程直到标准测度函数开始收敛为止。

1. K-means 聚类流程

设输入样本数据集 $X=\{x_i \mid i=1, 2, \cdots, n\}$，聚类簇数 k。

(1) 从样本集选取 k 个样本点作为初始的聚类中心 $\{c_i \mid i=1, 2, \cdots, k\}$，例如，选前 k 个样本(称为旧聚类中心)，即 $c_1=x_1$，$c_2=x_2$，…，$c_k=x_k$。

(2) 将每一个待分类样本按照最近邻准则分类到以旧聚类中心为标准样本的各类中去。具体做法为：对每一个待分类的样本点 x_i，计算它与 k 个中心的距离，取其中最短距离对应的均值向量的标记作为该点的簇标记。假设与 c_i 距离最小，就标记为 i：$\text{label}_i=\underset{1\leqslant j\leqslant k}{\text{argmin}}\|x_i-c_j\|$，则样本 x_i 归入到距离最近的聚类中心 c_j 的那个类别。

(3) 计算分类后各类的中心，称为新聚类中心。对于所有标记为 i 点，计算各个聚类的均值，并将其作为新的聚类中心，即 $c_j=\dfrac{1}{|c[j]|}\sum\limits_{i\in c[j]} x_i$，其中 $c[j]$为聚类中心为 c_j 的聚类集，$|c[j]|$为该类的样本数。

(4) 对于所有的 c 个聚类中心，重复步骤(2)和(3)，直到所有 c_i 值的变化小于给定的阈值。

该算法的终止条件也可选择为迭代次数、簇中心变化率、最小平方误差等。

2. K-means 聚类算法数学描述

记 k 个簇中心为 c_1，c_2，…，c_k，每个簇的样本数目为 N_1，N_2，…，N_k，使用平方误差作为目标函数，即

$$J(c_1, c_2, \cdots, c_k)=\frac{1}{2}\sum_{j=1}^{k}\sum_{i=1}^{N}(x_i-c_j)^2 \tag{4.3}$$

式中等号右边的意思是求属于第 j 个簇的所有样本到第 j 个簇的聚类中心 c_j 的距离的平方

和，然后求所有簇的上述值之和。K-means 算法的目的是对该目标函数取最小值，哪一个聚类中心，或者哪一个簇能使该目标函数取最小，就说哪个是最好的。对 c 求偏导：

$$\frac{\partial J}{\partial c_j}=\sum_{x_i\in c[j]}(x_i-c_j)=0\text{，得 } c_j=\frac{1}{N_j}\sum_{x_i\in c[j]}x_i \tag{4.4}$$

上式表明：类中心即在该聚类中的所有样本的和求均值；样本距离聚类中心是服从高斯分布的；K-means 最终的结果一定像个圆形。

K-means 聚类算法能够用于彩色图像分割，其过程描述为：输入参数为像素的横、纵坐标以及 R、G、B 三色值共 5 个参数，参数归一化后计算各个像素点与各个初始聚类像素点(假设有三个)之间五维向量的欧氏距离；然后将其归类到与其距离最小的那个初始聚类中，一遍处理完之后所有点都被归类到 3 个集合里，若本次归类完成后与上次相比归类情况发生变化小于预设阈值，算法就收敛；否则重新计算 3 个集合中各个集合的中心，3 个中心作为聚类像素点，进行下一次归类。图 4.2 为聚类示例图。

(a) 原图　　(b) 3个聚类点　　(c) 4个聚类点

图 4.2　聚类图

3. 初始化中心的选择

K-means 算法确实是对初始化聚类中心敏感的，比较好的初始中心不仅可以降低迭代次数，还能够引导更好的聚类结果。那么如何优化初始化中心呢？

(1) 初始第一个聚类中心为某个样本点，初始第二个聚类中心为离它最远的点，第三个为离它俩最远的。

(2) 初始化，选取所有这些聚类中损失函数(到聚类中心和)最小的。其中损失函数的定义如下：假定 c_1，c_2，…，c_k 为 k 个聚类中心，用 $r_{nk}\in[0, 1]$表示 x_n 是否属于聚类 k，则损失函数的散度(混乱度)为

$$J(c, r)=\sum_{n=1}^{N}\sum_{k=1}^{K}r_{nk}\left\|x_n-c_k\right\|^2 \tag{4.5}$$

(3) 使用优化的初始化聚类方法，例如 Arthur 和 Vassilvitskii 提出的 K-means＋＋，会找最远的一些点初始化。

4. k 值的选择

K-means 的输入需要知道聚类个数 k。对于大量的数据，一个问题是如何知道应该分为几类合理。聚类个数 k 怎么定呢？常用的方法是：选取不同的 k 值，画出损失函数曲线。建议先估计一个值，聚类后观察每个簇的元素个数，若有一些簇元素很少，考虑降低 k，若比较平均，再考虑增加 k。若某个簇元素个数很多，可以考虑单独对这个簇再聚类。这也是海量数据处理的常用方法——分治法。

由聚类示意图 4.3 可以看出，A 应该是两类，B 和 C 应该是一类，可因为初值的选取有误，导致聚类有误。解决办法为：在分类之后计算 4 个簇的均方误差，然后发现 A 的均方误差比其他几个都大很多，并且均方误差是最小的且 B 和 C 的聚类中心很近，那么，就有理由相信 B 和 C 应该是一个类别，而 A 是两个类别合在一起的结果。于是把 B 和 C 合在一起，在 A 中任意选取两个聚类中心继续做 K-means。于是就可以拓展下，比如在实际工作中，使用 K-means 分好了，但检查时发现有一个簇的均方误差特别大，那就让原本的 k 加 1，把这个大的簇分成 2 个，再继续 K-means。

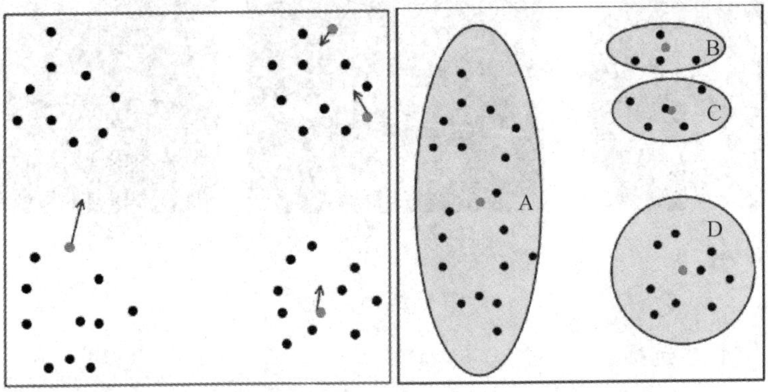

(a) 随机选择4个聚类中心　　(b) 聚类结果

图 4.3　聚类

由图 4.3 看出，k 个初始类聚类中心点的选取对聚类结果影响很大，因为在该算法第一步中是随机选取任意 k 个对象作为初始聚类的中心，初始地代表一个簇。该算法在每次

迭代中对数据集中剩余的每个对象，根据其与各个簇中心的距离将每个对象重新赋给最近的簇。当考察完所有数据对象后，一次迭代运算完成，新的聚类中心被计算出来。如果在一次迭代前后，评价指标 J 的值没有发生变化，说明该过程收敛。

5. 如何处理空的聚类

若所有的点在指派步骤都未分配到某个簇，就会得到空簇。若这种情况发生，则需要某种策略来选择一个替补中心；否则的话，平方误差将会偏大。选择替补中心有两种方法，一种方法是选择一个距离当前聚类中心最远的点，这将消除当前对总平方误差影响最大的点；另一种方法是从具有最大误差平方和的簇中选择一个替补的中心，这将分裂簇并降低聚类的总误差平方和。若有多个空簇，则该过程重复多次。

6. K-means 聚类算法的优缺点和局限性

(1) K-means 聚类算法的优点有：简单、快速、易于理解、易于实现，无需参数估计，无需训练，精度高；适合对稀有事件进行分类；对处理大数据集，该算法保持可伸缩性和高效率；当簇近似为高斯分布时，它的效果较好。

(2) K-means 聚类算法的缺点有：k 值不易选取；对于不是凸的数据集比较难以收敛；若数据的类型不平衡，比如数据量严重失衡或者类别的方差不同，则聚类效果不佳；采用迭代的方法，只能得到局部最优解；对于噪声和异常点比较敏感；对初值聚类中心选取比较敏感，选择不同的初始聚类中心可能会导致不同结果；对测试样本分类时的计算量大，空间开销大。

(3) K-means 聚类算法具有如下局限性：只能在簇的平均值可被定义的情况下使用；必须事先给出要生成的簇的数目；不适合于发现非凸形状的簇，或大小差别很大的簇；可解释性差，无法给出决策树那样的规则；最大的缺点是当样本不平衡时(如一个类的样本容量很大，而其他类样本容量很小时)，输入一个新样本有可能导致该样本的邻域中大容量类的样本占多数。

4.4　DBSCAN 密度聚类

DBSCAN 是一种基于密度的聚类算法，该算法一般假定类别可以由样本分布的紧密程度决定。同一类别的样本之间是紧密相连的，也就是说，在该类别任意样本周围不远处一定有同类别的样本存在。将紧密相连的样本划为一类，就得到一个聚类类别。将所有各组紧密相连的样本划为各个不同的类别，就得到最终的所有聚类类别的结果。

DBSCAN 的聚类定义很简单，即由密度可达关系导出的最大密度相连的样本集合，即为最终聚类的一个类别或一个簇。这个 DBSCAN 的簇里面可以有一个或多个核心对象。若只有一个核心对象，则簇里其他的非核心对象样本都在这个核心对象的邻域里；若有多个核心对象，则簇里的任意一个核心对象的邻域中一定有一个其他的核心对象，否则这两个核心对象无法密度可达。这些核心对象的邻域里所有样本的集合组成一个 DBSCAN 聚类簇。怎么才能找到这样的簇样本集合呢？DBSCAN 使用的方法很简单，它任意选择一个没有类别的核心对象作为种子，然后找到所有这个核心对象能够密度可达的样本集合，即为一个聚类簇。接着继续选择另一个没有类别的核心对象去寻找密度可达的样本集合，这样就得到另一个聚类簇。一直运行到所有核心对象都有类别为止。

在 DBSCAN 算法中需要考虑三个问题：

(1) 一些异常样本点或者少量游离于簇外的样本点，这些点不在任何一个核心对象的周围，在 DBSCAN 中，我们一般将这些样本点标记为噪声点。

(2) 距离的度量问题，即如何计算某样本和核心对象样本的距离。在 DBSCAN 中，一般采用最近邻思想，采用某一种距离度量来衡量样本距离，比如欧氏距离。这与 K-means 聚类法的最近邻思想基本相同。对应少量的样本，寻找最近邻可以直接去计算所有样本的距离，若样本量较大，则一般采用 KD 树(K-dimension tree)来快速搜索最近邻。KD 树是一种空间划分树，把整个空间划分为特定的几个部分，然后在特定空间的部分内进行相关操作。

(3) 特殊的，某些样本可能到两个核心对象的距离都小于 ε，但是这两个核心对象由于不是密度直达，又不属于同一个聚类簇。那么如何界定这些样本的类别呢？一般来说，此时 DBSCAN 采用先来后到，先进行聚类的类别簇会标记这个样本为它的类别。也就是说 DBSCAN 的算法不是完全稳定的算法。

DBSCAN 聚类算法的流程：

输入：样本集 $D=\{x_1, x_2, \cdots, x_m\}$，邻域参数($\varepsilon$, MinPts)，样本距离度量方式。

(1) 初始化核心对象集合 $\Omega=\varnothing$，初始化聚类簇数 $k=0$，初始化未访问样本集合 $\Gamma=D$，簇划分 $C=\varnothing$；

(2) 对于 $j=1, 2, \cdots, m$，按下面的步骤找出所有的核心对象：

① 通过距离度量方式，找到样本 x_j 的 ε-邻域子样本集 $N_\varepsilon \in \{x_j\}$。

② 若子样本集样本个数满足 $|N_\varepsilon(x_j)| \geqslant \mathrm{MinPts}$，将样本 x_j 加入核心对象样本集合，即 $\Omega=\Omega \cup \{x_j\}$。

(3) 若核心对象集合 $\Omega=\varnothing$，则算法结束，否则转入步骤(4)。

(4) 在核心对象集合 Ω 中，随机选择一个核心对象 o，初始化当前簇核心对象队列 $\Omega_{\mathrm{cur}}=\{o\}$，初始化类别序号 $k=k+1$，初始化当前簇样本集合 $C_k=\{o\}$，更新未访问样本集合 $\Gamma=\Gamma-\{o\}$。

(5) 若当前簇核心对象队列 $\Omega_{\mathrm{cur}}=\varnothing$，则当前聚类簇 C_k 生成完毕，更新簇划分 $C=\{C_1, C_2, \cdots, C_k\}$，更新核心对象集合 $\Omega=\Omega-C_k$，转入步骤(3)。

(6) 在当前簇核心对象队列 Ω_{cur} 中取出一个核心对象 o'，通过邻域距离阈值 ε 找出所有

的 ε-邻域子样本集 $N_\varepsilon \in (o')$，令 $\Delta = N_\varepsilon \in (o') \cap \Gamma$，更新当前簇样本集合 $C_k = C_k \cup \Delta$，更新未访问样本集合 $\Gamma = \Gamma - \Delta$，更新 $\Omega_{\mathrm{cur}} = \Omega_{\mathrm{cur}} \cup (\Delta \cap \Omega) - o'$，转入步骤(5)。

输出结果为簇划分 $C = \{C_1, C_2, \cdots, C_k\}$。

与传统的 K-Means 算法相比，DBSCAN 最大的不同就是不需要输入类别数 k，当然它最大的优势是可以发现任意形状的聚类簇，而不是像 K-Means，一般仅仅使用于凸的样本集聚类。同时它在聚类的同时还可以找出异常点，这点和 BIRCH 算法类似。一般来说，若数据集是稠密的，并且数据集不是凸的，那么用 DBSCAN 会比 K-Means 聚类效果好很多。若数据集不是稠密，则不推荐用 DBSCAN 来聚类。

DBSCAN 的主要优点：

(1) 速度较快，可适用于较大的数据集；

(2) 不需要指定簇的个数；

(3) 可以对任意形状的稠密数据集进行聚类，而 K-Means 之类的聚类算法一般只适用于凸数据集；

(4) 对数据集中的噪声和异常点不敏感，可以在聚类的同时发现异常点。

(5) 聚类结果无偏倚，而 K-Means 之类的聚类算法初始值对聚类结果有很大影响。

DBSCAN 的主要缺点：

(1) 簇之间密度差距过大时效果不好，因为对整个数据集使用的是一组邻域参数；

(2) 若样本集的密度不均匀、聚类间距差相差很大，则聚类质量较差，这时用 DBSCAN 聚类一般不适合；

(3) 若样本集较大，则聚类收敛时间较长，此时可以对搜索最近邻时建立的 KD 树进行规模限制来改进；

(4) 调参相对于传统的 K-Means 之类的聚类算法稍复杂，主要需要对距离阈值和邻域样本数阈值联合调参，不同的参数组合对最后的聚类效果有较大影响。

4.5 模糊聚类

模糊聚类分析是一种采用模糊数学语言对事物按一定的要求进行描述和分类的数学方法。基本思路是根据研究对象本身的属性来构造模糊矩阵，并在此基础上根据一定的隶属度来确定聚类关系，即用模糊数学的方法把样本之间的模糊关系定量地确定，从而客观且准确地进行聚类，使得各个类之间的数据差别尽可能大，类内之间的数据差别尽可能小，即为“最小化类间相似性，最大化类内相似性”原则。模糊聚类可得到样本属于各个类别的不确定性程度，表达了样本类属的中介性，更能客观地反映现实世界，从而成为聚类分析研究的主流。该聚类的应用领域包括模式识别、图像处理、信道均衡、矢量量化编码、神经网络的训练、参数估计、医学诊断、天气预报、食品分类、水质分析等。

1. 方法分类

根据过程的不同将模糊聚类分析大致分为三类：

(1) 基于模糊关系的分类法。基于模糊关系的分类法包括谱系聚类算法(又称系统聚类法)、基于等价关系的聚类算法、基于相似关系的聚类算法和图论聚类算法等。它是研究比较早的一类方法，但是由于不能适用于大数据量的情况，所以实际应用并不广泛。

(2) 基于目标函数的模糊聚类算法。该方法把聚类分析归结成一个带约束的非线性规划问题，通过优化求解获得数据集的最优模糊划分和聚类。该方法设计简单、解决问题的范围广，还可以转化为优化问题而借助经典数学的非线性规划理论求解，并易于计算机实现。因此，随着计算机的应用和发展，基于目标函数的模糊聚类算法成为新的研究热点。

(3) 基于神经网络的模糊聚类算法。它是兴起比较晚的一种算法，主要是采用竞争学习算法来指导网络的聚类过程。

2. 模糊聚类的基本概念

特征函数： 对于一个普通的集合 G，空间中任一元素 x 要么有 $x\in G$，要么有 $x\notin G$，二者必居其一，这一特征用函数表示为

$$I_G(x)=\begin{cases}1, & x\in E\\ 0, & x\notin E\end{cases}$$

其中 $I_G(x)$ 称 $k(z)$ 为集合 G 的特征函数。

隶属函数与模糊集： 模糊集理论将特征函数的概念推广到[0，1]内取值的函数以度量样本的隶属度，这个函数称为集合 G 的隶属函数，记为 $G(x)$，即对于每一个元素 x，有[0，1]内的一个数 $G(x)$ 与之对应。若在集合 G 上定义了一个隶属函数，则称 G 为模糊集。

模糊矩阵及其褶积：

(1) 若矩阵 $\boldsymbol{A}$ 的各元素 a_{ij} 满足 $0\leqslant a_{ij}\leqslant 1$，则称 $\boldsymbol{A}$ 为模糊矩阵。

(2) 设 $\boldsymbol{A}=(a_{ij})_{n\times p}$ 和 $\boldsymbol{B}=(b_{ij})_{p\times m}$ 为两个模糊矩阵，令 $c_{ij}=\bigvee\limits_{k=1}^{p}(a_{ik}\wedge b_{kj})$，$i=1, 2, \cdots, n$；$j=1, 2, \cdots, m$，则称矩阵 $\boldsymbol{C}=(c_{ij})_{n\times m}$ 为模糊矩阵 $\boldsymbol{A}$ 与 $\boldsymbol{B}$ 的褶积，记为 $\boldsymbol{C}=\boldsymbol{AB}$。其中“$\vee$”和“$\wedge$”的含义为：$a\vee b=\max\{a, b\}$，$a\wedge b=\min\{a, b\}$。显然，两个模糊矩阵的褶积仍为模糊矩阵。

模糊等价矩阵及其 λ 截阵： 设方阵 $\boldsymbol{A}$ 为一模糊矩阵，若 $\boldsymbol{A}$ 满足 $\boldsymbol{A}\times\boldsymbol{A}=\boldsymbol{A}$，则称 $\boldsymbol{A}$ 为模糊等价矩阵。模糊等价矩阵可以反映模糊分类关系的传递性。

设 $\boldsymbol{A}=(a_{ij})_{n\times n}$ 为一个模糊等价矩阵，$0<\lambda<1$ 为一个给定的数，令 $a_{ij}^{(\lambda)}=\begin{cases}1, & a_{ij}\geqslant\lambda\\ 0, & a_{ij}<\lambda\end{cases}$，$i, j=1, 2, \cdots, n$，则称矩阵 $\boldsymbol{A}=(a_{ij}^{(\lambda)})_{n\times n}$ 为 $\boldsymbol{A}$ 的 λ-截阵。

3. 模糊聚类步骤

模糊聚类的基本过程如下：

(1) 计算样本或变量间的相似系数，建立模糊相似矩阵；

(2) 利用模糊运算对相似矩阵进行一系列的合成改造，生成模糊等价矩阵；

(3) 根据不同的截取水平 λ 对模糊等价矩阵进行截取分类。

具体步骤如下：

(1) 数据标准化。在实际问题中，不同的数据一般有不同的量纲，为了使不同的量纲也能进行比较，通常需要对数据做适当的变换，使得所有数据在区间[0，1]上，即

$$x=\frac{x'-x'_{\min}}{x'_{\max}-x'_{\min}}$$

其中 x' 为原始数据，$x'_{\max}$，$x'_{\min}$ 分别为 x' 的最大值和最小值。

(2) 建立模糊相似矩阵 $\boldsymbol{R}$。依照传统聚类方法确定相似系数，建立模糊相似矩阵，主要借鉴传统聚类的相似系数法、距离法以及其他方法。计算衡量被分类 n 个对象之间相似程度的统计量 $r_{ij}(i, j=1, 2, \cdots, n)$，确定相似矩阵：

$$\boldsymbol{R}=\begin{bmatrix} r_{11} & r_{12} & \cdots & r_{1n} \\ r_{21} & r_{22} & \cdots & r_{2n} \\ \vdots & \vdots & \vdots & \vdots \\ r_{n1} & r_{n2} & \cdots & r_{nn} \end{bmatrix}$$

(3) 将 $\boldsymbol{R}=(r_{ij})_{p\times p}$(或 $\boldsymbol{D}=(d_{ij})_{n\times n}$)中的元素缩到 0 与 1 之间形成模糊矩阵，统一记为 $\mathbf{A}=(a_{ij})$。例如，对相似系数矩阵 $\boldsymbol{R}=(r_{ij})_{p\times p}$，令 $\boldsymbol{D}=(d_{ij})_{n\times n}$，$a_{ij}=\frac{1}{2}(1+r_{ij})$，$i, j=1, 2, \cdots, p$。对于距离矩阵，可得

$$a_{ij}=1-\frac{d_{ij}}{1+\max\limits_{1\leqslant i,\ j\leqslant n}\{d_{ij}\}},\ i, j=1, 2, \cdots, n$$

(4) 建立模糊等价矩阵。一般来说，模糊矩阵 $\mathbf{A}=(a_{ij})$不具有等价性，可通过模糊矩阵的褶积将其转化为模糊等价矩阵，即计算 $\mathbf{A}^2=\mathbf{A}\times\mathbf{A}$，$\mathbf{A}^4=\mathbf{A}^2\times\mathbf{A}^2$，…，直到满足 $\mathbf{A}^{2k}=\mathbf{A}^k$，这时模糊矩阵 $\mathbf{A}^k$ 便是一个模糊等价矩阵。记 $\widetilde{\mathbf{A}}=(\widetilde{a}_{ij})=\mathbf{A}^k$。

(5) 聚类。将 $\widetilde{a}_{ij}$ 按由大到小的顺序排列，从 $\lambda=1$ 开始，沿着 $\widetilde{a}_{ij}$ 由大到小的次序依次取 $\lambda=\widetilde{a}_{ij}$，求 $\widetilde{\mathbf{A}}$ 相应的 λ-截阵 $\widetilde{\mathbf{A}}_\lambda$，其中元素为 1 的表示将其对应的两个变量(样本)归为一类，随着 λ 的变小，其合并的类越来越多，最终当 $\lambda=\min\limits_{1\leqslant i,\ j\leqslant n}\{a_{ij}\}$，$\mathbf{A}=\min\{a\}$时，将全部变量(或样本)归为一类。

4.6　模糊 C -均值聚类

模糊 C -均值聚类算法(FCM)的应用最广泛且较成功，它通过优化目标函数得到每个样本点对所有类中心的隶属度，从而决定样本点的类属以达到自动对样本数据进行分类的目的。

1. 算法原理

设 $X=\{x_1, x_2, \cdots, x_n\}$为样本集，$n$ 为 X 元素总数目，c 为聚类中心数。聚类就是要将 $X=\{x_1, x_2, \cdots, x_n\}$区分为 X 中 c 个子集，要求性质相近或相同的样本最大程度上在同一子集(聚类)内。关于 X 的一个模糊 C 划分是一个 $c\times n$ 矩阵 $\boldsymbol{U}=[u_{ij}]$$(0\leqslant u_{ij}\leqslant 1)$，$u_{ij}$ 是样本 x_j 对第 i 类的隶属度，则矩阵 $\boldsymbol{U}$ 称为模糊聚类矩阵，该矩阵具有以下性质：

$$\sum_{i=1}^{c} u_{ij} = 1,\ 0 \leqslant u_{ij} \leqslant 1,\ \sum_{i=1}^{c} u_{ij} > 0,\ j = 1, 2, \cdots, n; i = 1, 2, \cdots, c \tag{4.6}$$

则模糊 C-均值聚类的目标函数为

$$J_m(\boldsymbol{U}, \boldsymbol{V}) = \sum_{j=1}^{n}\sum_{i=1}^{c} u_{ij}^m d_{ij}^2 \tag{4.7}$$

且有

$$u_{ij} = \frac{1}{\sum_{k=1}^{c}\left(\frac{d_{ij}}{d_{kj}}\right)^{\frac{2}{m-1}}} \tag{4.8}$$

$$v_i = \frac{1}{\sum_{j=1}^{n} u_{ij}^m}\sum_{j=1}^{n} u_{ij}^m x_j,\ i = 1, 2, \cdots, c \tag{4.9}$$

$$d_{ij}^2 = \|x_k - v_i\|^2 \tag{4.10}$$

其中，$\boldsymbol{V}$ 是 c 个聚类中心组成的集合，$\boldsymbol{V}=[v_i]$，d_{ij} 为第 k 个样本到第 i 类的距离，用来度量数据点与聚类中心有多少相似；$m\in(1, +\infty)$是加权指数。

求出式(4.7)中目标函数 $J_m(\boldsymbol{U}, \boldsymbol{V})$的最小值，就是要求的最佳的分类效果。一般情况下，利用迭代运算最小化 J_m，即设置 J_m 达到最小化时的算法停止阈值，重复计算对数据进行模糊分类的矩阵 $\boldsymbol{U}$ 和聚类中心矩阵 $\boldsymbol{V}$。

2. FCM 算法的流程

FCM 算法的具体流程如下：

(1) 初始化，即确定聚类个数 c 和加权指数 m，$2\leqslant c\leqslant n$，n 是数据个数，设定迭代停止阈值 ζ，初始化迭代次数 $l=0$ 和模糊分类矩阵 $\boldsymbol{U}^0$；

(2) 将 $\boldsymbol{U}^l$ 代入式(4.9)求聚类中心矩阵 $\boldsymbol{V}^l$；

(3) 根据式(4.9)，用 $\boldsymbol{V}^l$ 更新 $\boldsymbol{U}^l$，得到不同的 $\boldsymbol{U}^{l+1}$；

(4) 若$\|\boldsymbol{U}^l-\boldsymbol{U}^{l+1}\|<\zeta$，停止更新并输出划分矩阵和聚类中心 $\boldsymbol{V}$；否则令 $l=l+1$，返回步骤(2)。

FCM 算法的输出是 c 个聚类中心点向量和一个 $c\times N$ 的模糊划分矩阵，该矩阵表示每个样本点属于每个类的隶属度。根据这个矩阵按照模糊集合中的最大隶属原则就能够确定每个样本点归为哪个类。聚类中心表示每个类的平均特征，可认为是这个类的代表点。图

像分割的实质就是将图像里面目标和背景中的像素分为不同的类。由于事物以不同的特征同属于不同的类，不确定从属于某一个确定类别的问题，可以用模糊理论对像素进行类别确定，完成目标图像的分割。FCM 用于图像分割时，不用选择图像的阈值，最重要的是 FCM 是无监督分类，在聚类过程中不受人为影响，尤其适用于自动分割图像领域。

FCM 算法需要两个参数，一个是聚类数目 c，另一个是参数 m。一般情况下，c 要远远小于聚类样本的总个数，同时要保证 $c>1$；m 是一个控制算法的柔性的参数，若 m 过大，则聚类效果会很次，相反 m 过小则算法会接近硬划分 K -均值聚类算法(HCM)。

FCM 与 HCM 都是基于划分的聚类分析方法，但 FCM 与 HCM 的不同之处是，FCM 聚类的点按照不同的隶属度隶属于不同的聚类中心，聚类的过程类似 HCM 聚类。

传统的聚类算法已经比较成功地解决了低维数据的聚类问题。但是由于实际应用中数据的复杂性，在处理许多问题时，传统的算法经常失效，特别是包含高维数据和大型数据的情况。传统聚类方法在高维数据集中进行聚类时主要遇到两个问题：① 高维数据集中存在大量无关的属性使得在所有维中存在簇的可能性几乎为零；② 高维空间中数据较低维空间中数据分布要稀疏，数据间距离几乎相等是普遍现象，而传统聚类方法是基于距离进行聚类的，因此在高维空间中无法基于距离来构建簇。高维聚类分析已成为聚类分析的一个重要研究方向，同时也是聚类技术的难点。随着技术的进步，数据收集变得越来越容易，数据库规模越来越大、复杂性越来越高，如各种类型的贸易交易数据、Web 文档、基因表达数据等，它们的维度(属性)通常可以达到成百上千维，甚至更高。但是，受“维度效应”的影响，许多在低维数据空间表现良好的聚类方法运用在高维空间上往往无法获得好的聚类效果。高维数据聚类分析在市场分析、信息安全、金融、娱乐、反恐等方面都有很广泛的应用。

4.7　MATLAB 聚类函数介绍

利用 MATLAB 中的聚类函数 kmeans、linkage、clusterdata 和 silhouette 能够对数据进行聚类。在进行聚类前，可以用数据的可视化工具查看数据的发布，确定合适的聚类数。

1. kmeans 聚类函数

调用格式：[IDX，C]=kmeans(X，k，'type'，'Options')

说明：kmeans 函数是一种根据初始点不断迭代，最后将数据聚类的过程。X 为矩阵，矩阵的每一行表示一个点，每一列表示一个变量；k 为聚类数，type 为聚类准则；返回参数中 IDX 为个体序号和类序号的对应关系，C 为聚类中心。根据实际需要选择合适的聚类准则，包括 Distance 为聚类距离的度量方式、Start 为迭代初始点的选取方式、Replicates 为选取不同的初始点进行计算的次数(默认值为 1)。Options 为迭代的方式，需要创建一个

statset 变量，它包含 display 和 MaxIter(最大迭代次数)两个参数。

2. pdist 函数

调用格式：Y=pdist(X，'metric')

说明：计算数据集每对元素之间的距离，用 metric 指定的方法计算数据矩阵 **X** 中对象之间的距离。**X** 是一个 $m\times n$ 的矩阵，它是由 m 个对象组成的数据集，每个对象的大小为 n。metric 取值可选 euclidean 为欧氏距离(默认)、seuclidean 为标准化欧氏距离、mahalanobis 为马氏距离、cityblock 为布洛克距离、minkowski 为明可夫斯基距离、cosine 为正弦距离、correlation 为相关系数、hamming 为海明距离、jaccard 为 Jaccard 相似系数等。

3. squareform 函数

调用格式：Z=squareform(Y，…)

说明：对于 M 个点的数据 X，由 pdist 得到的 Y 是一个有 M(M−1)/2 个元素的行向量。返回值 Z 是一个对称矩阵，表示两个样本之间的成对距离。

4. linkage 函数

调用格式：Z=linkage(Y，'method')

说明：对元素进行分类，构成一个系统聚类树，用 method 参数指定的算法计算系统聚类树，Y 为 pdist 函数返回的距离向量，返回 Z 为一个包含聚类树信息的$(m-1)\times 3$ 的矩阵，参数 method 的可取值有 single 为最短距离法(默认)、complete 为最长距离法、average 为未加权平均距离、weighted 为加权平均法、centroid 为质心距离法、median 为加权质心距离法、ward 为内平方距离法(最小方差算法)。

5. dendrogram 函数

调用格式：[H，T，…]=dendrogram(Z，p，…)

说明：生成只有顶部 p 个节点的冰柱图(谱系图)。

6. cophenet 函数

调用格式：c=cophenetic(Z，Y)

说明：利用 pdist 函数生成的 Y 和 linkage 函数生成的 Z 计算 Y 和 Z 的相关系数。

7. cluster 函数

调用格式：T=cluster(Z，…)

说明：确定怎样划分系统聚类树得到不同的类，根据 linkage 函数的输出 Z 创建分类。

8. clusterdata 函数

调用格式：T=clusterdata(X，…)

说明：对数据集 X 创建分类。利用 clusterdata 函数能够对样本进行一次聚类，其缺点为可供用户选择的面较窄，不能更改距离的计算方法，该方法的使用者无需了解聚类的原理和过程，但是聚类效果受限制。

层次聚类方法较为灵活，能够了解聚类细节，具体过程为：① 找到数据集合中变量两两之间的相似性和非相似性，用 pdist 函数计算变量之间的距离；② 用 linkage 函数定义变量之间的连接；③ 用 cluster 函数创建聚类。程序代码为：

Y=pdist(X，'euclid')；Z=linkage(Y，'single')；T=cluster(Z，cutoff)；

9. MATLAB 聚类函数示例

例 1　设计 6 名学生 ABCDEF 的 7 门课程成绩，对 6 个同学进行聚类分析如下：

```
A=[78 85 69 74 78 84 83]； B=[85 79 88 71 80 83 77]；
C=[97 61 89 56 86 90 85]； D=[90 91 94 89 94 90 86]；
E=[78 81 80 83 76 78 88]； F=[69 81 47 86 79 60 86]；
all=[A;B;C;D;E;F]；
IDX=kmeans(all，2) % 在这里分成 2 类
```

结果：1　2　2　2　1　1

```
IDX=kmeans(all，3) % 在这里分成 3 类
```

结果：1　1　1　2　1　3

```
Y=pdist(all，'euclid')；Z=linkage(Y，'single')；T=cluster(Z，.7)
```

结果：5　1　2　3　5　4

例 2　6 个样本数据表示为一个矩阵，每行 5 个属性表示 1 个样本，聚类为 3 类。

```
data= [5.0 3.5 1.3 0.3 -1；5.5 2.6 4.4 1.2 0；6.7 3.1 5.6 2.4 1；5.0 3.3 1.4 0.2 -1；
5.9 3.0 5.1 1.8 1；5.8 2.6 4.0 1.2 0]；%聚类数据矩阵
[Idx，C，sumD，D]=Kmeans(data，3，'dist'，'sqEuclidean'，'rep'，4)
%对 data 进行聚类，聚为 3 类
```

结果：2　3　1　2　1　3

```
C=clusterdata(data，.7)；
```

结果：2　1　3　2　3　1

例 3　随机生成两类数据，每类 20 个样本，可视化分类结果。

```
X = [randn(20，2)+ones(20，2)；randn(20，2)-ones(20，2)]；
opts = statset('Display'，'final')；
[cidx，ctrs] = kmeans(X，2，'Distance'，'city'，'Replicates'，5，'Options'，opts)；
plot(X(cidx==1，1)，X(cidx==1，2)，'b*'，X(cidx==2，1)，X(cidx==2，2)，
'ko'，ctrs(:，1)，ctrs(:，2)，'r<')；
```

图 4.4 所示为可视化的聚类结果。

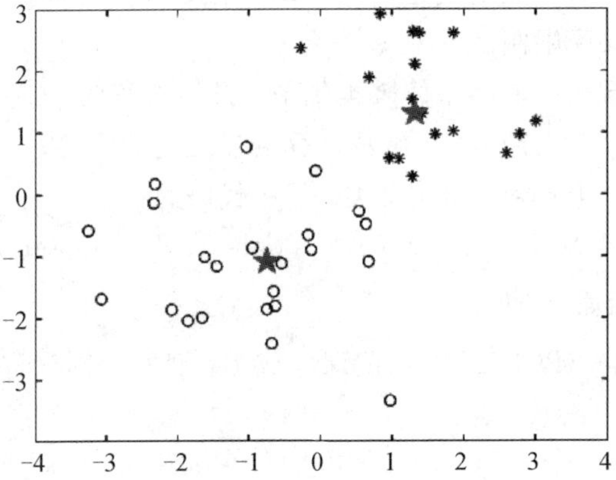

图 4.4　聚类结果

例 4　在 MATLAB 中使用 linkage 函数创建系统聚类树，利用 dendrogram 创建层次聚类树，然后利用 kmeans 进行聚类，利用 silhouette 画出轮廓值。以将二维训练数据类比为学生的语文和数学的成绩，通过聚类将一班学生按照成绩分为 A、B、C 三类，三维数据对应着可以类比为学生的语、数、外成绩。下面由一门课的考试成绩对学生进行聚类：

```
Math=[79 75 80 78 76 71 75 71 76 77 71 67 68 74 75 70 79 74 74 77 77 75 76 74 78 77 70];
Chi=rand(1, 27) * 100; Chi =round(Chi); %生成待分类样本集
Eng=rand(1, 27) * 100; Eng =round(Eng); %生成待分类样本集
X=[Math;Chi;Eng]'; numc=15; %用 kmeans 算法确定最佳聚类数目
silh_m=zeros(1, numc);
for i=1: numc
    kidx=kmeans(X, i);
    silh=silhouette(X, kidx);%计算轮廓值
    silh_m(i)=mean(silh);
end
figure, plot(1: numc, silh_m, 'o-')
xlabel('类别数'); ylabel('平均轮廓值'); title('不同类别对应的平均轮廓值');
figure, %绘制 2 至 5 类时的平均值分布图
for i=2: 5
    kidx=kmeans(X, i);
    subplot(2, 2, i-1); [~, h]=silhouette(X, kidx);%画出轮廓值
    title([num2str(i), '类时的轮廓值']);
    snapnow, xlabel('轮廓值'); ylabel('类别数');
end
```

```
%kmeans 聚类过程，并将结果显示
[idx, ctr]=kmeans(X, 4); %聚类为 4
figure, F1=plot(find(idx==1), A(idx==1), 'r--*', find(idx==2),
A(idx==2), 'b: o', find(idx==3), A(idx==3), 'k: o', find(idx==4),
A(idx==4), 'g: d');
set(gca, 'linewidth', 2); set(F1, 'linewidth', 2, 'MarkerSize', 8);
xlabel('编号'); ylabel('得分'); title('聚类结果');
%层次聚类的聚类过程
Y=pdist(X);%计算样本点间的欧式距离
Z=linkage(Y, 'average');
cn=size(X); clabel=1: cn; clabel=clabel';
figure, F2=dendrogram(Z); title('层次聚类法聚类结果');
set(F2, 'linewidth', 2); ylabel('标准距离');
```

运行结果如图 4.5 所示。

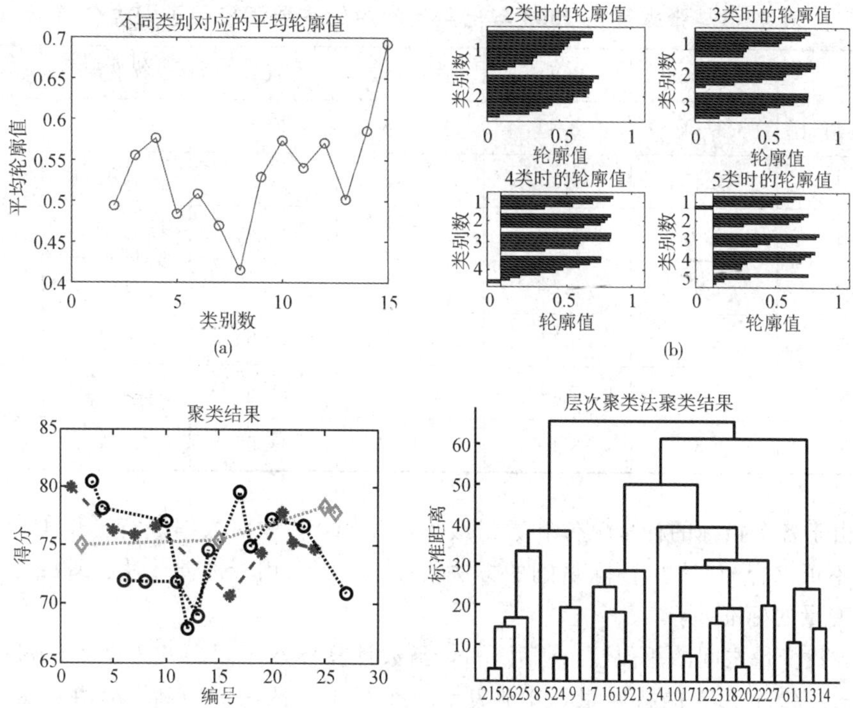

图 4.5　由成绩对学生进行聚类

4.8 实际应用

在商业上聚类分析应用很广，可以用来发现不同的客户群，并且通过购买模式刻画不同客户群的特征。聚类分析经常用于细分市场、研究消费者行为、寻找新的潜在市场、选择实验的市场，并作为多元分析的预处理。在生物数据分析中，聚类分析用于动植物分类和基因分类。在地理上，聚类用于交通实况分析和场景结构分析。在保险行业上，聚类分析通过一个高的平均消费来鉴定汽车保险单持有者的分组，根据住宅类型价值、地理位置来鉴定一个城市的房产分组。在因特网应用上，聚类分析用于在网上进行文档归类来修复信息。在电子商务上，通过分组聚类出具有相似浏览行为的客户，并分析客户的共同特征，可以更好地帮助电子商务的用户了解自己的客户，向客户提供更合适的服务。

对张家港市 2003 年七条河流中的主要污染因子(指标)，即 CODmn、BOD5、非离子氨、氨氮、挥发酚和石油类共 6 个变量进行聚类分析，如表 4-1 所示。

表 4-1　张家港市 2003 年七条河流中的主要污染因子聚类分析

河流	CODmn	BOD5	非离子氨	氨氮	挥发酚	石油类
张家港河	3.14	8.41	23.78	25.79	4.17	6.47
二干河	5.47	9.57	26.48	23.79	6.42	6.58
东横河	3.1	4.31	21.2	22.48	5.34	6.54
横套河	5.67	9.54	10.23	20.87	4.2	6.8
四干河	6.81	9.05	16.18	24.56	5.2	5.45
华妙河	6.21	7.08	21.05	31.56	6.15	8.21
盐铁塘	4.87	8.97	26.54	34.56	5.58	8.07

(1) 由于各个指标的计量单位和数量级不尽相同，首先对数据进行无量纲化，解决各指标数值不可综合的问题。消除量纲的方法很多，下面采用标准差化法，即每一变量值分别除以该变量的标准差。

(2) 寻找变量之间的相似性。利用 pdist 函数计算样本之间的欧氏距离，pdist 生成一个 $7\times(7-1)/2$ 个元素的行向量，分别表示 7 个样本两两间的距离。利用 squareform 函数，将上面的数据转化为方阵，同时为了使对应关系更为直观，将方阵转化为如表 4-2 所示的数据。

表 4-2　转化表

案例	张家港河	二干河	东横河	横套河	四干河	华妙河	盐铁塘
张家港河 1	0	3.1688	2.6754	3.1361	3.2909	3.8705	3.1923
二干河 2	3.1688	0	3.5882	3.8141	2.7127	2.8664	2.8693
东横河 3	2.6754	3.5882	0	4.0272	3.8880	3.7359	4.1058
横套河 4	3.1361	3.8141	4.0272	0	2.3515	4.1167	4.4553
四干河 5	3.2909	2.7127	3.8880	2.3515	0	3.6402	4.0572
华妙河 6	3.8705	2.8664	3.7359	4.1167	3.6402	0	1.8834
盐铁塘 7	3.1923	2.8693	4.1058	4.4553	4.0572	1.8834	0

(3) z=linkage(y)，得出 z 为

6.0000	7.0000	2.8248
4.0000	5.0000	3.5639
1.0000	3.0000	4.0614
2.0000	8.0000	4.3440
9.0000	11.0000	4.3556
10.0000	12.0000	4.7773

(4) 创建聚类，得到谱系图，如图 4.6 所示。

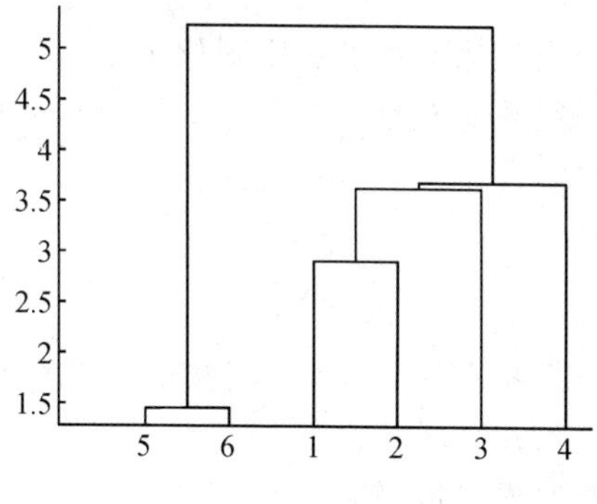

图 4.6　聚类谱图

Matlab 运行程序如下：

```
Y=pdist(z); SF=squareform(Y); C=linkage(Y, 'single');
    dendrogram(C);%显示系统聚类树
    T=cluster(C, 'maxclust', 3)
```

结果：2　2　2　1　3　3

第5章　图像分割

图像分割是图像模式识别的关键技术，特别是视频图像分割，不仅是很多图像处理和计算机视觉系统的重要组成部分，而且还是图像处理、分析与理解中的一个基本问题。图像分割是设计和实现图像分析、文本字符识别、目标自动获取等系统所面临的首要任务。由于具有重要性和基础性，图像分割一直受到国内外学者的高度重视，并涌现出了很多图像分割方法。本章介绍图像分割的基本方法。

5.1　图像分割方法概述

图像分割是图像处理的一个重要步骤，也是图像处理中最难的问题之一。所谓图像分割是指根据灰度、彩色、空间纹理、几何形状等特征把图像划分成若干个互不相交的区域，使得这些特征在同一区域内表现出一致性或相似性，而在不同区域间表现出明显的不同。更精确地说，图像分割是对图像中的每个像素加标签的一个过程，这一过程使得具有相同标签的像素具有某种共同视觉特性。分割结果是图像上子区域的集合(这些子区域的全体覆盖了整个图像)，或是从图像中提取的轮廓线的集合(如边缘检测)。更简单地说就是在一幅图像中，把目标从背景中分离出来。对于灰度图像来说，区域内部的像素一般具有灰度相似性，而在区域的边界上一般具有灰度不连续性。针对具体的实际问题，可采用不同的图像分割方法。

1. 图像分割的数学描述

图像分割需要满足4个条件：

(1) 分割区域不能太小，即区域内要包含一定数量的像素；

(2) 一个图像需要分成少量几个区域；

(3) 区域与区域间的公共边界尽量平滑简单；

(4) 同一区域内的像素要具有相似的或一致的性质。

灰度图像分割就是将一幅灰度图像 $I(x, y)$ 划分成多个子区域 $R_1, R_2, \cdots, R_n$，这些区域满足下列条件：

(1) $R_i (i = 1, 2, \cdots, n)$ 是连通的区域；

(2) $\bigcup_{i=1}^{n} R_i = I(x, y)$；

(3) $R_i \cap R_j = \varnothing$，$\forall i \neq j$。

2. 方法分类

图像分割方法研究一直受到人们的高度重视，各种各样的图像分割算法层出不穷。这些分割方法可分为8类，有阈值分割法、区域分割法、变形模型分割法、聚类法分割法、遗传算法分割法、小波变换法、水平集法和分水岭法等。这些方法中，各个类别的内容有重叠。这些方法也可大致分为3大类，即直方图分割技术(阈值分割等)、基于邻域的分割技术(边缘检测、区域增长等)和基于图像的物理特征分割技术(如分形特征、颜色特征、纹理特征等)。

早期的图像分割方法分为两大类：

(1) 基于边缘的分割方法。该方法假设图像分割结果的某个子区域在原来图像中一定会有边缘存在。这类方法包括基于局部图像函数的方法、图像滤波法(傅里叶变换、小波变换、导向滤波)、基于边界曲线拟合的方法及活动轮廓法等。

(2) 基于区域的分割方法。该方法假设图像分割结果的某个子区域一定会有相同的性质，而不同区域的像素则没有共同的性质。这类方法包括阈值分割法(直方图法)、区域生长法和分裂、合并混合法、基于图像的随机场模型法、松弛标记区域分割法等。

根据应用目的的不同，图像分割方法可分为粗分割和细分割。对于模式识别应用来说，一个物体对象内部的细节与颜色(或灰度)渐变应被忽略，而且一个物体对象只应被表示为一个或少数几个分割区域，即粗分割；若同一区域内含有大量变化细节，则图像需要细分割，即需要捕捉图像的细微变化。

根据分割对象的属性，图像分割可被分为灰度图像分割和彩色图像分割。

根据分割对象的状态，图像分割可被分为静态图像分割和动态图像分割。

根据分割对象的应用领域，图像分割可分为医学图像分割、工业图像分割、安全图像分割、军事图像分割、交通图像分割等。

3. 评价准则

由于一幅图像可以采用不同的分割方法，因此对于各种类型的分割算法的评价准则就显得尤为重要。分割评价准则不仅可以改进和提高现有算法的性能，而且能够优化分割，对新的分割技术也有指导意义。为了使评价准则实用、准确，评价准则应满足以下基本要求：

(1) 具备通用性，即所选定的评价准则能够适用于不同类型的分割算法及各种应用领域。

(2) 使评价结果具有可比性。选取通用的图像作为参照进行测试以使各评价结果具有可比性，这些图像应尽可能地反映客观世界的真实情况和实际应用的共同特点。

(3) 应采用定量的和客观的性能评价准则，这里的定量是指能够客观地描述算法的性能，客观指评价结果脱离人为因素的干扰。

制定评价准则的关键在于：

(1) 分析分割算法的机制或实验分割算法的途径；

(2) 用来评判算法的性能准则。

近年来，对图像分割算法的性能评价准则的研究受到了图像分割领域研究者的广泛重视，他们提出了很多评价方法和准则。在这些准则中，定量实验准则最多，运用定量实验准则得到的评价标准也具有说服力。该类准则主要包括区域间对比度、区域内部均匀性、形状测度、目标计数一致性、像素距离误差、像素数量误差、最终测量精度等。

现有的评价准则可以分为两类：

(1) 直接法，即分析法。直接研究分割算法本身的原理特性，通过分析和推理得到算法的性能分析结论。分析法是评判分割算法本身，所得结论与分割过程无关，这样的评价不会受实际分割过程中一些外因条件的影响。

(2) 实验法。根据分割所得图像的质量测度来评判分割算法的性能。实验法则需要利用算法实现分割，通过对分割结果的质量检测来评定算法的好坏，这样就受到了应用环境的影响。

实验法可以分为两类：

(1) 优度实验法。采用一些优度参数描述已分割图像的特征，然后根据优度值来判定图像分割算法的性能。该类方法所选取的优度参数一般根据人的直觉建立。

(2) 差异实验法。先确定理想的或期望的参考图，通过分割后的图像与参考图的差异来评定算法的性能。

分析法研究图像分割算法本身，通过分析分割算法的原理、性质、特点，推断和评判算法的优劣；而实验法研究输出分割图的质量或参考图与输出图的差别，通过归纳总结得到分割算法的性能。同样要评价分割算法，各种评价准则的难易程度也不同。用实验法评价分割算法需要对图像进行分割实验以得到输出分割图(有时还需获得参考图)，而用分析法则只需要对算法本身进行分析就可以。

由于视频图像中包含有目标和背景两部分的信息内容，分割性能涉及多种因素，因此分割算法的性能评估指标应尽可能包含对分割影响较大的因素，而且应能精确描述分割图像(Segmented figure，Sf)与参考图像(Reference figure，Rf)之间的匹配程度。为了能够对不同的分割算法进行定量比较，需将评估指标归一化。归一化后的性能评价指标称为精度依据准则。

在实际中，图像分割的精度主要与Sf和Rf的面积和形状有关：① 面积，包括Rf面积、背景面积、正确地分割出的像素总面积、不正确地分割出的像素总面积等；② 形状，主要指分割后的目标的周边形状与Rf的形状比较。在Sf面积与Rf面积近似相等时，形状因素对于分割的性能评估起主导作用，而在Sf与Rf形状相似时，面积对于分割的性能具有重要的意义。所以，当 Sf 与 Rf 的面积和形状相差都比较大时，性能评估的指标应具有较差的值。形状因素与面积因素存在着一定程度的依存关系，形状因素对 Sf 与 Rf 差别的敏感程度会随着 Rf 的面积与图像背景面积比的增大而加大。

4. 发展方向

图像分割方法很多，各种方法各有优缺点。目前为止，还没有一种通用的图像分割方法，也缺乏图像分割算法的性能评价标准。阈值分割法实现简单、计算量小、性能稳定，是应用最广泛的分割方法。如何选取合适的阈值以取得理想的分割效果成为阈值分割的难题。已有的图像分割算法往往存在着抗噪性能、运算时间、全局优化性等方面的不足。目前，将智能方法用于阈值优化成为图像分割的一个研究热点。随着神经网络、模糊集理论、统计学理论、形态学理论、免疫算法理论、图论以及粒度计算理论等在图像分割中的广泛应用，图像分割技术呈现出以下的发展趋势：

(1) 算法的性能有待进一步提高。现有的多数图像分割算法只能针对某一类图像或已经进行初步分类的图像库，效率不高，也不具有通用性。为此，可以通过各种特征(原始灰度特征、梯度特征、几何空间特征、变换特征和统计特征等)的融合和多种分割方法的结合两个方面来提高现有算法的效率和通用性。

(2) 新理论与新方法的研究。新的分割方法的研究主要以自动、精确、快速、自适应和鲁棒性等几个方向作为研究目标。随着图像分割研究不断深入，图像分割方法将向更快速、更精确的方向发展，图像分割方法的研究需要与新理论、新工具和新技术结合起来才能有所突破和创新。

(3) 面向专门领域的应用。随着图像分割在医学、遥感、电子商务、文本检索和建筑设计等领域的广泛应用，人们不断寻找面向特定应用领域的图像分割理论和方法来提高图像分割的效果。

5.2 基于区域的图像分割方法

图像区域分割的目的是为了便于提取具有可区别性、可靠性且独立性好的少量特征。一幅图像往往有多种物类分布在其上，且不同物类占据某一部位。为了将感兴趣的部分从一幅图像中区别出来，就需要把一幅图像按物类的不同划分成若干个不同区域，这就称为区域分割。由于图像的复杂性和多样性，目前尚无区域分割的标准方法，只能按处理对象和处理目的不同采用不同的分割方法。能够分割的图像中属于同一区域的像素具有相同或相似的属性，不同区域的像素属性不同。因此，图像的分割就要寻求具有代表性的属性，利用这类属性进行划分，使具有相同属性的像素归属同一区域，不同属性的像素归属不同区域。当只利用一个属性时，图像区域分割就成为确定属性的阈值问题。

区域分割具有下列特点：

(1) 均匀性：在一个区域内，各个部分或各个像素应该具有相同的图像属性。

(2) 连通性：一个区域应该是整块的，即内部各像素相互连通，很少出现空洞或裂缝。

(3) 边缘完整性：一个区域与其他区域的分界处存在边缘或边界，一个区域的边界曲线显然应该是封闭的。

(4) 反差性：两个不同类型的区域有不同的图像属性，特别是那些相邻区域应该有明显不同的图像特性。

5.2.1 阈值分割法

阈值分割法是一种传统的图像分割方法，因实现简单、计算量小、性能较稳定而成为图像分割中最基本和应用最广泛的分割技术。阈值分割法的基本原理是通过设定不同的特征阈值，把图像像素点分为具有不同灰度级的目标区域和背景区域的若干类。它特别适用于目标和背景占据不同灰度级范围的图，目前在图像处理领域被广泛应用。阈值的选取是图像阈值分割中的关键技术。

阈值分割法主要分为全局和局部两种。全局阈值是指整幅图像使用同一个阈值做分割处理，适用于背景和前景有明显对比的图像。全局方法只考虑像素本身的灰度值，没有考虑空间特征，因而对噪声很敏感。常用的全局阈值选取方法有峰谷法、最小误差法、最大类间方差法(Otsu)、最大熵自动阈值法等。在许多实际图像中，物体和背景的对比度在一幅图像中的各处不一样，很难用一个统一的阈值将物体与背景分开。这时可以根据图像的局部特征分别采用不同的阈值进行分割。实际处理时需要按照具体问题将图像分成若干子区域分别选择阈值，或动态地在一定的邻域范围选择每点处的阈值，进行图像分割。这时的阈值为自适应阈值。阈值的选择需要根据具体问题来确定，一般通过实验来确定。对于给定的图像，可以通过分析直方图的方法确定最佳的阈值。例如，当直方图明显呈现双峰情况时，可以选择两个峰值的中点作为最佳阈值。

阈值图像分割方法很多，基本上可分为基于熵的方法、基于聚类的方法、基于直方图形态的方法、基于目标属性的方法、空间方法和局部方法等 6 类。常用的如灰度直方图峰谷法、最小误差法、最大类间方差法、最大熵自动阈值法等。其中，熵阈值法和 Otsu 阈值法(也称为最小类内方差法或最大类间方差法)是两种广泛应用的方法。最简单是全局单阈值分割方法，其基本思想：假设图像中有明显的目标和背景，则其灰度直方图具有较明显的双峰或多峰，选取两峰之间的谷对应的灰度级作为阈值。若背景的灰度值在整个图像中可以合理地看作为恒定，而且所有物体与背景都具有几乎相同的对比度，那么选择一个正确的、固定的全局阈值会有较好的效果。

阈值分割方法是一种计算简单、运算效率高、速度快的图像分割方法。

阈值分割方法的实质就是按某种准则求最优阈值 T。假设原始图像的灰度等级为 L，

图像总的像素点个数为 N，灰度级为 i 的像素点个数为 N_i，则有

$$N = \sum_{i=0}^{L-1} N_i$$

灰度级为 i 的像素出现的概率为

$$P_i = \frac{N_i}{N}, \text{ s.t. } P_i \geqslant 0, \sum_{i=0}^{L-1} P_i = 1$$

若图像的所有像素被分为目标和背景两大类，那么只需要选取一个阈值，此分割方法称为单阈值分割。单阈值分割的公式是输入图像 f 到输出图像 g 的变换，如式(5.1)所示：

$$g(i, j) = \begin{cases} 1, & f(i, j) \geqslant T \\ 0, & f(i, j) < T \end{cases} \tag{5.1}$$

其中，T 为阈值，对于目标物体的图像元素 $g(i, j) = 1$，对于背景的图像元素 $g(i, j) = 0$。若图像中有多个目标需要提取，单一的阈值分割就会出错，就需要选取多个阈值将每个目标分割开，这种分割方法称为多阈值分割。

阈值分割的结果取决于阈值的选择。阈值分割算法的关键是确定阈值。阈值确定后，将阈值与像素点的灰度值比较以及对各像素的划分可以并行地进行。常用的阈值选择方法有图像灰度直方图的峰谷法、最小类内方差(或最大类间方差)、最小错误率、矩不变、像素点空间位置信息的变化阈值法、结合连通信息的阈值方法、最大相关性原则选择阈值和最大熵原则自动阈值法。

阈值分割方法的优点：图像分割的速度快，计算简单，效率较高。但是这种方法只考虑像素点灰度值本身的特征，一般不考虑空间特征，因此对噪声比较敏感。

阈值分割方法的缺点：对于图像中灰度差异不大或灰度值范围有较大重叠的图像分割问题难以得到满意的结果；仅仅考虑了图像的灰度信息而忽略了图像的空间信息，所以阈值分割对噪声和灰度不均匀比较敏感，需要和其他方法结合起来运用，以达到满意的分割结果；阈值的选择需要根据具体问题来确定，一般通过实验来确定。

5.2.2　区域生长、分裂合并的图像分割方法

区域生长和分裂合并是两种典型的串行区域分割算法，是受到计算机视觉界广泛关注的图像分割方法。区域生长是从某个或某些像素点出发，最后得到整个区域，进而实现目标的提取。分裂合并可以说是区域生长的逆过程，它从整个图像出发，不断分裂得到各个子区域，然后再把前景区域合并得到前景目标，继而实现目标的提取。区域生长需要选择一组能正确代表所需区域的种子像素，确定在生长过程中的相似性准则，制定让生长停止的条件或准则。相似性准则可以是灰度级、彩色、纹理、梯度等特性。选取的种子像素可以是单个像素，也可以是包含若干个像素的小区域。大部分区域生长准则使用图像的局部性质。生长准则可根据不同原则制定，而使用不同的生长准则会影响区域生长的过程。

1. 区域生长算法

区域生长算法的基本思想是将具有相似性质的像素集合起来构成区域。先在每个需要分割的区域找一个种子像素作为生长的起点，然后将种子像素周围邻域中与种子像素有相同或相似性质的像素(根据某种事先确定的生长或相似准则来判定)合并到种子像素所在的区域中。

区域生长的好坏决定于初始点(种子点)的选取、生长准则和终止条件。区域生长的一般步骤为：

(1) 选取图像中的一点作为种子点(种子点的选取需要具体情况具体分析)。

(2) 在种子点处进行 8 邻域或 4 邻域扩展，若考虑的像素与种子像素的灰度值差的绝对值小于某个门限 T，则将该像素包括进种子像素所在的区域。

(3) 当不再有像素满足加入这个区域的准则时，区域生长停止。

一般来说，在无像素或区域满足加入生长区域的条件时，区域生长就会停止。区域生长是串行区域技术，其分割过程后续步骤的处理要根据前面步骤的结果进行判断而确定。下面为已知种子点进行区域生长的示例。

$$\boldsymbol{a}=\begin{bmatrix}1&0&4&8&6\\1&0&4&7&7\\0&1&4&5&5\\2&0&5&6&5\\2&2&5&6&4\end{bmatrix},\ \boldsymbol{b}=\begin{bmatrix}1&1&5&5&5\\1&1&5&5&5\\1&1&5&5&5\\1&1&5&5&5\\1&1&5&5&5\end{bmatrix},\ \boldsymbol{c}=\begin{bmatrix}1&1&5&8&5\\1&1&5&7&7\\1&1&5&5&5\\2&1&5&5&5\\2&2&5&5&5\end{bmatrix},\ \boldsymbol{d}=\begin{bmatrix}1&1&1&1&1\\1&1&1&1&1\\1&1&1&1&1\\1&1&1&1&1\\1&1&1&1&1\end{bmatrix}$$

假设，$\boldsymbol{a}$ 为需要分割的图像，设已知两个种子像素 $\boldsymbol{a}(1, 1)$ 和 $\boldsymbol{a}(4, 3)$，现要进行区域生长。采用的判定准则为：若考虑的像素与种子像素灰度值差的绝对值小于给定阈值 T，则将该像素包括进种子像素所在的区域。$\boldsymbol{b}$ 为 $T=3$ 时的区域生长结果，整幅图被较好地分成 2 个区域；$\boldsymbol{c}$ 为 $T=1$ 时的区域生长结果，有些像素无法判定；$\boldsymbol{d}$ 为 $T=6$ 时的区域生长的结果，整幅图都被分在一个区域。由此例可以看出阈值选择比较重要。

采用区域生长法的关键在于种子点的位置选择、生长准则和生长顺序。此方法最简单的形式是先人工给出一个种子点，然后提取出和此种子点具有相同灰度值的所有像素。可以把待分割区域像素的像素值看作一个正态分布，先用原始区域生长算法估算出分布参数，然后将该参数应用到第二遍生长过程中，获得更好的结果。

区域生长算法的优点是计算简单，对于较均匀的连通目标有较好的分割效果；缺点是需要人为选取种子，对噪声较敏感，可能会导致区域内有空洞。另外，它是一种串行算法，当目标较大时分割速度较慢，因此在算法设计时应尽量提高运行效率；图像分割效果依赖于种子点的选择及增长顺序。

2. 区域分裂合并算法

区域分裂合并算法可以看作区域生长算法的逆过程，其基本思想是通过分裂将不同特征的区域分离开，通过合并将相同特征的区域合并起来。如图 5.1 所示，先确定一个分裂合并的准则，即区域特征一致性的测度，当图像中某个区域的特征不一致时就将该区域分裂成 4 个相等的子区域，当相邻的子区域满足一致性特征时则将它们合成一个大区域，直至所有区域不再满足分裂合并的条件为止。然后查找相邻区域有没有相似的特征，若有就将相似区域进行合并，得到图像分割结果。若把一幅图像分裂到像素级，那么就可以判定该像素是否为前景像素。当所有像素点或子区域完成判断后，把前景区域或像素合并就可得到前景目标。

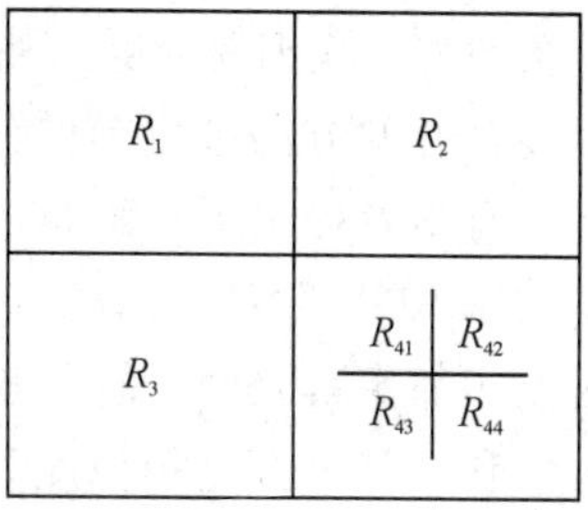

图 5.1　区域分裂合并示意图

设 R 表示整个正方形图像区域，H 为相似性准则，代表逻辑谓词。分裂合并算法的步骤如下：

(1) 对任一个区域，若 $H(R_i)$ =False 就将其分裂成不重叠的四等份；

(2) 对相邻两个区域 R_i，R_j，也可按大小不同(即不在同一层)，若 $H(R_i \cup R_j)$ = True，就将它们合并起来。

(3) 若进一步的分裂或合并都不可能，则结束。

区域分裂合并算法的优点：对复杂图像的分割效果较好，不需要预先指定种子点。

区域分裂合并算法的缺点：算法较为复杂，计算量大，分裂可能会破坏区域的边界；区域分裂可能破坏图像边界。

3. 混合算法模型

典型的基于区域的分割方法有区域生长法、分裂合并方法等。但区域分割的结果很大程度依赖于种子点的选择，常常会造成图像欠分割或过分割的问题。区域生长、区域分裂合并以及两者相组合的区域生长的基本思想基本相同，都是将具有相似性质的像素集合起来构成区域。区域分裂合并的关键是分裂合并准则的设计，在实际应用中，通常是将区域生长算法和区域分裂合并算法这两种基本形式结合使用，即基于区域的图像分割混合算法。该算法对复杂图像分割前一般需要定义图像区域的同一性准则。经常采用的同一性准则有颜色分量的一维直方图准则、最小误差准则、最小色差准则等。若图像中较小的区域有噪声，合并过程中噪声会被作为一个色组保留下来，这时可以采用最小误差准则，即在考虑色差的同时也考虑所包含的像素点。最小色差准则法产生误差的原因一般是在合并的初期保留了噪声色，而最小误差准则法的误差则是在合并的后期因不适当地合并了小区域而引起的。因此，若在聚类初期采用最小误差准则法合并掉图像中大量的像素点数很小的噪声色，在颜色数合并到一定数时再采用最小色差准则法以保留面积较小的区域，两者相互结合，取长补短，达到最佳聚类分割的效果。

当图像区域的同一性准则容易定义时，区域生长、区域分裂合并和区域混合法分割的质量较好，并不易受噪声影响。典型的同一性准则是通过统计的方法确定的，即利用区域分裂合并的方法进行图像分割，通过颜色分量的一维直方图来确定所用的同一性准则。

有学者提出了一种将区域生长和区域合并技术相结合的彩色图像分割方法。该方法首先利用RGB颜色空间的3个子图像的欧氏距离定义3个色彩同一性准则，并将其分别用于两个相邻像素之间、各个像素与已定义的相邻区域内像素之间以及其均值的比较。在分割时先利用基于颜色相似度和空间相近度的准则进行区域生长；然后根据基于色彩相似性的全局同一性准则来对区域生长形成的区域进行合并，以生成空间分离、色彩相近的分割区域。该方法的缺点是，这些准则所对应阈值的选取具有主观性，不适合分割具有阴影区域的图像，而且分割效果依赖于种子点的选择及增长顺序。区域分裂合并算法的缺点是可能会破坏图像边界。由于相似性通常是用统计的方法确定的，因而这些方法对噪声不敏感。为了描述彩色图像中的小目标和局部变化，有学者提出了一种分层的分割方法，即通过对同一性直方图进行阈值化来辨识同一个区域，并将同一性定义为亮度的偏差(即像素邻域内的亮度标准偏差)和突变(即像素亮度Sobel算子的梯度模)这两个变量的一个函数。由于这个函数同时考虑了局部信息和全局信息，故分割质量较好。

利用MATLAB中的函数qtdecomp、qtsetblk和full能够实现图像的分裂和合并操作。qtdecomp(I, threshold)函数将输入图像I按允许的阀值threshold分割子块，返回一个稀疏矩阵，每个子块的左上角给出子块的大小。qtgetblk(I, s, 4, vals)函数可获得四叉树分解后的子块的像素即位置信息，返回值vals是dim×dim×k矩阵，k是符合dim×dim大小的子块个数，qtsetblk将四叉树分解得到的子块中符合条件的部分替换为指定的子块。full(s)函数将稀疏矩阵化为普通矩阵，显示分裂后的图像。以MATLAB自带图像rice.png为例，以阈值0.2进行四叉树分解，结果如图5.2所示。

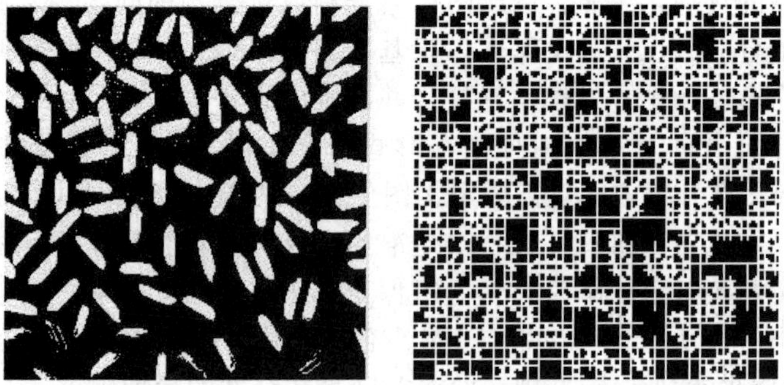

(a) 原始图像　　(b) 块状四叉树分解图像

图5.2　区域生长图

5.2.3　基于阈值的灰度图像分割方法

大部分图像分割方法的应用研究中，通常并非关注整幅图像，一般只关注图像的某个或某些局部。一般将一幅图像中感兴趣的区域称为前景区域，而其他不关注的区域称为背景区域。在实际应用中，需要寻找一些特性来区分前景、背景，以便将感兴趣的区域提取出来，这些特性可以是像素的灰度值、物理轮廓、颜色、纹理等。下面介绍几种简单的分割方法。

1. 聚类分割法

1）聚类准则

假设在疑似目标图像 A_T 中噪声点集散度小于真实目标像素点集散度，$f(m, n)$是以 $f(i, j)$为基准点所扩展的邻域内的像素点，A_T 可以聚类为不相交多类，A_k 为第 k 类，则

$$A_T = \sum_{k=1}^{n} A_k$$

灰度差计算公式为

$$e_{gray} = |f(m, n) - f(i, j)|$$

像素间距计算公式为

$$d_p = \mathrm{round}(\sqrt{(m-i)^2 + (n-j)^2})$$

其中 round 表示取整运算。当且仅当像素 $f(m, n)$与 $f(i, j)$满足 $e_{gray} \leqslant \varepsilon_f$ 且 $\min(d_p) \leqslant \varepsilon_d$ 时，将点集 $R_{mn} = \{R_{mn}(i, j) \in A_T | i, j \in \Omega_W\}$归属于同一类特征类 A_k，即 $R_{mn}(i, j) \in A_k$，其中，ε_f 和 ε_d 为两个阈值参数，mn 表示窗口基准点坐标，Ω_W 为处理操作窗口。

举一个简单窗口的像素距离分析的例子，有矩阵：

$$\mathbf{A} = \begin{bmatrix} 1 & 0 & 1 \\ 0 & 0 & 1 \\ 1 & 1 & 1 \end{bmatrix}$$

当左上角元素 1 与其余值为 1 的元素处于间隔位置时，$\sqrt{(x-i)^2 + (y-j)^2}$可能得到的值分别为 2、$\sqrt{5}$和$\sqrt{8}$，取整后分别为 2、2 和 3。规定像素点间存在矩阵 **A** 中的情况即像素出现间隔时，认为像素值相同的像素点属于不同特征类，所以选择 $\min(d_p) \leqslant 1$。通常取 $\varepsilon_f = 45$、$\varepsilon_d = 1$。

2）聚类步骤

第一步：找到图像中若干灰度极大值点，然后将其周围与极值点像素灰度差不大于 ε_f 的像素点置 1，不满足条件的像素点置 0。

第二步：利用全向跟踪法或光栅跟踪法对其中任意一个值为 1 的点进行区域生长，并逐一判断其余灰度为 1 的点，若像素连续即 $\min(d_p) = 1$，则认为该点与核点归属于同类并

接受该点(生长的出发点称为核点)。当不再存在满足条件的像素点时，认为没有像素点属于特征类 A_k，特征类 A_k 判断结束。

按上述步骤继续判断特征类 A_{k+1}，直至提取出图像的所有特征类为止。

2. 最小误差分割法

最小误差分割是经典阈值分割算法之一，其原理是在图像的直方图中选择一个最佳阈值，如图 5.3 所示的 T 点，使得图像中的目标类与背景类的误分率最低。

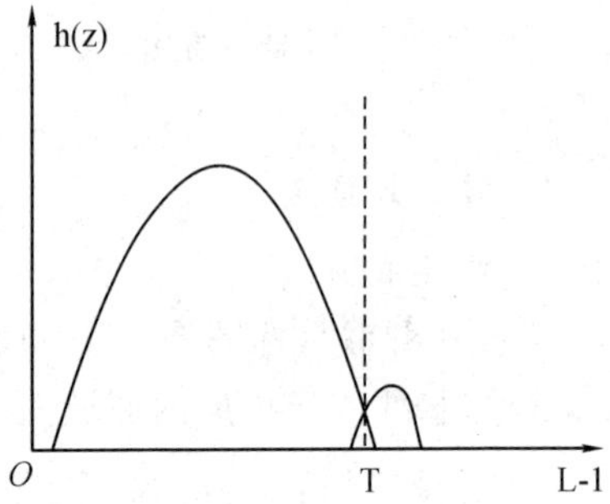

图 5.3　最小误差分割原理图

最小误差分割法假设灰度图像由背景和目标两部分组成，且背景和目标的像素灰度值都满足高斯分布，即统计出的灰度直方图是如图 5.3 所示的两个高斯分布波形的叠加。通过构建高斯混合分布模型，计算不同分割阈值处分割产生的误差，最后通过误差最小的原则确定最终的分割阈值。但最小误差分割的高斯分布假设仅是理想的情况，现实中存在大量的图像不满足这个假设，特别是存在噪声的灰度图像。一幅图像若不满足高斯分布假设，则在图像上执行最小误差分割通常会得到较差的分割结果。因此，有学者提出高斯分布满足度指标用来反映最小误差的高斯分布假设的满足程度，高斯分布满足度指标越小，最小误差的高斯分布假设越不满足，此时利用最小误差分割算法获取的阈值就越不可靠。因此，高斯分布满足度指标 $H_{\text{sim}}(T)$可用来交叉验证最小误差分割结果的好坏。

设一维直方图阈值为 T，假设背景的灰度较低而目标的灰度较高，即背景的灰度范围为[0，T]，而目标的灰度范围为[$T+1$，$L-1$]。根据基于区域划分的一维直方图可以统计出原始图像上背景的概率 $p_{\text{b}}(T)$、均值 $m_{\text{b}}(T)$、方差 $\delta_{\text{b}}^2(T)$以及目标的概率 $p_{\text{o}}(T)$、均值 $m_{\text{o}}(T)$、方差 $\delta_{\text{o}}^2(T)$，计算分别如下：

$$p_{\text{b}}(T)=\sum_{z=0}^{T} h_{\text{mix}}(z),\quad p_{\text{o}}(T)=\sum_{z=T+1}^{L-1} h_{\text{mix}}(z),$$

$$m_{\text{b}}(T)=\frac{\sum_{z=0}^{T}[z * h_{\text{mix}}(z)]}{p_{\text{b}}},\quad m_{\text{o}}(T)=\frac{\sum_{z=T+1}^{L-1}[z * h_{\text{mix}}(z)]}{p_{\text{o}}},$$

$$\sigma_{\text{b}}^2(T)=\frac{\sum_{z=0}^{T}[(z-m_{\text{b}}(T))^2 * h_{\text{mix}}(z)]}{p_{\text{b}}(T)},$$

$$\sigma_{\text{o}}^2(T)=\frac{\sum_{z=T+1}^{L-1}[(z-m_{\text{o}}(T))^2 * h_{\text{mix}}(z)]}{p_{\text{o}}(T)}$$

假设背景与目标满足高斯混合分布，则利用均值、方差可以还原出理想情况下背景和目标的灰度分布 $G(x, T)$以及在阈值为 T 时的理想情况下的直方图 $h'_{mix}(z, T)$为

$$h'_{mix}(z, T) = \int_{z-0.5}^{z+0.5} G(x, T) \approx \frac{G(z-0.5, T) + 2G(z, T) + G(z+0.5, T)}{4} \tag{5.2}$$

利用理想直方图 $h'_{mix}(z, T)$与实际直方图 $h_{mix}(T)$的相似度来反应高斯分布的满足程度

$$h_{sim}(T) = \sum_{T=0}^{L-1} \min(h_{mix}(z), h'_{mix}(z, T)) \tag{5.3}$$

当 $h_{sim}(T)$值较大并接近1时，表示理想直方图 $h'_{mix}(z, T)$与实际直方图 $h_{mix}(T)$较相似，此时可以认为高斯混合分布的假设较为合理；当 $h_{sim}(T)$值较小并接近0时，则表示理想直方图 $h'_{mix}(z, T)$与实际直方图 $h_{mix}(T)$差异较大，此时可以认为高斯混合分布的假设不合理。

基于最小误差的图像分割方法的程序代码如下：

```
function threshold=Minmum(im)
tt=cputime; out_im=im; [M, N]=size(im);
MAX=double(max(im(:)));
tab(1:MAX+1)=0; h=imhist(im); h=h/(M*N); %直方图归一化
p=0.0;u=0.0;
for i=0:MAX
    p=p+h(i+1); u=u+h(i+1)*i;
end
for t=0:MAX
    p1=0.0;u1=0.0; k1=0.0;k2=0.0; pp1=0.0;pp2=0.0; kk1=0.0;kk2=0.0;
    for i=0:t % 计算1阶统计矩 u1, u2
        p1=p1+h(i+1); u1=u1+h(i+1)*i;
    end
    if((p-p1)~=0) u2=(u-u1)/(p-p1); else
    u2=0;
end
if(p1~=0) u1=u1/p1; else u1=0; end
for j=0:t %计算2阶统计矩 K1, K2
    k1=k1+(j-u1)*(j-u1)*h(j+1);
end
for m=t+1:MAX
    k2=k2+(m-u2)*(m-u2)*h(m+1);
end
```

```
if(p1~=0) k1=sqrt(k1/p1); pp1=p1 * log(p1); end
if((p-p1)~=0) k2=sqrt(k2/(p-p1)); pp2=(p-p1) * log(p-p1); end
if(k1~=0) kk1=p1 * log(k1); end
if((k2)~=0) kk2=(p-p1) * log(k2); end
tab(t+1)=1+2 * (kk1+kk2)-2 * (pp1+pp2); %判别函数
end
Min=min(tab); th=find(tab==Min); temp1 = size(th);
if(temp1(2)==1) threshold = th; else
threshold = fix(mean(th)); threshold = threshold /255;
end
BW=im2bw(I, threshold); imshow(BW); %图像二值转换、画图
end
```

程序运行结果如图 5.4 所示。

(a) 原始图像　　(b) 灰度图像　　(c) 分割的图像

图 5.4　最小误差图像分割

3. 基本全局阈值分割方法

直方图双峰法是典型的全局单阈值分割方法。若图像中有明显的目标和背景图像，其灰度直方图呈双峰分布，选取两峰之间的谷对应的灰度级作为阈值。若背景的灰度值在整个图像中能够合理地看作恒定，且所有目标与背景都具有几乎相同的对比度，则选择一个正确、固定的全局阈值就可以将图像目标分割。通常，在图像处理中首选的方法是一种能基于图像数据自动选择阈值的算法。为了自动选择阈值，首先根据图像中目标的灰度分布情况，选取一个近似阈值作为初始阈值，一个较好的方法就是将图像的灰度均值作为初始阈值；然后通过分割图像和修改阈值的迭代过程获得认可的最佳阈值。最佳阈值的选取过程描述如下：

(1) 选取一个初始估计阈值 T。

(2) 利用阈值 T 把给定图像分割成两组图像，记为 $G1$ 和 $G2$，其中 $G1$ 由所有灰度值大于 T 的像素组成，$G2$ 由所有灰度值小于等于 T 的像素组成。

(3) 分别计算 $G1$ 和 $G2$ 图像灰度值的均值 $u1$ 和 $u2$。

(4) 选取新的阈值 T，且 $T=(u1+u2)/2$。

(5) 重复(2)～(4)步，直到在连续两次迭代中，T 的差异小于预先设定的参数 ΔT 为止。

(6) 使用 MATLAB 函数 im2bw 分割图像，即 g=im2bw(img, T/den)，其中 den 是整数(8bit 图像为 255)，是 T/den 比率为 1 的数值范围内的最大值。

基本全局阈值分割方法的程序代码如下：

```
img= imread('fig.jpg'); count=0; T=mean2(img); %求均值
is_done=false;
while ~is_done %阈值迭代
r1=img(img<=t); r2=img(img> T); temp1=mean(r1(:));
if isnan(temp1) temp1=0; end
temp2=mean(r2(:));
if isnan(temp2) temp2=0; end
T_new=(temp1+temp2)/2; is_done=abs(T_new-t)<1; T=T_new; count=count+1;
if count>=1000 Error='Error: Cannot find the ideal threshold. '; break; end
end %迭代结束
b1=im2bw(mat2gray(img), T/256); %阈值分割图像，得二值化图像
imshow(b1), xlabel('迭代式阈值分割法')
```

程序运行结果如图 5.5 所示。

图 5.5 迭代式阈值分割

4. 最大熵分割算法

最大熵分割算法的理论依据是假设图像可以分割为背景和目标两类。理论上，图像分割后得到的背景和目标两类的熵之和应该最大，否则分割阈值的选取不合理。最大熵分割算法的求解过程就是依次计算每个可能的阈值处的分割结果中背景和目标的熵值，并根据熵最大准则确定最终的最优分割阈值。熵可以看成是对变量不确定性的一种描述，其定义为

$$H=-\int_{-\infty}^{+\infty} p(x)\log p(x)\mathrm{d}x \tag{5.4}$$

其中，$p(x)$ 表示随机变量 x 的概率密度函数。

由式(5.4)可以得到，变量的不确定性越大，则熵值越大。在对随机变量没有任何先验知识的情况下，最合理的做法是不对随机变量的分布做任何假设，即随机变量的不确定越大，则熵越大。这就是随机变量的分布符合熵最大的原则。该准则广泛应用于阈值分割算法，即构成了最大熵分割算法。在最大熵算法中，背景和目标区域各自的灰度分布直方图构成离散的概率密度函数，目标函数定义为

$$T_{\text{ent}}^{*}=\arg\max_{0\leqslant T\leqslant L-1} H_{\text{ent}}(T) \tag{5.5}$$

其中，

$$\begin{aligned}H_{\text{ent}}(T)&=\sum_{z=0}^{T}\left\{-\left[\frac{h_{\text{mix}}(z)}{p_{\text{b}}(T)}\right]\log\left[\frac{h_{\text{mix}}(z)}{p_{\text{b}}(T)}\right]\right\}+\sum_{z=T+1}^{L-1}\left\{-\left[\frac{h_{\text{mix}}(z)}{p_{\text{o}}(T)}\right]\log\left[\frac{h_{\text{mix}}(z)}{p_{\text{o}}(T)}\right]\right\}\\&=\log[p_{\text{b}}(T)p_{\text{o}}(T)]+\sum_{z=0}^{T}\frac{\{-h_{\text{mix}}(z)\log[h_{\text{mix}}(z)]\}}{p_{\text{b}}(T)}\\&\quad+\sum_{z=T+1}^{L-1}\frac{\{-h_{\text{mix}}(z)\log[h_{\text{mix}}(z)]\}}{p_{\text{o}}(T)}\end{aligned} \tag{5.6}$$

熵用来衡量类内的内聚性，当类内分布比较平稳、内聚性强时，熵的值较大；当类内内聚性较弱时，熵的值较小。故 $H_{\text{ent}}(T)$ 反映着目标和背景两类的类内综合内聚性，最大熵算法最终寻找出类内综合内聚性最强的阈值点 T_{ent}^{*}，即为最佳图像分割阈值。

利用 MATLAB 中的函数 imhist 和 cumsum 以及熵的定义，能够得到最佳图像分割阈值，然后对图像进行分割，代码如下：

```
Imag=imread('bi.jpg'); [X, Y]=size(Imag); %读取图像
figure (); imhist(Imag);
hist=imhist(Imag); % 计算图像直方图
p=hist/(X * Y); % 各灰度概率
sumP=cumsum(p); sumQ=1-sumP;
%将 256 个灰度作为 256 个分割阈值，分别计算各阈值下的概率密度函数
c0=zeros(256, 256); c1=zeros(256, 256);
for i=1: 256
    for j=1: i
        if sumP(i) > 0
            c0(i, j)=p(j)/sumP(i); %计算各个阈值下的前景概率密度函数
        else
            c0(i, j)=0;
        end
        for k=i+1: 256
            if sumQ(i) > 0;
                c1(i, k)=p(k)/sumQ(i); %计算各个阈值下的背景概率密度函数
```

```
            else
                c1(i, k)=0;
            end
        end
    end
end
%计算各个阈值下的前景和背景像素的累计熵
H0=zeros(256, 256); H1=zeros(256, 256);
for i=1: 256
    for j=1: i
        if c0(i, j) ~=0
            H0(i, j)=- c0(i, j). * log10(c0(i, j)); %计算各个阈值下的前景熵
        end
        for k=i+1: 256
            if c1(i, k) ~=0
                H1(i, k)=-c1(i, k). * log10(c1(i, k));
                %计算各个阈值下的背景熵
            end
        end
    end
end
HH0=sum(H0, 2); HH1=sum(H1, 2); H=HH0 + HH1;
[value, Threshold]=max(H); BW=im2bw(Imag, Threshold/255);
figure (); imshow(BW); xlabel(['最大熵', num2str(Threshold)]);
```

分割结果如图 5.6 所示，最佳阈值为 126。

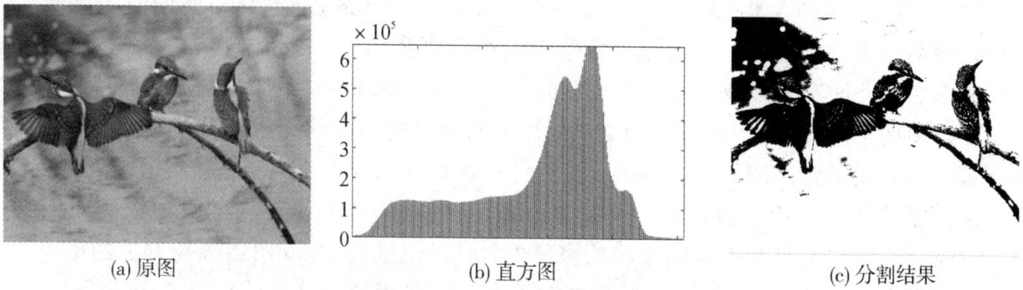

(a) 原图　(b) 直方图　(c) 分割结果

图 5.6　图像最大熵分割

5. 最大类间方差(Otsu)及其改进的 Otsu 分割算法

Otsu 是一种单阈值的分割方法，其基本思想是把直方图分割成目标和背景两组，当分

割的两组数据的类间方差最大时，即背景和目标之间足够离散，求得最佳分割阈值，由此阈值对图像进行分割。该方法可以推广到多阈值分割。其算法过程是针对每个可能阈值 T，计算利用阈值 T 分割图像后得到的背景和目标之间的方差，然后利用类间方差最大准则确定最终的最佳分割阈值。

对于任意一个图像 $P(x, y)$，(x, y) 为图像中任一像素点，假设图像中存在 m 个待分割的类，则需要用 $m-1$ 个阈值 $k_1, k_2, \cdots, k_{m-1}$ 将图像的直方图划分为 m 类，分别表示为 $c_0=\{0, 1, \cdots, k_1\}$，$c_1=\{k_1+1, k_1+2, \cdots, k_2\}$，…，$c_m=\{k_{m-1}+1, k_{m-1}+2, \cdots, 255\}$，则前景和背景图像的方差为

$$\sigma = \omega_0 (\mu_0 - \mu_r)^2 + \omega_1 (\mu_1 - \mu_r)^2 + \cdots, + \omega_{m-1} (\mu_{m-1} - \mu_r)^2 \tag{5.7}$$

其中，σ 为所有类的类间方差，ω_i 和 μ_i 分别为第 i 类的比例和均值，μ_r 是所有类的总均值，分别是：

$$\omega_0 = \sum_{i=0}^{k_1} P_i, \ \omega_1 = \sum_{i=k_2}^{k_2+1} P_i, \ \cdots, \ \omega_{m-1} = \sum_{i=k_{m-1}+1}^{k_{m-1}} P_i$$

$$\mu_0 = \frac{\sum_{i=0}^{k_1} iP_i}{\omega_0}, \ \mu_1 = \frac{\sum_{i=k_2}^{k_2+1} iP_i}{\omega_1}, \ \cdots, \ \mu_{m-1} = \frac{\sum_{i=k_{m-1}+1}^{k_{m-1}} iP_i}{\omega_{m-1}}, \ \mu_r = \sum_{i=0}^{m-1} \omega_i \mu_i$$

使得 σ 取得最大值的阈值就是所要求的最优阈值，即

$$T = \arg \max_{0 \leqslant i \leqslant m-1} (\sigma^2) \tag{5.8}$$

作为判断条件的分离因素 F 定义为

$$F = \frac{\sigma}{v} \tag{5.9}$$

其中，$v = \sum_{i=0}^{m-1} (i - \mu_r)^2 P_i$ 为图像的总方差。

Otsu 法用时最少，但 Otsu 法对噪声和目标大小十分敏感，它仅对类间方差为单峰的图像产生较好的分割效果。当目标与背景的大小比例悬殊时，类间方差准则函数可能呈现双峰或多峰，此时分割效果不好。为此，提出一种改进的 Otsu 图像分割方法，其基本思想是，首先利用 Otsu 法将图像分为两类后，计算划分出的两类的类间方差值，若类间方差值小于某一给定值，合并刚划分的两类；然后计算此时所有类的类间方差值和分离因素 F 的值，若 F 值大于某个给定值，退出该算法；否则，就按顺序在已存在的类中继续对图像分割。图像分割的关键是能否得到正确的多阈值，所以改进的 Otsu 图像分割方法的第一步是把直方图划分成 n 个局部区域，n 的选择对能否完成多阈值分割至关重要。

比较最大熵分割和最大类间方差两种分割方法。类间方差衡量类间的离散度，当目标和背景两类类间离散度较大时，类间方差的值较大；离散度较小时，类间方差的值较小。最大类间方差算法是寻找类间离散度最大的阈值点 T^*。最大熵算法仅考虑目标和背景两类

类内内聚性，而最大类间方差算法只考虑目标和背景两类的类间离散度。因此，两种方法均存在片面性。

植物病害叶片图像的病斑分割。利用 MATLAB 的函数 graythresh 使用 Otsu 法求得分割阈值 T＝graythresh(img)，利用函数 BW＝im2bw(img，T)进行二值化。对于直方图有两个峰值的图像，利用 Otsu 求得的 T 近似等于两个峰值之间的低谷，代码如下，结果如图 5.7 所示。由 Otsu 求得的 T＝0.2941，转换在[0，255]之间为 75，基本上在两个峰值之间低谷处。利用最大熵法得到的阈值为 96。比较图 5.7 中的(c)、(d)和(e)可以得知，Otsu 法比最大熵法效果较好，而改进的 Otsu 法的修改更好。

```
I=imread('e:\role0\003i. bmp');
    subplot(1, 2, 1), imshow(I); title('原始图像')
    grid on; axis on;              %显示网格线、显示坐标系
    level=graythresh(I);           %确定灰度阈值
    BW=im2bw(I, level);            %图像二值转换
    subplot(1, 2, 2), imshow(BW); title('阈值法分割图像')
```

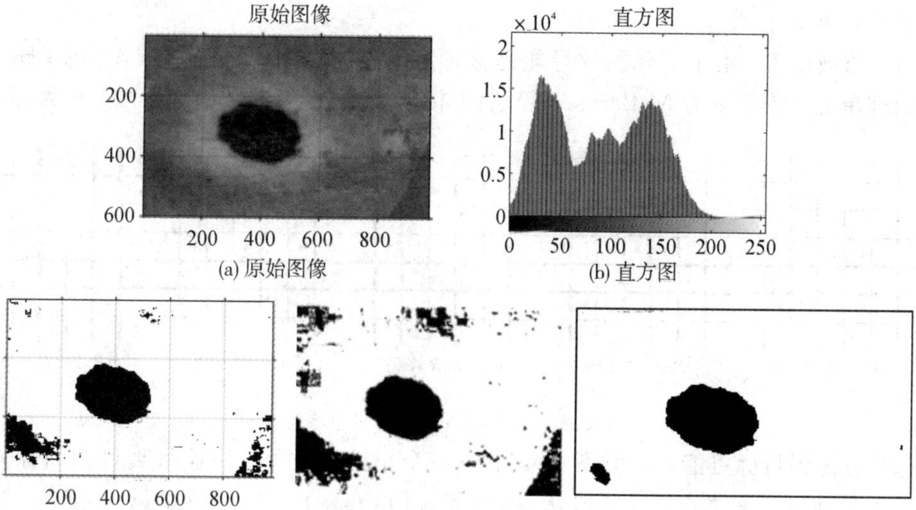

(a) 原始图像　(b) 直方图

(c) 基于Otsu法的分割　(d) 基于最大熵法的分割　(e) 基于改进Otsu法的分割

图 5.7　基于阈值法的图像分割

6. 基于 Bernsen 算法的图像分割方法

Bernsen 算法是一种经典的动态阈值分割算法，比较适合解决图像有光照不均和干扰等情况时的图像分割问题，已被广泛应用于复杂图像分割。其基本思想为：设置两个初始值 T_1 和 T_2，计算以任意一个像素 g 为中心、大小为$(2w+1)\times(2w+1)$的窗口内所有像素灰度

值的最大值 M 与最小值 N，得到 M 和 N 的均值 T。若 $M-N>T_1$，则当前点的阈值为 T；若 $M-N<T_1$，则表示该窗口所在区域灰度级差别较小，则窗口在目标区或在背景区，再判断 T 与 T_2 的关系，若 $T>T_2$，则当前点的灰度值为 255；否则，当前点 g 的灰度值为 0。利用阈值 T 遍历图像中每个像素点，得到与原图像维数相同的二值化图像。该算法描述如下：

设 $f(x, y)$表示(x, y)处的像素灰度值，以(x, y)为中心、大小为$(2w+1)\times(2w+1)$的区域 S 内的阈值设置为

$$T(x, y)=\frac{\max\limits_{-w\leqslant k, l\leqslant w} f(x+k, y+l)+\min\limits_{-w\leqslant k, l\leqslant w} f(x+k, y+l)}{2} \tag{5.10}$$

利用 $T(x, y)$对 $f(x, y)$逐点二值化，得到二值化显著性图像 $b(x, y)$为

$$b(x, y)=\begin{cases}0, & f(x, y)<T(x, y); \\ 255, & \text{其他}\end{cases} \tag{5.11}$$

经典的 Bernsen 算法以局部窗口的最大值和最小值的均值作为考察点的阈值，所以该算法对噪声、干扰和孤立像素点比较敏感，不适合复杂图像分割。根据上述分析，介绍一种改进的 Bernsen(M-Bernsen)算法，该算法涉及 5 个阈值。设(x, y)为原图像 G 中的任一像素，其灰度值为 $f(x, y)$，邻域像素的灰度值为 $f_i(x, y)(i=0, 1, \cdots, P)$，M-Bernsen 算法的基本步骤如下：

(1) 邻域设置。由于实际图像可能是梭形和纺锤形，利用圆形邻域作为 M-Bernsen 算法的处理单元。图 5.8 为 M-Bernsen 算法的邻域结构，P 为邻域内像素数，R 为邻域半径。

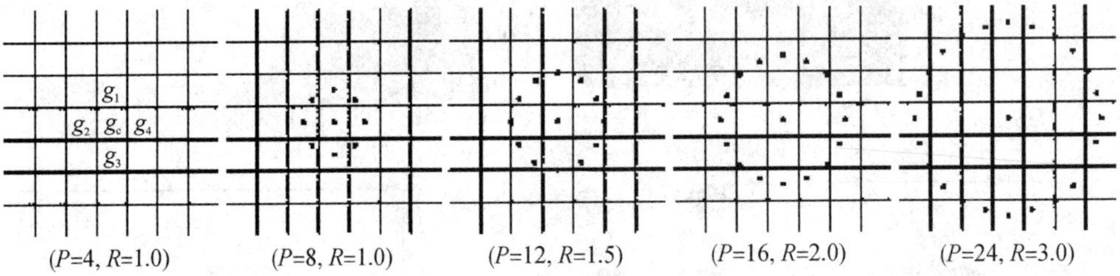

(P=4, R=1.0)　(P=8, R=1.0)　(P=12, R=1.5)　(P=16, R=2.0)　(P=24, R=3.0)

图 5.8　M-Bernsen 算法的邻域结构

(2) 考虑到目标可能是视频图像 G 中的一个小区域，为了快速得到目标图像，消除图像中的大量非目标像素点，设阈值 T_1 满足 $\text{hist}\{f(x, y)=i\}_{i=1}^{255}\geqslant 40\%(N\times M)$，其中 hist 为 G 的直方图统计，$N\times M$ 表示 G 的总像素个数，也为 G 的维数。

(3) 计算每一个点的阈值 T_2：

$$T_2(x, y)=\frac{\max\{f_i(x, y)\mid i=1, 2, \cdots, P\}+\min\{f_i(x, y)\mid i=1, 2, \cdots, P\}}{2}$$

(4) 为了消除干扰等因素，对 $f(x, y)$点在邻域内进行高斯滤波和平滑滤波

$$\hat{f}(x, y)=\frac{1}{(2P+1)^2}\sum_{i=1}^{P} f_i(x, y)\cdot\exp\left\{-\frac{1}{2}\left[\left(\frac{x}{\sigma}\right)^2+\left(\frac{y}{\sigma}\right)^2\right]\right\}$$

然后计算滤波后 $\hat{f}(x, y)$ 点的阈值 T_3：

$$T_3(x, y) = \frac{\max\{\hat{f}_i(x, y) \mid i = 1, 2, \cdots, P\} + \min\{\hat{f}_i(x, y) \mid i = 1, 2, \cdots, P\}}{2}$$

（5）为了消去阴影、伪影、光照不均和噪声等影响，对阈值 T_2 和高斯滤波图阈值 T_3 进行平滑滤波，得到阈值 T_{22} 和 T_{33} 分别为

$$T_{22}(x, y) = \frac{1}{P}\sum_{i=1}^{P} T_{2i}(x, y),\ T_{33}(x, y) = \frac{1}{P}\sum_{i=1}^{P} T_{3i}(x, y)$$

其中，$T_{2i}(x, y)(i=1, 2, \cdots, P)$ 为 $T_2(x, y)$ 的 P 个邻域像素值，$T_{3i}(x, y)(i=1, 2, \cdots, P)$ 为 $T_3(x, y)$ 的 P 个邻域像素值。

（6）引入阈值 T_4：

$$T_4(x, y) = \max\{\hat{f}_i(x, y) \mid i = 1, 2, \cdots, P\} - \min\{\hat{f}_i(x, y) \mid i = 1, 2, \cdots, P\}$$

计算阈值 $T_5(x, y)$：

$$T_5(x, y) = \frac{1}{2}[T_{22}(x, y) + T_{33}(x, y)] + [T_{22}(x, y) - T_{33}(x, y)]$$

（7）利用以上阈值进行判别：

如果 $f(x, y) > (1+a)T_1(x, y)$，则 $b(x, y) = 255$；

如果 $f(x, y) < (1-a)T_1(x, y)$，则 $b(x, y) = 0$；

如果 $T_3(x, y) > aT_1(x, y)$ 且 $f(x, y) < T_4(x, y)$，则 $b(x, y) = 0$；

如果 $f(x, y) < T_3(x, y)$，则 $b(x, y) = 0$；

如果 $f(x, y) < T_5(x, y)$，则 $b(x, y) = 255$；

否则，$b(x, y) = 255$。

利用以上阈值对目标图像中各个像素逐点二值化，得到二值化图像 $b(x, y)$。

动态阈值操作 Bersen 算法代码如下，效果如图 5.9 所示。

```
I = imread('card8. bmp'); [m, n] = size(I);
    w = 1; max = 0; min = 0; T = zeros(m - 2 * w, n - 2 * w); %初始化
    %根据 Bersen 算法计算每个像素点的阈值
    for i = (w + 1): (m - w)
        for j = (w + 1): (n - w)
            max = uint8(I(i, j)); min = uint8(I(i, j));
            for k = -w: w
                for l = -w: w
                    if max < uint8(I(i + k, j + l)) max = uint8(I(i + k, j + l)); end
                    if min > uint8(I(i + k, j + l)) min = uint8(I(i + k, j + l)); end
                end
            end
            T(i, j) = 0.5 * (max + min);
```

```
        end
    end
    for i = (w + 1):(m - w)
        for j = (w + 1):(n - w)
            if I(i, j) > T(i, j) I(i, j) = uint8(255); else I(i, j) = uint8(0); end
        end
    end
    imshow(I);
```

图 5.9　基于 *Bersen* 算法的图像分割

7. 动态阈值图像分割方法与全局阈值相结合的分割方法

图像阈值分割方法可分为全局阈值与动态阈值两种。当图像目标物体与背景灰度相差较大时，找到一个全局阈值对图像进行分割可取得比较满意的结果。全局阈值的选取多依靠于灰度直方图，常用的方法有最大类间方差法(Otsu)和最大熵法等。当图像比较复杂，图像背景或物体灰度变化比较大，或者图像物体和背景灰度值比较接近时，利用全局阈值对图像进行分割可能会忽略图像的局部细节。基于动态阈值的分割方法对图像中的不同区域采用不同的阈值，其阈值的选取一般基于图像的局部统计信息，如局部方差、局部对比度以及曲面拟合阈值等。动态阈值分割方法可以保证计算得到平均误差最小意义下的最优阈值。

当目标图像比较复杂时，可考虑采用动态阈值对图像进行分割，其基本原理是：① 将图像分割成一系列子图像；② 计算出每个子图像的阈值；③ 将计算出来的阈值构成一个矩阵，并对其进行插值，使之成为与原图像像素数目相同大小的矩阵，设得到的矩阵为 $\boldsymbol{y}$；④ 将图像每一像素的灰度大小与矩阵 $\boldsymbol{y}$ 比较，假设目标物体为图像中较亮的部分，如该点灰度值比矩阵 $\boldsymbol{y}$ 对应的元素值大，则判为物体，反之则判为背景。一般情况下，动态阈值分割的效果比全局阈值分割的效果较好。但是当图像中背景灰度并不是非常均匀时，分割的二值图像中可能包含很多碎片。而且采用动态阈值分割图像时，人为地对图像分块也比较容易产生阴影和人为边界。

可以把动态阈值与全局阈值结合起来，以改善图像分割效果。假定图像中目标物体为灰度值比较大的一部分，当采用动态阈值进行图像分割时要对图像进行分块，若有一小块全部是背景，则该小块的像素灰度值相对比较小，这一小块的阈值相对比较小，进行插值后该小块图像必然有一部分被判为背景，而另一部分被判为物体。全局阈值相对这一小块的阈值来说比较大。可以把动态阈值与全局阈值相加权，得到一个新的阈值，新的阈值相对该小块原来的阈值要大，利用该阈值对图像进行分割基本上可将该小块判为背景。反之，若某一小块全为物体，则得到的阈值较大，而全局阈值相对该小块的阈值要小。用全局阈值对其进行加权后阈值变小，基本上可将该小块判为物体。基本步骤如下：

（1）将图像分割成一系列子图像。

（2）计算出每个子图像的阈值。

（3）将计算出来的阈值构成一个矩阵，并对其进行插值，使之成为与原图像的像素值相同大小的矩阵，设得到的矩阵为 $\boldsymbol{Y}$。

（4）计算出原图像的全局阈值 T，构造一个与原图像像素数目相同大小的矩阵 $\boldsymbol{F}$，令 $\boldsymbol{F}$ 的每个元素大小都为 T。

（5）构造一个矩阵 $\boldsymbol{M}$，令 $\boldsymbol{M}=k\cdot\boldsymbol{F}+(1-k)\cdot\boldsymbol{Y}$，其中 k 为 0 和 1 之间的常数。以 $\boldsymbol{M}$ 作为图像的灰度阈值，将图像的每个像素与 $\boldsymbol{M}$ 进行比较。设目标物体为图像中较亮的部分，若 $\boldsymbol{Y}$ 的值比 $\boldsymbol{M}$ 大，则判为物体，反之则判为背景。

当背景与物体相差比较大时，可选用较小的 k 值；而当背景与物体比较接近时，可选用较大的 k 值。具体的 k 值的选定可通过实验来确定。动态阈值与全局阈值相结合对图像进行分割，具有动态阈值图像分割与全局阈值图像分割的优点。当 k 取值较小时，分割效果接近动态阈值图像分割。当 k 取值较大时，分割效果接近全局阈值图像分割。下面给出动态阈值图像分割方法、全局阈值与动态阈值相结合的图像分割方法的主要代码。结果如图 5.10 所示。

(a) 原始图像　(b) 灰度图像　(c) 动态阈值分割　(d) 全局动态结合分割

图 5.10　动态阈值与全局阈值相结合的分割方法

（1）动态阈值图像分割方法的主要代码：

```
I2 = blkproc(I, [64 64], 'Minmum'); %对图像分块 64×64
I2 = medfilt2(I2, 'symmetric'); %滤波
rec = imresize(I2, [1024 1024], 'bilinear'); %还原为 1024×1024
%采用动态阈值算法
```

```
image = zeros(1024, 1024);
for i=1: 1024
    for j=1: 1024
        if(rec(i, j)>I(i, j)) image(i, j) = 0; else image(i, j) = 255; end
    end
end
```

(2) 全局阈值与动态阈值相结合的分割方法的主要代码：

```
function Out_img = MinAndDyThresh(I)
MinThresh = Minmum(I); %求取最小误差法得到的阈值
%对图像分块：64×64，对每块采用最小误差求的每块的灰度值
blkImg = blkproc(I, [64 64], 'Minmum');
I1 = medfilt2(blkImg, 'symmetric'); %滤波
rec = imresize(I1, [1024 1024], 'bilinear'); %还原为1024×1024，采用双线性插值法
Out_img = zeros(1024, 1024); %动态阈值和极小值误差相结合
for i = 1: 1024
    for j=1: 1024
        temp = 0.7 * rec(i, j)+0.3 * MinThresh;
        if(I(i, j) > temp) Out_img(i, j) = 255; else Out_img(i, j) = 0; end
    end
end
```

8. 基于阈值指导的灰度图像分割方法

利用阈值分割算法获得分割阈值后，可以根据阈值将原灰度图像进行分割，再转换成二值图像，即图像的灰度值只有 0 和 1，一般用 0 表示背景，用 1 表示目标。传统的阈值分割算法在获取阈值后只是简单地比较图像中每个像素点的灰度值与阈值的相对大小，而没有结合图像的空间邻域信息，容易受到噪声的干扰。比如，本来为背景像素点，因为噪声的缘故，灰度值突变成较大的值，导致最终的分割结果中将该像素点误判成目标区域。为此，有学者在构造直方图时利用了像素的邻域灰度信息，而且在最终的阈值分割时，还利用了邻域灰度信息，提高了分割精度。其基本思路为：计算图像中的每个像素点对(灰度值、邻域均值)，利用点对信息来确定像素点的灰度值是目标像素的正常值还是噪声值，如果是噪声值，即使像素点的灰度值较大，也将其判为背景像素而非目标像素。假设阈值选取算法获取的阈值为 T，将图像中的每个像素点转换到“灰度-邻域灰度”空间，并对该空间进行区域划分，如图 5.11 所示。

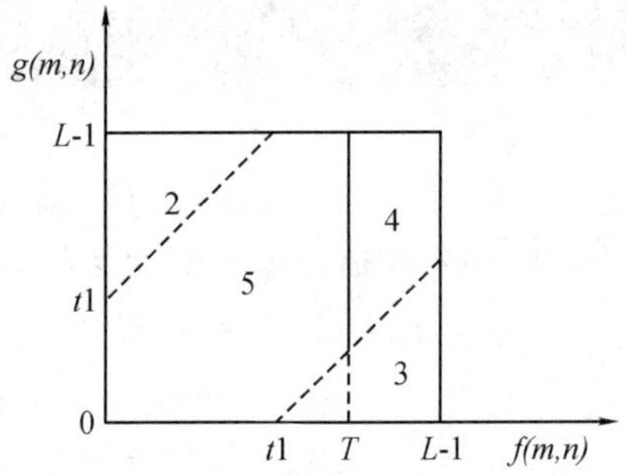

图 5.11　灰度-邻域灰度空间

由于区域2、3为噪声或强边缘区域，为了避免噪声影响，阈值 T 将仅对区域1(区域4和区域5之和)进行分割，并将其分成区域4和区域5。判断结果为，区域4为目标区域，而区域2、3、5为背景区域。

分割后的二值图 $f'(m, n)$ 定义如下：

$$f'(m, n) = \begin{cases} 1, & f(m, n) > T \text{ 且 } |f(m, n) - g(m, n)| \leqslant t1 \\ 0, & f(m, n) \leqslant T \text{ 或 } |f(m, n) - g(m, n)| > t1 \end{cases} \tag{5.12}$$

由此得到分割后的二值化图像。

9. 分水岭分割算法

分水岭分割算法是一种基于拓扑理论的数学形态学的分割方法，其基本思想是把图像看作测地学上的拓扑地貌，图像中每一点像素的灰度值表示该点的海拔高度，每一个局部极小值及其影响区域称为集水盆，而集水盆的边界则形成分水岭。分水岭的概念和形成可以通过模拟浸入过程来说明。在每一个局部极小值表面刺穿一个小孔，然后把整个模型慢慢浸入水中，随着浸入的加深，每一个局部极小值的影响域慢慢向外扩展，在两个集水盆汇合处构筑大坝，即形成分水岭。分水岭分割算法实质上是一种区域生长算法，它相当于将待分割图像中每个局部极小值分割成一个单独的区域，局部极小值的个数对应着分割区域的数目。分水岭分割算法包括排序和淹没两个过程。首先对每个像素的灰度级从低到高进行排序，然后在从低到高实现淹没的过程中，对每一个局部极小值在 h 阶高度的影响域采用先进先出(FIFO)结构进行判断及标注。基于分水岭分割算法得到的是输入图像的集水盆图像，集水盆之间的边界点即为分水岭。显然，分水岭表示的是输入图像极大值点。因此，为得到图像的边缘信息，通常把梯度图像作为输入图像，即

$$G(x, y) = \sqrt{[f(x, y) - (x-1, y)]^2 + [f(x, y) - (x, y-1)]^2} \tag{5.13}$$

其中，$f(x, y)$ 为原始图像。

分水岭分割算法对微弱边缘具有良好的响应，图像中的噪声、物体表面细微的灰度变化都会产生过度分割的现象。分水岭分割算法所得到的封闭的集水盆，为分析图像的区域特征提供了可能。为了消除分水岭分割算法产生的过度分割，一般采用两种处理方法：一是利用先验知识去除无关边缘信息；二是修改梯度函数使得集水盆只响应想要探测的目标。一个简单的方法是对梯度图像进行阈值处理，以消除灰度的微小变化所产生的过度分割，即

$$G_W(x, y) = \max(G(x, y), \alpha) \tag{5.14}$$

其中，α 为阈值。

实际应用中，采用阈值限制梯度图像以达到消除灰度值的微小变化所产生的过度分割，获得适量的区域，再对这些区域的边缘点的灰度级从低到高进行排序，然后再从低到

高实现淹没的过程，梯度图像可以采用 Sobel 算子计算获得。对梯度图像进行阈值处理时，选取合适的阈值对最终图像的分割有很大影响，因此阈值的选取是图像分割效果好坏的一个关键。实际图像中可能含有微弱的边缘，灰度变化的数值差别不是特别明显，选取阈值过大可能会消去这些微弱边缘。

标记分水岭分割就是在使用分水岭算法之前的预处理阶段加入一种标记技术，并将标记运用到整个分割过程中，从而对区域数目进行严格控制来防止过分割现象。标记分为外部标记和内部标记，内部标记处于每一个目标区域，外部标记即为背景。该方法的基本步骤如下：

(1) 计算梯度幅值，梯度值总是在图像的边缘处高而在图像内部低。

(2) 计算前景标志，即每个对象内部连接的斑点像素。

(3) 计算背景标志，即不属于任何对象的像素。

(4) 修改分割函数，使其仅在前景和后景标记位置有极小值。

(5) 对修改后的分割函数做分水岭变换计算。

采用 MATLAB 中的两个函数实现分水岭图像分割。① 分水岭函数 L＝watershed(A)，其中 A 为输入矩阵(任意维数)，L 为分水岭标记矩阵(可由 labelmatrix，bwlabel，bwlabeln，watershed 返回)。L 为整数(L＞＝0)，标记 0 不属于分水岭区域，标记 1 属于第 1 个分水岭区域，标记 2 属于第 2 个分水岭区域，以此类推。默认对二维矩阵使用 8 连通，三维矩阵使用 26 连通，高维矩阵使用 conndef(ndims(A)，'maximal')来定义连通性。② 标记函数 RGB = label2rgb(L)，其中 L 为标记矩阵，RGB 为彩色图像。根据 L 的数值对应，默认对应到 colormap(jet)的色彩，返回 RGB 矩阵。代码如下：

```
L=watershed(A); rgb = label2rgb(L, 'jet', [.5 .5 .5]);
figure, imshow(rgb, 'InitialMagnification', 'fit'); title('分水岭')
```

10. 类内和类间距离相结合的分割方法

为了克服最大熵分割和最大类间方差两种分割方法的不足，有学者提出了一种类内和类间距离相结合的图像分割方法。该方法引入了一个综合指标 $F_{mix}(T)$来综合考虑类内内聚性和类间离散度，通过对熵 $H_{ent}(T)$和类间方差 $H_{otsu}(T)$进行归一化，然后加权平均得到

$$F_{mix}(T) = \omega_{ent} \frac{H_{ent}(T)}{\max\limits_{0\leqslant T\leqslant L-1} \{H_{ent}(T)\}} + \omega_{ostu} \frac{H_{ostu}(T)}{\max\limits_{0\leqslant T\leqslant L-1} \{H_{ostu}(T)\}} \tag{5.15}$$

其中，$F_{mix}(T)$是阈值为 T 时的类内内聚、类间离散度的综合指标值，ω_{ent}和 ω_{ostu}分别为熵和类间方差的权重，且满足 $\omega_{ent}+\omega_{ostu}=1$。

对每个可能的阈值 T 计算该阈值处的综合指标值，利用综合指标最大的准则找到的最优阈值点为 T_{mix}^{*}，则目标函数为

$$T_{mix}^{*} = \arg \max_{0\leqslant T\leqslant L-1} F_{mix}(T) \tag{5.16}$$

类内和类间距离相结合的分割方法综合了最大方差、最大熵和 Otsu 三种经典阈值分割算法，利用高斯分布满足度指标 $H_{sim}(T)$和类内内聚、类间离散的综合指标 $F_{mix}(T)$构造综合阈值选取算法。

图 5.12 为类内和类间距离相结合的分割方法的流程图。首先，对直方图 $h_{mix}(z)$进行最小误差分割，并获取分割阈值 T^*_{minerr}，同时利用高斯分布满足度指标 $H_{sim}(T)$验证原始图像对于最小误差分割所要求的高斯混合分布模型的假设的满足程度。计算最小误差分割得到的阈值 T^*_{minerr}处的高斯混合分布满足度指标值 $H_{sim}(T^*_{minerr})$，若高斯分布满足程度较高，即 $H_{sim}(T^*_{minerr})>t_2$，则认为此时最小误差分割的背景目标是高斯混合分布的假设成立，此时通过最小误差分割算法获取的阈值 T^*_{minerr}比较可靠，可以直接作为最终阈值；否则最小误差分割获取的阈值 T^*_{minerr}不可靠，此时算法利用类内内聚、类间离散的综合指标 $F_{mix}(T)$，通过计算每个可能的阈值 T 处的综合指标值 $F_{mix}(T)$，并寻找综合指标 $F_{mix}(T)$取最大值时的阈值 T^*_{mix}作为算法的最终最优阈值。

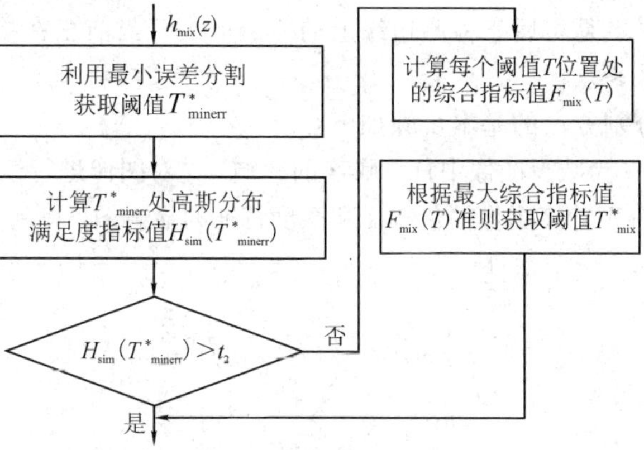

图 5.12 类内和类间距离相结合的分割方法流程图

5.3 基于边缘检测的图像分割方法

图像的灰度、颜色、纹理结构等信息的突变处称为边缘。图像分割的一种重要途径是通过边缘检测表明一个区域的终结，也是另一个区域开始之处。需要说明的是，边缘和物体间的边界并不完全一样，边缘指的是图像中像素的值有突变的地方，而物体间的边界指的是现实场景中的存在于物体之间的边界。边缘处可能并非边界，有边界处可能并无边缘，因为现实世界中的物体是三维的，而图像只具有二维信息，从三维到二维的投影成像不可避免地会丢失一部分信息。

边缘检测采用某种算法来提取图像中对象和背景间的交界线。图像的边缘有方向和幅度两个属性，沿边缘方向像素变化平缓，垂直边缘方向像素变化剧烈。根据数学有关知识，一阶导数极值和二阶导数过零点信息可作为边缘点的判断依据，一阶导数为零的点对应边缘位置，二阶导数则以过零点对应边缘位置。基于微分的边缘检测方法的优点是边缘定位准确、运算速度快；其局限性在于边缘的连续性和封闭性难以保证，对于复杂图像分割效果较差，出现边缘模糊、边缘丢失等现象。由于微分算子具有突出灰度变化的作用，图像边缘处的灰度变化比较大、微分值比较高，该处微分值可作为相应点的边缘强度。通过阈值判别来提取边缘点，若微分值大于阈值，则为边缘点。边缘检测方法常常依赖于边缘检测算子，常用的检测算子有 Roberts 算子(精度高、对噪声敏感)、Sobel 算子(对噪声具有一定平滑，但精度低)、Prewitt 算子、Canny 算子(检测阶跃型边缘效果好，抗噪强)、Laplacian 算子和 Marr 算子(算法简单、速度快，但对噪声敏感)。

边缘检测技术通常可以按照处理的技术分为串行边缘检测和并行边缘检测。串行边缘检测即要想确定当前像素点是否属于检测边缘上的一点取决于先前像素的验证结果。并行边缘检测即一个像素点是否属于检测边缘上的一点取决于当前正在检测的像素点以及与该像素点相邻的一些像素点。

边缘检测图像分割方法的基本步骤如下：

(1) 显著性检查。为减少图像中背景噪声的影响，先对图像进行 5×5 的高斯滤波后再转化到 LAB 颜色空间分别计算图像颜色特征和亮度特征的显著图，得到 S_{ab} 和 S_{l} 两幅显著图：

$$S_{\mathrm{ab}}(x, y) = \frac{1}{2}\sqrt{(v_{\mathrm{a}}(x, y) - m_{\mathrm{a}})^2 + (v_{\mathrm{b}}(x, y) - m_{\mathrm{b}})^2} \tag{5.17}$$

$$S_{\mathrm{l}}(x, y) = \sqrt{(v_{\mathrm{l}}(x, y) - m_{\mathrm{l}})^2} \tag{5.18}$$

$$m_k = \frac{1}{N}\sum_{(x, y)\in M} v_k(x, y) \tag{5.19}$$

其中，$S(x, y)$表示位置(x, y)处像素在特征 k 下的显著性值，v 表示位置(x, y)处像素特征 k 的特征值，m 表示像素(x, y)的邻域 M (这里取整幅图像)中特征 k 的平均特征值，N 是 M 中的像素个数。

(2) 基于边缘检测的图像预分割。分开计算基于颜色和亮度的显著图，原因是将两者分开有助于解决对单幅灰度图进行边缘检测灵敏度不高的问题；在后面对初始分割区域进行改善时，利用这两幅显著图去除颜色和亮度均不显著的区域，从而得到最终分割区域。

(3) 去除不显著区域。先将颜色特征图和亮度特征图分别进行阈值化，阈值取它们各自的平均显著值，然后将得到的两幅显著图像进行叠加，得到二值显著图。由此得到的二值图 0 值(暗区域)表示非显著区域。将得到的二值显著图与前面得到的图像预处理之后的结果进行逻辑与操作，再进行一次连通域内部填充及形态学去噪，就可以得到最终分割图。

边缘检测是以原始图像为基础，考察图像的某个像素点的灰度值与周围相邻点的灰度值的关系，利用邻域里其他点的灰度值表示中心像素点的灰度值。常用的边缘检测方法有差分边缘检测、梯度边缘检测、Roberts 边缘检测算子、Sobel 边缘检测算子、Prewitt 边缘检测算子、Laplace 边缘检测算子等。差分边缘检测方法是最基本的方法，该方法利用导数算子检测边缘，导数算子具有方向性，要求差分方向与边缘方向垂直，需要对多个方向进行差分运算，运算繁琐。Sobel 算子根据像素点上下左右邻点的灰度加权差，利用边缘处达到极值这一现象检测边缘，对噪声具有抑制作用，能提供较为精确的边缘方向信息，但定位精度不够高。Prewitt 算子利用像素点上下左右邻点的灰度差在边缘处达到极值检测边缘。对噪声具有抑制作用，但边缘检测灵敏度不够高。Laplace 算子是二阶微分算子，利用边缘点处二阶导数函数出现零交叉的原理检测边缘，不具有方向性，对灰度突变敏感，定位精度高，同时对噪声敏感，且不能获得边缘方向等信息。Roberts 算子采用对角线方向相邻两像素之差近似梯度幅值检测边缘，检测水平和垂直边缘的效果好于斜向边缘，定位精度高，对噪声敏感。基于上述分析，在图像的边缘检测中经常采用 Roberts 边缘检测算子。

边缘检测最通用的方法是检测亮度值的不连续性，这样的不连续性是用一阶和二阶导数来检测的。图像处理中选择的一阶导数即梯度，二阶导数通常用 Laplace 算子来计算；梯度是一个向量，指向图像 $f(x, y)$在坐标(x, y)处的最大变化率的方向。最大变化率出现时的角度由 $\alpha(x, y)$给出。一般情况下，用于计算梯度的导数用一幅图像中的一个小邻域上的像素值的差来近似。求出的梯度作为边缘检测的一个判别准则。边缘检测使用如下两个基本准则之一：在图像中找到亮度快速变化的灰度，① 找到亮度的一阶导数(即梯度)比指定阈值大之处，若像素(x, y)处梯度大于等于阈值 T，则此点被当作边缘(输出二值图像的对应像素被置 1)，否则不是；② 找到亮度的二阶导数有零交叉之处。

Sobel 算子、Priwitt 算子、Roberts 算子、LOG 算子 、Canny 算子即是滤波模板，又可以称作导数估计器。不管是滤波、求梯度还是边缘检测，最基本的运算是线性空间的卷积操作。

彩色图像的梯度操作有点复杂，但结构与处理二维灰度图像有些相似。具体参考 colorgrad 函数，注重理解向量梯度和求和梯度(即合成梯度)。利用 MATLAB 函数 [Gx, Gy]=gradient(G)计算图像梯度，其中 G 为灰度图像，垂直方向的梯度用 Gx 给出，水平梯度用 Gy 给出。图 5.13 为利用 gradient 函数得到的图像的垂直和水平方向的梯度图。

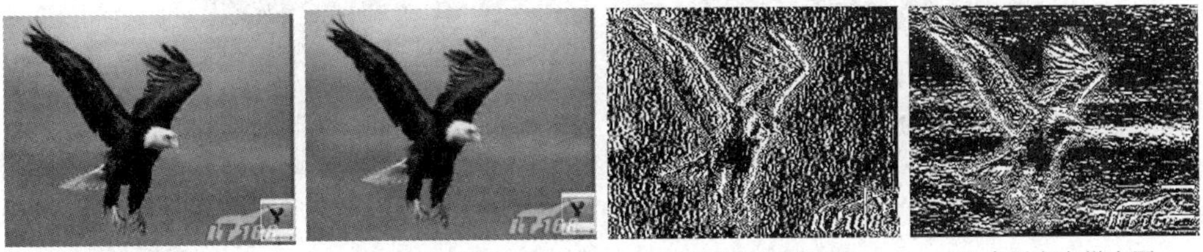

(a) 原始图像 (b) 灰度图像 (c) 垂直方向梯度图 (d) 水平方向梯度图

图 5.13 图像的垂直和水平方向的梯度图

利用 MATLAB 边缘检测函数 BW＝edge(I，'type'，thresh，direction)能够得到不同算子对应的边缘。根据所指定的敏感度阈值 thresh 在所指定的方向 direction 上，利用不同的算子类型 type，进行边缘检测。direction 可取的字符串值有 horizontal(水平方向)、vertical(垂直方向)或 both(两个方向)。图 5.14 为边缘函数 edge 在 Sobel 算子、Canny 算子以及 Roberts 算子下得到的图像边缘图，其中三个算子对应的阈值分别为 0.3、0.08 和 0.5。由图 5.14 可以看出，利用 Sobel 算子所得图像的垂直方向和水平方向边缘差异比较大，而 Canny 算子和 Roberts 算子所得图像的垂直方向和水平方向边缘差异很小。所以，Sobel 算子更适合于垂直方向和水平方向边缘提取。

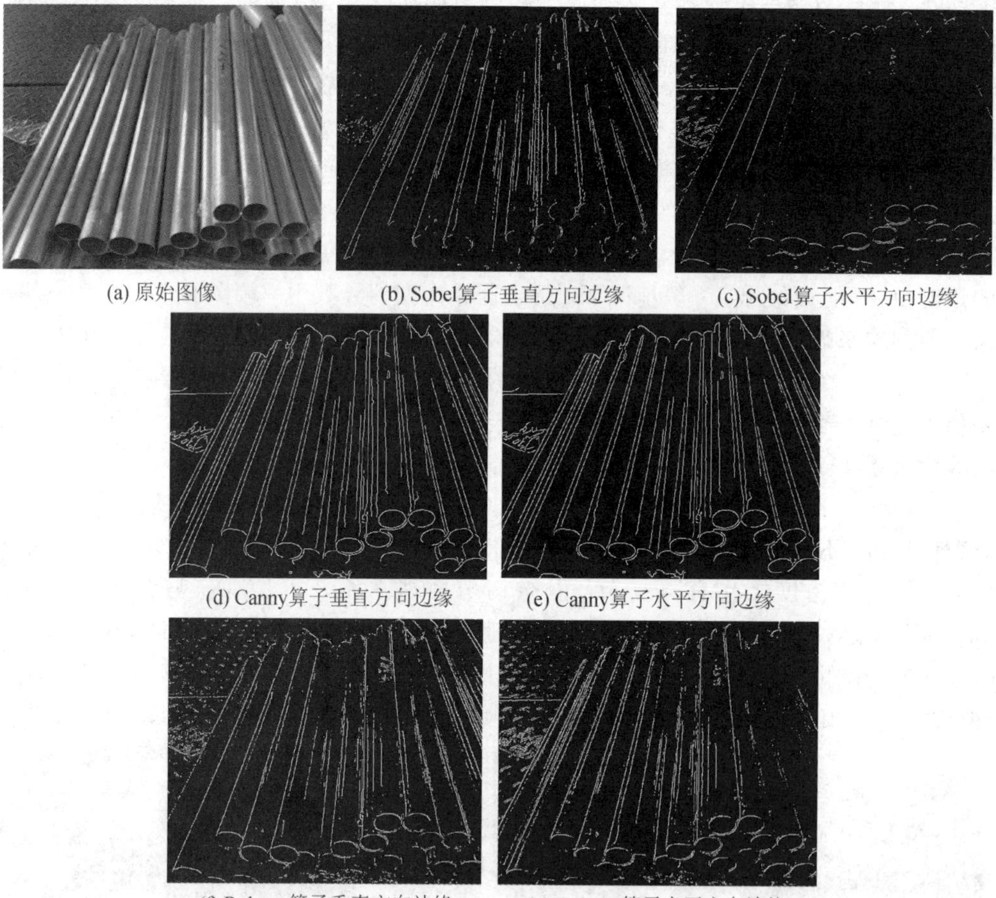

(a) 原始图像　(b) Sobel算子垂直方向边缘　(c) Sobel算子水平方向边缘

(d) Canny算子垂直方向边缘　(e) Canny算子水平方向边缘

(f) Roberts算子垂直方向边缘　(g) Roberts算子水平方向边缘

图 5.14　图像的垂直方向和水平方向边缘

5.4 基于改进的主动轮廓模型的图像分割方法

主动轮廓模型又称为Snake模型，将图像分割问题转换为求解能量泛函最小值的问题，具有统一的开放式的描述形式，为图像分割技术的研究和创新提供了理想框架。该模型的基本思想很简单，以构成一定形状的一些控制点为模板，通过模板自身的弹性形变与图像局部特征相匹配达到调和，即某种能量函数极小化，完成对图像的分割。在实现主动轮廓模型时，可以灵活地选择约束力、初始轮廓和作用域等，以得到更佳的分割效果，所以主动轮廓模型方法受到越来越多的关注。主动轮廓模型能够分割不规则目标，是在给定图像中利用曲线演化来检测目标的一类方法，该方法可以得到精确的边缘信息。

传统的主动轮廓模型大致分为两类：

(1) 参数主动轮廓模型

参数主动轮廓模型以参数化的形式表达曲线或曲面的形变。该模型中的Snake模型通过定义一条由控制点构成的初始能量极小化的样条曲线，将其初始化在待分割轮廓的周围，在来自曲线自身的内力和来自图像数据的外力的共同作用下移动到感兴趣的边缘，内力用于约束曲线形状，而外力则引导曲线到图像的特征边缘，在能量函数的极小值的约束下，经过不断地演化，曲线最终收敛到图像的轮廓。该模型的特点是将初始曲线置于目标区域附近，无需人为设定曲线的演化是收缩或膨胀；其优点是能够与模型直接进行交互，且模型表达紧凑，实现速度快；其缺点是难以处理模型拓扑结构的变化，比如曲线的合并或分裂等。

(2) 几何活动轮廓模型

几何活动轮廓模型与参数活动轮廓相比较最大的不同在于它的初始轮廓线是在轮廓曲线几何特性的推动下向着目标边缘移动的。该模型的理论基础是曲线演化理论和水平集方法，其原理是先将平面闭合曲线隐含地表达为三维曲面函数的水平集，即具有相同值的点集；然后通过曲面的进化来隐含地求解曲线的进化。该模型的特点是曲线的演化与曲线参数无关，只依靠曲线的曲率、法向量等几何参量来实现曲线拓扑结构的变化。目前，该轮廓模型已经广泛地应用于图像分割、运动目标跟踪和图像修复等研究领域。

两种模型都属于变形轮廓的范畴，但在图像分割过程中有着不同的特点：

(1) 参数活动轮廓模型用参数显式地表示曲线，可以结合先验知识人为地修改曲线的内部能量和外部能量，以免模型陷入局部极小值。通过内能控制轮廓线的连续性和光滑性，能在一定程度上克服图像的噪声和边缘狭缝。但是对初始曲线的选取依赖性很大，由于外力的分布特点，初始曲线的位置直接影响到最终轮廓线的准确与否。

(2) 几何活动轮廓模型需要确定的参数较少，实现容易，能实现模型的自动拓扑改变，轮廓线能自动地进项分割和合并。但是不能在模型上实现交互的操作，不能结合先验知识。

先定义初始曲线 C，然后根据图像数据得到能量函数，通过最小化能量函数来引发曲线变化，使其向目标边缘逐渐逼近，最终在实现主动轮廓模型时找到目标边缘。可以灵活地选择约束力、初始轮廓和作用域等，得到更佳的分割效果。假设一幅图像有 L 个灰度级 $[1, 2, \cdots, L]$。灰度级为 i 的像素点的个数为 n_i，那么总的像素点个数就应该为 $N=n_1+n_2+\cdots+n_L$。为了讨论方便，使用归一化的灰度级直方图并且视之为这幅图像的概率分布：

$$p_i = \frac{n_i}{N},\ p_i \geqslant 0,\ \sum_{i=1}^{L} p_i = 1 \tag{5.20}$$

通过一个灰度级为 k 的阈值将这些像素点划分为两类：背景 c_0 和目标 c_1，c_0 表示灰度级为$[1, 2, \cdots, k]$的像素点，c_1 表示灰度级为$[k+1, \cdots, L]$的像素点。那么，c_0 和 c_1 出现的概率以及各类的平均灰度级分别表示如下：

$$\omega_0 = \Pr(c_0) = \sum_{i=1}^{k} p_i = \omega(k) \tag{5.21}$$

$$\omega_1 = \Pr(c_1) = \sum_{i=k+1}^{L} p_i = 1 - \omega(k) \tag{5.22}$$

$$\mu_0 = \sum_{i=1}^{L} i\Pr(i \mid c_0) = \sum_{i=k+1}^{L} \frac{ip_i}{\omega_0} = \frac{\mu(k)}{\omega(k)} \tag{5.23}$$

$$\mu_1 = \sum_{i=k+1}^{L} i\Pr(i \mid c_1) = \sum_{i=k+1}^{L} \frac{ip_i}{\omega_1} = \frac{\mu\tau - \mu(k)}{1 - \omega(k)} \tag{5.24}$$

其中，$\omega(k) = \sum_{i=1}^{k} p_i$，$\mu(k) = \sum_{i=1}^{k} ip_i$ 分别为灰度级从 1 到 k 的累积出现概率和平均灰度级(一阶累积矩)，而 $\mu\tau = \mu(L) = \sum_{i=1}^{L} ip_i$ 是整幅图像的平均灰度级。

容易验证，对于任意选定的 k，有

$$\omega_0\mu_0 + \omega_1\mu_1 = \mu\tau,\ \omega_0 + \omega_1 = 1 \tag{5.25}$$

其中，类内方差由下式给出：

$$\sigma_0^2 = \sum_{i=1}^{k} (i - \mu_0)^2 \Pr(i \mid c_0) = \sum_{i=1}^{k} (i - \mu_0)^2 \frac{p_i}{\omega_0} \tag{5.26}$$

$$\sigma_1^2 = \sum_{i=k+1}^{L} (i - \mu_1)^2 \Pr(i \mid c_1) = \sum_{i=k+1}^{L} (i - \mu_1)^2 \frac{p_i}{\omega_1} \tag{5.27}$$

为了评价(灰度级 k)这个阈值“好”的程度，需要引入判别式分析中使用的判别式标准来作为测量(类的分离性测量)，即

$$\lambda = \frac{\sigma_{\mathrm{B}}^2}{\sigma_{\mathrm{W}}^2},\ k = \frac{\sigma_{\mathrm{T}}^2}{\sigma_{\mathrm{W}}^2},\ \eta = \frac{\sigma_{\mathrm{B}}^2}{\sigma_{\mathrm{T}}^2} \tag{5.28}$$

其中，$\sigma_{\mathrm{W}}^2=\omega_0\sigma_0^2+\omega_1\sigma_1^2$，$\sigma_{\mathrm{B}}^2=\omega_0\ (\mu_0-\mu_{\mathrm{T}})^2+\omega_1\ (\mu_1-\mu_{\mathrm{T}})^2=\omega_0\omega_1\ (\mu_1-\mu_0)^2$。

则

$$\sigma_T^2 = \sum_{i=1}^{L} (i - \mu_T)^2 p_i \tag{5.29}$$

式(5.26)、式(5.27)、式(5.29)分别是类内方差、类间方差和灰度级的总方差。现在，图像分割问题就简化为一个优化问题，即寻找一个阈值 k 使式(5.29)中给出的目标函数取得最大值。

这个观点基于一个假设，即一个好的阈值将会把灰度级分为两类，那么反过来说，若一个阈值能够在灰度级上将图像分割为最好的两类的话，那么这个阈值就是最好的阈值。

上面给出的判别式标准是分别求取 λ、k 和 η 的最大值。然而，对于 k 而言，它又等于另外一个，比如 $k=\lambda+1$；而对于 λ 而言，又有 $\eta=\lambda/(\lambda+1)$，因为始终存在下面的基本关系：

$$\sigma_W^2 + \sigma_B^2 = \sigma_T^2 \tag{5.30}$$

由上述推导可知，最佳阈值 k 就是

$$\sigma_B^2(k*) = \max_{1\leqslant k\leqslant l} \sigma_B^2(k) \tag{5.31}$$

这种动态逼近方法所求得的边缘曲线具有封闭、光滑等优点。由于它能够快捷、精准、完整地提取出感兴趣的目标，为后期目标识别、目标跟踪、目标分析等图像处理任务提供技术支持，所以应用比较广泛。虽然动态逼近方法越来越受到很多学者的关注，但该方法也有很多缺陷，如对初始位置的要求较高，有时收敛到局部极值点，对外界的噪声抵抗能力差，分割出来的目标要么过度分割要么包含其他一些背景信息。

求解主动轮廓模型的数值计算方法有动态规划泆和贪婪算法。基于贪婪算法的离散化主动轮廓模型表示如下：

$$\mathrm{En}(v_i) = \min[\alpha \mathrm{En}_{\mathrm{cont}(v_i)} + \beta \mathrm{En}_{\mathrm{curvt}(v_i)} + \gamma \mathrm{En}_{\mathrm{image}}(v_i) + \delta \mathrm{En}_{\mathrm{cons}(v_i)}] \tag{5.32}$$

其中，$i=0, 1, \cdots, N-1$，v_i 是控制点，N 是控制点的总数。$\mathrm{En}_{\mathrm{cont}(v_i)}$ 和 $\mathrm{En}_{\mathrm{curvt}(v_i)}$ 分别为连续性能量和弯曲性能量，都称为内部能量；$\mathrm{En}_{\mathrm{image}}(v_i)$ 和 $\mathrm{En}_{\mathrm{cons}(v_i)}$ 分别为图像能量和约束能量，都称为外部能量；α、β、γ、δ 分别为各个能量项的权值，用于调节各能量项在总能量中的权重。

为了更好地分割出完整而精确的运动目标图像，有学者引入了扩展的主动轮廓模型，即由增加新特征绘制出目标矩形框，作为主动轮廓模型的初始点，逐步进行收缩，最后提取出精确而完整的运动目标轮廓，以便能够更好地实现后期的跟踪。使用基本的主动轮廓模型，其初始化位置需要人工给出，没有一定的自动化效果；给出的初始曲线位置都是在图像的边界处，导致后期的曲线收缩花费较多的时间用于非目标方面的收缩。改进后的初始点具有针对性，从移动目标或行人的边缘附近进行收缩，运算效率明显提高。

参数主动轮廓模型将曲线或曲面的形变以参数化形式表达。有学者提出了一种 Snake

模型，该模型是一条闭合的参数曲线 $C(s)=(x(s), y(s))$，参数 $s\in[0, 1]$，它能主动地调整其形状和位置使能量函数 En(C)达到最小，En(C)为

$$\mathrm{En}(C)=\int_0^1(\alpha \mathrm{En}_{\mathrm{int}}(C(s))+\beta \mathrm{En}_{\mathrm{img}}(C(s))+\gamma \mathrm{En}_{\mathrm{con}}(C(s)))\mathrm{d}s \tag{5.33}$$

其中，能量函数变化由三项共同控制：内部能量 $\mathrm{En}_{\mathrm{int}}$ 确保曲线的光滑度和规则性；图像能量 $\mathrm{En}_{\mathrm{img}}$ 吸引显著点移至期望的图像特征，比如边缘；约束能量 $\mathrm{En}_{\mathrm{con}}$ 指定一些求解约束。

参数主动轮廓模型的特点是将初始曲线置于目标区域附近，无需人为设定曲线的演化是收缩或膨胀，其优点是能够与模型直接进行交互，且模型表达紧凑，实现速度快；其缺点是难以处理模型拓扑结构的变化，比如曲线的合并或分裂等。而使用水平集(level set)的几何活动轮廓方法恰好解决了这一问题。针对主动轮廓模型在弱边缘处容易溢出等不足，水平集几何活动轮廓通过引入区域信息、粒子群优化算法等优化特性和良好的数值稳定性来对主动轮廓模型的分割结果进行优化。

主动轮廓模型的 MATLAB 代码如下：

```
I=imread('image'); I = im2double(I); % 转化为双精度型
if(size(I, 3)==3), I=rgb2gray(I); end % 若为彩色，转化为灰度
sigma=1; H = fspecial('gaussian', ceil(3 * sigma), sigma); % 创建二维高斯滤波器 H
Igs = filter2(H, I, 'same'); % 对图像进行高斯滤波，返回和 I 等大小矩阵
%获取 Snake 的点坐标
figure(2), imshow(Igs); x=[ ];y=[ ];c=1;N=20; %定义取点个数 c，上限 N
while c<N
    [xi, yi, button]=ginput(1); % 获取用户手动取点的坐标
    x=[x xi]; y=[y yi]; % 获取坐标向量
    hold on, plot(xi, yi, 'ro');
    % 若为右击，则停止循环
    if(button==3), break; end
    c=c+1;
end
xy = [x;y]; c=c+1; xy(:, c)=xy(:, 1); % 将第一个点复制到矩阵最后，构成 Snake 环
t=1: c; ts = 1: 0.1: c; xys = spline(t, xy, ts); % 样条曲线差值
xs = xys(1, :); ys = xys(2, :);
% 样条差值效果
hold on, temp=plot(x(1), y(1), 'ro', xs, ys, 'b.'); legend(temp, '原点', '插值点');
% Snakes 算法实现部分
NIter =100; % 迭代次数
alpha=0.2; beta=0.2; gamma = 1; kappa = 0.1; wl = 0; we=0.4; wt=0;
[row col] = size(Igs); Eline = Igs; [gx, gy]=gradient(Igs); %梯度
```

```
Eedge = -1 * sqrt((gx. * gx+gy. * gy)); %边界
% 卷积是为了求解偏导数，而离散点的偏导即差分求解
m1 = [-1 1]; m2 = [-1;1]; m3 = [1 -2 1]; m4 = [1;-2;1]; m5 = [1 -1;-1 1];
cx = conv2(Igs, m1, 'same'); cy = conv2(Igs, m2, 'same'); cxx = conv2(Igs, m3, 'same');
cyy = conv2(Igs, m4, 'same'); cxy = conv2(Igs, m5, 'same');
for i = 1: row
    for j= 1: col
        Eterm(i, j) = (cyy(i, j) * cx(i, j) * cx(i, j) -2 * cxy(i, j) * cx(i, j) * cy(i, j) +
        cxx(i, j) * cy(i, j) * cy(i, j))/((1+cx(i, j) * cx(i, j) + cy(i, j) * cy(i, j))^1.5);
    end
end
figure, imshow(Eterm); figure, imshow(abs(Eedge));
Eext = wl * Eline + we * Eedge + wt * Eterm; % 外部力 Eext = Eimage + Econ
[fx, fy]=gradient(Eext); % 计算梯度
xs=xs'; ys=ys'; [m n] = size(xs); [mm nn] = size(fx);
% 计算五对角状矩阵
b(1)=beta;b(2)=-(alpha + 4 * beta);b(3)=(2 * alpha + 6 * beta);b(4)=b(2);
  b(5)=b(1);
A=b(1) * circshift(eye(m), 2);A=A+b(2) * circshift(eye(m), 1);
A=A+b(3) * circshift(eye(m), 0);
A=A+b(4) * circshift(eye(m), -1);A=A+b(5) * circshift(eye(m), -2);
[L U] = lu(A + gamma. * eye(m)); Ainv = inv(U) * inv(L);
% 计算矩阵的逆
figure
for i=1: NIter;
    ssx = gamma * xs - kappa * interp2(fx, xs, ys);
    ssy = gamma * ys - kappa * interp2(fy, xs, ys);
    xs = Ainv * ssx; ys = Ainv * ssy; % 计算 Snake 的新位置
    imshow(I); hold on; % 显示 Snake 的新位置
    plot([xs; xs(1)], [ys; ys(1)], 'r-');
    hold off; pause(0.001)
end
```

5.5　结合其他理论的图像分割方法

1. 基于小波变换的图像分割方法

小波变换（Wavelet Transforms，WT）具有良好的视频局部变换和多尺度变换特性，以

及多分辨率分析的能力。在图像分割中，小波变换是一种多尺度多通道分析工具，比较适合对图像进行多尺度边缘检测。小波变换的模极大值点对应于信号的突变点。在二维图像处理中，小波变换适用于检测图像的局部奇异性，小波变换系数的极大值点对应图像的边缘，可通过检测模极大值点来确定图像的边缘。图像边缘和噪声在不同尺度上具有不同的特性，在不同的尺度上检测到的边缘在定位精度与抗噪性能上相互弥补。在大尺度上图像边缘比较稳定，对噪声不敏感，但由于采样移位影响，边缘的定位精度较差；在小尺度上边缘细节信息比较丰富，边缘定位精度较高，但对噪声比较敏感。因此，在多尺度边缘提取中应发挥大、小尺度的优势，对各尺度上的边缘图像进行综合，以得到精确的单边像素宽的边缘。将小波方法与其他方法结合起来处理图像分割也得到广泛研究。

二进制小波变换具有检测二元函数局部突变的能力，因此可作为图像边缘检测工具。图像的边缘出现在图像局部灰度不连续处，对应于二进制小波变换的模极大值点。通过检测小波变换模极大值点可以确定图像的边缘小波变换位于各个尺度上，而每个尺度上的小波变换都能提供一定的边缘信息，因此可进行多尺度边缘检测来得到比较理想的图像边缘。有学者把 Hilbert 图像扫描方法和小波变换相结合，获得了连续光滑的阈值曲线，从而建立了一种局部自适应阈值法，进行图像分割。

在基于小波变换的图像分割方法中，当确定了图像中的边缘后，就可以把图像分割成基于这些边缘的许多区域。该方法的优点是边缘定位准确，运算速度快；缺点是对噪声敏感，且只考虑了图像的局部信息，难以保证分割区域内部的颜色一致，且不能产生连续的闭区域轮廓。该方法一般不能单独使用，需要进行后续处理或与其他分割算法结合起来，才能完成图像分割。

2. 基于遗传算法的图像分割方法

遗传算法(Genetic Algorithm，GA)是一种借鉴生物界自然选择和自然遗传机制的随机化搜索算法，是仿生学在数学领域的应用，是基于进化论自然选择机制的、统计的、并行的、随机化搜索最优解的方法，已经被成功地应用于各种类型的优化问题。在复杂图像分割中，人们往往采用多参量进行信息融合。在多参量参与的最优值的求取过程中，最重要的是优化计算，把 GA 应用于搜索过程中，能解决很多困难。GA 为解决优化问题提供了新而有效的方法，它不仅可以得到全局最优解，而且极大缩短了计算时间。其主要特点是直接对结构对象进行操作，不存在求导和函数连续性的限定；具有内在的并行性和更好的全局寻优能力；采用概率化的寻优方法，能自动获取和指导优化的搜索空间，自适应地调整搜索方向，不需要确定的规则。GA 擅长于全局搜索，但局部搜索能力不足，所以常把 GA 和其他算法结合起来应用。将 GA 应用到图像分割中，主要是考虑到 GA 具有与问题领域无关且快速随机的搜索能力。其搜索从群体出发，可以进行多个个体的同时比较，能有效地加快图像处理速度。

基于以上特性，GA 常常与其他方法相结合，被广泛用于图像分割方面。但是，该方法也有其缺点：GA 搜索对所使用的评价函数的设计、初始种群的选择有一定的依赖性等。

3. 基于人工智能的图像分割方法

在20世纪80年代后期，图像处理、模式识别和计算机视觉的主流领域受到人工智能发展的影响，出现了将更高层次的推理机制用于识别系统的做法，于是出现了基于人工神经网络(Artificial Neural Networks，ANN)模型的图像分割方法。ANN 是由大规模神经元互联组成的高度非线性动力系统，是在认识、理解人脑组织结构和运行机制的基础上模拟其结构和智能行为的一种工程系统。基于 ANN 的图像分割方法的基本思想是通过训练多层感知机来得到线性决策函数，然后用决策函数对像素进行分类来达到分割的目的。

近几年 ANN 在图像分割中的应用按照所处理数据的类型大致上分为两类：① 基于特征数据的神经网络(Neural Network，NN)分割算法，即特征空间的聚类分割方法；② 基于像素数据的 NN 分割算法。后者用高维的原始图像数据作为神经网络训练样本，比起基于特征数据的算法能够提供更多的图像信息。但由于各个像素是独立处理的，缺乏一定的拓扑结构，而且数据量大，计算速度相当慢，不适合数据实时处理。目前有很多神经网络算法是基于像素进行图像分割的，如 Hopfield 的 NN、细胞 NN、概率自适应 NN 等。随着技术的不断发展，第三代脉冲耦合网络(PCNN)的研究为图像分割提供了新的处理模式，它能克服图像中物体灰度范围值有较大重叠的不利影响，达到较好的分割效果。

4. 基于改进的二维 Otsu 和 GA 相结合的图像分割方法

由于图像在采集或传输过程中容易受到噪声干扰，所以当图像的直方图没有明显的双峰或信噪比较低时，采用传统 Otsu 阈值法或其迭代算法很难获得满意的分割效果，其原因在于传统 Otsu 阈值法是基于一维直方图的图像分割方法，仅考虑图像的灰度信息，而没有考虑其邻域像素点的影响，也没有考虑像素的空间邻域信息。针对传统 Otsu 法抗噪性差的不足，有学者提出灰度图像的二维 Otsu 自动阈值分割法。二维 Otsu 利用原图像与其邻域平滑图像构建二维直方图。该方法不但考虑了像素的灰度信息，还考虑像素点与其邻域的空间相关信息，因此改善了图像的分割效果，提高了抗噪性，对含噪声的图像能获得满意的分割结果。

二维 Otsu 阈值分割法描述如下：

假设阈值向量 (s, t) 将二维直方图分成4个区域(见图5.15)，对于背景或目标内部的像素，其灰度值与邻域平均灰度值是相似的，而对于位于目标和背景边缘处的像素，其灰度值与邻域平均灰度值有很大的不同，所以区域0和区域1代表目标或背景类，区域2和3表示边缘点或噪声。

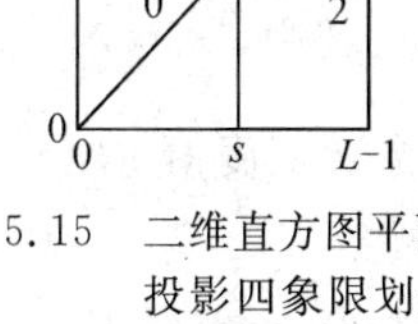

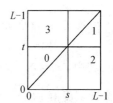

图5.15　二维直方图平面投影四象限划分的示意图

设在二维直方图中存在两个类 C_0 和 C_1，分别表示物体(或目标)和背景，具有两个不同的概率密度函数。在给定分割阈值向量 (s, t) 时，目标和背景两类出现的概率分别记为 $\bar{\omega}_o(s, t)$ 和 $\bar{\omega}_1(s, t)$，则两类对应的均值向量分别记为

$$\begin{cases}\boldsymbol{\mu}_0(s, t) = (\mu_{0,0}(s, t), \mu_{0,1}(s, t))^{\mathrm{T}} \\ \boldsymbol{\mu}_1(s, t) = (\mu_{1,0}(s, t), \mu_{1,1}(s, t))^{\mathrm{T}}\end{cases} \tag{5.34}$$

二维直方图上总的均值向量记为 $\boldsymbol{\mu}_{\mathrm{T}} = (\mu_{\mathrm{T},0}, \mu_{\mathrm{T},1})^{\mathrm{T}}$，则目标和背景间的分离程度矩阵为

$$\begin{aligned}\boldsymbol{S}_{\mathrm{B}}(s, t) = &\bar{\omega}_o(s, t)(\boldsymbol{\mu}_0(s, t) - \boldsymbol{\mu}_{\mathrm{T}})(\boldsymbol{\mu}_0(s, t) - \boldsymbol{\mu}_{\mathrm{T}})^{\mathrm{T}} + \\ &\bar{\omega}_1(s, t)(\boldsymbol{\mu}_1(s, t) - \boldsymbol{\mu}_{\mathrm{T}})(\boldsymbol{\mu}_1(s, t) - \boldsymbol{\mu}_{\mathrm{T}})^{\mathrm{T}}\end{aligned} \tag{5.35}$$

得目标函数如下：

$$(s^*, t^*) = \arg \max_{1 \leqslant s \leqslant L-1} \max_{1 \leqslant t \leqslant L-1} \{\mathrm{tr}(\boldsymbol{S}_{\mathrm{B}}(s, t))\} \tag{5.36}$$

求解上式，可以得到最佳分割阈值(s^*, t^*)，进行图像分割。

由于 Otsu 法在提高抗噪性的同时也加大算法的计算搜索复杂性，所以该算法的实时性不强，不利于图像实时分割场合的广泛应用。针对 Otsu 法的计算搜索复杂性过大的不足，一些学者提出了很多改进的二维 Otsu 阈值算法。针对传统 Otsu 法和改进的 Otsu 法等具有高计算复杂性的问题，有学者提出了一种将改进的 Otsu 法与遗传算法(Genetic Algoritha，GA)相结合的图像分割方法。

假设被分割图像及其邻域平滑图像形成的二维联合直方图是连续二元概率分布函数，利用求多元函数极值的方法得到 Otsu 法的快速迭代算法，即利用两个一维 Otsu 得到的两个阈值来代替原二维 Otsu 的两个阈值，降低算法的复杂度。其中，利用遗传算法进行两个阈值的搜索，进一步提高了算法的运行效率。该方法不仅考虑了图像本身的灰度信息，还考虑了其邻域像素点的信息，从而极大提高了抗噪能力。

设一幅大小为 $M \times N$、灰度级为 L 的图像 $f(x, y)$ $(1 \leqslant x \leqslant M, 1 \leqslant y \leqslant N)$，$f_{ij}$ 为图像中灰度值为 i、邻域平均灰度值为 j 的像素点出现在同一空间位置上的个数，由此得概率密度为

$$p_{ij} = \frac{f_{ij}}{M \times N}$$

则灰度值为 i 和邻域灰度值为 j 的一维直方图分布概率分别为 $U_i = \sum_{j=0}^{L-1} p_{ij}$ 和 $V_j = \sum_{i=0}^{L-1} p_{ij}$（其中，$i = 0, 1, \cdots, L-1$；$j = 0, 1, \cdots, L-1$）。

像素灰度值 i 所对应的一维类间方差为

$$\sigma_{\mathrm{B}i}(s) = \bar{\omega}_{\mathrm{o}}(\mu_{\mathrm{o}i} - \mu_i)^2 + \bar{\omega}_{\mathrm{b}}(\mu_{\mathrm{b}i} - \mu_i)^2 \tag{5.37}$$

其中，(s, t)为分割点，目标和背景像素所占的比例 $\bar{\omega}_{\mathrm{o}}$ 和 $\bar{\omega}_{\mathrm{b}}$ 分别为

$$\bar{\omega}_o = \sum_{i=0}^{s} U_i, \quad \bar{\omega}_b = \sum_{i=s+1}^{L-1} U_i$$

两类的平均矢量为

$$\mu_{oi} = \frac{\sum_{i=0}^{s} iU_i}{\bar{\omega}_o} \quad \text{和} \quad \mu_{bi} = \frac{\sum_{i=s+1}^{L-1} iU_i}{\bar{\omega}_b}$$

总体均值矢量为

$$\mu_i = \sum_{i=0}^{L-1} iU_i$$

邻域灰度值 j 对应的一维类间方差为

$$\sigma_{Bj}(t) = \bar{\omega}_o (\mu_{oj} - \mu_j)^2 + \bar{\omega}_b (\mu_{bj} - \mu_j)^2 \tag{5.38}$$

式中，μ_{oj}，μ_{bj}分别为两类的平均矢量，μ_j 为总体均值矢量。

根据一维 Otsu 的基本原理，最佳阈值(s', t')满足

$$\begin{cases} \sigma_{Bi}(s') = \max\limits_{0 \leqslant s \leqslant L-1} \{\sigma_{Bi}(s)\} \\ \sigma_{Bj}(t') = \max\limits_{0 \leqslant t \leqslant L-1} \{\sigma_{Bj}(t)\} \end{cases} \tag{5.39}$$

定义像素灰度值对应的分类的离散测度为

$$\tau_{di} = \bar{\omega}_o d_{oi} + \bar{\omega}_b d_{bi} \tag{5.40}$$

其中，$d_{oi} = \sum_{i=0}^{s} |\mu_{oi} - i| \frac{U_i}{\bar{\omega}_o}$，$d_{bi} = \sum_{i=s+1}^{L-1} |\mu_{bi} - i| \frac{U_i}{\bar{\omega}_b}$。

定义邻域灰度平均值对应的分类的离散测度为

$$\tau_{dj} = \bar{\omega}_o d_{oj} + \bar{\omega}_b d_{bj} \tag{5.41}$$

其中，$d_{oj} = \sum_{j=0}^{t} |\mu_{oj} - j| \frac{V_j}{\bar{\omega}_o}$，$d_{bj} = \sum_{j=t+1}^{L-1} |\mu_{bj} - j| \frac{V_j}{\bar{\omega}_b}$。

构建阈值识别函数如下：

$$\psi_i = \bar{\omega}_o (1 - \bar{\omega}_o) \frac{\sigma_{Bi}}{\tau_{di}}, \quad \psi_j = \bar{\omega}_o (1 - \bar{\omega}_o) \frac{\sigma_{Bj}}{\tau_{dj}} \tag{5.42}$$

为使图像的分割效果最佳，使类内离散度最小，需要对 ψ_i 和 ψ_j 求最大值，即求 τ_{di} 和 τ_{dj} 的最小值。

最佳阈值(s^*, t^*)满足

$$\psi_i(s^*) = \max_{0 \leqslant s \leqslant L-1} \{\psi_i\}, \quad \psi_j(t^*) = \max_{0 \leqslant t \leqslant L-1} \{\psi_j\} \tag{5.43}$$

下面首先介绍遗传算法，然后给出利用遗传算法求取最佳阈值(s^*, t^*)的步骤。

遗传算法(GA)通过编码、初始种群、适应度判断、选择、交叉与变异操作搜索问题的最优解。为了实时、准确地进行视频图像分割以及运动目标检测，有学者将 GA 应用到图像分割中，提出了一种基于快速二维 GA 的图像分割方法(Fast Two dimension Genetic algorithm，FTG)。

FTG 求取最佳阈值(s^*，t^*)的步骤：

(1) 输入待分割的差分图像。

(2) 计算差分图像的二维直方图($f(x, y) \sim \Delta k$)。

(3) 确定初始种群。群体规模影响最终的结果及执行效率。规模太小可能使算法在未成熟阶段过早收敛；过大的规模虽然可以减少陷入局部最优的机会，但计算量大，实时性差。取初始群体大小为 30。

(4) 基因编码：待处理的差分图像灰度值范围在[0，255]，故采用 16 位二进制进行编码，编码范围为 0000 0000 0000 0000～1111 1111 1111 1111。其中，前 8 位代表分割阈值 s，后 8 位代表分割阈值 t，(s，t)为坐标点。

(5) 适应度函数：使背景与前景的区域距离大的个体适应度就大，采用式(5.43)作为适应度判别函数。

(6) 选择操作：使用基于种群的按个体适应度大小排序的选择算法选择最优个体。当前种群中适应度最高的个体不参与交叉变异操作，仅用它来替代交叉变异后适应度最低的个体，从而保证目前的最优个体不会被交叉、变异算子破坏；而对于其他个体 i，则按其适应度 S_i，计算其被选择的概率：

$$c_i = \frac{S_i}{\sum_{i=1}^{N} S_i} \tag{5.44}$$

并由轮盘选择决定是否遗传到下一代中。

(7) 交叉与变异：交叉算子组合个体中有价值的信息产生后一代，在种群进化过程中极大地加快了搜索速度；变异算子维持了种群基因多样性。自适应改变交叉和变异概率，对改善遗传算法收敛速率和效率是很有利的。定义交叉概率 P_c 和变异概率 P_b 如下：

$$P_b = \begin{cases} P_{b0}, & S_i < S_{avg} \\ \dfrac{S_{max} - S_i}{S_{max} - S_{avg}}, & S_i \geqslant S_{avg} \end{cases} \tag{5.45}$$

$$P_c = \begin{cases} P_{c0}, & S_i < S_{avg} \\ \dfrac{S_{max} - S_i}{S_{max} - S_{avg}}, & S_i \geqslant S_{avg} \end{cases} \tag{5.46}$$

其中：S_{max} 和 S_{avg} 为最大适应度与平均适应度；P_{c0} 和 P_{b0} 为初始交叉和变异概率，按传统做法取较高的交叉概率 0.7 和较低变异概率 0.02。

(8) 结束条件：当最大适应度值与平均适应度值变化不大、趋于稳定时，算法终止。

FTG 方法将经典的一维直方图推广到二维直方图并得到不需要任何假设条件的 Otsu 法所对应的快速迭代搜索算法，计算量较小、存储空间小、程序代码量较小，具有良好的分割性能，比现有二维 Otsu 阈值分割系列算法得到了更加广泛的应用。

5. Otsu 与分水岭分割算法相结合的图像分割方法

尽管分水岭分割算法对微弱边缘具有良好的响应，能够得到封闭连续边缘，为分析图像的区域特征提供了可能，但是图像中的噪声、物体表面细微的灰度变化，都会导致过度分割。

分水岭分割算法一般以梯度图像作为参考图像来进行分割。但在很多情况下，梯度图像会存在过多的局部极小值，由此会带来严重的过分割现象。为了解决这个问题，分割之前先在图像上设定一些标记，并将标记分为两类，目标标记对应目标的存在，背景标记关联着背景。可以利用 Otsu 自动阈值分割法建立标记图像，然后将这些标记强制性地作为梯度图像的极小值，同时屏蔽掉梯度图像中存在的其他极小值，以此为基础再进行分水岭分割，能够得到更好的分割效果。

从模式识别的角度来看，最佳阈值应当产生目标类与背景类分离的最佳性能。此性能可以用类别方差来表征，为此引入类内方差 σ_W^2、类间方差 σ_B^2 和总体方差 σ_T^2，并定义三个等价的判决准则：

$$\lambda_1 = \frac{\sigma_B^2}{\sigma_W^2}, \quad \lambda_2 = \frac{\sigma_T^2}{\sigma_W^2}, \quad \lambda_3 = \frac{\sigma_B^2}{\sigma_T^2}$$

在实际运用中，由于总体方差 σ_T^2 与阈值 t 无关，因此可以通过优化第二或第三个准则来获取阈值。一般选择第三个准则，其中的类间方差 σ_B^2 可用如下公式进行计算：

$$\sigma_B^2 = w_0(\mu_0 - \mu_T)^2 + w_1(\mu_1 - \mu_T)^2 = w_0 w_1(\mu_1 - \mu_0)^2 \tag{5.47}$$

而判决准则为

$$t^* = \underset{0 \leqslant t \leqslant L-1}{\operatorname{argmax}} \, \sigma_B^2 \tag{5.48}$$

即最佳阈值 t^* 应使得目标与背景的类间方差最大。

通过 Otsu 法对图像进行预分割，得到一个二值图像，可以把该图像当作是初步的标记图像，图像中的白色区域可作为标记的雏形。若直接把这些区域作为标记进行分水岭分割的话，结果不佳。原因在于，实际中目标与背景所对应的标记仍然不可分，干扰物对应的标记也依然存在，因此需要对此标记图像进行处理，使得标记间是可分的。为了将目标标记与背景标记区分开，可以考虑使用形态学中的腐蚀运算。腐蚀运算可以简化物体的结构，消除不相关的细节，把复杂的物体进行分解。假设 A 和 B 是 n 维欧氏空间的点集，A 为图像集合，B 为结构元素。由 B 对 A 进行腐蚀运算可定义为

$$A \odot B = \{x \mid (B)_x \subseteq A\} \tag{5.49}$$

其中，$(B)_x = \{\boldsymbol{y} \mid \boldsymbol{y} = \boldsymbol{x} + \boldsymbol{b},\ \boldsymbol{b} \in B\}$ 表示将集合 B 沿向量 $\boldsymbol{x}$ 的平移。

由于目标与背景交叠处的拐角近似于空洞，因此将腐蚀操作应用于二值图像时，若使用的结构元素较大的话，则交叠的目标与背景的面积会变小，并且沿着拐角处在内部发生分裂，而分裂形成的若干小区域即可以作为最终的标记。在得到最终的标记图像之后，需要对其中的标记进行分类，判断属于目标标记还是背景标记。其中，目标标记对应着目标，是分水岭分割过程中所允许的目标区域的极小值，而背景标记则对应着背景叶片以及其他干扰物。通常情况下，在没有任何先验信息的帮助下，区分目标标记和背景标记非常困难。在很多图像分割中，由于目标是图像中最大的对象，即使经过腐蚀操作后，在同等结构元素的作用下，目标所对应的标记区域仍然最大。根据这一原则，一般将目标与背景或干扰物的形状大小差异作为先验信息，从而区分目标标记和背景标记。

假设在对一幅二值图像进行腐蚀运算后，二值图像中存在有 n 个标记区域 M_i（$i=1, 2, \cdots, n$），判断 M_i 是否为目标标记的规则为

$$i^* = \underset{i\in\{1, 2, 3, \cdots, n\}}{\arg\max} \ \text{Area}(M_i) \tag{5.50}$$

这里 i^* 代表目标标记的序号，即目标标记是区域面积最大的标记，而剩下 $n-1$ 个标记都被划分为背景标记。

采用这种方式可以将图像简单地划分为目标和背景区域两大类，而背景区域既包括原始图像背景，也包括非目标区域以及其他可能存在的干扰物。在找到目标标记和背景标记后，可以使用分水岭算法对图像进行分割。分水岭算法的操作对象是梯度图像，因此需要将图像 $I(x, y)$ 转成梯度图像 $g(x, y)$：

$$g(x, y) = \{[I(x, y) - I(x+1, y+1)]^2 + [I(x+1, y) - I(x, y+1)]^2\}^{1/2} \tag{5.51}$$

分水岭算法采用的是分级队列数据结构，该结构由 n 个先进先出(FIFO)队列组成，第 i 个 FIFO 队列中存放着图像中灰度级为 i 的像素，分级队列的灰度级由低到高。在初始状态时，分级队列中存放着初始点，接下来灰度级为 i 的点进入第 i 个 FIFO 队列，当初始点被淹没后，将它从队列中删除，并将其标记传递给相邻的点。接下来，后一个点进入队列，直到所有的点被淹没，从而使各个区域得以正确划分。下面给出 Otsu 与分水岭算法相结合的图像分割算法的步骤：

(1) 使用 Otsu 自动阈值法对原始图像进行预分割。

(2) 对预分割得到的二值图像使用腐蚀运算，形成初步的标记图像。

(3) 按照(5.12)式将标记划分为目标标记与背景标记。

(4) 将原始图像转化为梯度图像，用分水岭算法中的分级队列进行初始化。扫描所有标记点的邻域，将那些尚未确定归属的邻接像素依据灰度值的不同放入对应的 FIFO 队列中。

(5) 重复如下操作直至分级队列为空队列：① 从分级队列中选取一个像素 P，该像素

应该至少有一个邻接像素已确定其所属；② 若像素 P 只有一个邻接像素 $P0$ 确定其所属范围，则像素 P 与 $P0$ 所属相同，或同时属于目标或同时属于背景；若像素 P 有多于一个邻接像素确定了所属并且范围不相同的话，则像素 P 属于分界像素；③ 继续扫描像素 P 的邻域，将那些尚未确定所属的邻接像素放入分级队列中。

5.6　基于图像分割的运动目标检测

运动目标检测是指当监控场景中有活动目标时，采用图像分割的方法从背景图像中提取出目标的运动区域。运动目标检测技术是智能模式识别的基础。目标跟踪、行为理解等视频分析算法都可以应用于运动目标检测，目标检测的结果直接决定着智能视觉监控系统的整体性能。运动目标检测的方法有很多种，根据背景是否复杂、摄像机是否运动等环境的不同，算法之间也有很大的差别，其中最常用的三类方法是背景差分法、帧间差分法、光流场法。下面对这三类方法进行介绍。

5.6.1　背景差分法

背景差分法是通过比较图像序列中的当前帧与背景参考模型来检测运动物体的一种方法，其性能依赖于所使用的背景建模技术。背景差分法用于运动目标检测时，首先选取背景中的一幅或几幅图像的平均作为背景图像，然后把以后的序列图像当前帧与背景图像相减，进行背景消去。若所得到的像素数大于某一阈值，则判定被监控场景中有运动物体，从而得到运动目标。该方法速度快、检测准确、易于实现，其关键是背景图像的获取。在实际应用中，静止背景不易直接获得，同时，由于背景图像的动态变化，需要通过视频序列的帧间信息来估计和恢复背景，即背景重建，所以要选择性的更新背景。利用背景差分法实现目标检测主要包括四个环节：背景建模、背景更新、目标检测、后期处理。其中，背景建模和背景更新是背景差分法中的核心问题。背景模型建立的好坏直接影响到目标检测的效果。所谓背景建模，就是通过数学方法构建出一种可以表征“背景”的模型。

常用的背景建模方法有：

(1) 中值法背景建模：在一段时间内，取连续 N 帧图像序列，把这 N 帧图像序列中对应位置的像素点灰度值按从小到大的顺序排列，然后取中间值作为背景图像中对应像素点的灰度值。

(2) 均值法背景建模：均值法建模算法非常简单，就是对一些连续帧取像素平均值。这种算法速度很快，但对环境光照变化和一些动态背景变化比较敏感。其基本思想是，在视频图像中取连续 N 帧，计算这 N 帧图像像素灰度值的平均值来作为背景图像的像素灰度值。

(3) 卡尔曼(Kalman)滤波器模型：该算法把背景认为是一种稳态的系统，把前景图像认为是一种噪声，用基于 Kalman 滤波理论的时域递归低通滤波来预测变化缓慢的背景图像，这样既可以不断地用前景图像更新背景，又可以维持背景的稳定性，消除噪声的干扰。

(4) 单高斯分布模型：将图像中每一个像素点的灰度值看成是一个随机过程 X，并假设该点的某一像素灰度值出现的概率服从如下所示的高斯分布：

$$P(I(x,\ y,\ t))=\eta(x,\ \mu_t,\ \sigma_t)=\frac{1}{\sqrt{2\pi\sigma_t}}\exp\frac{(x-\mu_t)^2}{2\sigma_t^2}$$

(5) 多高斯分布模型：将背景图像的每一个像素点按多个高斯分布的叠加来建模，每种高斯分布可以表示一种背景场景，这样的话，多个高斯模型混合使用就可以模拟出复杂场景中的多模态情形。

(6) 高级背景模型：得到每个像素或一组像素的时间序列模型。这种模型能很好地处理时间起伏，缺点是需要消耗大量的内存。

背景检测方法的一般步骤：

(1) 首先利用数学建模的方法建立一幅背景图像帧，一般取前几帧图像的平均值作为初始的背景图像。记当前图像帧为 $f_n(x,\ y)$，背景帧和当前帧对应像素点的灰度值分别记为 $B_n(x,\ y)$和 $f_n(x,\ y)$。

(2) 将两帧图像对应像素点的灰度值进行相减，并取其绝对值，得到差分图像$D_n(x,\ y)$为

$$D_n(x,\ y)=|f_n(x,\ y)-B_n(x,\ y)| \tag{5.52}$$

(3) 设定阈值 T，逐个对像素点进行二值化处理，得到二值化图像 $R'_n(x,\ y)$，用当前帧图像对背景图像进行更新，$R'_n(x,\ y)$为

$$R'_n(x,\ y)=\begin{cases}255, & D_n(x,\ y)>T\\0, & \text{其他}\end{cases} \tag{5.53}$$

其中，灰度值为 255 的点即为前景(运动目标)点，灰度值为 0 的点即为背景点。

(4) 对图像 $R'_n(x,\ y)$进行连通性分析，或对前景像素图进行形态学操作(腐蚀、膨胀、开闭操作等)，最终可得到含有完整运动目标的图像 $R_n(x,\ y)$

优点：算法比较简单；一定程度上克服了环境光线的影响；根据实际情况确定阈值进行处理，所得结果直接反映了运动目标的位置、大小、形状等信息，能够得到比较精确的运动目标信息。

缺点：不能用于运动的摄像头；对背景图像实时更新困难。

背景差分法的主要程序代码如下：

```
i1=imread('img1. png'); i2=imread('img2. png');
i1=rgb2gray(i1); i2=rgb2gray(i2);
[m, n]=size(i1); im1=double(i1); im2=double(i2);
```

```
i3=zeros(size(i1));
for i=1: m;
    for j=1: n;
        if abs((im2(i, j))-(im1(i, j)))>70 ; %最佳阈值在 70 到 90 之间
            i3(i, j)=1;
        else abs((im2(i, j))-(im1(i, j)))<70;
            i3(i, j)=0;
        end
    end;
end;
imshow(i3); s=size(i3)
```

5.6.2　帧间差分法

帧间差分法是一种通过对视频图像序列中相邻两帧作差分运算来获得运动目标轮廓的方法，它可以很好地适用于存在多个运动目标和摄像机移动的情况。当监控场景中出现异常物体运动时，帧与帧之间会出现较为明显的差别。两帧相减，得到两帧图像亮度差的绝对值，判断它是否大于阈值来分析视频或图像序列的运动特性，确定图像序列中有无物体运动，进而分析视频或图像序列的物体运动特性。图像序列逐帧的差分，相当于对图像序列进行了时域下的高通滤波。

帧间差分表示为

$$D_k(x,\ y)=\begin{cases}1, & |f_{k+1}(x,\ y)-f_k(x,\ y)|>T\\ 0, & \text{其他}\end{cases}\tag{5.54}$$

其中，$D_k(x,\ y)$为连续两帧图像之间的差分图像，$f_k(x,\ y)$，$f_{k+1}(x,\ y)$分别为第 k 帧和第 $(k+1)$帧图像，T 为差分图像二值化时选取的阈值，$D_k(x,\ y)=1$ 表示前景，$D_k(x,\ y)=0$ 表示背景。

优点：算法简单，程序设计复杂度低，运行速度快；动态环境自适应性强，不易受环境光线影响。

缺点：容易出现“空洞”现象(运动物体内部灰度值相近)和“双影”现象(差分图像物体边缘轮廓较粗)；不容易识别静止或运动速度很慢的目标。

帧间差分法的主要程序代码如下：

```
img1=imread('1.jpg'); img2=imread('2.jpg'); img1=rgb2gray(img1);
img2=rgb2gray(img2);
imgdiff=abs(img1-img2); imshow(imgdiff); gthre = graythresh(imgdiff)/2; %差分
BW1 = im2bw(imgdiff, gthre); %二值化分割
```

```
BW1 = bwareaopen(BW1, 10); %删除二值图像 BW1 中面积小于 P 的对象
L = bwlabel(BW1); %默认 8 连通
STATS = regionprops(L, 'all'); %STATS 中含有所有连通域的 properations
figure;imshow(img2); %在图像上绘制出连通域的矩形框
obj_temp = 0;
for jj = 1 : size(STATS, 1)
    if STATS(jj). Area > 10 %& STATS(jj). Extent > 0.08
        boundary = STATS(jj). BoundingBox;
if boundary(end-1)>5 & boundary(end)>5 % & (abs(STATS(jj). Orientation)
<10 | abs(STATS(jj). Orientation)>70)
        rectangle('Position', boundary, 'edgecolor', 'r'); %创建二维矩形对象
    obj_temp = obj_temp+1;
    end
    end
end
```

5.6.3 光流场法

在现实世界中，目标的运动通常表现为视频流中各个像素点灰度分布的变化表征。二维图像的移动相对于观察者而言是三维物体移动在图像平面的投影。利用有序的图像可以估计出二维图像的瞬时图像速率或离散图像转移。光流场法能够用于表征图像中像素点的灰度值发生变化趋势的瞬时速度场，由此检测目标相对于摄像机的相对运动。利用光流场法分割或检测目标的基本思路是：首先计算图像中每一个像素点的运动向量，即建立整幅图像的光流场。若场景中没有运动目标，则图像中所有像素点的运动向量应该是连续变化的；若有运动目标，由于目标和背景之间存在相对运动，目标所在位置处的运动向量必然和邻域(背景)的运动向量不同，从而分割出运动目标图像。

光流场法的优点：无须了解场景的信息就可以准确地分割和识别运动目标位置，且在摄像机处于运动情况下仍然适用。

光流场法的缺点：计算量大、耗时长，在对实时性要求苛刻的情况下并不适用。容易出现“空洞”现象(运动物体内部灰度值相近)和“双影”现象(差分图像物体边缘轮廓较粗)，不容易分割静止或运动速度很慢的目标。

MATLAB 中的工具箱 Piotr's Computer Vision Matlab Toolbox 中的光流场函数 opticalFlow 能够用于图像分割。opticalFlow 的一般格式为

```
[Vx, Vy, reliab]=opticalFlow(I1, I2, pFlow)
```

pFlow 是一个结构体，包含以下参数：

• Type：计算光流的方法，可供选择的有'LK'、'HS'、'SD'。LK方法具有局部性，计算速度快；HS和SD是全局性方法，速度慢。默认参数为LK。

• smooth：三角滤波半径。

• filt：对流场进行中值滤波的半径选择。

• maxScale和minScale表示图像金字塔的最大和最小尺寸。

• nBlock：块匹配数目。

输出参数Vx、Vy表示x、y方向上的光流；reliab表示给定窗口的光流可信度，可选择有或无。

光流场法的MATLAB程序代码如下：

```
load opticalFlowTest；%得到两幅图像I1，I2
[Vx，Vy]=opticalFlow(I1，I2，'smooth'，1，'radius'，10，'type'，'LK')；%计算两幅图像之间的光流
subplot(1，2，1)，imshow(double(Vx)，[])；
subplot(1，2，2)，imshow(double(Vy)，[])；
```

5.7 基于图论的图像分割方法

基于图论的分割方法是把原灰度图像或彩色图像分割的问题转化为一个无向图最优化的问题，通过移除特定的边将图划分为若干子图，从而实现分割。基于图论的图像分割方法的优点有：① 用图表示图像能够有效地避免因离散化过程而造成的误差，从而有效地提高图像分割的质量和效果；② 利用图论算法分割图像可以兼顾图像的局部信息和全局信息；③ 由于图论中的图与图像有着较好的对应关系，所以能够充分利用图论中的相关理论知识，具有较好的理论基础。

1. 基本概念

图论中，图由边和顶点组成，表示为$G=\langle V; E\rangle$，V为顶点集，E为边集。图的顶点集不能为空，边集可以为空。图分为无向图(简单连接)、有向图(连接有方向)、加权图(连接带权值)、加权有向图(连接既有方向又有权值)。

权：与图的边相关的数字。权可以表示从一个顶点到另一个顶点的距离或耗费。

加权图：给每条边赋予权的图称为加权图，表示为$G=\langle V, E, W\rangle$，W表示各边权的集合。

无向图：图中有一条边是无向边(A, B)。

有向图：任意两顶点之间的边都是有向边(弧)$\langle A, B\rangle$。

无向完全图：n个顶点中任意两顶点之间都存在边的无向图。边的总数是$n\times(n-1)/2$。

有向完全图： n 个顶点中任意两顶点之间都存在方向相反的有向边的有向图。边的总数是 $n\times(n-1)$。

子图： $G=(V, \{E\})$，$G'=(V', \{E'\})$，其中 V' 是 V 的子集，E' 是 E 的子集，则称 G' 是 G 的子图。

路径： 从一个顶点到另一个顶点所经过的顶点的序列。树的路径唯一，但图的路径不唯一，所以有很多求最短路径的算法。在网络图中，路径又叫路由。

连通： 在一个无向图 G 中，若从顶点 i 到顶点 j 有路径相连，即从 j 到 i 一定有路径，则称 i 和 j 是连通的。若 G 是有向图，则连接 i 和 j 的路径中所有的边都必须同向。

连通图： 若图中任意两点都是连通，那么图被称为连通图。连通图中任意两个顶点都有路径。

强连通图： 有向图 G 中任意两顶点 $v1$ 和 $v2$ 之间都存在着 $v1$ 到 $v2$ 的路径及 $v2$ 到 $v1$ 的路径，则称 G 为强连通图。强连通图的顶点之间双向都有路径。

非连通图： 存在两个顶点之间没有路径，即不连通。有 n 个顶点，但只有小于 $n-1$ 条边，一定是非连通图。

通路： 从图起点到达图结束点的路径，由一系列顶点组成。

通路流量： 该通路上所能达到的最大单位流量。

饱和边： 容量等于通路流量的有向边。

流量平衡： 对于不是源点也不是汇点的任意结点，流入该结点的流量之和等于流出该结点的流量之和。

影响边： 在计算最大流的算法中会对边的容量进行修改，通路中修改后容量为 0 的边称为修改后容量非 0 边的影响边。

割点： 一个无向连通图中，若删除某个顶点后图不再连通(即任意两点之间不能互相到达)，称这样的顶点为割点。某个点是割点当且仅当删除该点和与该点相关联的边后图变得不连通。注意，割点可能不止一个。对于无向不连通图，一个点是割点当且仅当它是它所在的连通分量的割点。特别的，若一个连通分量只包含一个点 X，则该点为一个割点。

割边： 在无向联通图中，去掉一条边，图中的连通分量数增加，则这条边称为割边。

最小割： 在有权图所有的割中，所有边的权重之和就是割集的权重，权重最小的割集被称为最小割。

最小割问题： 给出一个有向图(无向图)和两个点(S 和 T)，以及图中边的权值，求一个权值和最小的边集，使得删除这些边后 S 和 T 不连通。

最大流最小割： 最大流最小割算法是指在一个有向图中能够从源点集(S)到达汇点集(T)的最大流量等于如果从图中剪除就能够导致网络流中断的边的集合的最小容量和，即在任何网络中，最大流的值等于最小割的容量。

生成树：图 $G(V, E)$ 是一个连通无向图，它的全部顶点 V 和部分边 E' 可构成子图 T，即 $T=(V, E')$，$E'\in E$，且边集 E' 能使图中所有顶点连通，又不形成回路，则称子图 T 是图 G 的一棵生成树。

2. 最优化准则

基于图论的图像分割方法的基本思想是，利用一定的最优化准则使分割结果中区域内的边有较低的权值，区域间的边有较高的权值。常见的最优化准则有如下几种：

1）图的最优划分准则

设图 $G=(V, E)$ 被划分为 A、B 两部分，且 $A\cup B=V$，$A\cap B=\phi$，节点之间的边的连接权为 $w(u, v)$，则将图 G 划分为 A、B 两部分的代价函数如下：

$$\mathrm{cut}(A, B) = \sum_{u\in A,\ v\in B} w(u, v) \tag{5.55}$$

使得上述剪切值最小的划分 (A, B) 即为图 G 的最优二元划分，这种划分准则称为最小割集准则。

2）图像的最佳分割

将待分割的图像看作一个带权的无向图 $G=(V, E)$，像素集被看作节点集 V，边缘集被看作边集 E，像素之间的连接权为 $w(i, j)$，则将图像二值划分为两个区域 A、B 的代价函数如下：

$$\mathrm{cut}(A, B) = \sum_{i\in A,\ j\in B} w(i, j) \tag{5.56}$$

对于一幅彩色图像来说，使得上述代价函数最小的划分便是该彩色图像的最优分割。

3）权函数

权函数一般定义为两个节点之间的相似度。在基于图论的图像分割方法中，常见的权函数有如下形式：

$$w_{ij} = \exp\left(-\frac{\|F_i - F_j\|_2^2}{\sigma_I^2}\right)\times\begin{cases}\exp\left(-\dfrac{\|X_i - X_j\|_2^2}{\sigma_X^2}\right), & 若\|X_i - X_j\|_2 < r\\ 0, & 其他\end{cases} \tag{5.57}$$

对于灰度图像来说，在上式权函数中，F_i 的值为像素点的灰度值，X_i 为像素点的空间坐标，σ_I 为灰度高斯函数的标准方差，σ_X 为空间距离高斯函数的标准方差，r 为两像素点之间的有效距离，当两个像素之间的距离超过 r 时便认为它们的相似度为 0。由公式(5.57)的相似度函数不难发现，两个像素之间的有效距离越近则两个像素点之间的相似度越大，两个像素点之间的灰度值越接近则它们的相似度也越大。

4）相似度矩阵和 Laplacian 矩阵

基于图论的分割算法常常把所定义的最优划分准则转化为求解相似度矩阵或 Laplacian 矩阵的特征值及特征矢量问题。

3. 基于图论的一般图像分割方法

首先将图像映射为无向加权图 $G=(V, E)$，图中每个节点 $N\in V$ 对应于图像中的每个像素，每条边属于 E，都连接着一对相邻的像素，边的权值表示了相邻像素之间在灰度、颜色或纹理方面的非负相似度。对图像的一个分割 s 是对图的一个剪切，被分割的每个区域 $C\in S$对应着图中的一个子图。分割的最优原则就是使划分后的子图在内部保持相似度最大，而子图之间的相似度保持最小。

(1) 计算每一个像素点与其 8 邻域或 4 邻域的不相似度。

(2) 将边按照不相似度从小到大排序得到 e_1，e_2，…，e_N。

(3) 选择 e_1。

(4) 对当前选择的边 e_N 进行合并判断。设其所连接的顶点为(v_i, v_j)。若满足合并条件：

(a) v_i，v_j 不属于同一个区域 $\text{Id}(v_i)\neq\text{Id}(v_j)$；

(b) 不相似度不大于二者内部的不相似度，即 $w_{ij}\leqslant\text{Mint}(C_i, C_j)$，则执行步骤(4)，否则执行步骤(5)。

(5) 更新阈值以及类标号。更新类标号：将 $\text{Id}(v_i)$，$\text{Id}(v_j)$的类标号统一为 $\text{Id}(v_1)$的标号。

更新该类的不相似度阈值为

$$w_{ij}+\frac{k}{|C_i|+|C_j|}$$

注意：由于不相似度小的边先合并，则 w_{ij} 即为当前合并后的区域的最大的边，即 $\text{Int}(C_i\cup C_j)=w_{ij}$。

(6) 若 $n\leqslant N$，则按照排好的顺序，选择下一条边执行步骤(4)，否则结束。

4. Graphcut

Graphcut 是一种十分有用和流行的能量优化算法，在计算机视觉领域经常应用于前背景分割、立体视觉、抠图等。此类方法把图像分割问题与图的最小割问题相关联。首先用一个无向图 $G=(V, E)$表示要分割的图像，V 和 E 分别表示顶点和边的集合。此处的 G 与普通的图稍有不同。普通的图由顶点和边构成，若边有方向，则这样的图被称为有向图；否则为无向图，且边是有权值的，不同的边可以有不同的权值，分别代表不同的物理意义。而 Graphcut 图是在普通图的基础上多了 2 个顶点，这 2 个顶点分别用符号 S 和 T 表示，统称为终端顶点。其他所有的顶点都必须和这 2 个顶点相连形成边集合中的一部分。所以 Graphcut 中有两种顶点和两种边。第一种顶点和边是普通顶点对应于图像中的每个像素，每两个邻域顶点(对应于图像中每两个邻域像素)的连接就是一条边，这种边也叫 n-links。第二种顶点和边是除图像像素外，还有另外两个终端顶点，叫 S 和 T。每个普通顶点与这 2 个终端顶点之间都有连接，组成第二种边，称为 t-links。图中每条边都有一个非负的权值，

也可以理解为 cost(代价或费用)。一个 cut(割)就是图中边集合 E 的一个子集 C，那这个割的 cost(表示为 $|C|$)就是边子集 C 的所有边的权值的总和。

Graphcut 中的 Cuts 是指这样一个边的集合，包括了上面所述的两种边，该集合中所有边的断开会导致残留 S 和 T 图的分开，所以就称为"割"。若一个割的边的所有权值之和最小，那么这个就称为最小割，也就是图割的结果。而网路的最大流 maxflow 与最小割 mincut 相等。所以由 Boykov 和 Kolmogorov 发明的 max-flow/min-cut 算法就可以用来获得 S−T 图的最小割。这个最小割把图的顶点划分为两个不相交的子集 S 和 T，其中 $s \in S$，$t \in T$ 和 $S \cup T = V$。这两个子集就对应于图像的前景像素集和背景像素集，那就相当于完成了图像分割。

(1) 将图像构造成图论中图，顶点代表像素，边代表像素之间的关系。由此图像分割问题转化求解图的割集。

(2) 为图中各边赋权值，使图像分割目标(能量极小化)与图的最小割对应起来。

(3) 通过最大流算法求得带权图的最小割。

5. Grabcut

Grabcut 的基本思路是：将要处理的整幅原始图像看作一张网络图，根据图的像素分布创建一个无向图，节点是像素，另外还有源节点和汇节点，源节点表示前景终点，汇节点表示背景终点。每个前景像素均与源节点相连，每个背景像素均与汇节点相连。像素与源节点/汇节点连接的边的权重由该像素为前景/背景的概率决定。像素之间的权重由边的信息或像素的相似度决定。边的权值反映出像素点与前景/背景的相似程度、相邻像素间的颜色差异。如果像素颜色差异很大，它们之间的边的权重就比较低。

Grabcut 算法使用高斯混合模型来对背景和前景区域建立数据模型，分别使用 $K(K=5)$ 个高斯分量进行建模。基本步骤如下：

(1) 人工标出包含所有前景信息的矩形框，T_B 表示背景部分，T_F 表示前景部分。框内必须包括全部的前景区域信息，否则影响算法的性能，并且也有部分的需要去除的背景信息。

(2) 计算 UT 区域内所有像素点的 GMM 分量。

(3) 根据像素值训练 GMM 模型。

(4) 根据最大流最小割准则对其完成分割。

(5) 返回步骤(1)，直到收敛。

然后，对图像中的所有像素点分别计算其到用户标记的目标和背景间的距离以及像素间的距离，将上述两类距离进行整合并作为边的能量值，当总能量最小时即为最优解。Grabcut 算法利用了图像中的纹理(颜色)信息和边界(反差)信息，只需少量的用户交互操作即可得到比较好的分割结果。

6. Grabcut 与 Graphcut 之间的关系

Grabcut 与 Graphcut 之间的关系如下：

(1) Graphcut 的目标和背景的模型是灰度直方图，Grabcut 取代为 RGB 三通道的混合高斯模型 GMM。

(2) Graphcut 的能量最小化(分割)是一次达到，而 Grabcut 是迭代最小的，即为一个不断进行分割估计和模型参数学习的交互迭代过程，每次迭代过程都使得对目标和背景建模的 GMM 的参数更优，使得图像分割更优。

(3) Graphcut 需要用户指定目标和背景的一些种子点，但是 Grabcut 只需要提供背景区域的像素集就可以。也就是说只需要框选目标，那么在方框外的像素全部当成背景，这时就可以对 GMM 进行建模和完成良好的分割，即 Grabcut 允许不完全的标注。

5.8 实际应用

杂草是农田中最具威胁的有害生物之一，严重影响着作物的高产和稳产。据报道，全国麦田草害面积达 30%以上，每年可造成近 50 亿千克小麦的损失。杂草识别是智能喷洒除草剂的前提。杂草分割又是杂草识别的前提。在进行杂草物种识别时，首先要对经过杂草图像采集设备得到的图像进行相应处理，而这些图像大多含有噪声和复杂背景。如果不先去除噪声和背景而直接对图像进行处理，可能存在很多问题，最终将影响识别结果。为此需要先去除噪声和背景。经过对杂草图像分析，纹理性和方向性是杂草图像最大的特点，因此利用方向图对杂草图像进行分割是一种比较有效的方法。本节将图像分割方法应用于杂草分割。首先利用 Grabcut 去除图像的背景，结果如图 5.16。然后，利用 K-均值聚类分割方法进行分割，结果如图 5.17。为了说明 Grabcut 的有效性，图 5.18 给出直接利用 K-均值聚类分割方法的分割结果。

(a) 框内为选择的区域　　(b) 去除背景　　(c) 目标与背景比较

图 5.16　基于 Grabcut 的图像背景分割

(a) 分割的二值化图像　　(b) 与原图像RGB相乘再堆积的图像

图 5.17　基于 K-均值聚类方法对图 5.16(b)的分割

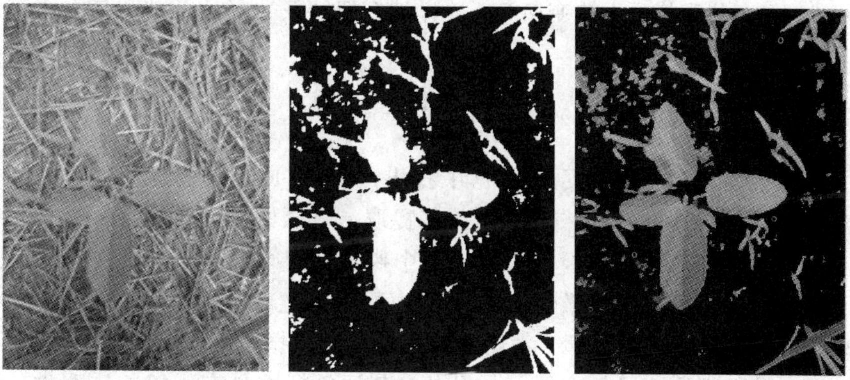

(a) 框内为选择的区域　　(b) 去除背景　　(c) 目标与背景比较

图 5.18　直接利用 K-均值聚类方法的杂草分割

比较图 5.17 和图 5.18 所示的杂草图像分割结果，可以看到，直接利用图像分割算法得到的杂草图像中包含很多噪声和背景，杂草图像不清晰，不利于后续的杂草识别。而先利用 Grabcut 去除背景后，再利用图像分割算法得到很好的杂草图像，杂草图像比原始图像更加清晰。因此，在图像分割之前应该根据原有图像的特点，先对图像进行分析，根据图像特征，采用不同的图像分割算法相结合，这样就容易得到理想的目标图像分割结果。

第6章 特征提取与选择

图像特征提取与选择是图像模式识别中的一个重要环节，其目的是降低数据冗余，减少模型计算，提高后续图像处理的效果。图像特征提取和选择的方法很多，常见的特征提取算法主要分为以下3类：①基于颜色特征，如颜色直方图、颜色集、颜色矩、颜色聚合向量等；②基于纹理特征，如Tamura纹理特征、自回归纹理模型、Gabor变换、小波变换、MPEG7边缘直方图等；③基于形状特征，如傅里叶形状描述符、不变矩、小波轮廓描述符等。本章简单介绍一些常用的特征提取与选择方法，包括局部二值模式(LBP)、方向梯度直方图(HOG)、Hough变换、小波变换等，并详细介绍特征选择的基础和基本方法。

6.1 概 述

特征提取和特征选择都是从原始数据中找出最有效(同类样本的不变性、异类样本的鉴别性、对噪声的鲁棒性)的特征。其中，特征提取是将原始数据转换为一组具有明显物理意义或统计意义的特征；特征选择是从特征集中挑选一组最具统计意义的特征，达到降维的目的。两者的共同作用是减少数据存储和输入数据带宽，减少冗余，提高低维空间上分类性，发现更有意义的潜在的变量，帮助更深入地了解数据。

一般来说，特征提取应具体问题具体分析，其评价标准具有一定的主观性，但还是有一些可供遵循的普遍原则能够作为在特征提取实践中的指导和要求。这些原则包括：

• 特征应当容易提取，即为了得到这些特征所付出的代价不能太大。这还要与特征的分类能力权衡考虑。

• 选择那些最具有区分能力的特征，即在同类图像之间差异较小(较小的类内距)、在不同类别的图像之间差异较大(较大的类间距)的图像特征。

• 选取的特征应对噪声和不相关转换不敏感。比如要识别车牌号码，车牌照片可能是从各个角度拍摄的，而我们关心的是车牌上字母和数字的内容，因此就需要得到对几何失真变形等转换不敏感的描绘子，从而得到旋转不变或是投影失真不变的特征。

6.2 局部二值模式

局部二值模式(Local Binary Pattern，LBP)是由芬兰奥卢大学的T. Ojala等人在1996

年提出的一种基于统计的纹理特征描述算子，具有计算过程简单、易于理解、运行速度快、分辨能力强等诸多优势，近年来广泛应用于图像特征提取，在人脸识别、表情识别、行人检测、纹理分类等领域得到了成功应用。

1. LBP 概述

1）经典 LBP

经典的 LBP 算子定义为 3×3 的正方形窗口，以窗口的中心像素为阈值，将其相邻的 8 邻域像素的灰度值与当前窗口的中心点的像素值进行比较，若邻域的像素值小于中心点的像素值，则该像素点的值置为 0，反之，则置为 1。这样，一个 3×3 窗口的邻域内的 8 个像素点和中心像素点进行比较之后，就会产生一个 8 位的二进制数，即可产生 256 种 LBP 码，通过这样计算得到的 LBP 码值就可以用来反映该窗口的区域纹理特征信息。LBP 的基本过程如图 6.1 所示。

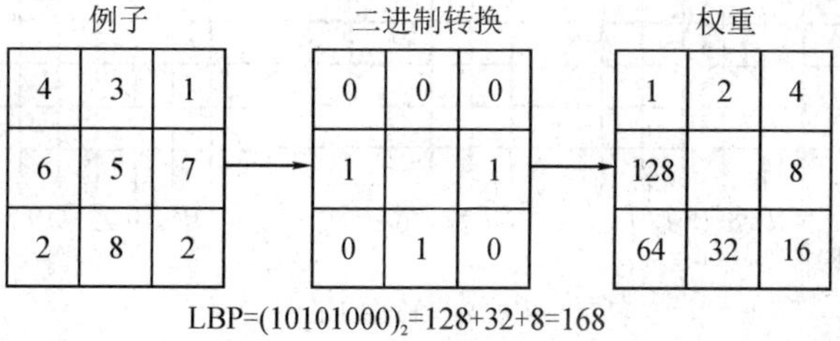

图 6.1　窗口为 3×3 的 LBP

图 6.1 中，一个 3×3 的窗口，窗口内的值代表每个像素的灰度值，中心像素点的灰度值是 5。按顺时针旋转依次将中心像素点与它周围的像素值大小进行比较，大于 5 将方格内置为 1，小于 5 置为 0。然后按逆时针方向将二进制数字串联起来得到 LBP 模式，即 10101000。再转换为十进制，得 168，则原来的中心点的灰度值 5 由 168 代替。对图像中的每一个像素重复以上操作，就得到图像的 LBP。

一般情况下，同样的物体应该具有相同的纹理特征，但在不同时间段对物体的拍照会因为外界的光照变换，亮度差异比较大。但是 LBP 具有灰度不变性的特征，可以抑制光照变换所带来的影响。可以验证该性质：将一幅图像的所有像素同乘以一个整数或同加一个整数，LBP 结果不变。

2）圆形 LBP

经典的 LBP 算子的最大缺陷在于它只覆盖了一个固定半径范围内的小区域，这显然不能满足不同尺寸和频率纹理的需要。为了适应不同尺度的纹理特征，并达到灰度和旋转不变性的要求，可以将 3×3 的正方形窗口扩展到任意半径的圆形邻域，该圆形邻域内允许多个像素点存在。改进后的圆形 LBP 算子允许在半径为 R 的圆形邻域内有任意多个像素点，如图 6.2 所示，从而得到了诸如半径为 R 的圆形区域内含有 P 个采样点的 LBP 算子。其中，R 可以是小数。对于没有落到整数位置的点，根据轨道内离其最近的两个整数位置像素灰度值，利用双线性差值的方法计算它的灰度值。

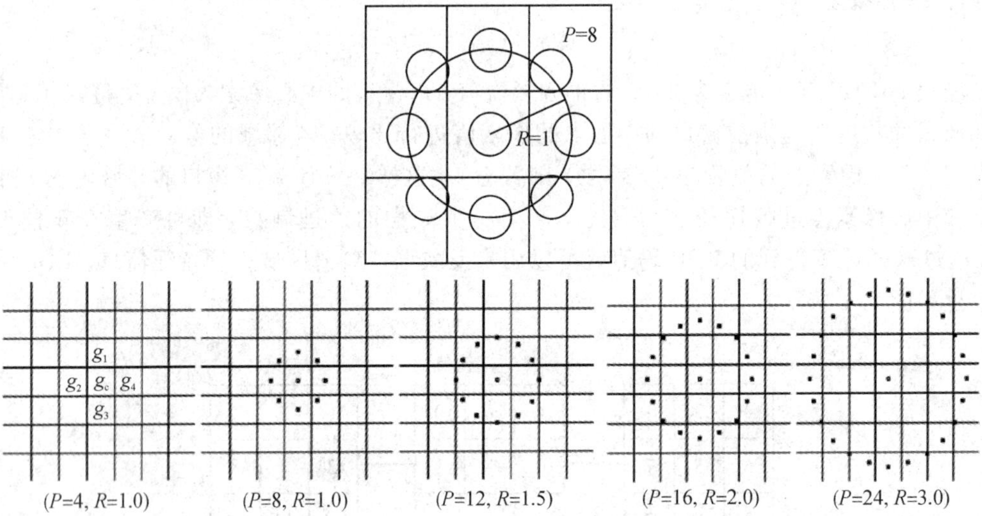

图 6.2　圆形 LBP

假设局部区域内像素灰度值的联合分布密度为其表现出来的纹理分布，量化后表达为

$$T = (g_c,\ g_0,\ \cdots,\ g_{P-1}) \tag{6.1}$$

式中，g_c 表示中心阈值，$(g_0,\ \cdots,\ g_{P-1})$ 为等间距分布在中心像素点周围 P 个像素点。在实际情况中，不是所有的像素点都刚好落在圆周上的整数点位置，针对此种情况采取的处理办法是采取双线性插值算法，邻域内像素点的 $g_i(i = 0,\ \cdots,\ P-1)$ 的坐标能以式(6.2)来表达。

$$(x_i,\ y_i) = \left[x_c + R\cos\left(\frac{2\pi}{P}\right),\ x_c + R\sin\left(\frac{2\pi}{P}\right)\right] \tag{6.2}$$

用 $(x_c,\ y_c)$ 表示中心阈值的坐标。若邻域像素的灰度值 g_i 减去中心点 g_c 的值，对局部区域内的纹理特征信息不造成损失，则利用中心点以及中心点与邻域点的差值联合分布表示，形成的联合分布为

$$T = t(g_c,\ g_0 - g_c,\ \cdots,\ g_{P-1} - g_c) \tag{6.3}$$

若假设中心像素点 g_c 和差值 $g_i - g_c(i = 0,\ \cdots,\ P-1)$ 二者相互独立，则式(6.3)可表示为

$$T = t(g_c)(g_0 - g_c,\ \cdots,\ g_{P-1} - g_c) \tag{6.4}$$

在具体应用过程中，由于利用像素灰度值表示的范围大小有限，g_c 值的影响明显高于

差值的影响，所以上述假设并不是总能奏效。若在一定灰度范围内 $t(g_c)$ 的平移不影响局部纹理的描述，可以允许并接受少量信息损失。

3) LBP 的主要优点

(1) 算法思想容易理解、计算复杂度较低。LBP 的计算量与现有的其他的纹理计算方法相比，显然是小很多。在分类的过程中，样本参加训练时所需要的时空资源和使用的速度能够大大被降低。

(2) 区分性能较强。LBP 特征将窗口中心点与邻域点的关系进行比较，重新编码以形成新的特征，这样在一定程度上消除了外界场景对图像的影响。对于图像中存在的暗点、亮点、边缘等这些微量的细节特征，LBP 都能够表示出来。因此，LBP 在一定程度上解决了复杂场景下(光照变化)的特征描述的问题。

(3) 具有鲁棒性。LBP 特征算子具备诸如灰度单调不变性、平移不变性、旋转不变性等特征，这些都是 LBP 算子的优势。

4) LBP 的缺点

(1) LBP 取值受噪声影响很大，因为 LBP 算子是根据中心像素与邻域像素灰度值的大小关系确定，并对其进行编码、像素聚类的，虽然在整体的灰度单调变化上具备鲁棒性，但是受局部噪声影响非常大，对噪声敏感。某一点处出现噪声会直接影响二进制编码，改变像素聚类结果。

(2) 多尺度、多分块和模式维数之间存在矛盾关系。考虑防止大量的特征维数生成、占用较多的存储空间、增加算法计算负担，所以选取小窗口，但是这样就破坏了图像纹理的结构性。为了克服这一缺陷，基本 LBP 算子被改进成为具有多尺度 LBP 算子的功能，或者是采用分块处理的方式，但是当对改进后的 LBP 算子操作时，特别是多尺度 LBP 算子操作时，一个重要的缺陷是具有的特征维数会变得非常大，计算量增加，这是因为随着邻域增大，具有的多尺度半径也不断增加，而特征维数对于分类训练将产生十分不好的影响，这点在特征分类过程中尤其能够得到体现。

(3) 虽然等价模式 LBP 算子获得的纹理图像特征辨识度较好，在模式识别、图像检索等领域应用广泛，但它仅考虑中心像素与周围邻域像素的差值大小，忽略了图像灰度值的变化情况，无法区分窗口中心点像素的值到底是等于还是大于邻域上像素点的灰度值，没有考虑像素间邻域信息的关联性，缺乏对图像纹理信息更全面有效的表达。

(4) LBP 算子只是针对灰度图像的像素点进行处理，没有充分考虑彩色图像的颜色特征，导致特征提取不完全，应考虑融合颜色特征进行纹理分析。

5) 基本 LBP 和圆形 LBP 特征的源程序代码

(1) 基本 LBP 代码。

```
function lbpI=lbp(I)
```

```
I=imresize(I, [256 256]); [m, n, h]=size(I);
if h==3 I=rgb2gray(I); end
lbpI=uint8(zeros([m n])); % 8位无符号整型
for i=2: m-1
    for j=2: n-1
        neighbor=[I(i-1, j-1) I(i-1, j) I(i-1, j+1) I(i, j+1) I(i+1, j+1)
        I(i+1, j) I(i+1, j-1) I(i, j-1)] > I(i, j);
        pixel=0;
    for k=1: 8
                pixel=pixel+neighbor(1, k) * bitshift(1, 8-k);
    end
    lbpI(i, j)=uint8(pixel);
end, end
```

(2) 圆形 LBP 代码。

```
function imglbp=getCircularLBPFeature(img, radius, neighbors)
imgSize=size(img);
if numel(imgSize) > 2 img=rgb2gray(img); else img=img; end
[rows, cols]=size(img); rows=int16(rows); cols=int16(cols);
imglbp=uint8(zeros(rows-2 * radius, cols-2 * radius));
for k=0: neighbors-1
% 计算采样点对于中心点坐标的偏移量 rx, ry
rx=radius * cos(6.0 * pi * k / neighbors); ry=-radius * sin(6.0 * pi * k / neighbors);
%对采样点偏移量分别进行上下取整
x1=floor(rx); x2=ceil(rx); y1=floor(ry); y2=ceil(ry);
tx=rx-x1; ty=ry-y1; %将坐标偏移量映射到 0 到 1 之间
%计算 xy 权重，权重与坐标具体位置无关，与坐标间的差值有关
w1=(1-tx) * (1-ty);w2=tx * (1-ty); w3=(1-tx) * ty;w4=tx * ty;
for i=radius+1: rows-radius
for j=radius+1: cols-radius
center= img (i, j);
%由双线性插值方法计算第 k 个采样点的灰度值
neighbor=img(i+x1, j+y1) * w1+ img(i+x1, j+y2) * w2+img(i+x2, j+y1) *
w3+img(i+x2, j+y2) * w4;
%LBP 特征图像的每个邻居的 LBP 值累加，对应的 LBP 值通过移位取得
if neighbor > center flag=1; else
flag=0;
```

```
end
imglbp(i－radius, j－radius)＝bitor(imglbp(i－radius, j－radius),
bitshift(flag, neighbors－k－1));
end, end, end, end
```

2. 中心对称 LBP

Heikkila 等引用中心对称的思想提出了 CentreSymmetricLBP(CSLBP)，即将中心对称像素对进行比较，定义如下：

$$\text{CS\_LBP}_{R,N,T}=\sum_{i=0}^{N/2-1}s(n_i-n_{i-N/2})2^i,\ s(x)=\begin{cases}1, & x>T\\0, & \text{others}\end{cases} \tag{6.5}$$

其中，R 表示采样半径，N 为采样点数，T 为阈值。中心对称像素对二值编码过程如图 6.3 所示。

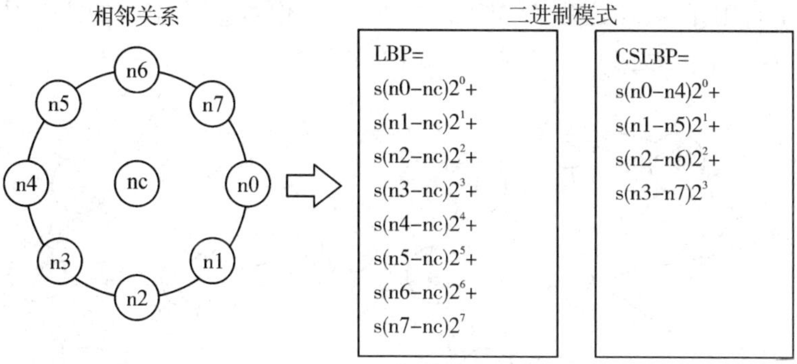

图 6.3　中心对称像素对二值编码过程

由此可以看出该改进型 LBP 算法缩短了编码的长度，降低了特征的维度，在计算量上减轻了负担，从而提高图像处理的运行速度，又因为结合了 LBP 提取的纹理信息，获得了更好的图像匹配率。

3. 自适应 LBP(ALBP)

自适应 LBP(ALBP)选择频繁发生的模式来构建主要概率模式子集，避免了经典 LBP 使用同一模式集描述不同纹理结构而导致的描述不准确问题。圆形邻域的 LBP 算子对那些不能恰好落在邻域位置的点，通过插值计算来获取其坐标位置，增加了计算的复杂度。采用方形邻域的 ALBP 的特征提取算法包括确定 ALBP 算子的主要模式集和基于主要模式集的特征提取这两个主要步骤：

(1) 确定主要概率模式集。假设训练集有 M 幅图像，每幅图像有 N 个点，当 LBP 掩模的宽为 L、邻域像素个数为 P 时，有 Q 种 LBP 模式。获取图像在旋转不变情况下 LBP 的

直方图 H，M 幅图像的直方图求和后归一化，用 $1\times Q$ 维的矩阵 SumH 来表示；按模式的发生概率降序排序，排序后的矩阵从高到低累计求和，选择和恰好大于等于 90% 的前 $G(G<Q)$ 个模式的 LBP 值作为特征选择的依据，这 G 个模式的模式值及其相应的模式发生概率即构成主要概率模式集 SubLBP；

(2) 提取 ALBP 特征。计算待测图像的旋转不变 LBP 直方图 H，按上一步所确定的 G 个模式，从 H 中分别提取对应的 G 个元素的发生概率作为 ALBP 特征。

4. 自适应中心对称 LBP(ACSLBP)

自适应中心对称 LBP(ACSLBP)结合了 ALBP 和 CSLBP 的特点，能够根据图像的特点自适应选取阈值，能够更加真实地反映图像中纹理细节的变化特征。图 6.4 为以 $P=8$，$R=1$ 为区域大小进行 ACSLBP 的过程：对于某个像素 g_c，计算以此像素的中心的 8 邻域像素 $g_i(i=0, 1, \cdots, 7)$ 平均灰度值的百分比作为一个阈值，若邻域 g_i 的像素大于该阈值则设置 $g_i=1$；否则 $g_i=0$，这是 ALBP 的原理；若以像素 g_c 为中心的两个对称像素点之差大于阈值则设置为 1，反之为 0，这是 ACSLBP 的原理。

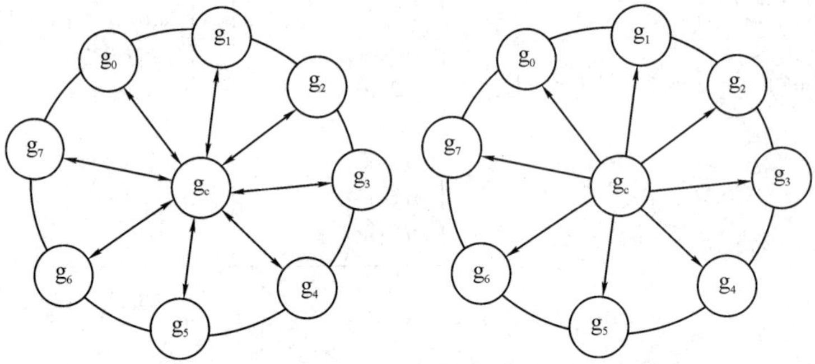

图 6.4　LBP 和 ACSLBP 算法的邻域关系示意图

ACSLBP 算法提取图像的纹理特征 $\mathrm{CSLBP}_{P,R}(P=8, R=1)$ 的步骤如下：

(1) 图像分块。为了最大程度真实地反映病害叶片图像的纹理特征，可以将病害叶片图像划分成 m 个子块，若某些子块的病斑图像的纹理细节较为丰富，则赋予该子块较大的权重，而纹理细节较为稀少的子块赋予较小的权重。

(2) 在每个子块中，计算每个像素的中心对称 $\mathrm{CSLBP}_{8,1}$：

$$\mathrm{CSLBP}_{8,1}=2^0r(g_0-g_4)+2^1r(g_1-g_5)+2^2r(g_2-g_6)+2^3r(g_3-g_7)+2^4r(g_c-\bar{g}) \tag{6.6}$$

式中，邻域像素均值为 $\bar{g}=\frac{1}{8}\sum_{i=0}^{7}g_i$，函数 $r(x)=\begin{cases}1, & x\geqslant\lambda\cdot\bar{g}\\ 0, & \text{其他}\end{cases}$，$\lambda$ 为调节系数，由实验估计可得。由每一子块像素的中心对称 $\mathrm{CSLBP}_{8,1}$ 构成纹理图像。

(3) 纹理特征提取。

a. 计算每一子块纹理图像的直方图向量 $\mathbf{V}_i(i=0, 1, \cdots, m)$。

b. 计算每一子块纹理图像的信息熵。图像的信息熵反映了图像中信息量的大小，信息熵越大，表明纹理细节越丰富；反之，纹理细节越稀少。按照下式计算每一子块纹理图像的信息熵：

$$H(\mathbf{V}_i)=-\sum_{j=1}^{L} p_{ij}\log(p_{ij}) \tag{6.7}$$

式中，p_{ij} 为第 i 个子块纹理图像中第 j 个灰度级出现的概率，L 为 $\mathbf{V}_i$ 的灰度级。

c. 直方图加权。将各个子块的直方图向量 $\mathbf{V}_i$ 进行加权连接后得到每幅原图像的加权特征向量 $\mathbf{V}$ 为

$$\mathbf{V}=[a_1\mathbf{V}_1, a_2\mathbf{V}_2, \cdots, a_m\mathbf{V}_m] \tag{6.8}$$

式中，$a_i(i=1, 2, \cdots, m)$ 为第 i 个子块的权重系数，$a_i=H(\mathbf{V}_i)/\sum_{i=1}^{m}H(\mathbf{V}_i)$。

5. 多尺度 LBP

在描述图像纹理特征中，从经典 LBP 算子的表达式可以看出，该算子只覆盖了 8 个邻域像素的小范围圆形区域，不能全面表达邻域像素间存在的关联性不够这一现象，这是最大的问题所在。改进办法是重新定义圆形邻域半径 R，用新产生的圆形区域将原来的正方形区域替换掉，这样就能实现在半径为 R 的局部圆形邻域内自由选择任意多个像素的目标。同样，还可以通过改变 R 值和 P 值，实现不同的尺度和角度分辨率。多尺度的 LBP 算子用符号 $\mathrm{LBP}_{P,B}$来表示，其中，R 表示圆形邻域大小，该值决定圆的大小，P 表示采样点的数量，反映了二维空间的尺度，P 的大小决定了采样点的点数，反映了角度空间的分辨率。改变 R 和 P 的值可以实现不同角度和尺度的分辨率，$\mathrm{LBP}_{8,1}$、$\mathrm{LBP}_{16,2}$、$\mathrm{LBP}_{24,3}$ 等是一些经常使用的与 LBP 算子有关的算子。图 6.5、图 6.6 为一幅叶片图像的多尺度 LBP 算子及结果图。

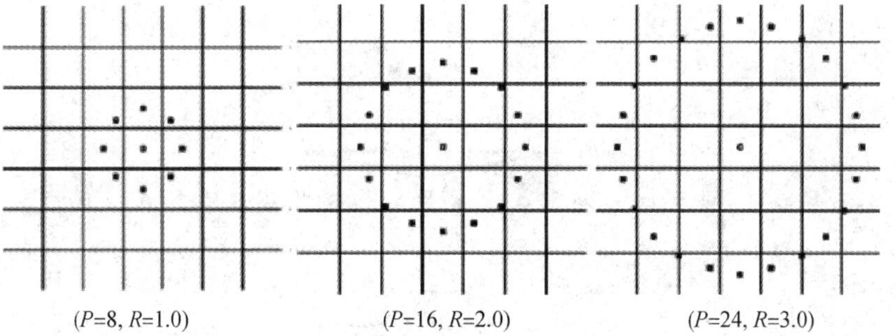

图 6.5　几种常用的圆形 LBP 算子

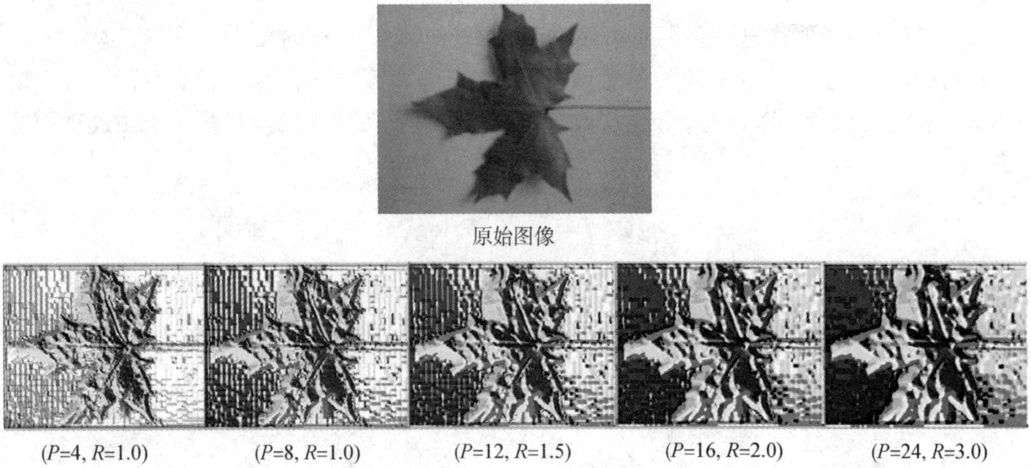

图 6.6　叶片图像的多尺度 LBP 特征

6. 旋转不变 LBP

由经典 LBP 的定义可知，$LBP_{P,R}$算子可以有 2^P 种不同的值，均采用二进制字符串表示，代表着 2^P 个不同的二进制模式。对图像进行旋转操作时，采样点围绕中心点沿着圆形邻域边界也进行旋转移动。经过旋转，g_0 的起止位置和转动方向始终固定，计算 $LBP_{P,R}$不同的值。为了形成旋转不变的编码模式，让有同一编码模式经旋转后产生的编码结果编码为同一值，即这些旋转结果中的最小值。下面介绍一种旋转不变 LBP 算子：

$$LBP_{P,R}^{r_i} = \min(ROR(LBP_{P,R}^{r_i}, i) \mid i = 0, 1, \cdots, p-1) \tag{6.9}$$

式中，旋转不变 LBP 算子用 $LBP_{P,R}^{r_i}$ 来表示，对 P 个采样点的二进制数右移 i 次则用 $ROR(x, i)$ 来表示，即对这 P 个像素点依照顺时针方向转动 i 次，不断旋转圆形邻域得到一系列的初始定义的 LBP 值，从中选择取最小值作为该邻域的 LBP 值，即 LBP 的旋转不变模式。图 6.7 给出了用二进制数$(10000111)_2$ 求取旋转不变的 LBP 的过程示意图。图中黑

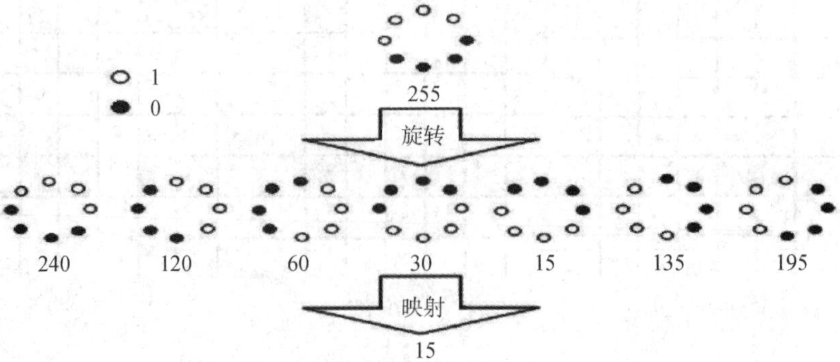

图 6.7　LBP 的旋转不变示意图

点代表 0，白点代表 1，算子下方的数字表示该算子对应的 LBP 值。图中所示的 8 种 LBP 模式经过旋转处理，最终得到的具有旋转不变性的 LBP 值为 15，也就是说图中的 8 种 LBP 模式对应的旋转不变 LBP 模式都是 00001111。回归到 $R=8$，$P=1$ 的圆形邻域内，定义具有旋转不变特性的灰度算子，就是用符号 $LBP_{8,1}^{ri}$ 来表示。旋转不变 LBP 具有鲁棒性，且具有降低的维数。但从另一方面来看，图像在进行旋转不变操作时丢失了表示方向的信息。现有的一些实验能够证明，在对纹理进行分析时，旋转不变 LBP 算子能够取得比较好的效果。

旋转不变 LBP 代码如下：

```
function lbpI=lbp_rotation(I)
I=imresize(I, [256 256]); [m, n, h]=size(I);
if h==3 I=rgb2gray(I); end
lbpI=uint8(zeros([m n]));
for i=2: m-1
    for j=2: n-1
        neighbor=[I(i-1, j-1) I(i-1, j) I(i-1, j+1) I(i, j+1) I(i+1, j+1)
        I(i+1, j) I(i+1, j-1) I(i, j-1)] > I(i, j);
        pixel=0;
        for k=1: 8
            pixel=pixel+neighbor(1, k) * bitshift(1, 8-k);
        end
        lbpI(i, j)=uint8(rotationMin(pixel));
    end
end
% 计算最小值函数
function minval=rotationMin(i)
i=uint8(i); vals=ones([1 8]) * 256;
for k=1: 8
    vals(k)=i; last_bit=mod(i, 2); i=bitshift(i, -1); i=last_bit * 128+i;
end
minval=min(vals);
```

7. LBP 等价模式

一个 LBP 算子可以产生不同的二进制模式，对于一个半径为 R 的圆形邻域内含有 P 个采样点的 LBP 算子将会产生 2^P 种模式。很显然，随着局部圆形邻域内选择采样点的逐渐增加，二进制模式存在的种类将会以指数级增多。举例说明：在一个 3×3 的邻域内，选取采样点 $P=8$，计算获得 $2^8=256$ 种模式；5×5 的邻域内，采样点 $P=16$，取得共 $2^{16}=$

65536 种模式；7×7 邻域时，此时采样点 $P=36$，能够获得共 $2^{36}=6.87\times2^{12}$ 种模式。这些存在的模式是以指数级的速度来增长的，如此多的二值模式无论是对于纹理特征的提取还是对于纹理图像的识别、分类以及信息处理等来说，数据量都比较大。过多的模式种类对于纹理表达产生不利的影响。比如说，LBP 算子用于人脸识别时，常采用 LBP 的统计直方图来表达图像的信息，而较多的模式种类会使得数据量过大，导致直方图过于稀疏，不利于纹理特征的描述和信息的提取。若能够对原始的 LBP 模式进行降维，提取能够代表不同类别的主要特征，这些特征能够最大限度地代表原始数据而不至于太失真，将大大提高算法的运算速度和效率。在实际应用中，大多数情况下是期望能够出现占据区域存储空间较小、计算统计速度更快、取得结果较优的 LBP 算子。

为了解决二进制模式过多的问题，提高数据统计性，可以采用一种“等价模式(Uniform Pattern)”对 LBP 算子的模式进行降维，即 ULBP。在用 LBP 算子对大量图片进行处理时，会表现出一些共性特征，而纹理特征的最基本属性是能够用一些特定的 LBP 模式来代表，在实际图像中这些表现出的属性占了相当大的一部分，有时候能够高达 90%以上。在实际图像中，绝大多数的 LBP 模式最多只包含两次从 1 到 0，或者是从 0 到 1 的跳变。因此等价模式的定义为，当某个 LBP 所对应的循环二进制数从 0 到 1 或者是从 1 到 0 最多有两次跳变时，该 LBP 所对应的二进制就称为一个等价模式类。例如 00000000(0 次跳变)，00000111(只含一次从 0 到 1 的跳变)，10001111(先由 1 跳到 0，再由 0 跳到 1，共两次跳变)都是等价模式类。除等价模式类以外的模式都归为另一类，称为混合模式类。二值编码中 0 到 1 或 1 到 0 之间转换次数小于或等于 2 的编码记为 $\text{ULBP}_{P,R}$，表示如下：

$$\text{ULBP}_{P,R}=|s(g_{P-1}-g_c)|+\sum_{p=1}^{P-1}|s(g_p-g_c)-s(g_{p-1}-g_c)| \tag{6.10}$$

式(6.10)其实是一种十分简单的验证方法，首先是求和，LBP 具有的模式和它在经过移动一位后的操作所得到的模式，再与按位相减结果的绝对值求和，将所具有的模式划分为等价模式需要满足的条件。依照上面的公式计算后能够得到跳变次数不超过两次的，而那些不满足计算结果的模式，都将归到混合模式类当中。

通过这样的改进，二进制模式数量也将会大大减少。如模式最开始的数量是 2^P 种，若使用等价模式，就会减少为 $P(P-1)+2$，其中 P 表示邻域集内的采样点数，特征维数降低的效果很明显。对于在 3×3 圆形邻域局部区域内提取的 8 个采样点而言，LBP 具有的模式由 256 种迅速减少到 58 种，这使得特征向量的维数更少，并且可以减少高频噪声带来的影响；在 16 个采样像素点的 5×5 局部邻域中，其降维效果更为明显，LBP 模式的种类减少到现有的 242 种，特征维数大大降低，不能不说这是一个非常有效的方法。等价模式占较大的比重，有些重要的图像信息也恰恰是存在于等价模式比重比较小的那部分，若将这部分信息丢失的话，都会使图像分析不精确，进而影响到后续的图像理解。

LBP 等价模式的代码如下：

```
function lbpI=lbp_equivalent(I)
I=imresize(I, [256 256]); [m, n, h]=size(I);
if h==3 I=rgb2gray(I); end
lbpI=uint8(zeros([m n])); table=lbp59table();
for i=2: m-1
    for j=2: n-1
        neighbor=[I(i-1, j-1) I(i-1, j) I(i-1, j+1) I(i, j+1) I(i+1, j+1)
        I(i+1, j) I(i+1, j-1) I(i, j-1)] > I(i, j);
        pixel=0;
        for k=1: 8
            pixel=pixel+neighbor(1, k) * bitshift(1, 8-k);
        end
        lbpI(i, j)=uint8(table(pixel+1));
    end
end
%跳跃点函数
function count=getHopcount(i)
i=uint8(i); bits=zeros([1 8]);
for k=1: 8
    bits(k)=mod(i, 2); i=bitshift(i, -1);
end
bits=bits(end: -1: 1); bits_circ=circshift(bits, [0 1]);
res=xor(bits_circ, bits); count=sum(res);
% LBP 表函数 lbp59table
function table=lbp59table()
table=zeros([1 256]); temp=1;
for i=0: 255
    if getHopcount(i)<=2
        table(i+1)=temp; temp=temp+1;
end, end
```

8. 旋转不变等价模式 LBP

旋转不变等价模式是旋转不变 LBP 与等价模式相结合所获得的一种特征。旋转不变等价模式特征 $\mathrm{LBP}_{P,R}^{riu2}$ 表示为

$$\mathrm{LBP}_{P,R}^{riu2}=\begin{cases}\sum_{i=0}^{p-1}s(g_i-g_c), & \text{跳变次数小于等于 2}\\ P+1, & \text{其他}\end{cases} \tag{6.11}$$

该算子的旋转不变等价模式由 $LBP_{P,R}^{riu2}$ 的上标 $riu2$ 来表示。$P+1$ 类是这种模式所具有的种类数目，与经典的 LBP 模式具有的种类数目相比还是少很多，$P+1$ 类是具有全部的非旋转不变的等价模式的归类。变化后的图像和原图像相比，能够更清晰地体现各典型区域的纹理，特别是等价 LBP 的处理效果更明显，同时又淡化了对于研究价值不大的平滑区域的特征，降低了特征的维数。LBP 模式是对图像显著性处理的过程，通过相同的像素聚类，将目标和背景划分为不同的聚类。比较而言，等价模式表现得更逼真。在人脸识别和表情识别应用中，都是采用旋转不变等价模式。利用 LBP 提取的图像的每个像素点可以得到一个 LBP 值，则对一幅记录像素点灰度值的图像，在提取其原始的 LBP 算子后得到的依然是一幅记录每个像素点 LBP 值的图片。然而在 LBP 的应用中，如纹理分析、人脸识别等，一般都不将 LBP 图谱作为特征向量用于研究，而是利用 LBP 特征谱的统计直方图作为特征向量进行分析，它可以很直观地区分不同模式之间的特征，而且直方图具有旋转不变形的特征。

9. 多分辨率 LBP

实践表明，上述 LBP 及其改进模型得到的 LBP 特征与位置信息有关。若在一定范围内图像没有对准的情况下，会降低后续模式识别的准确率。为此，可以将图像分成若干子区域，大小如 2×2、3×3、7×7、10×10 不等，然后计算每个小区域的 LBP 特征，统计每个小区域对应的直方图，最后进行级联，得到图像的多分辨特征向量。这样不仅可以避免因图像位置没有对准而带来的失误，同时也可以达到很好的降维作用，提高计算机的运算效率。

10. Gabor 分块 LBP

纹理是图像识别中的一个重要特性，采用不同的尺度可以得到不同的纹理结构。因此，LBP 也可以采用不同的尺度进行纹理特征提取。一种方法是选择不同的 P 和 R 值，这样就可以得到不同分辨率的二值纹理模式进行纹理分析。但是，由于图像的像素是离散的，P 的取值不能是任意的，而是有上限的，且与 R 密切相关，如 $R=1$，则 $P\leqslant 8$。另外，恒定二值纹理模式的计算一般采用查找表的方法来进行，目的是减少计算复杂度，加快计算速度。查找表的存储需要 2^P 个字节，当 $P=24$，大约需要 16 MB 空间。显然，存储空间会随 P 的增加呈指数增长。虽然现在的计算机硬件发展使得存储不再是主要制约因素，但计算消耗的时间仍然不可忽视。因此，P 的取值不能过大，否则，存储空间和计算时间会大幅增长。所以，这种保持图像不变，改变算法参数的多分辨率方法是不太可行的。另外的途径就是对图像进行多尺度分解，然后对分解的子图像采用 LBP 方法进行分析。

生物特征识别是一个高维的图像识别，一幅 120×120 灰度图像就有 14400 个数据，直接对图像进行识别分类的效率不高。二维 Gabor 小波变换能够提取诸如空间位置、方向取向选择性和空间频率特性等视觉特征，在图像压缩方面具有很高的压缩比，并且快速、抗干扰，保持图像特征基本不变，可以很好地表征生物特征图像的特征，对表情变化不敏感。

通常采用 40 个 Gabor 小波变换对图像进行卷积，得到的 Gabor 特征维数为原图像的 40 倍，因此必须进行降维。LBP 是一种有效的纹理描述算子，使用 LBP 对小波变换后的图像进行特征提取，得到的 LBP 直方图序列特征，既能反映图像的局部特征又能反映其整体特征。为了减少计算时间，提高效率，将 Gabor 小波变换与 LBP 相结合，得到一种 GBLBP 特征提取模型，可以更好地表征图像，提高图像的识别率。实现过程如图 6.8 所示。

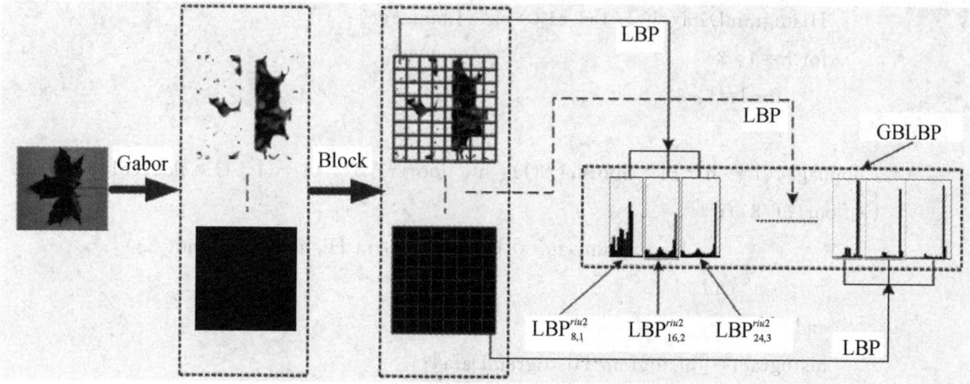

图 6.8　GBLBP 特征提取过程示意图

具体步骤如下：

(1) 对输入图像进行 n 个尺度、m 个方向的 Gabor 变换，得到 $n\times m$ 幅幅值图谱。

(2) 将每一幅幅值图谱分解为大小相同、互不重叠的 l 个子图像。

(3) 对每一个子图像进行 3 个尺度的二值编码，分别提取模式纹理特征 $LBP^{riu2}_{8,1}$、$LBP^{riu2}_{16,2}$ 和 $LBP^{riu2}_{24,3}$，得到 10、18 和 26 维特征向量。

(4) 将各个子图像的纹理特征顺序排列，得到一个 $(10+18+26)\times n\times m\times l$ 维的特征向量。

可以看出，通过这种算法提取的纹理特征维数非常高，若直接用分类器来分类，效果不一定好。因此可采用下面的方法进行处理：

(1) 将所有训练样本的特征矢量相加，求平均值，若某一个平均特征分量低于给定阈值，剔除此特征分量。

(2) 直接使用 PCA 或 ICA 降维。

(3) 不进行降维，使用多分类器融合方法，将此高维特征平均分配到各个成员分类器进行分类识别。

LBP 与 Gabor 相结合的特征提取方法的代码如下：

```
function histograms=LBPgabor( SrcImage, Scale, Direction)
n=0;histogram=[ ]; Gs=mygabor(Scale, Direction); %Gabor 变换
```

```
for i=1: Scale
    for j=1: Direction
        n=n+1;
        conimg=conv2(double(SrcImage), Gs{i, j}, 'same'); %卷积
        Lbp=LBPoriginal((uint8(LBPnormalize(conimg)))); % 初始化
        Lbpimage=uint8(LBPnormalize(Lbp));
        HistogramData=[ ]; [r1 c1]=size(Lbpimage);
        for h=1: 3
            for l=1: 3

A=Lbpimage((1+(h-1) * floor(r1/3)): h * floor(r1/3), (1+(l-1) * floor(c1/3)):
    l * floor(c1/3));
                    HistogramData=[HistogramData Histogram(round(A))];
                end
        end
        histogram=[histogram HistogramData];
    end
end
    histograms=histogram;
end
%Gabor 函数
function Gs=mygabor(V, U)
sigma=2^(1/2) * pi; sigma2 =sigma^2; GaborZ =51; n=1; %初始化
for v=0: V-1
    for u=0: U-1
        Kv= pi * 2^(-(v+2)/2); %Kv=Kmax/f^v; Kmax=pi/2; f=2^2;
        faiu=pi * u/U; Kj=[Kv * cos(faiu) Kv * sin(faiu)];%Kj=Kv * exp( i * faiu );
        Kuv=norm(Kj'); Kuv=Kuv. ^2; Gab1=(Kuv /(sigma2));
        for zx=-GaborZ: GaborZ-1
            for zy=-GaborZ: GaborZ-1
                x=[zx zy]; x=x';
                Gab2=exp(-Kuv * (zx^2+zy^2)/(2 * sigma2));
                Gab3=(exp(sqrt(-1) * Kj * x)-exp(-(sigma2)/2));
                Gr(zx+GaborZ+1, zy+GaborZ+1)=real(Gab1 * Gab2 * Gab3);
    end, end
    Gs{v+1, u+1}=Gr; n=n+1;
end, end
```

11. 基于邻域相关度的 LBP

图像的像素之间具有邻域信息相关的特性，相邻像素间的差异能够反映像素间的关联程度，即邻域相关度。一个区域块内像素点间的邻域相关度越小，表明该邻域块内像素越接近，则该块包含的边缘细节越少，表现出的图像纹理变化较平缓；相反，一个区域块内像素点间的邻域相关度越大，表明邻域块内像素差别较大，图像纹理变化较大，认为该块包含的纹理细节较多，因此可利用邻域相关度表征图像纹理，突出图像中某些纹理的显著性。邻域相关度的算法中充分利用了图像像素之间的这种关系，即一个像素点与其周围所有邻点间像素差的平均和，以 $N\times N$ 的区域块为例，定义如下：

$$r_i = \frac{\sum_{j} | f_i(x,y) - f_j(x,y) |}{n} \tag{6.12}$$

其中，r_i 为像素 i 的相关度，j 为所有与像素 i 相邻的像素的下标，n 表示与像素 i 相邻的像素个数。

为了更形象地说明计算过程，以图 6.9 中的 3×3 的区域块为例，计算块内的邻域相关度。

1	2	2
3	5	1
4	1	4

图 6.9　3×3 区域块

如图 6.9 所示，与像素点 1 相邻的像素有 2、5 和 3 三个，计算像素点 1 的相关度。同理，计算像素点 2 和 5 在此区域内的相关度，得

$$r_1 = \frac{\sum_{j=2,\,5,\,3} | f_1(x,\ y) - f_j(x,\ y) |}{3},$$

$$r_2 = \frac{\sum_{j=1,\,3,\,5,\,1,\,2} | f_2(x,\ y) - f_j(x,\ y) |}{5},$$

$$r_5 = \frac{\sum_{j=1,\,3,\,4,\,1,\,4,\,1,\,2,\,2,\,2} | f_5(x,\ y) - f_j(x,\ y) |}{8}$$

则，得该 3×3 区域块内各像素的邻域相关度如图 6.10 所示。

2.3	1.2	1.3
1.6	2.75	1.8
1.7	2.4	2.3

图 6.10　邻域相关度结果

由以上的结果得出，邻域相关度的计算充分考虑了某个像素点与其周围所有邻点间的关系，因此对于图像纹理信息的表达更全面有效。

下面将邻域相关度与 LBP 算子相结合，介绍一种基于邻域相关度的 LBP 算子。该算子首先计算每个像素在邻域块内的相关度 r_i，其次计算邻域相关度的均值 r_{avg} 和方差 δ，然后比较 $r_i - r_{\mathrm{avg}}$ 与 δ 之间的大小。若 $r_i - r_{\mathrm{avg}}$ 的差值大于 δ，赋值为 1；反之为 0。计算步骤如下：

(1) 选取合适尺寸的像素块，按照式(6.11)计算各点的邻域相关度。

(2) 按照公式(6.13)计算该像素块内领域相关度的均值：

$$r_{\mathrm{avg}} = \sum_{i=1}^{n} \frac{r_i}{n} \tag{6.13}$$

其中，n 为像素块的尺寸。

(3) 计算像素块内邻域相关度的方差：

$$\delta = \sum_{i=1}^{n} \frac{(r_i - r_{\text{avg}})^2}{(n-1)} \tag{6.14}$$

(4) 按照式(6.15)计算 LBP 算子：

$$T = (s(r_0 - r_{\text{avg}}), s(r_1 - r_{\text{avg}}), \cdots, s(r_{p-1} - r_{\text{avg}})), s(x) = \begin{cases} 1, & |x| \geqslant \delta \\ 0, & |x| < \delta \end{cases} \tag{6.15}$$

(5) 按照均匀 LBP 模式计算基于邻域相关度的 LBP 的值。

采用均匀 LBP 模式对纹理特征进行描述，当 LBP 算子尺度为(8，1)时，模式数量为59，LBP 算子总数为 256，虽然只占 23%，却能表达出 87.2%的纹理，所以可以有效描述大部分纹理，还可以降低计算量，提高运行速度。

对图 6.9 所示的例子，利用基于邻域相关度的 LBP 算子提取特征，结果如图 6.11 所示。

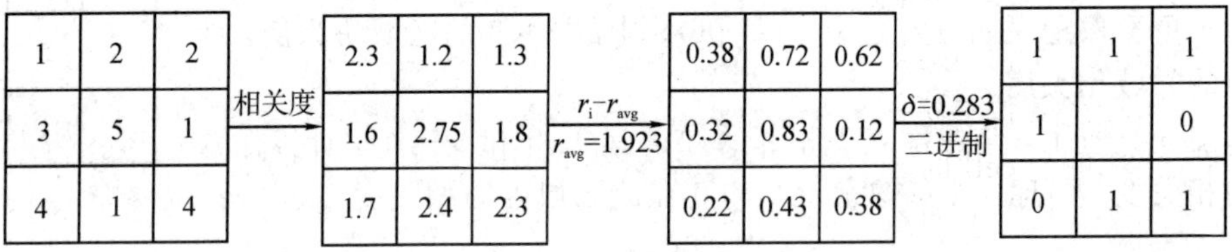

图 6.11　基于邻域相关度的 LBP 算子计算结果

12. LBP 的图像识别方法

经典 LBP 算子在每个像素点都可以得到一个 LBP“编码”，那么对一幅图像提取其原始的 LBP 算子后，得到的原始 LBP 特征依然是“一幅图片”，表示的是每个像素点的 LBP 值，如图 6.12 所示。LBP 应用中，如纹理分类、人脸分析等，一般都不将 LBP 图谱作为特征向量用于分类识别，而是采用 LBP 特征谱的统计直方图作为特征向量用于分类识别。

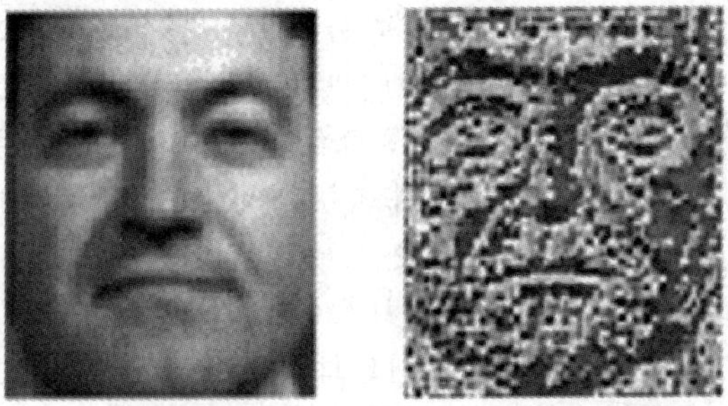

原始图像　　　　LBP特征

图 6.12　人脸 LBP 特征

图像的 LBP“特征”与位置信息紧密相关。若直接对视频中的任意两幅图像提取 LBP 特征并进行判别分析的话，可能因为“位置没有对准”而产生很大的误差。在实际应用中，为了得到图像的位置特征，将一幅图片划分为若干子区域，对每个子区域内的每个像素点都提取 LBP 特征，然后在每个子区域内建立 LBP 特征的统计直方图。如此一来，每个子区域就可以用一个统计直方图来进行描述；整个图片就由若干个统计直方图组成。例如，一幅 100×100 像素大小的图片，划分为 10×10＝100 个子区域(可以通过多种方式来划分区域)，每个子区域的大小为 10×10 像素；在每个子区域内的每个像素点，提取其 LBP 特征，然后建立统计直方图。这样，这幅图片就有 10×10 个子区域，也就有了 10×10 个统计直方图，利用这 10×10 个统计直方图就可以描述这幅图像。利用相似性度量函数就可以判断两幅图像之间的相似性，或利用分类器进行图像分类识别。

基于 LBP 的图像识别方法的步骤如下：

(1) 将检测窗口划分为 16×16 的小区域(cell)。

(2) 对于每个 cell 中的一个像素，将相邻的 8 个像素的灰度值与其进行比较，若周围像素值大于中心像素值，则该像素点的位置被标记为 1，否则为 0。这样，3×3 邻域内的 8 个点经比较可产生 8 位二进制数，即得到该窗口中心像素点的 LBP 值。

(3) 计算每个 cell 的直方图，即每个数字(假定是十进制数 LBP 值)出现的频率，然后对该直方图进行归一化处理。

(4) 将得到的每个 cell 的统计直方图连接成为一个特征向量，也就是整幅图的 LBP 纹理特征向量。

(5) 利用 SVM 或者其他机器学习算法进行分类。

13. LBP 的研究现状

LBP 算法因其特征鉴别能力高、计算复杂度低、区分性能强等优点，得到了越来越多的关注。在人脸识别、纹理分类、图像匹配、目标跟踪和检测、医学图像分析、遥感图像分析等领域，LBP 方法得到了充分的研究和发展。近些年来，出现了很多改进的 LBP 算法。

下面介绍一些比较经典的改进算法。

(1) 在图像分类方面。传统 LBP 算子只考虑中心像素和邻域像素的二值关系，得到的编码包含 0 和 1。因为阈值选取是中心像素的灰度值，所以当整个区域内的灰度比较相近时计算结果容易受到噪声等的干扰。局部三元算子(Local Ternary Patterns，LTPs)的基本思想是改变传统 LBP 方法的量化等级，将 LBP 由二值编码扩展为 3 个值的编码，当中心像素点和邻域像素点做比较时，可以得到 1、0 或－1，定义为

$$s(u,\ i_c,\ t)=\begin{cases}1, & u\geqslant i_c+t\\0, & |u-i_c|<t\\-1, & u\leqslant i_c-t\end{cases}\tag{6.16}$$

其中，u 为邻域像素值，i_c 为中心像素值，t 为变化范围。该式表示邻域像素与中心像素的

相对变化在 t 范围内量化为 0，比 i_c 大于 t 的量化为 1，比 i_c 小于 t 的量化为 -1。LTPs 编码如图 6.13 所示。

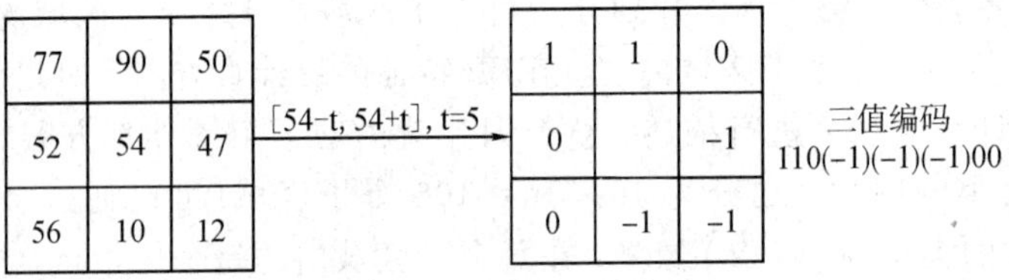

图 6.13　LTPs 编码示意图

最后将三值编码变成二值编码，得到两个 8 位二进制数，如图 6.14。将 LTPs 应用于特征提取和图像分割，能够增强对噪声和光照的鲁棒性，比 LBP 模式具有更强的识别和分割能力。

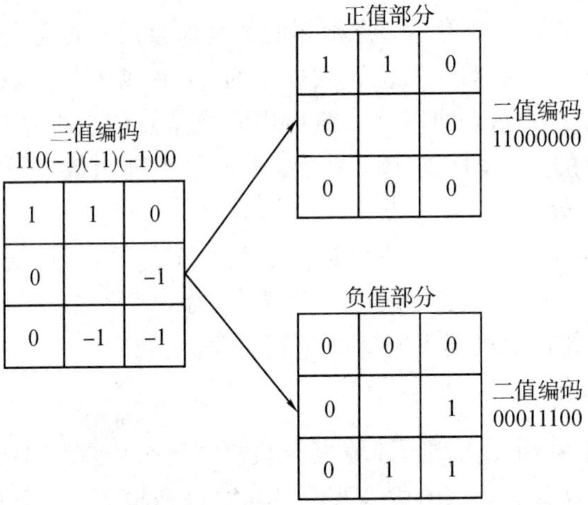

图 6.14　三值编码分解为二值编码

(2) 由于 LBP 在像素区域内邻近像素点数量的选择会对 LBP 的运行速度和最终结果产生很大的影响，Liao 等提出了 Elongated LBP(ELBP)，它选择在一个椭圆形的区域内进行计算，对于一些椭圆形的结构，比如人脸上的嘴巴、眼睛等，有更好的识别能力。Liao 等提出了 Multi-scale Block LBP(MBLBP)，该方法计算局部区域内的平均值，取代了原始 LBP 中单独像素点的值，在得到纹理图像的微观信息的同时，提取了宏观结构的信息。Jin 等提出 ImprovedLBP(ILBP)的人脸检测算法，比较局部区域内所有像素点(包括中心像素点)与区域像素点的平均值的大小，改善了 LBP 的特征。Tan 等将 LBP 与 Gabor 相结合，同时考虑 LBP 算法提取的局部纹理特征和 Gabor 提取的全局信息，使得提取的特征更加全面。

(3) 在图像分割和分类方面。基本 LBP 算子只是考虑两个像素点之间的大小差异的二值关系。为了提高性能，需要将更多有用的信息加入进去。有学者提出了 Completed LBP

(CLBP)，给出三种描述子 CLBP_C、CLBP_S、CLBP_M，将像素差分为符号和幅值两项，分别表示为式(6.17)、式(6.18)、式(6.19)、式(6.20)。

$$d_p = g_p - g_c \tag{6.17}$$

$$d_p = s_p * m_p,\ \begin{cases} s_p = \text{sign}(d_p) \\ m_p = d_p \end{cases} \tag{6.18}$$

$$\text{CLBP\_M}_{P,R} = \sum_{p=0}^{P-1} t(m_p,\ c)2^p,\ t(x,\ c) = \begin{cases} 1, & x \geqslant c \\ 0, & x < c \end{cases} \tag{6.19}$$

$$\text{CLBP\_C}_{P,R} = t(g_c,\ c_i) \tag{6.20}$$

其中，CLBP_S 和 LBP 对符号的编码是一样的(8 位二进制字符串)，m_p 为像素差值的编码(8 位)，c 为全图像所有 m^p 的均值，g_c 是对中心像素的编码(2 位)，c_i 为全图像像素值的均值。最后构建三维联合直方图 CLBP_C/S/M，列化作为特征向量。CLBP 对噪声的稳健性有很大提升，在纹理分类方面有较大贡献。Ahonen 等提出了 Soft LBP(SLBP)，将软直方图引进纹理图像的分析方法中，用两个模糊隶属度函数替代原来 LBP 中的阈值函数，增强了算法的鲁棒性，在分类效果上有所改善，但是提高了算法的计算量，同时造成对灰度级敏感的问题。目前，也有许多人不断尝试将 LBP 应用于三维空间中，例如 Zhao 等人提出了 Volume LBP(VLBP)，该方法基于动态纹理特征的描述，可应用于视频分析中。但是随着邻域点数的增加，VLBP 的特征维度急剧增大，Zhao 等人又进一步提出了 Local Binary Pattern histograms from Three Orthogonal Planes (LBP-TOP)，该改进算法选择了三个相互垂直正交的平面代替三个平行的平面来进行编码，成功降低了 VLBP 的维度。多数基于 LBP 的改进方法都是应用于单独的区域内，没有考虑图像中的空间结构关系。Nosaka 在研究中结合两个 LBP 之间可能存在的空间结构关系，提出了 Co-occurrence of Adjacent LBP (COALBP)。在 COALBP 算法的基础上，为了满足旋转不变性，提出了 Rotation Invariant Co-occurrence among Adjacent LBP(RIC-ALBP)，成功地应用于 HEP-2 细胞分类中，效果明显。

以上研究表明，虽然 LBP 作为一种局部特征可以很好地表达图像的纹理信息，但是它在计算的过程中仍然丢弃了一些信息，因此可以将 LBP 算子与其他的经典算法相结合，来提升性能。

6.3　方向梯度直方图

方向梯度直方图(Histogram of Oriented Gradients，HOG)作为图像的识别特征，广泛应用于人脸识别、掌纹识别和植物物种识别中。HOG 描述符能够使人联想到边缘方向直方图、尺度不变特征变换(SIFT)描述符和形状上下文描述符。它们在均匀间隔的细胞的密集网格上进行计算，并使用重叠的局部对比度归一化来提高性能。由于 HOG 计算所有图像单元的直方图，并且相邻块之间存在重叠单元，因此 HOG 包含大量冗余信息，需要进行维数约简，以进一步提取判别特征。为此，一些学者将 HOG 与主成分分析(PCA)、线性判别分析(LDA)相结合进行图像识别，取得了令人满意的结果。HOG 特征结合 SVM 分类器已经被广泛应用于图像识别中，尤其在行人检测中获得了极大的成功。HOG 可以捕获具有局部形状特征的边缘或梯度结构，通过梯度和直方图归一化可以获得对局部几何变换和光度变换更好的不变性。此外，由于 HOG 不从图像的典型特征中提取各种不同特征，因此在图像分类识别中应用 HOG 并不需要对图像结构进行预先了解。这不仅简化了分类识别过程，且消除了所研究的图像概念随时可能变化的影响。

因为 HOG 是一个局部特征，因此若对一大幅图片直接提取特征，是得不到好的效果的。例如一幅 640×480 的图像，大概有 30 万个像素点，也就是说原始数据有 30 万维特征，若直接做 HOG 的话，就算按照 360°，分成 360 个 bin，也没有表示这么大一幅图像的能力。从特征工程的角度看，一般来说，只有图像区域比较小的情况，基于统计原理的直方图对于该区域才有表达能力。若图像区域比较大，那么两个完全不同的图像的 HOG 特征也可能很相似；若区域较小，这种可能性就很小。最后，把图像分割成很多区块，然后对每个区块计算 HOG 特征，这也包含了几何(位置)特性。HOG 有点类似于 SIFT 特征描述子，两者的区别：① HOG 没有选取主方向，也没有旋转梯度方向直方图，因而本身不具有旋转不变性(较大的方向变化)，其旋转不变性是通过采用不同旋转方向的训练样本来实现的；② HOG本身不具有尺度不变性，其尺度不变性是通过改变检测图像的大小来实现的；③ HOG是在密集采样的图像块中求取的，计算得到的 HOG 特征向量中隐含了该块与检测窗口之间的空间位子关系，而 SIFT 特征向量是在一些独立并离散分布的特征点上提取的(denseSIFT 除外)。

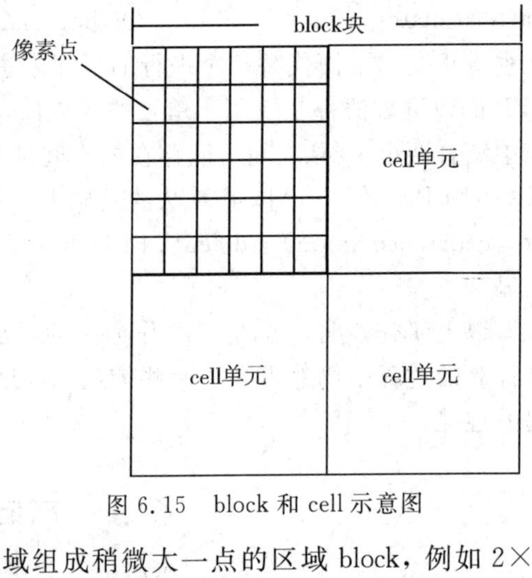

图 6.15　block 和 cell 示意图

HOG 通过计算统计图像的局部小区域(cell 和 block)的方向梯度直方图来表示图像的分类特征，如图 6.15 所示。首先将一幅图像划分为大小相等的 cell 小区域，例如先将图像划分为 20×20 的小区域，然后分别计算这些小区域的梯度方向直方图；再由一定数量的小区域组成稍微大一点的区域 block，例如 2×2 个 cell 小区域组成 1 个 block 区域；由 block 区域的方向梯度直方图特征向量组成整幅图像方向 HOG 的特征向量；最后，由该特征向量唯一地描述这幅图像，用于图像分类识别。

1) HOG 的基本步骤

HOG 的基本步骤详细描述如下：

(1) 灰度化。将图像看作一个 xyz(灰度)的三维图像。

(2) 归一化处理。该操作先将图像转化为灰度图像，再利用 Gamma 校正实现。目的是为了提高图像特征描述符对光照以及环境变化的鲁棒性，降低图像局部的阴影、局部曝光过多及纹理失真，尽可能地抑制图像的干扰噪声。

(3) 将图像划分成小 cells。由于 HOG 是一个描述图像局部纹理信息的局部特征描述符，若直接对一幅图像进行逆行特征提取，可能得不到好的效果。一般需要先将图像划分为较小的方格单元，如首先将图像划分为 20×20 大小的方格单元 cell，然后每 2×2 个 cell 组成一个 block，再由所有的 block 组成图像，如图 6.16 所示。其中，图像的划分可采用重叠和不重叠两种策略。采用一阶微分算子 Sobel 计算图像 $G(x, y)$ 在水平方向和垂直方向上的梯度。

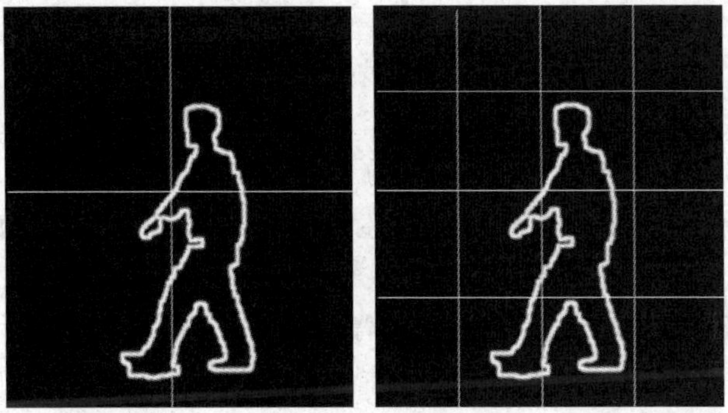

图 6.16 图像划分

(4) 计算并画出每个 cell 的方向梯度直方图。将图像划分为小的 cell 后，计算并画出每一个 cell 的方向梯度直方图，也可以使用一阶微分算子函数 Sobel 对每一个小区域求解 x 方向和 y 方向上的梯度图像。利用式(6.21)和式(6.22)计算每一个小区域中每一个像素点的梯度幅值和梯度方向。

$$g(\varphi, \omega) = \sqrt{g_x(\varphi, \omega)^2 + g_y(\varphi, \omega)^2} \tag{6.21}$$

$$\theta(\varphi, \omega) = \arctan \frac{g_y(\varphi, \omega)}{g_x(\varphi, \omega)} \tag{6.22}$$

其中 g_x 和 g_y 分别为 $g_x(\varphi, \omega) = I(\varphi+1, \omega) - I(\varphi-1, \omega)$，$g_y(\varphi, \omega) = I(\varphi, \omega+1) - I(\varphi, \omega-1)$。

(5) 统计每个 cell 的梯度直方图(不同梯度的个数)，如图 6.17 所示。梯度方向的角度是一个范围在 0°～360°的弧度值。为了计算简单，将梯度方向的范围约束为 0°～180°，并且分割为 16 个方向，每个方向 20°，再将约束后的角度除以 20，则梯度方向角度值的范围就变为[0, 16)。将每个小 cell 里面的梯度幅值按照这 16 个方向进行统计。计算完之后，将会产生一个横坐标 X 为梯度方向，纵坐标 Y 为梯度幅值的方向梯度直方图。

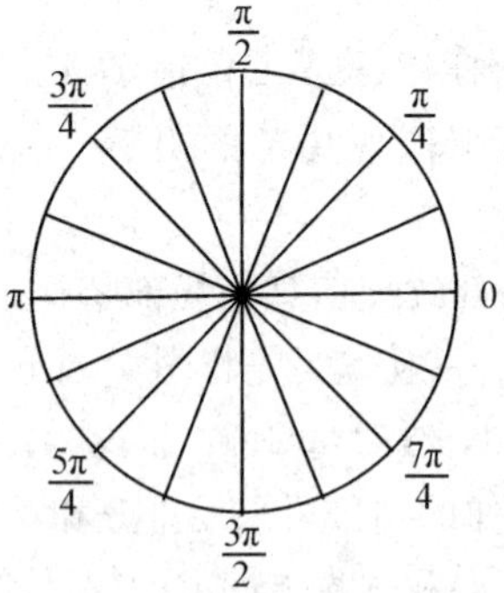

(a) 分块示意图

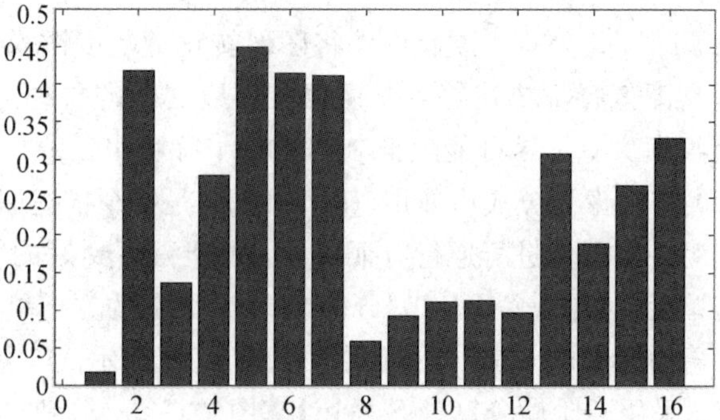

(b) 方向梯度直方图

图 6.17　图像的分块示意图和直方图

将每几个 cell 组成一个 block(例如 3×3 个 cell 组成一个 block)，一个 block 内所有 cell 的特征描述子串联起来便得到该 block 的 HOG 特征描述子。

将图像内的所有 block 的 HOG 特征描述子串联起来就可以得到该图像的 HOG 特征描述子，即图像的 HOG 特征向量。

为了克服光照不均匀的变化以及前景和背景测对比差异，需要对每个小区域计算出来的特征向量进行归一化处理。设 $\boldsymbol{V}$ 为归一化描述符向量，归一化函数如下：

$$\boldsymbol{V}=\frac{\boldsymbol{V}}{\sqrt{\|\boldsymbol{V}\|_2^2+\varepsilon^2}} \tag{6.23}$$

把样本图像分割为若干个像素的单元(cell)，把梯度方向平均划分为 9 个区间(bin)，在每个单元里面对所有像素的梯度方向在各个方向区间进行直方图统计，得到一个 9 维的特征向量，每相邻的 4 个单元构成一个块(block)，把一个块内的特征向量联起来得到 36 维的特征向量，用块对样本图像进行扫描，扫描步长为一个单元。最后将所有块的特征串联起来，就得到了图像的特征。例如，对于 64×128 的图像而言，每 16×16 的像素组成一个 cell，每 2×2 个 cell 组成一个块，因为每个 cell 有 9 个特征，所以每个块内有 4×9＝36 个特征，以 8 个像素为步长，那么，水平方向将有 7 个扫描窗口，垂直方向将有 15 个扫描窗口。也就是说，64×128 的图片总共有 36×7×15＝3780 个特征。

2) HOG 的优点和缺点

HOG 的优点：HOG 表示的是边缘(梯度)的结构特征，因此可以描述局部的形状信息。位置和方向空间的量化一定程度上可以抑制平移和旋转带来的影响。在局部区域归一化直方图可以部分抵消光照变化带来的影响。由于一定程度忽略了光照颜色对图像造成的影响，使得图像所需要的表征数据的维度降低了。由于这种分块分单元的处理方法，图像局部像素点之间的关系可以得到很好的表征。

HOG 的缺点：描述子生成过程冗长、速度慢、实时性差；很难处理遮挡问题。由于梯度的性质，该描述子对噪点相当敏感。

3）基于 HOG 的图像识别方法

（1）对原图像 Gamma 校正，即 img＝sqrt(img)。

（2）求图像的竖直边缘、水平边缘、边缘强度和边缘斜率。

（3）将图像每 16×16(也可取其他)个像素分到一个 cell 中。对于 256×256 的图像，分成 16×16 个 cell 即可。

（4）对于每个 cell 求其梯度方向直方图。通常取 9 个方向(特征)，即每 360°/9＝40°分到一个方向，方向大小按像素边缘强度加权，再归一化直方图。

（5）每 2×2(也可取其他)个 cell 合成一个 block，所以就有(16－1)×(16－1)＝225 个 block。

（6）每个 block 中都有 2×2×9 个特征，所以总的特征有 225×36 个，得到一个维数为 8100 的特征向量。一般 HOG 特征都不是对整幅图像取的，而是对图像中的一个滑动窗口取的。

（7）利用 PCA 对特征向量进行降维。

（8）利用 SVM 等分类器对特征向量进行分类识别。

HOG 程序代码如下：

```
img=double(imread('h.jpg'));
imshow(img,[ ]);[m n]=size(img); img=sqrt(img);  %伽马校正
%下面是求边缘
fy=[-1 0 1]; fx=fy'; %定义竖直模板、水平模板
Iy=imfilter(img, fy, 'replicate'); Ix=imfilter(img, fx, 'replicate');
%竖直和水平边缘
Ied=sqrt(Ix.^2+Iy.^2); Iphase=Iy./Ix;  %边缘强度、边缘斜率
step=16;                  %step×step 个像素作为一个单元
orient=9;                 %方向直方图的方向个数
jiao=360/orient;          %每个方向包含的角度数
Cell=cell(1, 1);          %所有的角度直方图，cell 可以动态增加，先设一个
ii=1; jj=1;
for i=1:step:m            %若处理的 m/step 不是整数，可以为 i=1:step:m-step
    ii=1;
    for j=1:step:n
        tmpx=Ix(i:i+step-1, j:j+step-1); tmped=Ied(i:i+step-1, j:j+step-1);
        tmped=tmped/sum(sum(tmped)); %局部边缘强度归一化
        tmpphase=Iphase(i:i+step-1, j:j+step-1);
        Hist=zeros(1, orient); %当前 step×step 像素块统计角度直方图 cell
```

```
            for p=1: step
                for q=1: step
                    if isnan(tmpphase(p, q))==1              %若像素是 nan，重设为 0
                        tmpphase(p, q)=0;
                    end
                    ang=atan(tmpphase(p, q));                %atan 求的是[-90° 90°]之间
                    ang=mod(ang * 180/pi, 360);              %全部变正，-90°变 270°
                    if tmpx(p, q)<0                          %根据 x 方向确定真正的角度
                    if ang<90 ang=ang+180; end               %若是第一象限，则移到第三象限
                    if ang>270 ang=ang-180; end              %若是第四象限，则移到第二象限
                end
                ang=ang+0.0000001;                           %防止 ang 为 0
                Hist(ceil(ang/jiao))=Hist(ceil(ang/jiao))+tmped(p, q);   %ceil 向上取整
            end, end
            % Hist=Hist/sum(Hist);                           %方向直方图归一化
            Cell{ii, jj}=Hist;                               %放入 Cell 中
            ii=ii+1;                                         %针对 Cell 的 y 坐标循环变量
        end
        jj=jj+1;                                             %针对 Cell 的 x 坐标循环变量
    end
    %下面是求 feature, 2×2 个 cell 合成一个 block，没有显式的求 block
    [m n]=size(Cell); feature=cell(1, (m-1) * (n-1));
        for i=1: m-1
            for j=1: n-1
                f=[ ]; f=[f Cell{i, j}(: )' Cell{i, j+1}(: )' Cell{i+1, j}(: )' Cell{i+1,
                  j+1}(: )'];
                f=f. /sum(f); feature{(i-1) * (n-1)+j}=f;   %归一化
    end, end
    l=length(feature); f=[ ];
    for i=1: l f=[f;feature{i}(: )']; end
    figure, mesh(f)
```

利用 MATLAB 函数 extractHOGFeatures 可以得到 HOG 可视化特征。图 6.18 是 HOG 可视化示例图。

```
img=imread('cameraman. tif');
    [featureVector, hogVisualization]=extractHOGFeatures(img);
    figure; imshow(img);hold on; plot(hogVisualization);
```

(a) 原始图像　(b) 灰度图像　(c) HOG特征图

图 6.18　HOG 可视化示例

6.4　金字塔方向梯度直方图

HOG 特征是一种描述图像体形信息的有效方法。通过提取局部区域的边缘或梯度分布，HOG 特征能够很好地表征目标边缘或梯度结构，并且进一步表征目标形状。但是，HOG 考虑了图像空间位置的分布，而没有考虑图像在不同空间尺度上的划分对分类性能的影响。因此，采用有向梯度特征的金字塔方向梯度直方图(PHOG)来表示图像。PHOG 不仅描述了步态行为的全局形状和局部细节，而且描述了步态行为的空间信息，这对于步态识别非常重要。

对于一幅图像，PHOG 的特征提取过程如下：

(1) 利用精准的边缘检测技术，提取图像的边缘轮廓。

(2) 金字塔分割：将图像分成四层，第一层是整个图像；第二层是整个图像被分成四个子区域；而第三层和第四层是前面的子区域被进一步分成四个更小的 block 小区域。每个区域的子区域的大小是上一层区域的 1/4。

(3) 在每个金字塔分辨率水平上计算每个子区域的 HOG 向量。这里，将图像子区域量化成 K 个分块，并且方向分块均匀地分布在 0～180°(“无符号”梯度)或 0～360°(“符号”梯度)上。直方图中的每一个 cell 为在一定角度范围内具有方向的边缘的数目。

(4) 级联所有 HOG 特征向量，得到图像的 PHOG 特征向量。

(5) 生成 HOG 特征向量。

将图像中的小 cell 的 HOG 特征向量组成比较大的 block 的 HOG 特征向量，再将所有的 block 的 HOG 特征向量组成全图像的 HOG 特征向量。特征向量的具体组合方式是将小的特征向量按照首尾相接的方式组成一个维数比较大的特征向量。比如，一幅图像被分为 $m \times n$ 个 block，每一个 block 的特征向量的维数为 9 维(每一个梯度方向就是一维)，则这个图像的特征向量维数为 $m \times n \times 9$ 。所有块的直方图组合成一个完整的 HOG 描述符。例如，从 64×64 图像中提取 PHOG 描述符，单元格包含 8×8 个像素，块由 2×2 个单元组成，并且单元格数 K 被设置为 9，则共有 64 个(8×8)cell 和 49 个(7×7)block，因此整体 HOG 特征的维数为 1746(9×2×2×49)。

简单来说，PHOG 作为 HOG 的变种，也是一个描述符，在提取的特征代码实现中为一个一维向量。当层数 $L=3$、梯度方向数 $n=8$ 时，得到的各个层的 PHOG 特征的维数为：第 0 层只有 1 个区域，即整幅图像计算 HOG，有 1×8 维的 HOG 特征；第 1 层分为 2×2个区域，有 2×2×8 维的 HOG 特征；第 2 层分为 4×4 个区域，有 4×4×8 维的 HOG 特征；第 3 层分为 8×8 个区域，有 8×8×8 维的 HOG 特征。因此，此时 PHOG 的维数为 (1+4+16+64)×8=680 维。

图 6.19 给出一幅图像各层的 PHOG 特征。

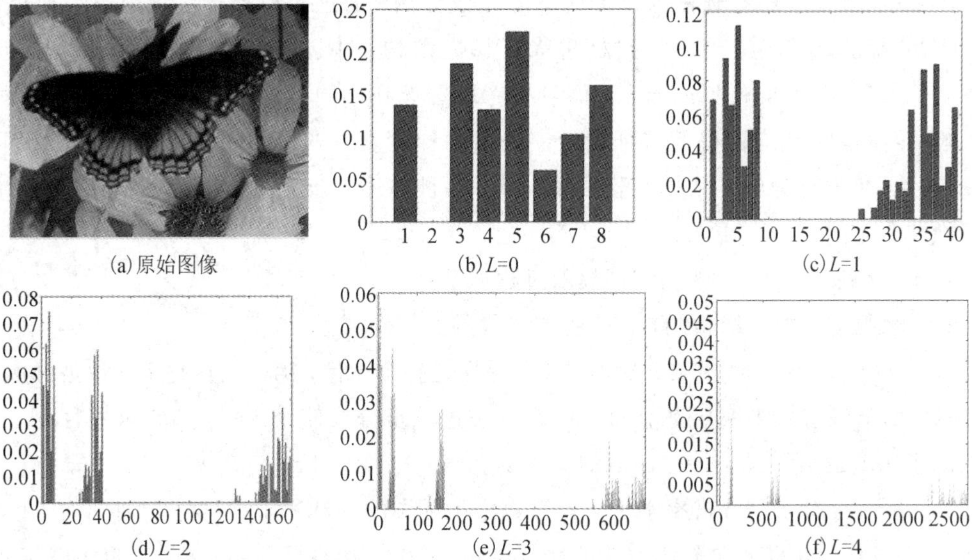

(a) 原始图像　(b) L=0　(c) L=1　(d) L=2　(e) L=3　(f) L=4

图 6.19　一幅图像在不同划分下的 PHOG 特征图

6.5　Radon 变换和改进的有限 Radon 变换特征提取

Radon 变换用来计算图像矩阵在特定方向上的投影。二维函数投影是一组线积分，Radon 变换计算一定方向上平行线的积分，平行线的间隔为 1 个像素。Radon 变换可以把图像的中心旋转到不同角度，来获得图像在不同方向上的投影积分。

在一个平面内沿不同的直线(直线与原点的距离为 d，方向角为 α)对 $f(x, y)$ 做线积分，得到的像 $F(d, \alpha)$ 就是函数 f 的 Radon 变换。也就是说，平面(d, α)的每个点的像函数值对应了原始函数的某个线积分值。

Radon 变换的基本思想：Radon 变换可以理解为图像在 $\rho\text{-}\theta$ 空间的投影，$\rho\text{-}\theta$ 空间的每一点对应一条直线，而 Radon 变换是图像像素点在每一条直线上的积分。因此，图像中高灰度值的直线会在 $\rho\text{-}\theta$ 空间形成亮点，而低灰度值的线段在 $\rho\text{-}\theta$ 空间形成暗点。对直线的检测转化为在变换区域对亮点、暗点的检测。

Radon 变换将数字图像矩阵在某一指定角度射线方向上做投影变换，可以沿着任意角度 θ 进行 Radon 变换。二维 Radon 变换定义如下：

$$R(r,\theta)[f(x,y)]=\int_{-\infty}^{\infty}\int_{-\infty}^{\infty}f(x,y)\delta(r-x\cos\theta-y\sin\theta)\mathrm{d}x\mathrm{d}y \tag{6.24}$$

其中，r 是指线与起点的距离，θ 是指线与 y 轴的角度。

Radon 变换通过累加一幅图像中所有可能的线来探测线特征。但是当探测整幅图像的线特征时，Radon 变换有其明显的缺点，例如，它不能有效地探测长度远小于图像的长或宽的线段。为了克服 Radon 变换的这个缺点，这里介绍一种改进的 Radon 变换方法，即局部 Radon 变换，定义如下：

$$R(r,\theta)[f(x,y)]=\int_{x_{\min}}^{x_{\max}}\int_{y_{\min}}^{y_{\max}}f(x,y)\delta(r-x\cos\theta-y\sin\theta)\mathrm{d}x\mathrm{d}y \tag{6.25}$$

其中，参数 $x_{\max}$、$x_{\min}$、$y_{\max}$ 和 $y_{\min}$ 为应用 Radon 变换的局部区域。

有限 Radon 变换(Finite Radon Transform，FRAT)是探测有限长度信号的另外一种 Radon 变换。一般而言，FRAT 被定义为图像沿着一些特定方向的像素和。给定 $Z_p=\{0,1,\cdots,p-1\}$，其中 p 是一个素数，FRAT 在有限网格 Z_p^2 上的实值方程 $f[x,y]$ 定义如下：

$$r_k[l]=\mathrm{FRAT}_f(k,l)=\frac{1}{\sqrt{p}}\sum_{(i,j)\in L_{k,l}}f[i,j] \tag{6.26}$$

其中，$L_{k,l}$ 是指在网格上由若干像素点组成的线，定义如下：

$$\begin{cases}L_{k,l}=\{(i,j):j=ki+l(\mathrm{mod}\ p),\ i\in Z_p\},\ 0\leqslant k<p\\ L_{p,l}=\{(l,j):j\in Z_p\}\end{cases} \tag{6.27}$$

其中，k 为线的斜率，l 为截距。

FRAT 把输入图像看作周期图像，FRAT 的模呈现出“环绕”效应。为了消除这种影响，出现了一种改进的有限 Radon 变换(Modified Finite Radon Transform，MFRAT)。给定 $Z_p=\{0,1,\cdots,p-1\}$，其中 p 是一个正数，在有限网格 Z_p^2 上，MFRAT 的实值函数定义为

$$r[L_k]=\mathrm{MFRAT}_f(k)=\frac{1}{C}\sum_{(i,j)\in L_k}f[i,j] \tag{6.28}$$

其中，C 是一个标量，用于控制 $r[L_k]$ 的尺度，L_k 是指在有限网格 Z_p^2 上由若干的点组成的线，L_k 的定义如下：

$$L_k = \{(i, j): j = k(i - i_0) + j_0, i \in Z_p\} \tag{6.29}$$

其中，(i_0, j_0)是指有限网格 Z_p^2 的中心点，并且 k 是指 L_k 的相应斜率，在 MFRAT 中，L_k 还有另外一个表达方式 $L(\theta_k)$，这里 θ_k 是指相应于 k 的角度。

与 FRAT 相比较，MFRAT 去掉了 $L_{k,l}$ 中的截距 l，只计算经过网格 Z_p^2 中心点(i_0, j_0)的一条线段的像素之和。这里需要指出，在不同方向上的所有的线段具有相同数量的像素，同时属于不同线段的像素可以重合。不同于 FRAT，在 MFRAT 中，k 的数量不是由 p 来决定，而是根据实际的需要来决定。另外，MFRAT 不是一个可逆变换。在应用 MFRAT 前，需要对图像进行归一化：

$$f = f' - \text{mean}(f'), \sum f[i, j] = 0, (i, j) \in Z_p^2 \tag{6.30}$$

在 MFRAT 中，可以通过下式计算网格 Z_p^2 中心点 $f(i_0, j_0)$的方向 θ_k 和能量 e：

$$\theta_{k(i_0, j_0)} = \arg(\min_k(r[L_k])) \quad k = 1, 2, \cdots N \tag{6.31}$$

$$e_{(i_0, j_0)} = |\min(r[L_k])| \quad k = 1, 2, \cdots N \tag{6.32}$$

其中，$|\cdot|$是指绝对值运算。

使用上述操作，若在整幅图像上逐个像素地移动网格中心，那么每个像素的方向和能量都可以被计算出来。对于一个大小为 $m \times n$ 的图像 $I(x, y)$，若所有的像素值被它们的方向和能量所代替，那么可以建立两个新图像，即方向图 Direction_image 以及能量图 Energy_image：

$$\text{Direction\_image} = \begin{vmatrix} \theta_{k(1,1)} & \theta_{k(1,2)} & \vdots & \theta_{k(1,n)} \\ \theta_{k(2,1)} & \theta_{k(2,2)} & \vdots & \theta_{k(2,n)} \\ \cdots & \cdots & \cdots & \cdots \\ \theta_{k(m,1)} & \theta_{k(m,2)} & \vdots & \theta_{k(m,n)} \end{vmatrix} \tag{6.33}$$

$$\text{Energy\_image} = \begin{vmatrix} e_{(1,1)} & e_{(1,2)} & \vdots & e_{(1,n)} \\ e_{(2,1)} & e_{(2,2)} & \vdots & e_{(2,n)} \\ \cdots & \cdots & \cdots & \cdots \\ e_{(m,1)} & e_{(m,2)} & \vdots & e_{(m,n)} \end{vmatrix} \tag{6.34}$$

若 MFRAT 中的线的宽度是 1 像素，p 应为一个奇数以保证能清楚地定义网格的中心点。在 14×14MFRAT 中，网格 Z_p^2 中心区域包含 4 个像素，因此这 4 个像素的方向和能量能够被同时算出。在主线被提取出来后，这 4 个具有相同方向和能量的像素可以看作是一个像素。因此，特征图像的大小被缩减为原图像的一半，这也被看作子采样操作。

根据一个阈值 T，一些重要的线包括主线和一些很强能量的褶皱线能够被提取出来，得到线图 Lines_image：

$$\text{Lines\_image}(x, y) = \begin{cases} 0, & \text{Energy\_image}(x, y) < T \\ 1, & \text{Energy\_image}(x, y) \geq T \end{cases} \tag{6.35}$$

在这一步骤中，根据能量准则，许多褶皱线被剔除。需要指出的是，阈值 T 是一个重要的参数。对能量图 Energy_image 中所有的像素点按照从大到小排序，选择第 M 个大的像素值作为自适应阈值 T。对一个二值图像 $F(x, y)$，可以采用两个准则来估计 Radon 变换图 $R[F(x, y)]$的能量，即

$$\mathrm{En}_{\max}(F(x, y)) = \max(R[F(x, y)]) \tag{6.36}$$

$$\mathrm{En}_{\text{total}}(F(x, y)) = \sum_{x=1}^{m}\sum_{y=1}^{n}(R[F(x, y)]) \tag{6.37}$$

其中，$\mathrm{En}_{\max}(F(x, y))$是 $R[F(x, y)]$的最大值，$\mathrm{En}_{\text{total}}(F(x, y))$是 $R[F(x, y)]$所有像素之和。在实际中一般采用 $\mathrm{En}_{\text{total}}(F(x, y))$准则。计算 $\mathrm{En}_{\text{total}}(F(x, y))$时，需要增加一些约束用以移除一些噪声线的能量。

MATLAB 函数 edge 和 radon 经常结合使用，用来实现 Radon 特征提取，代码如下，结果如图 6.20 所示。

```
img=imread('f.jpg'); k=180;
    figure, imshow(img); %显示原图
    img=rgb2gray(img); figure, imshow(img); %转换为灰度图并显示
    for k=10: 10: 80% k为 radon 变换角度
    [R, xp]=radon(img, k);
    figure, plot(R)%结果如图 6.20(c)所示
    end
    theta=0: 179; %角度在 0～179 范围内
    figure, imagesc(theta, xp, R) ; %结果如图 6.20(d)所示
    %Randon 变换的逆变换用于重建图像
    img=iradon(R, theta);
    figure, imshow(img);%结果如图 6.20(e)所示。
    %对图像的边缘进行 Randon 变换
    BW=edge(img); imshow(BW); %边缘提取，结果如图 6.20(f)所示
    [R, xp]=radon(BW, theta); %0～179 范围内的 radon 变换
    figure, imagesc(theta, xp, R) ; %结果如图 6.20(g)所示
```

(a) 原始图像

(b) 灰度图像

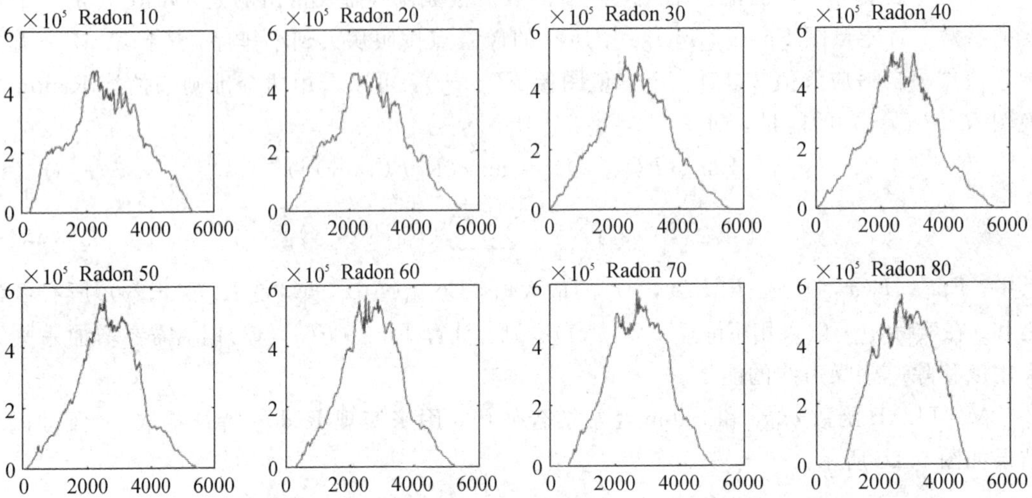

(c)不同尺寸对应的Radon特征

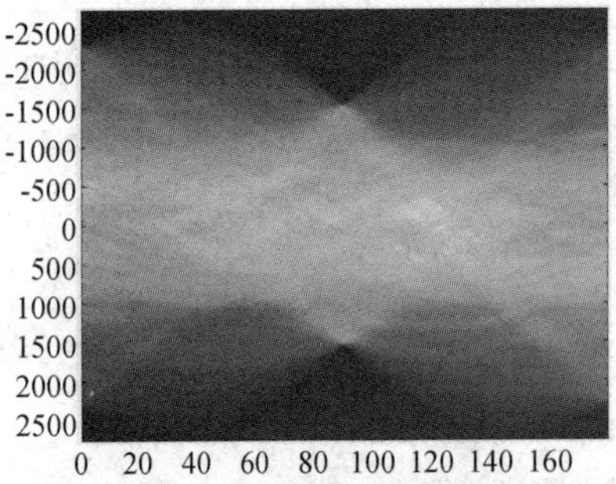

(d)0°~179° 范围内的Radon特征

(e)重构图像

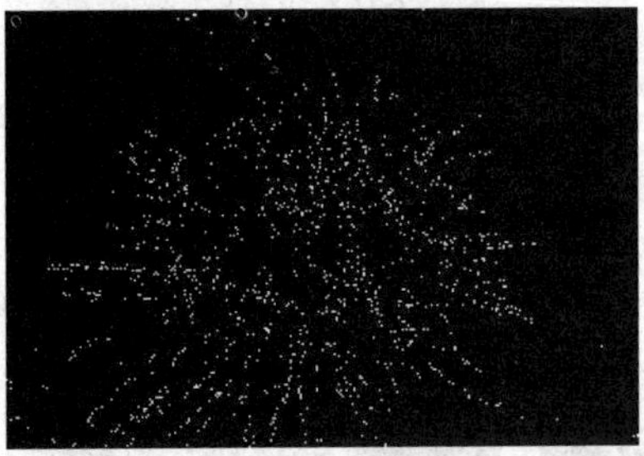

(f)边缘图像

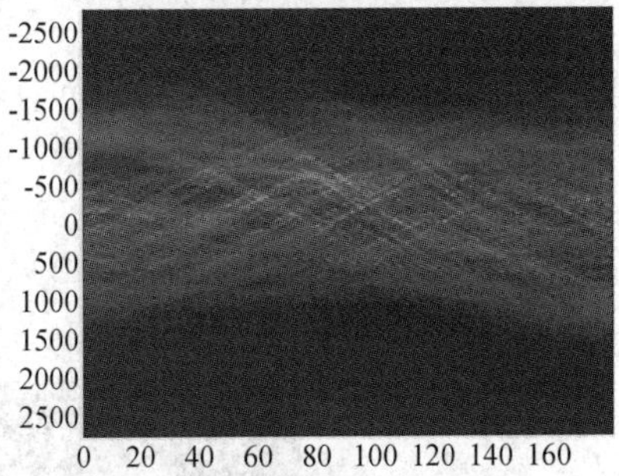

(g)0°~179° 范围内的边缘图像的Radon特征

图 6.20　Radon 变换

6.6　Hough 变换特征提取

Hough 变换是一种提取图像特定形状特征的特征提取方法，是利用图像的全局特性直接检测目标的轮廓、将图像边缘像素连接起来的常用方法。Hough 变换的实质是将图像空间内具有一定关系的像元进行聚类，寻找能把这些像元用某一解析形式联系起来的参数空间累积对应点。其基本原理是利用点与线的对偶性，将原始图像空间给定的曲线通过曲线表达形式变为参数空间的一个点。由此将原始图像中给定曲线的检测问题转化为寻找参数空间中的峰值问题，即将检测整体特性转化为检测局部特性。将图像空间中所有的边界点转化为参数空间的直线，在参数空间里简单地进行累加统计经过每个点直线的数目，然后用在 Hough 参数空间寻找峰值的方法检测直线。Hough 变换能够应用于检测直线、椭圆、圆、弧线等。

在图像空间中，一条直线可以被描述为 $y=ax+b$，其中 a 为直线的斜率，b 为直线的截距。可以认为参数 a 和 b 代表了一条直线。很明显，表示直线特征的并不是 x 和 y，而是直线的斜率 a 和截距 b。在图像空间中直线 $y=ax+b$ 上的一点(x_0, y_0)，有 $y_0=ax_0+b$，可以写为 $b=-ax_0+y_0$，也就是说图像空间中的一点对应着参数空间中的一条直线。由于斜率 a 和截距 b 的取值范围均为$(-\infty, +\infty)$，没有上下限，所以在图像空间中不能表示直线 $x=c$。通常在图像空间中的直线表示为 $r=x\cdot\cos\theta+y\cdot\sin\theta$，其中 r 表示直线到原点距离，θ 表示直线的方向。参数 r 的取值范围决定于图像的大小，而 θ 的取值范围为$[0°, 180°)$。图像空间和 r-θ 空间同样具有点-线对偶性。为了检测出直角坐标 X-Y 中由点所构成的直线，可以将极坐标 a-p 量化成许多小格。根据直角坐标中每个点的坐标(x, y)，在 $a\in[0°, 180°)$内以小格的步长计算各个 p 值，所得值落在某个小格内便使该小格的累加计数器加 1。当直角坐标中全部的点都变换后，对小格进行检验，计数值最大的小格，其(a, p)值对应于直角坐标中所求直线。

1) Hough 变换的实现步骤

Hough 变换的实现步骤如下：

(1) 灰度化，并使用 Canny 算子进行边缘检测。

(2) 参数空间离散化，确定检测精度。

(3) Hough 参数空间统计。

(4) 4 邻域非极大值抑制。

2) Hough 变换与 Radon 变换的联系与区别

(1) Hough 变换把图像空间中给定的曲线按曲线的参数表达式变换成参数空间中的

点，然后通过在参数空间中寻找峰值来达到在图像空间中寻找曲线的目的。可以使用 Hough 变换来寻找图像中的直线。在预先知道区域形状的条件下，利用 Hough 变换可以方便地将不连续的边缘像素点连接起来，从而得到边界曲线。

(2) Radon 变换以线积分的形式把图像空间投影到 ρ-θ 空间(等同于直线的参数空间)。

(3) 直线 Hough 变换与 Radon 变换的区别在于前者是直线参数变换的离散形式，而后者则是直线参数变换的连续形式。所以 Hough 变换直接应用在二值图像上，而 Radon 变换直接应用在灰度图像上。另外，由于二值图像只需要处理前景或者背景像素，所以 Hough 变换速度一般更快。Hough 变换通常用在几何形状检测、文档版面分割等领域。

(4) Radon 变换也有独特的优势。由于二值图像的不连续性，表面上看 Hough 变换的结果中峰值位置明显，效果比 Radon 变换好，但实际上由于通常意义上难以对一幅图像进行恰当的二值分割，所以在一般情况下 Radon 变换要比 Hough 变换更精致而且准确。Radon 变换是全面的变换，可以从 Radon 变换的结果重建变换前的图像。所以在断层扫描中大量使用了 Radon 变换及其逆变换。

3) 基于 MATLAB 工具箱中函数的 Hough 变换

hough()函数用于实现 Hough 变换，使用格式如下：

(1) [H, theta, rho]=hough(BW, ParameterName, ParameterValue)，其中 H 是 Hough 变换矩阵；theta(以度计)为变换角度 θ，rho 为变换半径 ρ，都是一维向量；BW 是输入图像。

(2) peaks=houghpeaks(H, numpeaks, Threshold, NHoodSize)函数用于 Hough 变换中的峰值识别，H 是 Hough 变换矩阵；numpeaks 是峰值的数量；可选参数 Threshold 是非负标量值，表示 H 值被认为是峰值的阈值，阈值从 0 变化到 Inf，默认值为 0.5×max(H(:))；可选参数 NHoodSize 是正整数，表示抑制邻域的大小。这是在峰值被识别之后，每个峰值周围的邻域设置为 0，默认值为大于或等于 size(H)/ 50 的最小奇数值。简单来说，就是通过把所发现峰值的直接邻域中的 Hough 变换单元置 0 来清理峰值。

(3) lines=houghlines(BW, theta, rho, peaks, param1, val1, param2, val2)函数用于实现基于 Hough 变换提取直线段，这些直线段是与被识别峰值相关的有意义的线段，其中，theta 和 rho 是函数 hough()的输出，peaks 是函数 houghpeaks()的输出。输出 lines 是结构数组(可能检测到多条直线)，长度等于找到的线段数。结构中的每个元素可以看成一条线，并含有下列字段：point1 的坐标为(r1, c1)，指定线段起点的行列坐标；point2 的坐标为(r2, c2)，指定了线段终点的行列坐标。

将 MATLAB 函数 edge 和 hough 相结合能够得到图像线段特征，主要的程序代码如下，结果见图 6.21。

```
BW=edge(I, 'canny');  % 用 canny 算法提取边缘图像
[H, T, R]=hough(BW, 'RhoResolution', 0.5, 'ThetaResolution', 0.5);
% 计算得到的 H 为参数矩阵，T 为限定直线的角度，R 为直线到原点的值
colormap(hot); peaks=houghpeaks(H, 15);  % 提取指定数目的峰值点，即寻找直线
figure, imshow(BW); hold on;  % 绘制 Hough 变换的图
lines=houghlines(BW, T, R, peaks, 'FillGap', 25, 'MinLength', 15); max_len=0;
for k=1: length(lines)
xy=[lines(k).point1; lines(k).point2];  %提取图像的线段特征
plot(xy(:, 1), xy(:, 2), 'LineWidth', 3, 'Color', 'b');
plot(xy(1, 1), xy(1, 2), 'x', 'LineWidth', 3, 'Color', 'yellow');
plot(xy(2, 1), xy(2, 2), 'x', 'LineWidth', 3, 'Color', 'red');
len=norm(lines(k).point1-lines(k).point2);
if (len>max_len) max_len=len; xy_long=xy; end
end
```

(a) 原图　(b) Hough特征　(c) 原图　(d) Hough特征　(e) 原图　(f) Hough特征　(g) 图像线段特征

图 6.21　Hough 特征

4）LBP、HOG 与 Hough 三种特征比较

LBP（Local Binary Pattern，局部二值模式）是一种描述图像局部纹理特征的算子，具有旋转不变性和灰度不变性等显著优点。HOG 是一个局部特征，若对一大幅图片直接提取特征，得不到好的效果。Hough 是一个特征提取技术，可用于隔离图像中特定形状的特征，应用在图像分析、计算机视觉和数字图像处理领域。图 6.22 给出了图像的 LBP、HOG 与 Hough 特征提取图。

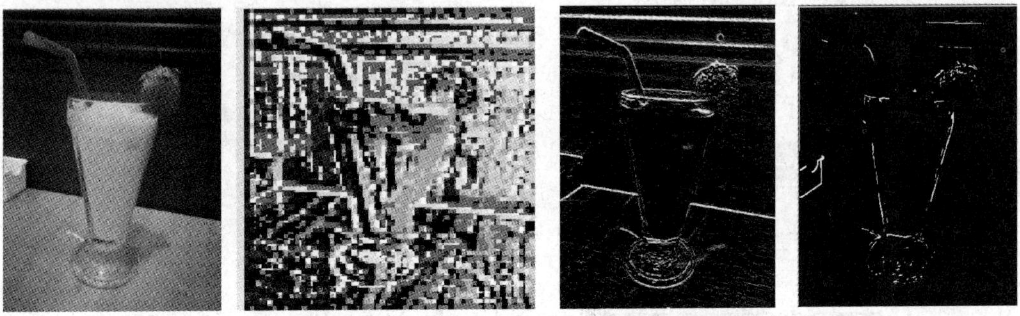

(a)原始图像　(b)LBP特征　(c)HOG特征　(d)Hough特征

图 6.22　图像的 LBP、HOG 与 hough 特征比较

6.7　Gabor 变换特征提取

多年来，基于多通道、多分辨率分析的方法在图像处理、理解、识别等方面的应用研究受到了广泛的重视，如 Gabor 变换、Winger 分布及小波空频分析方法等。而 Gabor 变换是该类方法的典型代表。Gabor 变换已经应用于计算机视觉的许多领域，例如目标检测、边缘检测、生物特征识别、图像表示与压缩等。Gabor 变换属于加窗傅里叶变换，Gabor 函数可以在频域的不同尺度、不同方向上提取相关的特征。二维 Gabor（2DGabor）变换的核函数为

$$f(x,\ y,\ \theta_k,\ \lambda,\ \sigma)=\frac{1}{2\pi\sigma^2}\exp\left\{-\frac{x^2+y^2}{2\sigma^2}\right\}\cdot\exp\left(\frac{2\pi i(x\cos\theta_k+y\sin\theta_k)}{\lambda}\right)\tag{6.38}$$

其中，λ 和 θ_k 分别为正弦波的波长和方向，σ 为高斯函数在 x 和 y 方向上的标准差，决定了高斯包络的空间扩展。θ_k 定义如下：

$$\theta_k=\frac{\pi}{n}(k-1),\ k=1,\ 2,\ \cdots,\ n\tag{6.39}$$

式中，k 决定了滤波器方向的个数。这种形式的 Gabor 滤波器在实际中使用广泛，除了具有时间-频率域的最佳局部化以及与哺乳动物的视觉接收场模型吻合的性质外，还对图像的亮度和对比度变化具有一定的鲁棒性。

式(6.38)同样可以分解为实 Gabor 滤波器 f_r 和虚 Gabor 滤波器 f_i。令 $G(x,\ y)=\frac{1}{2\pi\sigma^2}\exp\{-\frac{x^2+y^2}{2\sigma^2}\}$，则

$$\begin{cases} f_{\mathrm{r}}(x,\ y,\ \theta_k,\ \lambda,\ \sigma) = G(x,\ y)\cos\left(\dfrac{2\pi(x\cos\theta_k + y\sin\theta_k)}{\lambda}\right) \\ f_{\mathrm{i}}(x,\ y,\ \theta_k,\ \lambda,\ \sigma) = G(x,\ y)\sin\left(\dfrac{2\pi(x\cos\theta_k + y\sin\theta_k)}{\lambda}\right) \end{cases} \tag{6.40}$$

图 6.23 所示分别为 Gabor 函数的实部和虚部。可以看出，Gabor 滤波器具有很好的方向选择性。

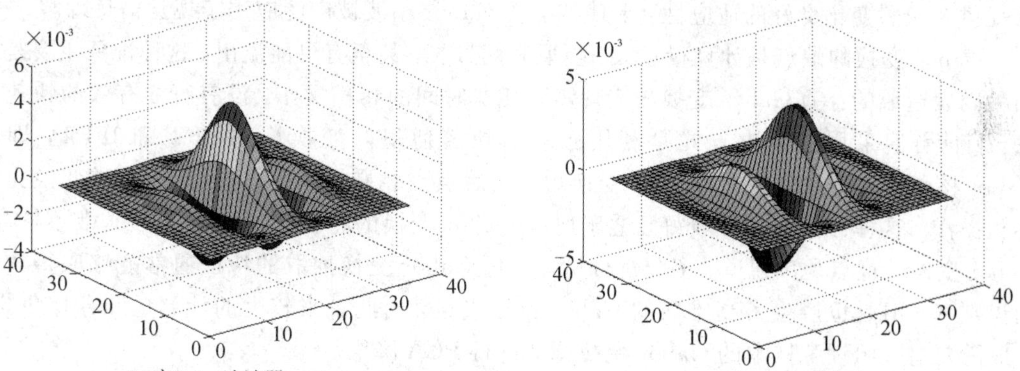

(a) 实Gabor滤波器　　(b) 虚Gabor滤波器

图 6.23　Gabor 滤波器

利用滤波器对图像 $I(x,\ y)$ 进行卷积操作，提取 Gabor 变换特征：

$$H(x,\ y) = I(x,\ y) * f(x,\ y,\ \theta_k,\ \lambda,\ \sigma) \tag{6.41}$$

式中 $H(x,\ y)$ 表示卷积后的特征图。

一般情况下，通过改变参数 σ，提取多个方向和尺度特征，得到多尺度分辨率特征。若将图像划分为一些互有重叠的区域块，把采样出来的区域块的幅值通过加权后的平均值作为该区域块输出的特征向量，并把区域块幅值串联起来，作为 Gabor 变换的输出局部特征向量。

Gabor 变换提取特征主要过程包括：① 设计滤波器(例如函数、数目、方向和间隔)；② 从滤波器的输出结果中提取有效纹理特征集。具体实现步骤如下：

(1) 将输入图像分为 3×3(9 块)或 4×4(16 块)的图像块。

(2) 建立 Gabor 滤波器组。选择 4 个尺度，6 个方向，组成 24 个 Gabor 滤波器。

(3) Gabor 滤波器组与每个图像块在空域卷积，每个图像块可以得到 24 个滤波器输出，这些输出是图像块大小的图像，若直接将其作为特征向量，特征空间的维数会很大，所以需要“浓缩”。

(4) 每个图像块经过 Gabor 滤波器组的 24 个输出，连接为一个 24×1 的列向量，作为该图像块的纹理特征。

得到 Gabor 特征后需要对其进行进一步处理，然后再应用于识别、分割、检测等过程。

例如，阈值化的Gabor特征和基于Gabor特征的矩等，这类方法考虑了图像的统计特性，因此具有一定的鲁棒性，同时有效降低了Gabor特征的维数，但与原始Gabor特征相比，反映事物特征的能力降低。因此，在实际应用中，需要找到一个合适的阈值。

Gabor变换的优点有：① Gabor变换与人类视觉系统中简单细胞的视觉刺激响应非常相似。它在提取目标的局部空间和频率域信息方面具有良好的特性。② Gabor变换对于图像的边缘敏感，能够提供良好的方向选择和尺度选择特性，而且对于光照变化不敏感，能够提供对光照变化良好的适应性。上述特点使Gabor小波被广泛应用于视觉信息理解。

Gabor变换的缺点是计算量过大、提取时间过长，甚至有可能溢出。这种现象主要是由两种因素造成的：① Gabor变换的实现需要耗费时间的卷积操作，没有行之有效的快速算法。目前普遍采用的解决方式是利用已有的快速傅里叶变换算法FFT和IFFT，即将Gabor核函数和图像分别进行FFT变换后，然后点点相乘，最后再进行FFT逆变换完成卷积操作。这种方法通用性较好，适于所有Gabor变换的卷积。② Gabor特征维数较高。Gabor变换的优点是多通道、多分辨分析，通过Gabor变换抽取的特征通常能够取得较高的识别率，但是也产生了高维数的Gabor特征矢量，由此带来较大的计算量和存储负担。一般需要对一组训练样本的Gabor变换特征进行PCA降维。

Gabor变换特征提取的源程序如下，运行结果见图6.24。

```
I = imread('lena.bmp');
f0 = 0.2; count = 0;
for theta = [0, pi/4, pi/2, pi*3/4]; %用弧度 0, pi/4, pi/2, pi*3/4
    count = count + 1; x = 0;
    for i = linspace(-8, 8, 11)
        x = x + 1; y = 0;
        for j = linspace(-8, 8, 11)
            y = y + 1; z(y, x)=compute(i, j, f0, theta);
    end, end
    figure(count); filtered = filter2(z, I, 'valid'); f = abs(filtered);
      imshow(f/max(f(:)))
end
%计算 Gabor 变换函数
function gabor_k = compute(x, y, f0, theta)
r = 1; g = 1; x1 = x*cos(theta) + y*sin(theta);
y1 = -x*sin(theta) + y*cos(theta);
gabor_k = f0^2/(pi*r*g)*exp(-(f0^2*x1^2/r^2+f0^2*y1^2/g^2))*
exp(i*2*pi*f0*x1); end
```

(a) 工件的特征图（0°、45°、90°、135° 四个方向）

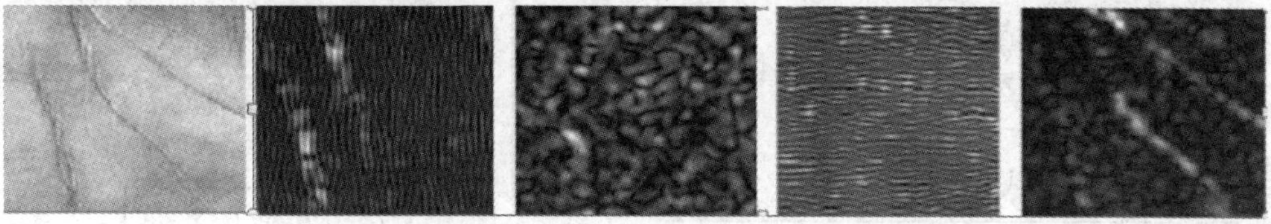

(b) 掌纹的特征图（0°、45°、90°、135° 四个方向）

图 6.24　四个方向的 Gabor 特征图

6.8　小波变换特征提取

小波变换利用基本小波的尺度伸缩和位移对信号进行变换，具有时间-频率都局部化的特点。小波变换这种“变焦”特性是小波变换能够提供多分辨率分析的基础。因此利用小波变换系数可以表达纹理的频率特征。小波变换能够对图像信号进行多分辨率分析，同时得到图像的时域与频域的局部性特征。

图像可以看作二元函数 $f(x, y)$，其二维小波变换定义为

$$W_j^{\lambda} f(x, y) = f * \Psi_j^{\lambda}(x, y) = \iint_{R^2} f(u, v)\Psi_j^{\lambda}(x-u, y-v)\mathrm{d}u\mathrm{d}y \tag{6.42}$$

其中，j 表示分解尺度，而 λ 则表示 3 个不同的高频分量。设尺度函数 $\phi(x)$ 和小波函数 $\Psi(x)$ 对应的滤波器系数矩阵分别为 $\boldsymbol{H}$ 和 $\boldsymbol{G}$，原始图像 $f(x, y)$ 记为 $\boldsymbol{C}_0$，则二维小波分解算法可描述为

$$\begin{cases} \boldsymbol{C}_{j+1} = \boldsymbol{H}\boldsymbol{C}_j\boldsymbol{H}^* \\ \boldsymbol{D}_{j+1}^h = \boldsymbol{G}\boldsymbol{C}_j\boldsymbol{H}^* \\ \boldsymbol{D}_{j+1}^v = \boldsymbol{H}\boldsymbol{C}_j\boldsymbol{G}^* \\ \boldsymbol{D}_{j+1}^d = \boldsymbol{G}\boldsymbol{C}_j\boldsymbol{G}^* \end{cases} \quad (j = 0, 1, 2, \cdots, J-1) \tag{6.43}$$

其中，h，v，d 分别表示水平、垂直和对角分量，$\boldsymbol{H}^*$ 和 $\boldsymbol{G}^*$ 分别是 $\boldsymbol{H}$ 和 $\boldsymbol{G}$ 的共扼转置矩阵。相应的小波重构算法为

$$\boldsymbol{C}_{j-1} = \boldsymbol{H}^*\boldsymbol{C}_j\boldsymbol{H} + \boldsymbol{G}^*\boldsymbol{D}_j^h\boldsymbol{H} + \boldsymbol{H}^*\boldsymbol{D}_j^v\boldsymbol{G} + \boldsymbol{G}^*\boldsymbol{G}_j^d\boldsymbol{G} \quad (j = J, J-1, \cdots, 1) \tag{6.44}$$

上式中，J 表示分解层数。若图像大小为 $N \times N$，则依据图像分解像素点减半的原理，分解层数最大为 $\mathrm{lb}N$，但在实际应用中，一般取 3 到 4 层为宜。利用离散小波变换将图像分解为 3 层，得到图像的多分辨表示（见图 6.25）：LH_n，HL_n，HH_n（$n=1, 2, 3$），LL_n 表示最低

频成分，是图像的一个低分辨(粗尺度)逼近；LH_n 表示水平低频垂直高频成分；HL_n 表示水平高频垂直低频成分；HH_n 表示对角方向高频分量。

利用小波变换提取图像的纹理特征，对经过标准化处理的图像进行四进制小波分解，得到 16 个图像的子带。在图 6.26 中列出这 16 个子带所对应的分解滤波器。

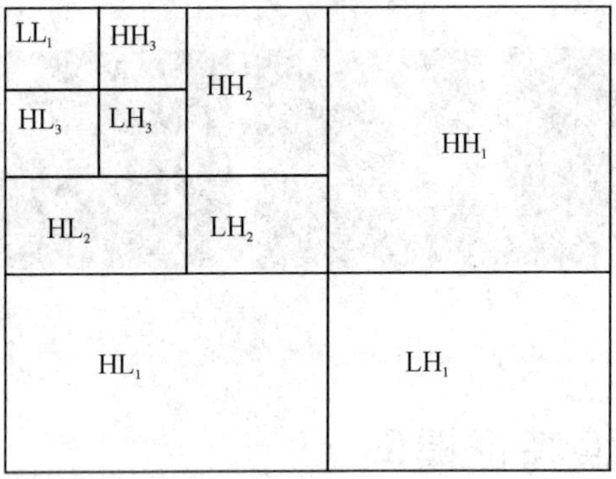

图 6.25　图像的 3 层小波迭代分解示意图

H_{11}	H_{12}	H_{13}	H_{14}
H_{21}	H_{22}	H_{23}	H_{24}
H_{31}	H_{32}	H_{33}	H_{34}
H_{41}	H_{42}	H_{43}	H_{44}

图 6.26　各频带的滤波器分布

图像经过滤波器 H_{ij} 滤波，事实上就是水平方向用 H_i 滤波，垂直方向用 H_j 滤波。所以，图像经过滤波器 H_{11} 滤波，产生的是低频带，经过其他的 15 个滤波器滤波将产生中频带和高频带。大量的实验同时也证实了 H_{22}、H_{33}、H_{44} 这三个滤波器保持了 45°方向纹理的信息；H_{12}、H_{23}、H_{34} 这三个滤波器保持了对角线和水平方向之间方向纹理的信息；H_{21}、H_{32}、H_{43} 这三个滤波器保持了对角线和垂直方向之间方向纹理的信息。

图像的小波系数并不能直接用于衡量图像的相似性，小波变换系数通常并不直接作为图像特征加以应用，需要对图像的小波系数进行必要的统计，有效地描述图像的纹理特征。可以提取小波变换后各个频带的特征——能量、均值方差。设第 i 个频带子带为 $I(x, y)$，大小为 $k\times l$，则

$$M_i = \frac{1}{k\times l}\sum_{x=1}^{k}\sum_{y=1}^{l} I(x, y) \tag{6.45}$$

$$V_i = \frac{1}{k\times l}\sum_{x=1}^{k}\sum_{y=1}^{l} [I(x, y) - M_i]^2 \tag{6.46}$$

图像首先被分解成一个近似部分和 4 个细节尺度。而每一个不同的尺度又进一步地分解为不同方向的子带，其中两个较粗尺度部分再次分解为 4 个方向子带，两个较细尺度部分分解为 8 个不同方向的子带。因此，经小波变换后整幅图像的特征仍利用得到的各个子图像中的均值与方差，整幅图像的特征可以表示为$\{M_0, V_0, M_1, V_1, \cdots, M_Z, V_Z\}$，一共有 Z 个频带子带。彩色图像具有 3 个不同的颜色通道，在每一颜色通道内都得到 32 个图像特征，所以经小波变换后得到的总的图像特征为 96 个。

图像小波变换的低频部分保存图像的轮廓信息，高频部分对应小波系数，保存的是图像的边缘和细节信息。大量的研究表明，幅值低的高频信息对于图像共享较小，丢弃后对图像质量的影响不大，所以小波变换的特性给了图像压缩一个很好的工具。将原图进行小波分解后，为高频信息设置一个阈值 a，假如该点的值小于 a 则置 0，这样就抛弃掉了图像中影响不大的低幅值高频信息，还原出来的图像没有明显的质量下降，但是占用空间却变小。

在实际应用中可以利用 MATLAB 下 wavelet 工具箱中的函数 dwt2、wavedec2 和 idwt2、waverec2 对图像进行分解与重构。

傅里叶变换、Gabor 变换和小波变换的关系如下：

(1) 傅里叶变换、Gabor 变换和小波变换这个三个变换分别有自己特定的定义和变换形式，因此在实际应用中的侧重点也是不同的。总体上来说，傅里叶变换更适合应用于稳定信号；Gabor 变换更多地应用于比较稳定的非稳定信号；小波变换偏重于在极其不稳定的非稳定信号上的应用。

(2) Gabor 变换属于加窗傅里叶变换，Gabor 函数可以在频域不同尺度、不同方向上提取相关的特征。而小波变换不仅实现在频域上的加窗，同时实现在时域上的加窗，它继承和发展了傅里叶变换局部化的思想，同时又克服了窗口大小不随频率变化的缺点，是进行信号时频分析和处理的理想工具。

(3) Gabor 变换不是小波变换，但 Gabor 小波变换是小波变换。Gabor 变换与小波变换有区别，而 Gabor 变换和 Gabor 小波变换也不是一回事。Gabor 函数本身不具有小波函数的正交特性。有人说，若 Gabor 函数经过正交化处理后，那就能称之为 Gabor 小波。将 Gabor 变换正交化，也就成为了 Gabor 小波变换。

基于 MATLAB 工具箱的图像小波变换和重构代码如下，运行结果见图 6.27。

```
I=imread('im.jpg'); %I=rgb2gray(img);
    subplot(3, 2, 1); imshow(I);title('原始图像');
    J=rgb2gray(I);subplot(3, 2, 2);imshow(J);title('灰度图像');
    [cA1, cH1, cV1, cD1] = dwt2(J, 'bior3.7'); %图像小波变换分解
    A1 = upcoef2('a', cA1, 'bior3.7', 1); %低频
    H1 = upcoef2('h', cH1, 'bior3.7', 1);%水平高频
    V1 = upcoef2('v', cV1, 'bior3.7', 1); %垂直高频
    D1 = upcoef2('d', cD1, 'bior3.7', 1);%对角线高频
    subplot(3, 2, 3); image(wcodemat(A1, 192));title('近似系数 A1')
    subplot(3, 2, 4); image(wcodemat(H1, 192));title('水平细节 H1')
    subplot(3, 2, 5); image(wcodemat(V1, 192));title('垂直细节 V1')
    subplot(3, 2, 6); image(wcodemat(D1, 192));title('对角线细节 D1')
    Y1=idwt2(A1, H1, V1, D1, 'bior3.7'); %一级小波重构图像
    figure, image(Y1);title('一阶小波重构图像');
```

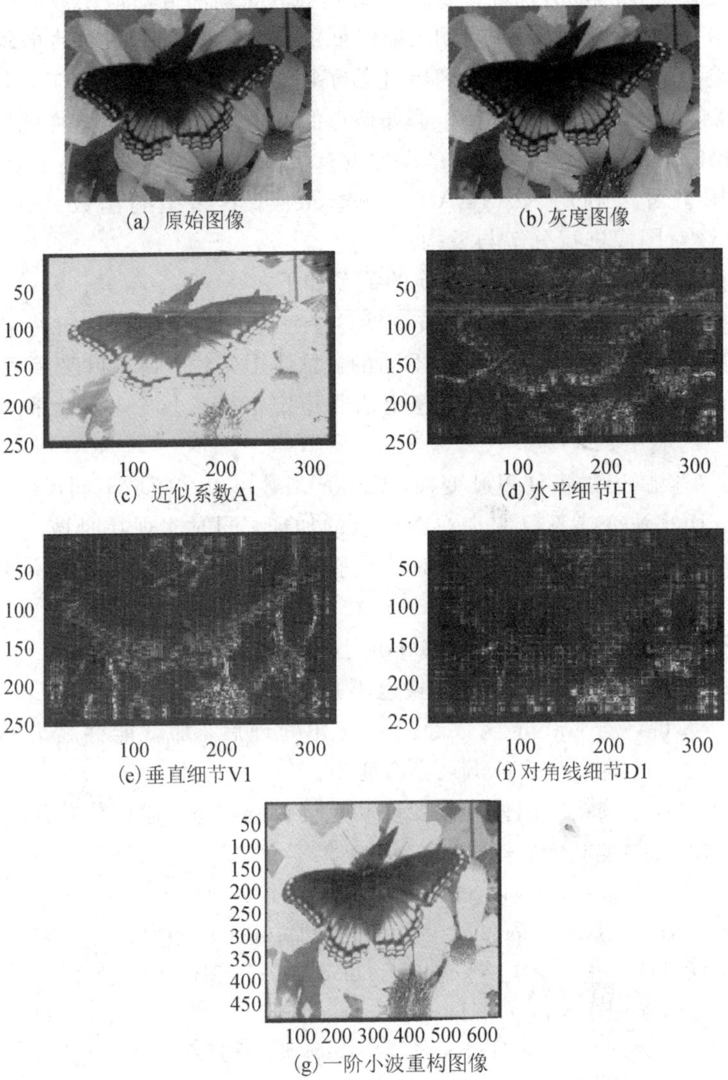

(a) 原始图像　(b) 灰度图像

(c) 近似系数A1　(d) 水平细节H1

(e) 垂直细节V1　(f) 对角线细节D1

(g) 一阶小波重构图像

图 6.27　图像小波变换和重构

基于 MATLAB 工具箱提取图像 3 层小波迭代分解特征图的程序代码如下：

```
clear all; load woman;
[sa, sh, sv, sd]=swt2(X, 3, 'db3');
s=1;
for i=1: 3
  subplot(3, 4, s)
```

```
    image(wcodemat(sa(:, :, i), 192)); title(['第', num2str(i), '层近似系数']);
  subplot(3, 4, s+1)
    image(wcodemat(sh(:, :, i), 192)); title(['第', num2str(i), '层水平系数']);
  subplot(3, 4, s+2), image(wcodemat(sv(:, :, i), 192));
    title(['第', num2str(i), '层竖直系数']);
  subplot(3, 4, s+3), image(wcodemat(sd(:, :, i), 192));
    title(['第', num2str(i), '层对角系数']);
  s=s+4;
end
```

运行结果如图 6.28 所示。

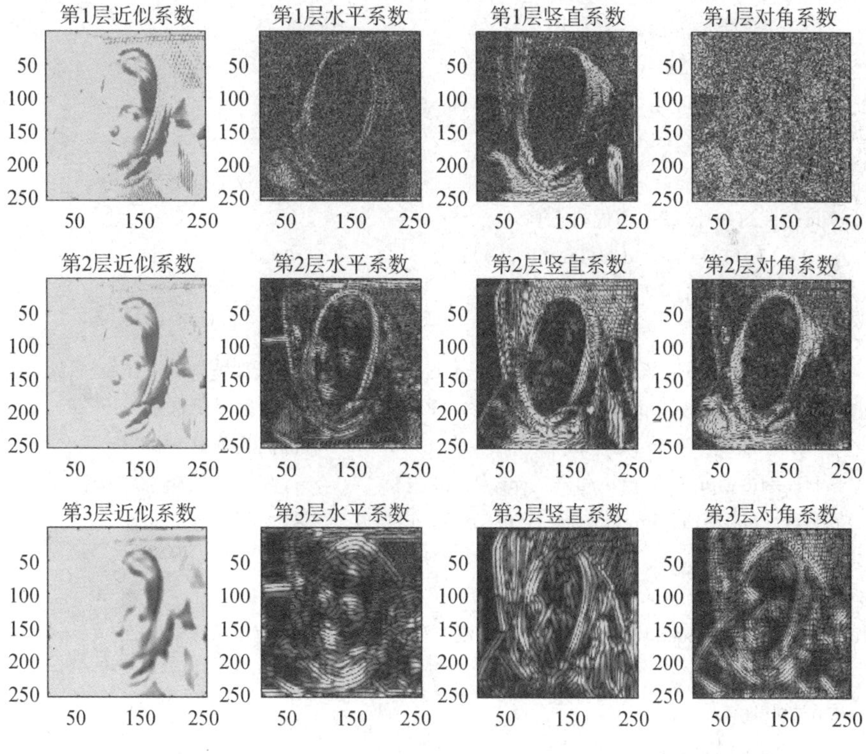

图 6.28　多层小波变换

下面是二维 Haar 小波变换特征提取的 MATLAB 代码。

```
clear all; close all; clc;
img=double(imread('Lena (2).jpg'));
[m n]=size(img);
[LL LH HL HH]=haar_dwt2D(img);
```

```
img=[LL LH;HL HH]; %一层分解
imgn=zeros(m, n);for i=0: m/2: m/2
    for j=0: n/2: n/2
        [LL LH HL HH]=haar_dwt2D(img(i+1: i+m/2, j+1: j+n/2));
        %对一层分解后的四个图像分别再分解
        imgn(i+1: i+m/2, j+1: j+n/2)=[LL LH;HL HH];
    endend
imshow(imgn)

%%%%haar_dwt2D. m
function [LL LH HL HH]=haar_dwt2D(img)
    [m n]=size(img);
    for i=1: m %每一行进行分解
        [L H]=haar_dwt(img(i, : ));
        img(i, : )=[L H];
    end
    for j=1: n %每一列进行分解
        [L H]=haar_dwt(img(: , j));
        img(: , j)=[L H];
    end
    %本来分解不应该加 mat2gray 的，不过为了有好的显示效果就加上了
    LL=mat2gray(img(1: m/2, 1: n/2));            %行列都是低频
    LH=mat2gray(img(1: m/2, n/2+1: n));          %行低频列高频
    HL=mat2gray(img(m/2+1: m, 1: n/2));          %行高频列低频
    HH=mat2gray(img(m/2+1: m, n/2+1: n)); %行列都是高频
    end
%%%%haar_dwt. m
function [L H]=haar_dwt(f) %显然，没有做边界处理，图片最好是(2^n)×(2^n)型的
    n=length(f);
    n=n/2;
    L=zeros(1, n);   %低频分量
    H=zeros(1, n);   %高频分量
    for i=1: n
        L(i)=(f(2 * i-1)+f(2 * i))/sqrt(2);
        H(i)=(f(2 * i-1)-f(2 * i))/sqrt(2);
    end
    end
```

结果如图 6.29 所示。

(a) 原始图像　　(b) 尺度为2的全分解小波特征

图 6.29　二维 Haar 小波变换

6.9　特征选择

特征选择也称特征子集选择或属性选择，是降低特征空间维数的一种基本方法。很多学者从不同角度对特征选择进行了定义，如，① 寻找必要的、足以识别目标的最小特征子集；② 一个能够增加分类精度或在不降低分类精度的条件下降低特征维数的过程；③ 在保证结果类分布尽可能与原始数据类分布相似的条件下，选择尽可能小的特征子集；④ 选择尽量小的特征子集，并满足不显著降低分类精度和不显著改变类分布两个条件；⑤ 从 D 维的原始特征集 F 中选择一个 d 维子集($d \ll D$)，该子集在原始特征集 F 所有维数为 d 的子集中使某个准则函数最优。

以上定义的出发点不同，各有侧重点，但是目标都是寻找一个能够有效识别目标的最小特征子集，消除噪声(低重要性)特征，实现对特征空间的缩减，提高分类器的效率和识别率。所以特征选择的能力体现在两个方面，即对高重要性特征的识别能力以及对噪声特征的识别能力。特征选择是提高模式识别算法性能的一个重要手段，也是模式识别中关键的数据预处理步骤。特征选择与特征提取的区别是，特征提取主要是从原特征空间到新特征空间的一种变换，特征提取到的子特征集可能会失去对类别原有主观意义的具体解释，而特征选择可以保持对这种特征具体意义的解释。此外，特征提取是指利用已有的特征计算出一个抽象程度更高的特征集的算法。一般而言，特征选择可以看作一个搜索寻优问题。有学者证明了最小特征子集的搜索是一个 NP 问题，即除了穷举式搜索，不能保证找到最优解。实际应用中，当特征数目较多时，穷举式搜索因为计算量太大而无法应用，因此人们致力于用启发式搜索算法寻找次优解。

6.9.1 特征选择基础

1. 特征重要性

特征重要性和相关性是特征选择的主要依据。基尼系数和信息增益是计算特征重要性的常用方法。卡方检验值和 Pearson 系数是常用的两种相关性计算方法。

1）信息增益

假定当前样本集合 D 中第 k 类样本所占的比例为 $p_k(k=1, 2, \cdots, |y|)$，则 D 的信息熵为 $\mathrm{Ent}(D)=-\sum_{k=1}^{|y|} p_k \log_2 p_k$，$\mathrm{Ent}(D)$的值越小，则 D 的纯度越高。

假定离散属性 a 有 V 个可能的取值$\{a^1, a^2, \cdots, a^V\}$，若使用 a 来对样本集 D 进行划分，则会产生 V 个分支节点，其中第 v 个分支节点包含了 D 中所有在属性 a 上取值为 a^v 的样本，记为 D^v。再计算出 D^v 的信息熵 $\mathrm{Ent}(D^v)$，考虑到不同的分支节点所包含的样本数不同，给分支节点赋予权重 $|D^v|/|D|$，即样本数越多的分支节点的影响越大，于是计算出用属性 a 对样本集 D 进行划分所获得的“信息增益”为

$$\mathrm{Gain}(D, a)=\mathrm{Ent}(D)-\sum_{v=1}^{V} \frac{|D^v|}{|D|}\mathrm{Ent}(D^v) \tag{6.47}$$

一般而言，信息增益越大，则意味着使用属性 a 来进行划分所获得的“纯度提升”越大。

2）基尼指数

数据集 D 的纯度可用基尼值来度量：

$$\mathrm{Gini}(D)=\sum_{k=1}^{|y|}\sum_{k'\neq k} p_k p_{k'}=1-\sum_{k=1}^{|y|} p_k^2 \tag{6.48}$$

直观来说，$\mathrm{Gini}(D)$反映了从数据集 D 中随机抽取两个样本，其类别标记不一致的概率。因此 $\mathrm{Gini}(D)$越小，数据集 D 的纯度越高。

属性 a 的基尼指数定义为

$$\mathrm{Gini\_index}(D, a)=\sum_{i=1}^{V} \frac{|D^k|}{|D|}\mathrm{Gini}(D^k) \tag{6.49}$$

一般来说，基尼指数越小，意味着使用属性 a 来进行划分所获得的“纯度提升”越大。

3）卡方检验值

卡方检验分析方法假设特征变量与类别变量相互独立。通过观察实际值与理论值的偏差来判断原假设是否成立，若实际值与理论值相差较大，则拒绝原假设，表明该特征与类别变量相关。卡方检验值的计算方法如下：

$$\chi^2=\sum_{i=1}^{2}\sum_{j=1}^{k} \frac{(A_{ij}-E_{ij})}{E_{ij}} \tag{6.50}$$

其中，i 代表特征出现与否，k 为类别数量；A_{ij} 为统计计数，E_{ij} 为依据原假设得到的期望计数。

4）Pearson 系数

Pearson 系数用于度量两个变量 X 和 Y 之间的相关（线性相关），其值介于 −1 与 1 之间，可以用于直接计算特征变量 X 与类别变量 C 的相关系数。若相关系数呈现明显的正相关性或负相关性，则该特征对分类较为有用。Pearson 系数的计算方法如下：

$$\text{Pcov}(X, Y) = \frac{\sum_{i=1}^{n}(X_i - \overline{X})(Y_i - \overline{Y})}{\sqrt{\sum_{i=1}^{n}(X_i - \overline{X})^2 \sum_{i=1}^{n}(Y_i - \overline{Y})^2}} \tag{6.51}$$

式中，$\overline{X}$，$\overline{Y}$ 分别为 X 和 Y 的均值，n 为变量 X 和 Y 的维数。

由式(6.51)可知，Pearson 系数是用协方差除以两个变量的标准差得到的。虽然协方差能反映两个随机变量的相关程度（协方差大于 0 时表示两者正相关，小于 0 时表示两者负相关），但其数值上受量纲的影响很大，不能简单地从协方差的数值大小给出变量相关程度的判断。皮尔逊相关的约束条件：① 两个变量间有线性关系；② 变量是连续变量；③ 变量均符合正态分布且二元分布也符合正态分布；④ 两变量独立。

MATLAB 函数 Pcor＝corr(Matrix，'type'，'Pearson')可以计算相关性和 Pearson 相关系数，其中参数 Matrix 即为需要计算的矩阵。

2. 特征选择过程

特征选择的一般过程包括产生过程、评价函数、停止准则和验证过程。

1）产生过程

产生过程是搜索特征子集的过程，负责为评价函数提供特征子集。需要设计搜索起点和方向。搜索起点是算法开始搜索的状态点，搜索方向指评价的特征子集产生的次序。搜索的起点和搜索方向是相关的，它们共同决定搜索策略。一般根据不同的搜索起点和方向分为以下 4 种情况：

(1) 前向搜索。搜索起点是空集 S，从一个特征开始，每次增加一个特征，从未被包含在 S 里的特征集中选择最佳的特征不断加入 S，随着搜索不断进行，依据某种评价标准，直到某次的特征子集不如上一轮的子集为止。

(2) 后向搜索。搜索起点是全集 S，从完整的特征集合开始，每次从 S 中去掉一个无关的特征，依据某种评价标准不断从 S 中剔除最不重要的特征，直到达到某种停止标准。

(3) 双向搜索。双向搜索就是将前两种方法结合在一起，同时从前后两个方向开始搜索，每一轮逐渐增加选定的相关特征，同时减少无关特征。一般搜索到特征子集空间的中部时，需要评价的子集将会急剧增加。当使用单向搜索时，若搜索要通过子集空间的中部就会消耗掉大量的搜索时间，所以双向搜索是比较常用的搜索方法。

(4) 随机起点搜索。随机搜索从任意的起点开始，对特征的增加和删除也有一定的随机性。

假设原始特征集中有 n 个特征(也称输入变量)，那么存在 $2n-1$ 个可能的非空特征子集。搜索策略就是为了从包含 $2n-1$ 个候选解的搜索空间中寻找最优特征子集而采取的搜索方法。搜索方法可大致分为以下 4 类：

(1) 全局最优搜索策略(穷举式搜索)。它可以搜索到每个特征子集。这种算法能保证在事先确定优化特征子集中特征数目的情况下，找到相对于所设计的可分性判据而言的最优子集。缺点是它会带来巨大的计算开销，尤其当特征维数较大时，计算时间很长。分支定界法通过剪枝处理缩短搜索时间。虽然该方法能得到最优解，但因为诸多因素限制，无法被广泛应用。

(2) 序列搜索策略。它避免了简单的穷举式搜索，在搜索过程中依据某种次序不断向当前特征子集中添加或剔除特征，从而获得优化特征子集。比较典型的序列搜索算法有前向后向搜索、浮动搜索、双向搜索、序列向前和序列向后算法等。序列搜索算法较容易实现，计算复杂度相对较小，但容易陷入局部最优。

(3) 随机搜索策略。由随机产生的某个候选特征子集开始，依照一定的启发式信息和规则逐步逼近全局最优解。在计算过程中把特征选择问题与模拟退火算法、禁忌搜索算法、遗传算法等，或者只是一个随机重采样过程结合起来，以概率推理和采样过程作为算法的基础，基于对分类估计的有效性在算法运行中对每个特征赋予一定的权重；然后根据用户所定义的或自适应的阈值来对特征重要性进行评价。当特征所对应的权重超出了这个阈值，它便被选中作为重要的特征来训练分类器。Relief 系列算法即是一种典型的根据权重选择特征的随机搜索方法，它能有效地去掉无关特征，但不能去除冗余，而且只能用于两类分类。

(4) 启发式搜索策略。这类方法主要有单独最优特征组合、序列前向选择方法(SFS)、广义序列前向选择方法(GSFS)、序列后向选择方法(SBS)、广义序列后向选择方法(GSBS)、浮动搜索方法等。该类方法易于实现且快速。一般认为浮动广义后向选择方法(FGSBS)是较为有利于实际应用的一种特征选择搜索策略，它既考虑到特征之间的统计相关性，又用浮动方法保证算法运行的快速稳定性。启发式搜索策略存在的问题是，虽然效率高，但是它以牺牲全局最优为代价。

2) 评价函数

评价函数是评价一个特征子集好坏程度的准则。在特征选择过程中评价标准扮演着重要的角色，它是特征选择的依据。评价标准可以分为两种，一种是用于单独衡量每个特征的预测能力的评价标准；另一种是用于评价某个特征子集整体预测性能的评价标准。一般有 5 种比较常见的评价函数，即距离度量、信息度量、一致性度量、依赖度量和误分类率度量。

(1) 距离度量：若 X 在不同类别中能产生比 Y 大的差异，则说明 X 比 Y 好。

(2) 信息度量：指特征的信息增益，用于度量先验不确定性和期望后验不确定性之间的差异。

(3) 依赖度量：用于度量从一个变量的值预测另一个变量值的能力。

(4) 一致性度量：对于两个样本，若它们的类别不同，但特征值相同，那么它们是不一致的；否则是一致的。

(5) 误分类率度量：使用特定的分类器，利用选择的特征子集来预测测试集的类别，用分类器的准确率作为指标。这种方法准确率很高，但是计算开销较大，主要用于 Wrapper 方法。

3) 停止准则

停止准则与评价函数相关，一般设计一个阈值，当评价函数值达到这个阈值后就可停止搜索。停止标准决定何时停止搜索，即结束算法的执行。它与评价准则或搜索算法的选择以及具体应用需求均有关联。常见的停止准则一般有：

(1) 执行时间，即事先规定了算法执行的时间，当到达所指定的时间就强制终止算法运行，并输出结果。

(2) 评价次数，即指定算法需要运算多少次，通常用于规定随机搜索的次数，尤其在算法运行的结果不稳定的情况下，通过若干次的运行结果找出其中稳定的因素。

(3) 设置阈值，一般是给算法的目标值设置一个评价阈值，通过目标与该阈值的比较决定算法停止与否。不过，要设置一个合适的阈值并不容易，需要对算法的性能有十分清晰的了解。否则，设置阈值过高会使得算法陷入死循环，阈值过小则达不到预定的性能指标。

4) 验证过程

验证过程即在验证数据集上验证选出来的特征子集的有效性。

3. 基本框架

对特征选择的定义基本都是从分类正确率以及类分布的角度考虑。Dash 等人给出了特征选择的基本框架，如图 6.30 所示。

由于子集搜索是一个比较费时的步骤，Yu 等人基于相关和冗余分析，给出了另一种特征选择框架，避免了子集搜索，可以高效快速地寻找最优子集，如图 6.31 所示。

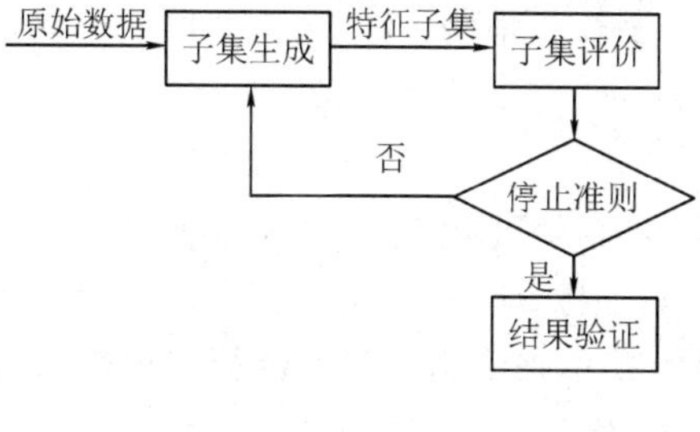

图 6.30　特征选择的基本框架

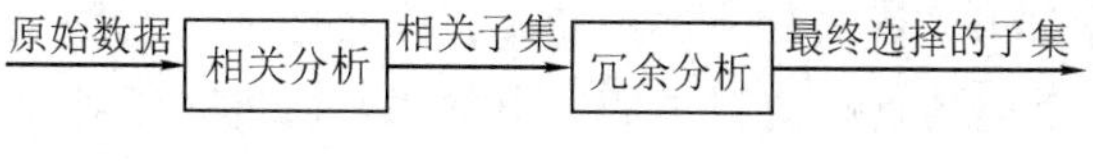

图 6.31　基于相关和冗余分析的特征选择框架

目前对特征选择方法的研究主要集中于搜索策略和评价准则，因而，一般从搜索策略和评价准则两个角度对特征选择方法进行分类。

6.9.2 特征选择方法

尽管特征提取方法很多，利用不同的特征提取方法能够从一幅图像中提取不同特征，但是这些特征对后续图像分类、识别的贡献大小不同，有些可能起到副作用。特别是，若特征太多，模型训练慢甚至无法训练，也容易导致模型过拟合。特征选择是为了找到原始特征的相关特征子集，选择对后续图像处理任务有价值的少量特征，以便于聚类、分类和检索。特征选择问题本质上是一个计算代价很高的组合优化问题。依据是否独立于后续的学习算法，特征选择方法可以分为三类：过滤式(Filter)、封装式(Wrapper)和嵌入式(Embedded)。Filter 方法假设特征子集对模型预估的影响互相独立，选择一个特征子集，分析该子集和数据 Label 的关系，若存在某种正相关，则认为该特征子集有效。Wrapper 方法选择一个特征子集加入原有特征集合，用模型进行训练，比较子集加入前后的效果，若效果变好，则认为该特征子集有效，否则认为无效。Embedded 方法将特征选择和模型训练结合起来。下面介绍几个常用的特征选择方法。

1. Relief 和 ReliefF 特征选择方法

Relief 和 ReliefF 属于 Filter 方法。Relief 算法是一种高效的过滤式特征选择方法，能够用来处理噪声、不完整和多类数据集。该算法根据各个特征和类别的相关性赋予特征不同的权重，权重小于某个阈值的特征将被移除。该算法从训练集 D 中随机选择一个样本 R，然后从与 R 同类的样本中寻找最近邻样本 H，称为 NearHit，从与 R 不同类的样本中寻找最近邻样本 M，称为 NearMiss，然后根据以下规则更新每个特征的权重：若 R 和 NearHit 在某个特征上的距离小于 R 与 NearMiss 上的距离，则说明该特征对区分同类和不同类的最近邻是有益的，则增加该特征的权重；反之，若 R 与 NearHit 在某个特征的距离大于 R 与 NearMiss 上的距离，说明该特征对区分同类和不同类的最近邻起负面作用，则降低该特征的权重。以上过程重复 m 次，最后得到各特征的平均权重。特征的权重越大，表示该特征的分类能力越强，反之，表示该特征分类能力越弱。选择权值最大的前 d 个特征构成最后的特征子集。Relief 算法的运行时间随着样本的抽样次数 m 和原始特征个数 N 的增加线性增加，因而运行效率非常高。

Relief 算法简单、快速，且结果比较令人满意，但只能处理两类别数据。ReliefF 算法是 Relief 算法的一种扩展，能够处理多类别问题。ReliefF 与 Relief 算法类似，基于特征对各个类的近距离样本的区分能力，通过赋予特征不同的权重来评估特征，特征权值越大意味着它更有助于区分类别。当特征与分类相关性极低时，特征的权值将足够小以接近 0；特征权值计算结果可能出现负值，表示同类近邻样本的距离比不同类近邻样本的距离大，这也意味着该特征对于分类的影响是负面的。ReliefF 与 Relief 算法的过程基本相同，不同之处主要在于更新权值的方式。ReliefF 算法在处理多类问题时，每次从训练样本集中随机取出一个样本 R，然后从与 R 同类的样本集中找出 R 的 k 个近邻样本 NearHits，从每个 R 的不同类的样本集中均找出 k 个近邻样本 NearMisses，然后更新任意一个特征 A 的权重 $W(A)$：

$$W(A)=W(A)-\sum_{j=1}^{k}\frac{\mathrm{diff}(A,R,H_j)}{(mk)}+\sum_{c\in \mathrm{class}(R)}\left[\frac{p(\mathrm{c})}{1-p(\mathrm{class}(R))}\sum_{j=1}^{k}\mathrm{diff}(A,R,M_j(\mathrm{c}))\right]/(mk) \tag{6.52}$$

式中：m 为迭代次数，k 为最近邻样本个数，可根据样本数量以及样本维数进行设定；$M_j(\mathrm{c})$为类 c 中的第 j 个最近邻样本；class(R)为样本 R 所属的类别的比例；$p(\mathrm{c})$表示第 c 类目标的概率；diff(A, R_1, R_2)为两样本 R_1、R_2 在特征 A 上的差。diff(A, R_1, R_2)计算如下：

$$\mathrm{diff}(A,R_1,R_2)=\begin{cases}\dfrac{|R_1[A]-R_2[A]|}{\max(A)-\min(A)}, & \text{若 } A \text{ 连续}\\ 0, & \text{若 } A \text{ 离散，且 } R_1[A]=R_2[A]\\ 1, & \text{若 } A \text{ 离散，且 } R_1[A]\neq R_2[A]\end{cases} \tag{6.53}$$

由式(6.52)可以得知，权重意义在于，减去相同分类的该特征差值，加上不同分类的该特征的差值。若该特征与分类有关，则相同分类的该特征的值应该相似，而不同分类的值应该不相似。$p(c)$的一种简单的计算方法是用该类目标样本数 N_c 除以样本总数 $\sum_{c=1}^{C}N_c$，即

$$p(c)=\frac{N_c}{\sum_{c=1}^{C}N_c}$$

当各类目标样本数大致相同时，$p(\mathrm{c})=1/C$。通过式(6.52)，更新每一个特征 A 的权值 $W(A)$；重复执行更新过程 m 次，得到各个特征的权值 W；求出每个样本的各个特征与类的相关性权值 W 后，将其依照降序排序。最后，选择权值最大的前 d 个特征构成最后的特征子集。

假设有不同类别的样本 n 个，每个样本含有 m 个特征。ReliefF 算法步骤如下：

(1) 从所有样本中随机取出一个样本 a。

(2) 在与样本 a 相同分类的样本组内，取出 k 个最近邻样本。

(3) 在所有其他与样本 a 不同分类的样本组内，也分别取出 k 个最近邻样本。

(4) 计算每个特征的权重。

(5) 可以根据权重排序，选择权值最大的前 d 个特征，得到合适的特征子集。

在实际应用中，特征维数可能较大，为了加速搜索，首先利用主分量分析（PCA）实现将高维数据（n 维）向低维子空间（s 维）映射降维，然后利用 ReliefF 算法对样本各个特征赋予相应的权值。特征（或属性）权值越高该特征越有利于分类的性质，选择特征权值最高的 d 个属性构成最后的特征子集。

利用 MATLAB 中的函数[ranks，weights] = relieff(X，y，k，Name，Value)可以实现特征选择，返回值是输入数据矩阵 X 和响应向量 y 的预测因子的等级和权重，使用 K-最近邻的 Relief 或 ReliefF 算法。若 y 是数字，则 relieff 默认执行回归的 ReliefF 分析；否则，relieff 使用每个类的 k 个最近邻对分类执行 ReliefF 分析。使用一个或多个特征值对参数指定其他选项。例如，“更新”参数设置为 10，即将为计算权重随机选择的观测值数量设置为 10。基于 ReliefF 算法的特征重要性排序的具体代码如下：

```
load ionosphere %生成 351 个样本，每个样本有 34 个特征
[ranks, weights] = relieff(X, Y, 10); %重要性排序
bar(weights(ranks)), xlabel('Predictor rank '), ylabel('Predictor importance weight ')
```

运行结果见图 6.32。

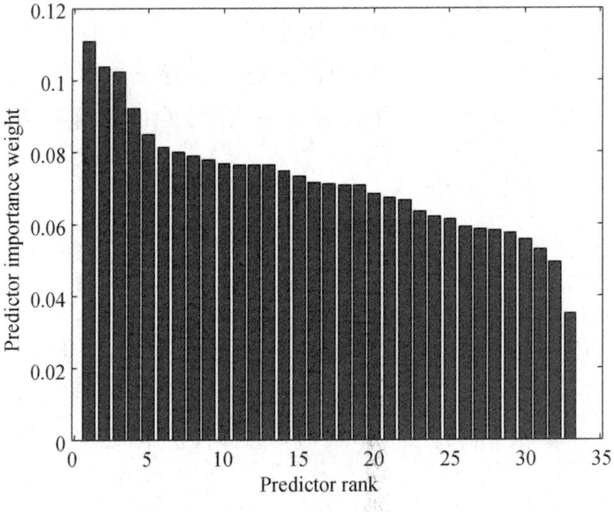

图 6.32　特征重要性

基于 MATLAB 函数 ReliefF 的特征选择源代码如下：

```
load('matlab. mat'); D=data(:, 2: size(data, 2)); k = 8;N=20;m =80;
% 运行、抽样次数
for i =1: N W(i, :) = ReliefF (D, m, k); end
```

```
for i = 1: N %将每次计算的权重进行绘图，绘图 N 次，看整体效果
plot(1: size(W, 2), W(i, :)); hold on ;
end
for i = 1: size(W, 2) result(1, i) = sum(W(:, i))/size(W, 1); end
xlabel('属性编号'); ylabel('特征权重');title('ReliefF 算法的特征权重');
axis([1 10 0 0.3])
for i = 1: size(W, 2) figure, plot(1: size(W, 1), W(:, i));xlabel('计算次数') ;
ylabel('特征权重') ;end
```

2. 混合相关性的特征选择方法

假定图像特征与类别变量表示为$(X_1, X_2, \cdots, X_n, Y)$，$N$ 为特征总数，类别属性为Y，其中 X 和 Y 均为离散型变量。为说明图像特征的相关性，定义 S-相关分析和 T-相关分析。

(1) S-相关分析。

特征与类别之间的相关叫作 S-相关，表示为 $S(X_i, Y)=\rho(X_i, Y)$，其中 $\rho(X_i, Y)$为 X_i 与 Y 之间的相关性。S-相关性的强弱会直接影响到分类的准确性，S-相关性越强，对应的特征对分类越有帮助，反之会降低分类的准确性。因此，首先要从总的特征集中去除剩下的弱相关或不相关的的特征。为了提高效率，需要预先给定阈值 δ_1，在计算 S-相关时，若某个特征的 S-相关性大于给定的阈值时，即 $S(X_i, Y)>\delta_1$，则该特征可以选出来进行下一步的相关分析。

(2) T-相关分析。特征与特征之间的相关叫作 T-相关，表示为 $T_{ij}(X_i, Y_j)$，且有 $T_{ij}(X_i, Y_j)=\gamma(X_i, Y_j)$，其中 $\gamma(X_i, Y_j)$为 X_i 与 Y_j 之间的相关性。对于 S-相关分析后的理想情况是所有的特征之间不相关，即不存在冗余性。但实际情况并非如此，特征与特征之间往往会存在一定的相关性，需要去除冗余特征，即做 T-相关分析，在这步分析中先计算相关系数矩阵，该矩阵是对称的，也就是说两个特征间的相关性是个定值，与两者的顺序无关。在 S-相关分析后对选取的特征按相关性值的大小进行排序，并计算这些特征的 T-相关系数矩阵 $\boldsymbol{R}=[T_{ij}]=[\gamma(X_i, Y_j)]$，其中 i 和 j 均为上述排序后特征对应的下标。给定阈值 δ_2，从与 Y 关联性最大(即 S-相关性最大)的那个特征出发，选出与该特征 T-相关性小于 δ_2 的特征，将这些选出的特征按与 Y 相关性(即 S-相关性)的大小排序，又选出 S-相关性最大的特征与其余 T-相关小于 δ_2 的特征。不断重复该过程，直到最后选出的特征集 T-相关小于 δ_2 且只包含一个特征时结束过程。最后将每一步选出的最大 S-相关对应的特征构成一个特征集，即为要找的最优特征子集。

利用 S-相关和 T-相关选取最优特征子集的步骤如下：

(1) 输入(X_1，X_2，…，X_n，Y)、δ_1、δ_2，其中 X 代表特征，Y 代表分类属性。

(2) 计算 S-相关系数，选出 S-相关系数大于 δ_1 的特征，并将其按大小排序后构成特征子集 $W_1=\{X_i \mid S(X_i, Y)>\delta_1\}$。

(3) 计算 W_1 中特征的 T-相关系数矩阵，选取 $T(\max(W_1), X_j)<\delta_2$ 的特征，其中 $\max(W_1)$表示 W_1 中 S-相关系数最大的特征，$X_j\in\{W_1-\max(W_1)\}$。将选出的特征又按 S-相关系数的大小排序构成子集 W_2。

(4) 将步骤(3)中选出的子集重复步骤(3)，直到 W_t 只包含一个特征时停止。

(5) 最后选出的子集为 $W=\{\max(W_1), \max(W_2), \cdots, \max(W_t)\}$。

3. 封装式(Wrapper)特征选择方法

Wrapper 与特征过滤选择方法不同，它不单看特征和目标直接的关联性，而是从添加这个特征后模型最终的表现来评估特征的好坏。在一个特征空间中，产生特征子集的过程可以看成是一个搜索问题。目前主要用的一个 Wrapper 是递归特征消除法。递归特征消除的主要思想是不断使用从特征空间中抽取出来的特征子集构建模型，然后选出最好的特征，把选出来的特征放到一边，然后在剩余的特征上重复这个过程，直到所有特征都遍历了。这个过程中特征被消除的次序就是特征的排序。所以，Wrapper 是一种寻找最优特征子集的贪心算法。

Wrapper 特征选择方法集成了分类器与特征选择，利用分类器的结果对特征子集的好坏进行评价，其过程如图 6.33 所示。

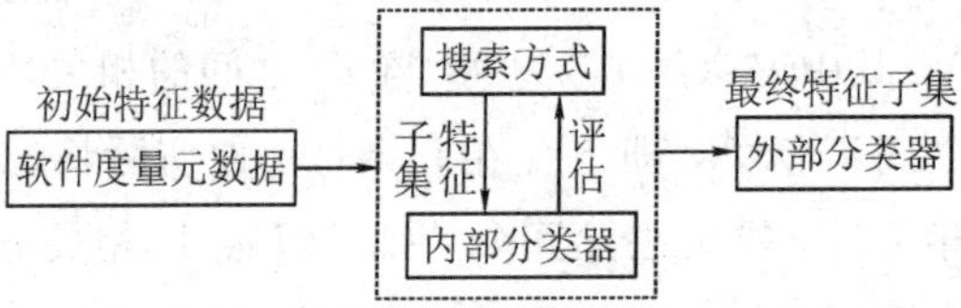

图 6.33　Wrapper 特征选择过程

由图 6.33 可以看出，Wrapper 特征选择方法的性能主要受三方面的影响，分别是：①最优特征子集的搜索方式；②学习(分类)器；③对已选择特征子集的评估。与过滤式特征选择算法不同，该方法考虑具体的分类学习算法，为了便于区分，可以将与特征选择过程集成学习器称为内部学习器，特征选择后的分类器称为外部学习器。内部学习器主要进行特征子集的评判，外部学习器主要实现软件缺陷的预测。

LVW(Las Vegas Wrapper)是一种典型的包裹式特征选择方法，它在拉斯维加斯方法框架下使用随机策略来进行子集搜索，并以最终分类器的误差为特征子集评价准则。

1）拉斯维加斯方法

拉斯维加斯方法是一个典型的随机化方法，它具有概率算法的特点，允许算法在执行的过程中随机选择下一步。概率算法可在很大程度上降低算法的复杂度。拉斯维加斯方法得不到正确的解，但找到正确解的概率随着它所用的计算时间的增加而提高。对于所求解问题的任一实例，用同一拉斯维加斯算法反复对该实例求解足够多次，可使求解失败的概率任意小。一旦用拉斯维加斯算法找到一个解，那么这个解一定就是正确的解。

2）LVW 算法

LVW 基于拉斯维加斯方法框架，假设数据集为 D，特征集为 A，则 LVW 每次从特征集 A 中随机产生一个特征子集 A'，然后使用交叉验证方法估计分类器在特征子集 A' 上的误差。若该误差小于之前获得的最小误差，或与之前的最小误差相当，但 A' 中包含的特征数更少，则将 A' 保留下来。LVW 使用误分类率作为评价函数，使用拉斯维加斯算法随机产生子集，然后计算在这个子集上的评价指标；若评价函数的值相当，并且这个子集中的特征数量小于之前的特征子集，那么将该子集作为最优特征子集。由于 LVW 算法每次评价子集 A' 时都需要训练分类器，计算开销很大，因此设置停止条件参数 T 来控制停止条件。但当特征数目很多且 T 设置得很大时，可能导致算法运行时间很长。

4. Embedded 方法

Embedded 的特征选择方法将特征选择和学习器的训练过程融为一体，即学习器自动地进行特征选择。该方法是在模型构建的同时选择最好的特征。最为常用的一个 Embedded 方法就是正则化。正则化就是把额外的约束或惩罚项加到已有模型的损失函数上，以防止过拟合并提高泛化能力。正则化分为 L1 正则化(Lasso)和 L2 正则化(Ridge 回归)。L1 正则化是将所有系数的绝对值之和乘以一个系数作为惩罚项加到损失函数上，先在模型寻找最优解的过程中，需要考虑正则项的影响，即如何在正则项的约束下找到最小损失函数。同样的，L2 正则化也是将一个惩罚项加到损失函数上，不过惩罚项是参数的平方和。其他 Embedded 方法还有基于树的特征选择等。

5. 基于遗传算法(GA)的特征选择方法

基于 GA 的特征选择是一种 Wrapper 方法，该方法是以支持向量机分类器的识别率作为特征选择的可分性判断依据，对所选择的特征用 0、1 二进制串来初始化，随机产生一批特征子集，然后使用评价函数对子集进行评分，通过选择、交叉、突变操作产生下一代特征子集，得分越高的子集被选中产生下一代的几率越高。经过 N 代迭代之后，种群中就会形成评价函数值最高的特征子集。它比较依赖于随机性，因为选择、交叉、突变都由一定的几率控制，所以很难复现结果。由于二进制数 0、1 是等概率出现，所以最优特征个数的期望是原始特征个数的一半。要进一步减少特征个数，则可以让二进制数 0、1 以不等概率出现，以 a 个特征中选择 b 个特征为例，使得在 a 位二进制串中 1 出现的概率为 b/a。基于

GA 的特征选择过程如下：

(1) 基因编码：将选择的特征组合用一个 0、1 二进制串表示，0 表示不选择对应的特征，1 表示选择对应的特征。对惩罚参数 C 和核参数 σ 也采用二进制编码，根据范围和精度计算所需要的二进制串长度。

(2) 种群初始化：以 a 个特征中选取 b 个特征为例，确保在前 a 位二进制串中 1 出现的概率一定是 b/a，两个参数部分的二进制码随机生成，二进制长度为 $a+c$ 与参数 σ 的二进制串长度之和；然后以一定的种群规模进行种群初始化。

(3) 在非支配排序后，通过遗传算法的三个算子(选择算子、交叉算子、变异算子)进行变更操作得到第一代种群。其中，选择计算个体适应度，即先对个体进行解码，再用训练和测试样本计算 SVM 的正确分类率。

(4) 将父代种群与子代种群合并得到大小为 N 的初始化种群。

(5) 对包括 N 个个体的种群进行快速非支配排序。

(6) 对每个非支配层中的个体进行拥挤度计算。

(7) 根据非支配关系及个体的拥挤度选取合适的个体组成新的父代种群。

(8) 通过遗传算法的基本变更操作产生新的子代种群。

(9) 重复第(3)步到第(7)步直到满足程序结束的条件(即遗传进化代数)。若迭代遗传过程中，连续若干代最优个体不再变化，可设置结束条件，使算法提前结束。

传统的特征选择方法根据每个特征独立计算的特定分数选择排名靠前的特征来解决特征选择问题。这些方法忽略了不同特征之间可能存在的相关性，因此不容易生成最优特征子集。特征选择仍然是一个比较重要的研究方向。

6. 特征选择方法比较

Filter、Wrapper 和 Embedded 三种方法各有优缺点。Filter 与后续学习算法无关，该方法主要是选取对样本距离及相关性的度量准则，一般直接利用所有训练数据的统计性能评估特征，速度快，但评估与后续学习算法的性能偏差较大。Wrapper 利用后续学习算法的训练准确率评估特征子集，偏差小、计算量大，不适合大数据集。Embedded 方法将特征选择视为学习算法的子系统，该算法的计算复杂度介于 Wrapper 和 Filter 方法之间，选择的特征比 Filter 方法更准确，但需要与新设计的算法相结合。Filter 和 Wrapper 是两种互补的模式，两者可以结合。混合特征选择过程一般由两个阶段组成，首先使用 Filter 方法初步剔除大部分无关特征或噪声特征，只保留少量特征，从而有效地减小后续搜索过程的规模；第二阶段将剩余的特征连同样本数据作为输入参数传递给 Wrapper 选择方法，以进一步优化选择重要的特征。

在 Filter 方法中，一般不依赖具体的学习算法来评价特征子集，而是借鉴统计学、信息论等多门学科的思想，根据数据集的内在特性来评价每个特征的预测能力，从而找出排序较优的若干个特征组成特征子集。通常，此类方法认为最优特征子集是由若干个预测能力较强的特征组成的。而在 Wrapper 方法中，用后续的学习算法嵌入到特征选择过程中，通过测试特征子集在此算法上的预测性能来决定它的优劣，而极少关注特征子集中每个特征的预测性能如何。

Hybrid 方法是 Filter 方法和 Wrapper 方法相结合的产物。

特征选择库 FSLib 2018 是一种广泛应用于特征选择(属性或变量选择)的 MATLAB 函数库，它能够简化高维问题，最大限度地提高数据模型的准确性，使得自动决策规则的性能最大化，同时降低数据采集的成本。

6.10 应用实例

步态识别是一个重要而具有挑战性的研究课题。本节利用 LBP 特征提取方法提取步态特征，然后选择一个分类器进行身份识别。所采用的数据库为中国科学院自动化研究所步态数据库(CASIA)。该数据库中，每个人有 12 个图像序列，3 个方向(与图像平面平行、45°和 90°)，每个方向有 4 个序列。每个序列的长度对于步行者的速度的变化是不相同的，但是它必须在 37 到 127 之间，共包含 19139 个图像。实验过程如下：

(1) 采用间接差分法对步态图像进行二值化处理：

$$f(a, b) = 1 - \frac{2\sqrt{(a+1)(b+1)}}{(a+1)+(b+1)} \times \frac{2\sqrt{(256-a)(256-b)}}{(256-a)+(256-b)} \tag{6.54}$$

其中，$a(x, y)$和$b(x, y)$分别为当前图像和背景模型中(x, y)处的灰度值，$0 \leqslant f(a, b) \leqslant 1$，$0 \leqslant a(x, y)$，$b(x, y) \leqslant 255$。设定合适的阈值，二值化 $f(a, b)$，即得到当前图像中的步态区域。

然后进行归一化处理，方便后续特征提取算法的处理，同时消除由于摄像头和行人距离造成的成像大小不一致问题。本节采用 128×88 的尺寸来处理二值化后的步态图像序列。

(2) 步态能量图(GEI)是步态检测中的常用特征，提取方法简单，能正确地计算步态周期。本实验主要通过步态投影的宽、高比变化规律计算步态周期，步态周期计算完成后，进行步态能量图的计算。

(3) 利用一阶微分算子提取步态能量图的边缘信息。

(4) 提取 PHOG 特征。将提取的 GEI 边缘图像按照三层分别提取 HOG 特征：第一层划分是整个图像，可以观察到整体的特征信息；第二层划分将图像分成 2×2 个区域，通过提取 HOG 特征，可以观察到局部中间特征；第三层划分将图像划分成 8×8 区域大小，通过提取该层的 HOG 特征，可以得到相对于第二层来说更加具体的细节特征。计算梯度直方图时，先用 3×3 的 Sobel 算子，分别计算图像在 X 与 Y 两个方向上的梯度值，然后根据计算结果，求得该点的梯度幅度和相位值。PHOG 是 HOG 特征的分层描述，最终的 PHOG 特征描述符是将各层次上的 HOG 特征描述符串联起来然后对数据进行归一化操作。本实验中，采用三层 PHOG 结构，利用直方图的 20 个部分进行描述，最终得到的 PHOG 特征维数为(1＋4＋16)×20＝840。

(5) 利用 ELM 分类器分类。采用留一交叉验证法获得步态识别率的无偏估计。

实验结果如图 6.34 所示。

(a)2幅步态图像

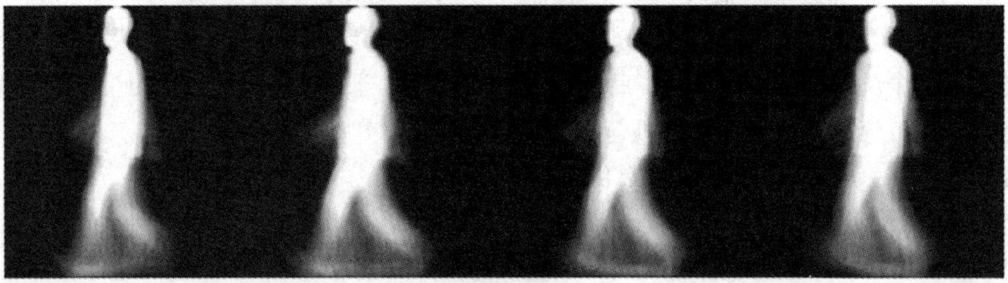

(b)GEI

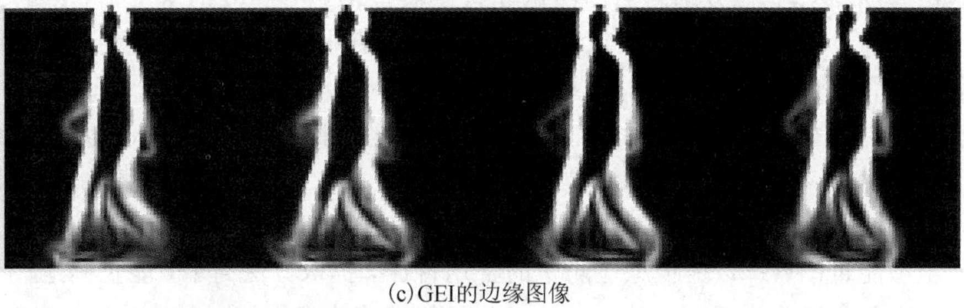

(c)GEI的边缘图像

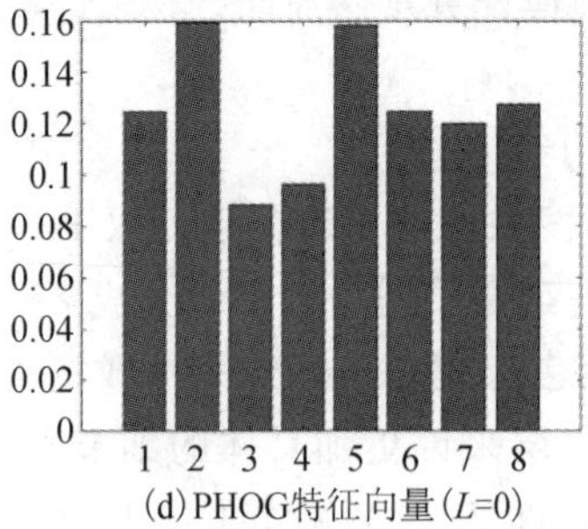

(d)PHOG特征向量(L=0)

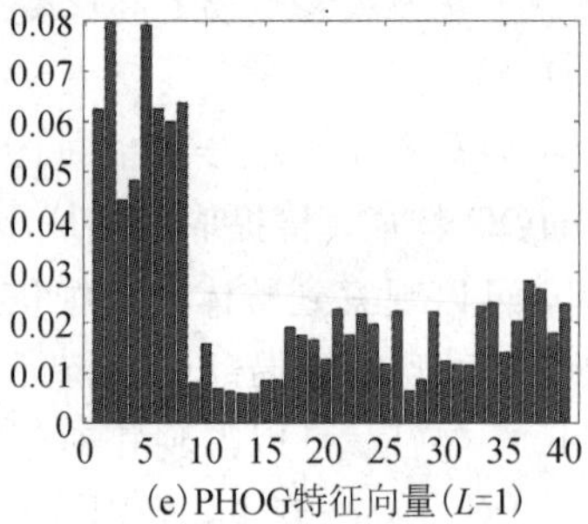

(e)PHOG特征向量(L=1)

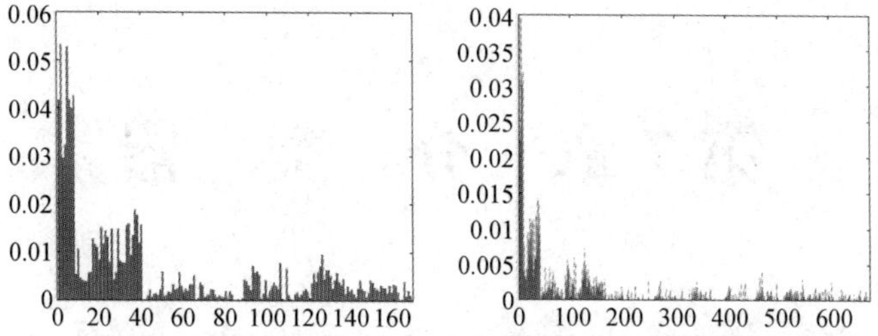

(f) PHOG特征向量(L=2)　　(g) PHOG特征向量(L=3)

图 6.34　步态图像及其处理结果

从图 6.34(d)～(h)可以看到，通过不同层次下的方向梯度直方图分布对比，在一级划分和二级划分的情况下，其方向梯度直方图存在明显差异，这种差异为后继分类器的正确分类提供鉴别信息。利用 5 -折交叉验证法，即将数据集分成 5 份，轮流将其中 4 份作为训练数据而另 1 份作为测试数据进行实验，最后采用基于欧氏距离度量的 K -最近邻分类器，得到的平均识别率为 93.7%。

第7章　分　类　器

分类是模式识别的重要步骤。分类器是数据挖掘中对样本进行分类的方法的统称，包含K-最近邻、决策树、逻辑回归、朴素贝叶斯、神经网络(NN)等算法。本章介绍几个常用的分类器。

7.1　分类方法概述

在分类问题中，输入到分类器中的数据叫作特征。最简单的线性分类器用特征的线性组合来判定分类结果，非线性分类器用特征的非线性运算结果作为判定依据。

1. 分类特征标准化

特征融合、分类之前一般需要对提取的特征集进行标准化。分类特征标准化方法很多，其中Min-max方法最简单有效，z-score方法整体性能较优，RHE (Reduction of High-scores Effect) 标准化方法与Min-max、z-score相比获得了更好的整体性能，而其他方法效果不好或存在需要调整的参数太多等问题。下面分别介绍Min-max、z-score和RHE标准化方法。

设所有数值的集合为X，其中任意一个待映射数值为x，标准化后的数值为x'。

1) Min-max标准化方法

Min-max标准化方法把原始的匹配数值映射到[0，1]，并保持匹配数值的原始分布：

$$x' = \frac{x - \min(X)}{\max(X) - \min(X)} \tag{7.1}$$

这种标准化方法对数值野点(奇异点)比较敏感，但当使用的匹配方法本身比较鲁棒时所获得的匹配值集X中存在数值野点的可能性会大大降低，获得的标准化数值还是会在[0，1]上具有比较均匀的分布，融合分类算法的性能仍能得到保证。

2) z-score标准化方法

z-score标准化方法使用匹配值集X的均值和标准差作为标准化的参数，将原始的数值分布映射到均值为0、标准差为1的一个分布：

$$x' = \frac{x - \mathrm{mean}(X)}{\mathrm{std}(X)} \tag{7.2}$$

该方法的均值和标准差仍然会受到数值野点的影响，但因为是一种统计量，所以该影响相对于 Min-max 方法要小得多，也使得该方法比较鲁棒。该方法的一个问题是标准化后的数值并没有明确的界限，并且只有在原始数值是 Gaussian 分布时才是最优。

3) RHE 标准化方法

RHE 标准化方法是在 Min-max 的基础上提出的，主要考虑解决鲁棒性的问题。与前面的标准化方法不同，该标准化方法包含两个步骤：

(1) 确定需要进行融合的匹配值集的数值范围，若数值范围比较相似，则不进行任何标准化。

(2) 若需要进行融合的匹配值集的数值范围相差比较大，则按照如下公式计算：

$$x' = \frac{x - \min(X)}{\mathrm{mean}(X^*) + \mathrm{std}(X^*) - \min(X)} \tag{7.3}$$

其中 X^* 是匹配值中类内匹配的数值集。最终，该方法会获得一个 $[0, a]$ 的映射范围，a 略大于 1。该方法基于如下的假设：类内匹配的数值可能会比较不稳定，而类间匹配的数值相对比较稳定，即 $\max(X)$ 并不稳定，而 $\min(X)$ 相对比较稳定。因为类内匹配数值较高，靠近 $\max(X)$，所以使用 $\mathrm{mean}(X^*)+\mathrm{std}(X^*)$ 来代替 $\max(X)$，减弱较高的由类内匹配值野点所带来的标准化影响。

2. 分类方法划分

模式识别中的分类算法很多，大致可以划分为两类，即基于概率密度的方法和基于判别函数的方法。

(1) 基于概率密度的分类算法通常借助于贝叶斯理论体系，采用潜在的类条件概率密度函数的知识进行分类。在基于概率密度的分类算法中，著名的贝叶斯估计法和最大似然估计算法属于有参估计，需要预先假设类别的分布模型，然后使用训练数据来调整概率密度中的各个参数；Parzen 窗、K-最邻近等方法属于无参估计，此类方法可从训练样本中直接估计出概率密度。

(2) 基于判别函数的分类方法使用训练数据估计分类边界完成分类，无需计算概率密度函数。基于判别函数的方法假设分类规则由某种形式的判别函数表示，而训练样本可用来表示判别函数中的参数，并利用该判别函数直接对测试数据进行分类。此类分类器中有著名的感知器方法、最小平方误差法、支持向量机(SVM)、神经网络(NN)以及径向基 NN (RBFNN)等。

根据监督方式划分分类算法，分类识别问题可分为三大类，即有监督分类、半监督分类和无监督分类。

(1) 有监督分类是指用来训练分类器的所有样本都经过了人工或其他方式的标注，有很多著名的分类器算法都属于有监督分类，如 AdaBoost、SVM、NN 以及感知器算法。

(2) 无监督分类是指所有的样本均没有经过标注，分类算法需利用样本自身信息完成分类学习任务，这种方法通常被称为聚类，常用的聚类算法包括期望最大化(EM)算法和模糊 C 均值聚类算法等。

(3) 半监督分类指仅有一部分训练样本具有类标号，分类算法需要同时利用有标号样本和无标号样本学习分类，使用两种样本训练的结果比仅使用有标注的样本训练的效果更好。这类算法通常由有监督学习算法改进而成，如 SemiBoost、流形正则化、半监督 SVM 等。

7.2 贝叶斯分类方法

一般来说，贝叶斯(Bayes)分类方法使用概率推导来假设特征之间相互独立，从而实现对样本进行归类。在应用时，假设每个对象在每个类别的样本上的表达值是服从高斯分布的。令 K 为类别的数目，C_k 代表第 k 个类别。每个类别 C_k 使用一套高斯分布来建模，每个高斯分布都是一个图像特征在每个类别的样本上的表达值的分布。C_k 可由下面表达式表示：

$$C_k = \{C_k^1, C_k^2, \cdots, C_k^m\} \tag{7.4}$$

其中，C_k^i 是第 k 类样本在基因 i 上表达值的高斯分布。

假设有一个测试集样本 s，它的类别标签可得

$$\text{class}(s) = \arg\max_i^m \left(\sum_{g=1}^{m} \log P\left(\frac{s_g}{C_i^g}\right) \right) \tag{7.5}$$

令 μ_i^g 和 σ_i^g 分别为第 i 类样本在基因 g 上表达值的分布的均值和方差。因为 $P(s_g/C_i^g)$ 正比于 $(1/\sigma_i^g)^{-0.5}((s_g-\mu_i^g)/\sigma_i^g)^2$，所以可得类别标签

$$\text{class}(s) = \arg\max_i^m \sum_{g=1}^{m} \left[-\log(\sigma_i^g) - 0.5\left(\frac{s_g-\mu_i^g}{\sigma_i^g}\right)^2 \right] \tag{7.6}$$

Bayes 分类方法属于监督学习的生成模型，实现简单、不需要迭代、学习效率高，在大样本量的情况下的分类效果更好。但由于一个强的假设，即假设特征条件独立，限制了其应用范围，特别是在输入向量的特征条件有关联的场景下并不适用。

7.3 最近邻分类和 K-最近邻分类

1. 最近邻分类

最近邻分类方法以训练集与测试集样本之间的距离作为测度，其主要思想是：对于每个测试样本 s，根据一种距离测度，找到与它表达最相似的一个训练样本，把这个训练样本的类别标签指定给 s。这个距离测度是基于特征表达值的任何一种相似性测度，比如

Pearson 相关系数或欧氏距离等。

假定一个测试样本 s，以及一个训练样本集 T，T 中元素为(t_i, c_i)，其中 $i \in \{1, 2, \cdots, n\}$，$t_i$ 是第 i 个训练样本，c_i 是该训练样本的类别，令 $E(x)$和 $\mathrm{Var}(x)$分别代表向量 x 的期望值和方差，则 s 和 t 之间的 Pearson 相关系数为

$$P(s, t) = \frac{E((s_i - E(s))(t_i - E(t)))}{\sqrt{\mathrm{Var}(s)\mathrm{Var}(t)}} \tag{7.7}$$

训练集中与 s 最相似的样本具有最大的 $P(s, t_i)$值，训练样本 t 的类别标签就可以指定给 s：

$$\mathrm{class}(T, s) = \mathrm{class}(\arg\max_i(P(s, t_i))) \tag{7.8}$$

其中，class 返回的类别为具有最大 P 值的训练样本的类别。

2. K -最近邻分类

K -最近邻分类(K-NN)是在最近邻分类方法的基础上发展形成的，理论研究已非常成熟，广泛应用于图像识别领域。其基本原理是比较测试样本点与训练集中的样本之间的差异。在特征空间上，某个测试样本点与 K 个最相邻的样本点中的大部分样本是相同类别，那么判断样本属于该类别。例如判断圆圈属于哪一类数据，K-NN 分类示意如图 7.1 所示。图中三角形和正方形表示两类不同的样本，判断黑色实线圆圈属于哪一类。实线圆圈内有三个样本，三角形样本数量最多，那么就将圆圈视为三角形一类。

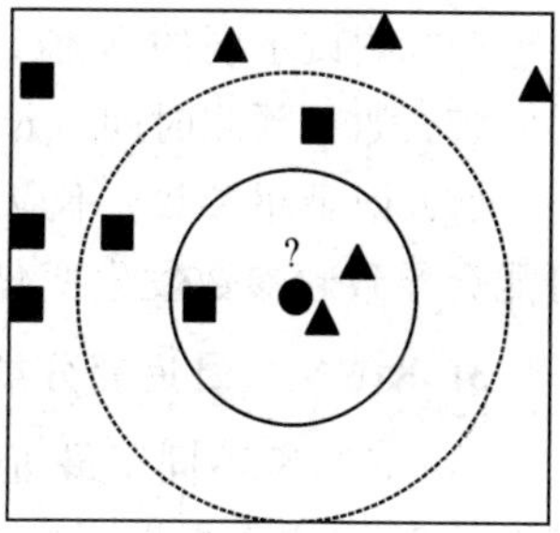

图 7.1　K-NN 分类示意图

假设样本共有 m 类，即 $X_1, X_2, \cdots, X_m$，每个类别中有 $N_j\,(j=1, 2, \cdots, n)$个样本，设定某一类别的判断函数如下：

$$G_{ij}(x) = \min_j \|x - x_{ij}\|, \ j = 1, 2, \cdots, N_j \tag{7.9}$$

则分类判决可写为

$$x \in X_i, \ G_i(x) = \min_k G_k(x), \ k = 1, 2, \cdots, n \tag{7.10}$$

相关性测度 R 可用于 K-NN 中衡量样本对之间的相似性。相关性测度类似于 Pearson 相关函数，定义为

$$R(s, t) = \frac{\sum_{j=1}^{m}(s_j - \bar{s})(t_j - \bar{t})}{\sqrt{\sum_{j=1}^{m}(s_j - \bar{s})^2}\sqrt{\sum_{j=1}^{m}(t_j - \bar{t})^2}} \tag{7.11}$$

K-NN 分类可分为两步来进行，首先，选出 K 个与测试样本 s 最相似的训练样本；然后，通过这 K 个最相邻的样本共同投票判定 s 的类别。

K-NN 在分类判断时仅以 1 个或几个最近邻样本类别为参考，决策简单，能避免测试样本的不均衡导致的影响。但是，样本较多时计算量太大，耗用资源较多，因此，该方法适合小样本分类。K 的取值影响分类效果，这在微阵列数据分类中表现尤为明显。因为微阵列数据样本少，但基因很多。可以在训练集上采用留一法确定 K 的值。每个训练样本都被用来测试一次。使用距离测度来计算它和每一个其他训练样本之间的相似度。K 个与 t 最相似的训练样本被选出来给 t 的类别进行投票。每个训练样本的真实类别和它被判定的类别进行比较，以得到在当前 K 值条件下错误判定的次数。这个过程按照 K 不同的取值重复进行，然后选出一个具有最少错误判定次数的 K 值。

使用 K-NN 时涉及以下几个方面：

(1) 预处理数据：对数据进行归一化处理，使数据均值为 0，方差为 1。

(2) 如果数据维数很高，则使用 PCA 等降维。

(3) 分割训练集，要有验证集。如果训练集样本比较少，可考虑使用交叉验证。

(4) 测试不同的 K 值以及距离度量。

(5) 如果预测时间过长，考虑使用近似 NN 库(Approximate NN library)。

(6) 记录超参数。不应该使用验证集来训练(最后的模型再用验证集训练)，因为这样可能会导致超参数发生变化。正确的做法是使用测试集来评估超参数的效果。

3. K-NN 与最近邻分类方法的联系与区别

(1) K-NN 不同于最近邻分类方法之处是，测试样本 s 的类别标签是由训练集中与 s 最相近的 K 个样本根据距离测度函数共同决定的。

(2) 最近邻分类方法比 K-NN 简单，因为它只需要找到最相似的训练样本，而 K-NN 需要先确定 K 的值。但 K-NN 相比于最近邻分类方法有以下几个优点：① 在有错误标签的训练样本中，K-NN 分类的效果比最近邻分类方法要好，因为一个错误的样本标签将错分与该样本相似的测试样本；② K-NN 对于数据中的误差和噪声不太敏感，因为它使用所有的训练样本来判定一个测试样本的类别，而不是仅仅使用一个训练样本。

7.4 决策树与选择树

1. 决策树

决策树又叫作分类树，是一种常见的分类方法。它被广泛应用于图像分类问题。决策树通过在属性集的基础上做出一系列的决策来实现数据分类。这个过程类似于通过植物的特征辨认植物，通过老虎的特征辨认老虎。决策树分类器可以用来判定某人的信用程度，比如一个决策树可能会断定“一个有家、拥有一辆价值在 1.5 万到 2.3 万美元之间的轿车、有两个孩子的人”具有良好的信用。

决策树从一个“训练集”中生成决策树，该树包含一系列的内节点和叶节点。内节点和分裂准则有关。分裂准则由分裂特征和在此特征上的分裂谓语组成。叶节点则是单个的类别标签。决策树的构造通常有两个步骤。第一个步骤是生长阶段，即在训练数据集的基础上训练出足够大的决策树。内节点的分裂准则是由分类的好坏来决定的，好的分类准则把数据集分成的子集比较符合正确的分类，从而减少了错分的出现。第二个步骤是修剪阶段，运用一些启发式的方法来修剪决策树，避免数据的过拟合，从而减少在测试集数据上错分的机会。

可以利用决策树的回归分离算法对图像进行分类。这种方法构建一棵二元的决策树。熵函数可以用来确定在每个内节点的分裂准则。熵函数定义如下：

$$f(P) = P\log(P) + (1-P)\log(1-P) \tag{7.12}$$

其中，P 是内节点中一类样本的比例。在构建树的过程中，这个函数被用来寻找分类最优的分类特征和被选择特征的最优的分类准则。通过在所有可能的内节点使用熵函数检验每个未使用的特征来搜寻最优的特征以及最优的分裂准则。

SGI 公司的数据挖掘工具 MineSet 所提供的可视化工具使用树图来显示决策树分类器的结构。图中每一个决策用树的一个节点来表示。图形化的表示方法可以帮助用户理解分类算法，提供对数据有价值的观察视角。生成的分类器可用于对数据的分类。

2. 选择树

选择树分类器使用与决策树分类器相似的技术对数据进行分类。与决策树不同的是，选择树中包含特殊的选择节点，选择节点有多个分支。比如，在一棵用于区分汽车产地的选择树中，一个选择节点可以选择马力、汽缸数目或汽车重量等作为信息属性。在决策树中，一个节点一次最多可以选取一个属性作为考虑对象。在选择树中进行分类时，可以综合考虑多种情况。选择树通常比决策树更准确，但是规模也大得多。选择树生成器使用与决策树生成器生成决策树同样的算法从训练集中生成选择树。MineSet 的可视化工具使用选择树图来显示选择树。树图可以帮助用户理解分类器，发现哪个属性在决定标签属性值时更重要。选择树分类器同样可以用于对数据进行分类。

7.5 支持向量机

支持向量机(SVM)是一个有监督的基于结构风险最小化的学习模型，通常用来进行模式识别、分类以及回归分析。SVM 已经广泛应用在纹理识别、面部识别、人脸认证、波形识别、医学诊治、故障诊断等领域。SVM 根据有限的样本信息在复杂的模型和学习能力之间寻求最好的平衡，以便能够得到最好的泛化能力，不管最小化学习器训练误差而将分类器的泛化能力作为重点，能够又快又准确地判定模式类别。

1. 线性可分情况

SVM 方法是在线性可分情况下的最优分类面的基础上提出的。最优分类面就是要求分类线不但能将两类样本无错误地分开，而且要使两类之间的距离最大。

设线性可分样本集为(x_i, y_i)，$i=1, 2, \cdots, n$，$x\in \mathbf{R}^d$，$y\in\{+1, -1\}$是类别标号。d维空间中线性判别函数的一般形式为$g(x)=w\cdot x+b$。

分类面方程为

$$w\cdot x+b=0 \tag{7.13}$$

将判别函数进行归一化，使两类所有样本都满足$|g(x)|\geqslant 1$，也就是使离分类面最近的样本满足$|g(x)|=1$，这样分类间隔就等于$2/\|w\|$，因此间隔最大等价于$\|w\|$（或$\|w\|^2$）最小；要求分类线对所有样本正确分类，且使$\|w\|^2$最小的分类面为最优分类面。这两类样本中离分类面最近的点即使式(7.13)中等号成立的那些样本叫作支持向量。最优分类面问题可以表示成一个约束优化问题，即在约束下求式(7.14)所示函数的最小值。

$$\phi(w)=\frac{1}{2}\|w\|^2=\frac{1}{2}(w\cdot w) \tag{7.14}$$

式(7.14)为一个二次规划问题，可定义以下的拉格朗日(Lagrange)函数：

$$L(w, a, b)=\frac{1}{2}(w\cdot w)-\sum_{i=1}^{n}a_i\{y_i[(w\cdot x_i)+b]-1\} \tag{7.15}$$

其中，$a_i>0$ 为 Lagrange 系数。

对式(7.15)求其极小值，即对w和b求拉格朗日函数的极小值。求L对w和b的偏微分，并令其等于0，可将求最小值的问题转化为一个对偶问题，在约束条件$\sum\limits_{i=1}^{n}a_i y_i=0$，$a_i\geqslant 0$，$i=1, 2, \cdots, n$之下对$a_i$求式(7.16)的最大值。

$$w(\mathrm{a})=\sum_{i=1}^{n}a_i-\frac{1}{2}\sum_{i, j}^{n}a_i a_j y_i y_j(x_i, x_j) \tag{7.16}$$

由 KuhnTucker 定理可知，最优解满足

$$[y_i(w\cdot x+b)-1]=0, \ \forall i \tag{7.17}$$

则只有支持向量的系数a_i不为0，即只有支持向量影响最终的划分结果，w表示为

$$w=\sum_{\mathrm{SupportVector}}a_i y_i x_i \tag{7.18}$$

即最优分类面的权系数向量是训练样本向量的线性组合。若a_1^*为最优解，求解上述问题后得到的最优分类函数是

$$f(x)=\mathrm{sgn}\{(w^* * x)+b*\}=\mathrm{sgn}\left\{\sum_{i=1}^{n}a_i^* y_i(x_1\cdot x)+b^*\right\} \tag{7.19}$$

其中，sgn()为符号函数，$b*$是分类的阈值。

对于给定的未知样本 x，只需计算 $\mathrm{sgn}(w \cdot x+b)$，即可判定 x 所属的分类。

2. 线性不可分情况

对于线性不可分的样本，使误分类的点数最少，在约束条件中引入一个松弛变量 $\xi_i \geqslant 0$ 使得

$$y_i[(w \cdot x_i)+b]-1+\xi_i \geqslant 0,\ (i=1, 2, \cdots, n) \tag{7.20}$$

引入常数 C，求式(7.21)所示方程关于 w，b 的极小值。

$$\phi(w, \xi)=\frac{1}{2}(w \cdot w)+C\left\{\sum_{i=1}^{n} \xi_i\right\} \tag{7.21}$$

这一优化问题同样需要变换为用拉格朗日乘子表示的对偶问题，变换的过程与前面线性可分样本的对偶问题类似，结果几乎完全相同，只是约束条件(式(7.22)所示)略有变化。

$$\sum_{i=1}^{n} a_i y_i=0(0 \leqslant a_i \leqslant C,\ i=1, 2, \cdots, n) \tag{7.22}$$

其中，常数 C 反映了在复杂性和不可分样本所占比例之间的折中。

3. SVM 的内积函数

若用内积 $K(x, x')$代替最优分类面中的点积，就相当于把原特征空间变换到了某一新的特征空间，此时优化函数变为

$$w(\mathrm{a})=\sum_{i=1}^{n} a_i-\frac{1}{2} \sum_{i, j} a_i a_j y_i y_j (x_i \cdot x_j) \tag{7.23}$$

相应的判别函数也应变为

$$f(x)=\mathrm{sgn}\left\{\sum_{i=1}^{n} a_i^* y_i k(x_i \cdot x)+b^*\right\} \tag{7.24}$$

SVM 的基本思想为：首先通过非线性变换将输入空间变换到一个高维空间，然后在这个新空间中求取最优线性分类面，而这种非线性变换是通过定义适当的核函数实现的。常用的核函数有以下几种：

(1) 线性核函数：$k(x, y)=x \cdot y$。

(2) 多项式核函数：$k(x, y)=[(x \cdot y)+1]^d$。

(3) 径向基核函数：$k(x, y)=\exp\{-|x-y|^2/\sigma^2\}$。

(4) 二层神经网络核函数：$k(x, y)=\tanh(k(x \cdot y)+c)$。

4. 用于多分类的 SVM

由于 SVM 是针对两分类问题提出的，而在实际运用中存在一个如何将其推广到多分类的问题，特别是对极大类别分类的问题。目前有以下几种解决方法：

(1) 一对多方法。其基本想法是把某一种类别的样本当作一个类别，剩余其他类别的样本当作另一个类别，这样就变成了一个两分类问题。

假设有 4 类样本 A、B、C、D 要划分，在构造训练集时分别选择：

① A 所对应的样本作为正集，B、C、D 所对应的样本作为负集；

② B 所对应的样本作为正集，A、C、D 所对应的样本作为负集；

③ C 所对应的样本作为正集，A、B、D 所对应的样本作为负集；

④ D 所对应的样本作为正集，A、B、C 所对应的样本作为负集。

使用这 4 个训练集分别训练 SVM，然后得到 4 个训练结果。在测试时，分别利用这 4 个训练结果测试对应的测试样本，每个测试都有一个结果。最终选择 4 个结果中最大的一个对应的类别作为测试样本的类别。

该方法的优点是训练分类器个数较少、分类速度相对较快。缺点有：① 每个分类器的训练都要将全部的样本作为训练样本，在求解二次规划问题时，训练速度会随着训练样本数量的增加而急剧减慢；② 由于负类样本的数据要远远大于正类样本的数据，所以出现样本不对称问题，且该问题随着训练数据的增加而趋向严重；③ 当有新类别加入时，需要对所有的模型重新进行训练。

(2) 一对一方法。其做法是在多个类别中任意抽取两分类进行两两配对，转化成两分类问题进行训练学习。m 个类别的样本需要设计 $m(m-1)/2$ 个 SVM。识别时对所构成的多个 SVM 进行综合判断，一般可采用投票方式来完成多类识别。

假设有 4 类样本 A、B、C、D。在训练时选择 A 与 B、A 与 C、A 与 D、B 与 C、B 与 D、C 与 D 所对应的样本作为训练集，得到 6 个训练结果。在测试时，把对应的样本分别用 6 个结果进行测试，再采取投票形式得到一组结果。

该方法的优点有：不需要重新训练所有的 SVM，只需要重新训练和增加新样本相关的分类器；在训练单个模型时，相对速度较快。缺点有：子分类器过多，测试时需要对每两类都进行比较，当类别很多时总训练时间较长、测试速度相对较慢。

(3) 直接法。直接在目标函数上进行修改，将多个分类面的参数求解合并到一个最优化问题中，通过求解该最优化问题"一次性"实现多分类。该方法的计算复杂度比较高，实现起来比较困难，只适合用于小型问题中。

(4) SVM 决策树通常与二叉决策树结合起来构成多类别的识别器。首先将所有类别分为两个类别，再将子类进一步划分为两个次级子类，如此循环下去，直到所有的节点都只包含一个单独的类别为止，此节点也是二叉树树种的叶子。该分类方法将原有的分类问题分解成了一系列的两分类问题，其中两个子类间的分类函数采用 SVM。这种方法的缺点是若在某个节点上发生了分类错误，将会把错误延续下去，该节点后续下一级节点上的分类就失去了意义。SVM 本身是一种处理两分类问题的方法，对于复杂的多类图像识别问题，可以通过组合多个两类子分类器实现对多类分类器的构造。常见的构造方法有多判别策略，即一个分类器把每一类的样本与其他各类区分开来；还有 1 - 1 判别策略，即一个分类器只用来解决两分类问题，通过若干分类器的组合，完成多类识别。

对于 m 类模式的分类问题，可以设计 m 个两类分类器，每个分类器只区分一类模式与其他类。给定输入模式 x，设 m 个分类函数为

$$f^j(x) = \sum_{i=1}^{n} a_i^j y_i K(x, x_i) + b^j, \ j = 1, 2, \cdots, m \tag{7.25}$$

在理想情况下，应存在某个 $k \in \{1, 2, \cdots, m\}$，使 $f^j(x) = \max\limits_{j=1,\cdots,m} f^j(x) > 0$，且 $f^j(x) < 0$，$j=1, \cdots, k-1, k+1, \cdots, m$，则输入模式应属于第 k 类。为了增加分类器输出的可靠性，可以采用更严格的判据条件，即

$$f^k(x) > \tau, \ f^j(x) < -\tau, \ j = 1, \cdots, k-1, k+1, \cdots, m \tag{7.26}$$

若 $\tau > 0$，则判定输入模式应属于第 k 类。

SVM 具有坚实的理论基础，其优点如下：

(1) 稳健性与稀疏性。SVM 的稳健性和稀疏性在确保了可靠求解结果的同时降低了核矩阵的计算量和内存开销。

(2) 非线性映射是 SVM 的理论基础，SVM 利用核函数代替向高维空间的非线性映射。

(3) 对特征空间划分的最优超平面是 SVM 的目标，最大化分类边际的思想是 SVM 的核心。

(4) 支持向量是 SVM 的训练结果，在 SVM 分类决策中起决定作用。

(5) SVM 的最终决策函数只由少数的支持向量所确定，计算的复杂性取决于支持向量的数目，而不是样本空间的维数，这在某种意义上避免了"维数灾难"。

(6) 少数支持向量决定了最终结果，这不但可以帮助抓住关键样本、"剔除"大量冗余样本，而且注定了该方法不但算法简单，而且具有较好的鲁棒性。

(7) 与其他线性分类器的关系：SVM 是一个广义线性分类器，通过在 SVM 框架下修改损失函数和优化问题可以得到其他类型的线性分类器，例如将 SVM 的损失函数替换为 logistic 损失函数就得到了接近于 logistic 回归的优化问题。SVM 和 logistic 回归是功能相近的分类器，二者的区别在于，logistic 回归的输出具有概率意义，也容易扩展至多分类问题，而 SVM 的稀疏性和稳定性使其具有良好的泛化能力并在使用核方法时计算量更小。

SVM 具有以下缺点：

(1) SVM 对大规模训练样本难以实施。由于 SVM 是借助二次规划来求解支持向量，而求解二次规划将涉及 m 阶矩阵的计算(m 为样本的个数)，当 m 数目很大时该矩阵的存储和计算将耗费大量的机器内存和运算时间。

(2) 用 SVM 解决多分类问题存在困难。经典的 SVM 只适用于两类分类问题，而在数据挖掘的实际应用中，一般要解决多类的分类问题。可以通过多个两类 SVM 的组合来解决多分类问题。

目前有很多改进的 SVM，如概率 SVM、多分类 SVM、最小二乘 SVM、结构化 SVM、多核 SVM、半监督 SVM(S3VM)。其中，S3VM 包括直推式 SVM、拉普拉斯 SVM 和均值 SVM 特征，它是 SVM 在半监督学习中的应用，可以应用于少量标签数据和大量无标签数据组成的学习样本。在不考虑未标记样本时，SVM 会求解最大边距超平面；在考虑无标签数据后，S3VM 会依据低密度分隔。假设求解能将两类标签样本分开，且穿过无标签数据低密度区域的划分超平面。S3VM 按标准 SVM 的方法从标签数据中求解决策边界，并通过探索无标签数据对决策边界进行调整。在软边距 SVM 的基础上，S3VM 的优化问题引入了 2 个松弛变量 η，η^*，有

$$\begin{aligned}
&\max_{w,\,b}\frac{1}{2}\|w\|^2+C_1\sum_{i=1}^{L}\xi_i+C_2\sum_{j=1}^{N}\min(\eta,\ \eta^*)\\
&\text{s.t.}\ \ \boldsymbol{y}_i(\boldsymbol{w}^{\mathrm{T}}\boldsymbol{X}_i+b)\geqslant 1-\xi_i,\ \xi_i\geqslant 0\\
&\qquad \boldsymbol{w}^{\mathrm{T}}\boldsymbol{X}_j+\boldsymbol{b}\geqslant 1-\eta,\ \eta_j\geqslant 0\\
&\qquad -(\boldsymbol{w}^{\mathrm{T}}\boldsymbol{X}_j+\boldsymbol{b})\geqslant 1-\eta^*,\ \eta_j^*\geqslant 0
\end{aligned}\tag{7.27}$$

式中，L、N 分别是有标签和无标签样本的个数，松弛变量 η，η^* 为 S3VM 将无标签数据归入两个类别产生的经验风险。

7.6 神经网络

神经网络(NN)通过模仿生物神经网络的行为特征进行分布式并行信息处理。该网络依靠系统的复杂度，通过调整内部大量节点之间相互连接的关系，从而达到信息处理的目的。神经网络具有自学习和自适应的能力，可以通过预先提供的一批相互对应的输入、输出数据，分析两者的内在关系和规律，最终通过这些规律形成一个复杂的非线性系统函数，这种学习过程称作“训练”。神经元的每一个输入连接都有突触连接强度，用一个连接权值来表示，即将产生的信号通过连接强度放大，使每一个输入量都对应有一个相关联的权重。处理单元经过权重的输入量化，然后相加求得加权值之和，计算出输出量。这个输出量是权重和的函数，一般称此函数为传递函数。神经网络模型主要考虑网络连接的拓扑结构、神经元的特征、学习规则等。目前，已有近 40 种神经网络模型，下面介绍其中几个简单常用的模型。

1. 梯度下降算法

梯度下降算法是神经网络模型训练最常用的优化算法，其本质是利用每一步的梯度决定下一步的方向。深度学习模型基本都是采用梯度下降算法来进行优化训练的。梯度下降算法的原理是，目标函数 $J(\theta)$ 关于参数 θ 的梯度将是目标函数上升最快的方向。梯度下降算法包括两个步骤：

(1) 对参数进行随机初始化；

(2) 计算参数的损失和梯度，然后沿着梯度相反的方向，更新参数。

对于最小化优化问题，只需要将参数 θ 沿着梯度相反的方向前进一个步长，就可以实现目标函数 $J(\theta)$ 的下降。这个步长称为学习速率 η。参数更新公式如下：

$$\theta \leftarrow \theta - \eta \nabla_{\theta} J(\theta) \tag{7.28}$$

其中，$\nabla_{\theta} J(\theta)$ 是参数的梯度。根据计算目标函数 $J(\theta)$ 采用数据量的不同，梯度下降算法又可以分为批量梯度下降算法、随机梯度下降算法和小批量梯度下降算法。

对于批量梯度下降算法，$J(\theta)$ 是在整个训练集上计算的，若数据集比较大，可能会面临内存不足问题，收敛速度一般比较慢。随机梯度下降算法又称为在线学习，是另外一个极端，$J(\theta)$ 是针对训练集中的一个训练样本计算的，即得到了一个样本，就可以执行一次参数更新，所以其收敛速度会快一些，但是有可能出现目标函数值震荡的现象，因为高频率的参数更新导致了高方差。小批量梯度下降算法是折中方案，选取训练集中一个小批量样本计算 $J(\theta)$，这样可以保证训练过程更稳定，也可以利用矩阵计算的优势，这是目前最常用的梯度下降算法。

NN 借助于 BP 算法可以高效地计算梯度，从而实施梯度下降算法。但梯度下降算法的一个难题是不能保证全局收敛。若这个问题解决了，深度学习就简单很多。梯度下降算法针对凸优化问题原则上是可以收敛到全局最优的，因为此时只有唯一的局部最优点。而实际上深度学习模型是一个复杂的非线性结构，一般属于非凸问题，这意味着存在很多局部最优点(鞍点)，采用梯度下降算法可能会陷入局部最优，这应该是一个公开的难题。这点与遗传算法很类似，都无法保证收敛到全局最优。因此，梯度下降算法中一个重要的参数是学习速率，适当的学习速率很重要，学习速率过小时收敛速度慢，过大时则会导致训练震荡，而且可能会发散。理想的梯度下降算法收敛速度要快，也能全局收敛。

2. 误差反向传播神经网络

误差反向传播神经网络简称 BP 网络，能够系统地解决多层神经网络隐层连接权学习问题，并在数学上有完整推导。BP 网络具有任意复杂的模式分类能力和优良的多维函数映射能力，解决了简单感知器不能解决的异或等问题。从结构上讲，BP 网络具有输入层、隐层和输出层。从本质上讲，BP 网络以网络误差平方为目标函数、采用梯度下降法来计算目标函数的最小值。

1) BP 网络结构

BP 网络在输入层与输出层之间增加若干层(一层或多层)神经元，这些神经元称为隐单元，它们与外界没有直接的联系，但其状态的改变能影响输入与输出之间的关系，每一层可以有若干个节点。BP 网络的计算过程由正向计算过程和反向计算过程组成。正向传播过程，输入模式从输入层经隐单元层逐层处理，并转向输出层，每一层神经元的状态只影响下一层神经元的状态。若在输出层不能得到期望的输出，则转入反向传播，将误差信号沿原来的连接通路返回，通过修改各神经元的权值，使得误差信号最小。

2）BP 网络的优点

BP 网络具有很强的非线性映射能力和柔性的网络结构。网络的中间层数、各层的神经元个数可根据具体情况任意设定，并且随着结构的差异其性能也有所不同。

3）BP 网络的缺点

BP 网络的学习速度慢，即使是一个简单的问题，一般也需要几百次甚至上千次的学习才能收敛；容易陷入局部极小值；网络层数、神经元个数的选择没有相应的理论指导；网络推广能力有限。

对于上述问题，目前已经有了许多改进措施，研究最多的是如何加速网络的收敛速度和尽量避免陷入局部极小值的问题。

4）BP 网络的主要应用

BP 网络的主要应用有：

- 函数逼近：用输入向量和相应的输出向量训练一个网络逼近一个函数；
- 模式识别：用一个待定的输出向量将它与输入向量联系起来；
- 分类：把输入向量所定义的合适方式进行分类；
- 数据压缩：减少输出向量维数以便于传输或存储。

3. 概率神经网络

概率神经网络(PNN)是径向基神经网络的一个分支，属于前馈神经网络的一种，是基于概率统计思想和 Bayes 分类规则构成的分类神经网络。Bayes 分类规则是具有最小“期望风险”的优化决策规则，它可以处理大量样本的分类问题。PNN 在功能上与 Bayes 分类器相同，它通过已知样本数据集的概率密度函数来学习进行 Bayes 分类，将学习到的权数、平滑参数等用于未知数据的判断，从而判断未知数据最有可能属于哪个已知数据集。

一个有 n 维输入的概率神经元模型如图 7.2 所示。图中 X_1，X_2，…，X_n 代表 n 个神经元的输入向量；W_i 为第 i 个神经元与其他层神经元之间的连接权值；θ 是该神经元的阈值；Y_i 是该神经元的第 i 个输出。

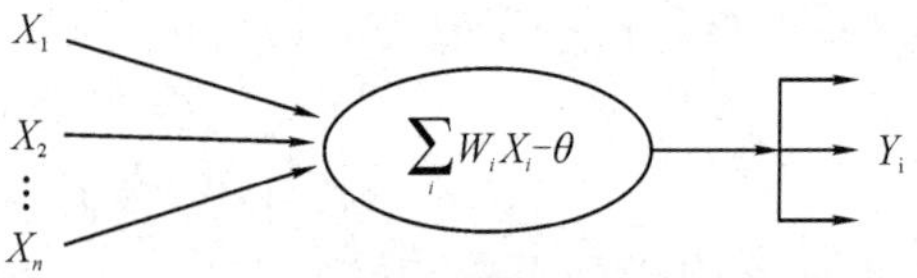

图 7.2 概率神经元模型

PNN 由四个结构层组成，即输入层、模式层、累加层和输出层，拓扑结构如图 7.3 所示。模式层神经元个数与输入样本向量的个数相同，输出层神经元个数与样本数据的种类数相同。输入层的节点数是样本向量的维数，将所有样本不变地传给模式层后，模式层将输入向量的各个分向量进行加权求和，然后再用一个非线性算子进行运算，再将计算结果传递到累加层，累加层将模式层中属于同一模式的输出累加并乘以代价因子，输出层则选择累加层中输出最大者对应的模式为输出结果。当不同模式的样本数量增加时，模式层神经元将随之增加。当模式数多于2种时，累加层神经元将增加。随着分类先验知识的累积，PNN可以不断地横向扩展。一般地，PNN的非线性算子取高斯函数，如式(7.29)所示。

$$f(x)=\exp\left(-\frac{\|\boldsymbol{W}-\boldsymbol{X}\|}{\sigma^2}\right)^2 \tag{7.29}$$

其中，$\boldsymbol{X}$是输入向量，$\boldsymbol{W}$是权值向量，σ称为平滑因子，其数值大小直接影响分类性能。

累加层各个节点只与相应类别的样本节点相连，只计算同类样本输出值的和，其权值都为1。网络的输出层也称为竞争层，它采用"胜者为王"的学习规则，用Parzen方法估计累加层输入向量的概率，并使具有最大概率的向量输出为1，其他类别的向量输出为0。这样PNN就按Bayes分类规则将输入的向量分配到具有最大后验概率的类别，最大后验概率表示为

$$P(X/f_k)=\frac{1}{(2\pi)^{m/2}\sigma^m\,|\,f_m\,|}\sum_{p_i\in f_k}\exp[-\|\boldsymbol{X}-\boldsymbol{X}_j^i\|^2/\sigma^2] \tag{7.30}$$

其中，$\boldsymbol{X}$是已知样本向量，$\boldsymbol{X}_j^i$是i类中第j个训练样本向量，m是向量维数，f_k是分类模式，$|f_k|$是分类模式的数量。该条件概率估计方法为各神经元高斯函数的和，平滑因子σ就是高斯函数的标准偏差，表示各类样本之间的影响程度。

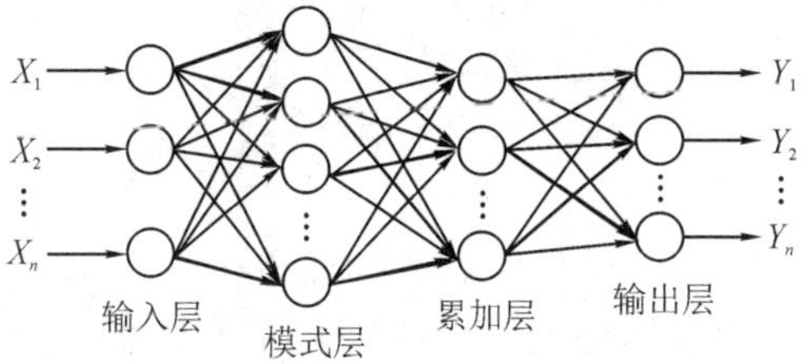

图7.3　PNN拓扑结构

与传统的BP网络相比，PNN的主要优点有：

• 训练速度快，没有BP网络的误差反向传播过程，训练时间略大于读取数据的时间；

• 收敛速度快、收敛性较好，模式识别和分类的能力极强，无论待分类的问题多么复杂，只要训练样本足够多，就可以保证获得贝叶斯的最优解，而不是像BP网络那样易于陷入局部极小点；

• 网络的计算原理简单，网络结构设计灵活方便，允许增加或减少训练样本而无需重新进行长时间的训练；

• 具有一定的抗噪性能，可以容忍一定的错误样本。

PNN 的缺点是，当样本数目太多时，计算过程较复杂，计算速度也明显减慢。

4. 径向基函数神经网络

径向基函数神经网络(RBFNN)是一种模拟人脑中局部调整、相互覆盖接收的神经网络结构。RBFNN 以其简单的结构、快速的训练方法、较好的推广能力，已广泛应用于许多领域，特别是在模式识别和非线性函数逼近等领域。

RBFNN 的拓扑结构如图 7.4 所示，从图 7.4 看出，RBFNN 是一个两层网络，网络中的输入节点、隐层节点和输出节点数分别为 D、L、M。隐层采用径向基函数 $K(\cdot)$为传输函数，以隐中心矢量 $s_i(i=1, 2, \cdots, L)$和核函数控制参数 α(维数为 L)为参量，用来将输入样本空间映射到高维的径向基函数空间内，径向基函数通常取为高斯函数。假定输入样本为 $\boldsymbol{x}$(维数为 D)，则隐层第 i 个节点的输出为

$$z_i = K(\|\boldsymbol{x}-\boldsymbol{s}_i\|_2, \alpha_i) = \exp\left(-\frac{\|\boldsymbol{x}-\boldsymbol{s}\|_2^2}{2\alpha_i^2}\right), \quad i=1, 2, \cdots, L \tag{7.31}$$

其中，$\|\cdot\|_2$ 为矩阵的 2 -范数(欧拉范数)。

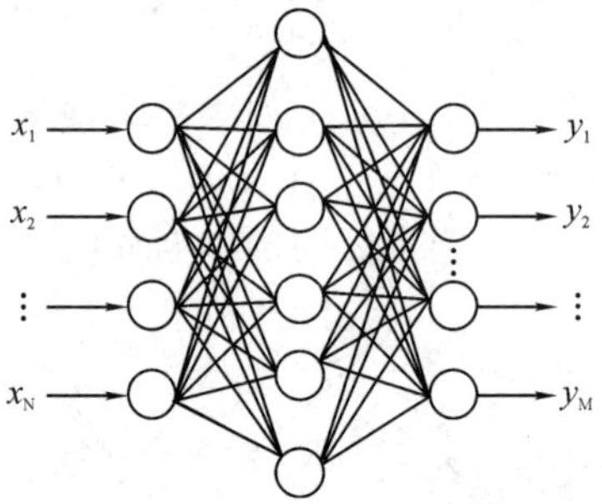

图 7.4　RBFNN 拓扑结构

RBFNN 的输出层节点为线性处理单元，即输出层为隐层输出的线性叠加，则输出层第 j 个节点的输出为

$$y_j = \sum_{i=1}^{L} w_{ji} z_i, \quad j=1, 2, \cdots, M \tag{7.32}$$

其中，w_{ji} 为输出层第 j 个节点与隐层第 i 个节点的连接权值。径向基神经网络的学习过程就是调整隐层节点的个数、隐层节点径向基函数的参数与隐层到输出层的权系数，使网络逼近一个期望的输入到输出的映射。

5. 径向基概率神经网络

径向基概率神经网络(RBPNN)是综合 RBFNN 和 PNN 两者优点而产生的一种新型前馈型神经网络，它与 RBFNN 一样考虑样本集中模式交错的影响，同时又吸收了 PNN 实时

训练的优点。

RBPNN 主要包括四层：第一层为输入层，第二层、第三层为隐层（分别称为第一隐层和第二隐层），第四层为输出层。第一隐层等同于 RBFNN 的隐层，第二隐层等同于 PNN 的隐层，即针对第一隐层隐中心矢量的类别有选择地求和，如图 7.5 所示。

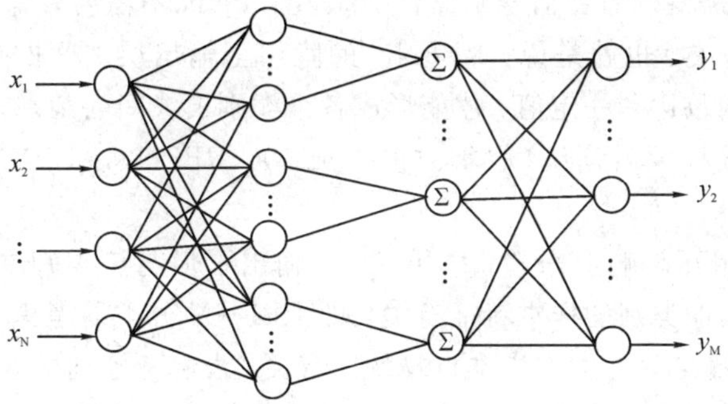

图 7.5　RBPNN 结构

第一隐层主要由样本空间中每个模式类别的中心矢量（或称为隐中心矢量）组成，在结构上等同于 RBFNN 的第二层，其节点传输函数与 RBFNN、PNN 一样，都是满足 Parzen 窗函数的径向基函数，该函数的中心矢量 $\boldsymbol{c}_j$（$j=1, 2, \cdots, S_1$）即代表了输入层与第一隐层的连接权重 $\boldsymbol{w}_j^{(1)} \in \mathbf{R}^n$：$\boldsymbol{w}_j^{(1)}=\boldsymbol{c}_j$，　$j=1, 2, \cdots, S_1$，其中，S_1 表示第一隐层的节点数，同 RBFNN 一样，第一隐层连接权重矢量 $\boldsymbol{w}_i^{(1)}$ 可以事先确定或通过某种方法自适应学习来选择。

假定第一隐层节点的传输函数为 Parzen 窗函数 $K(\cdot)$，则第 i 个节点对应的输出可以表示为

$$o_i = K(\|\boldsymbol{x}-\boldsymbol{c}_i\|, \sigma), \quad j = 1, 2, \cdots, S_1 \tag{7.33}$$

RBPNN 模型的第二隐层等同于 PNN 的隐层，其节点执行求和运算，即对第一隐层节点的输出按隐中心矢量的类别进行有选择地连接，因此，第二隐层中每个节点与第一隐层的连接权值矢量 $\boldsymbol{w}_i^{(2)} \in \mathbf{R}^{S_1}$ 所对应的分量，根据隐中心矢量的类别不同取值为 1 或 0。

RBPNN 模型的第四层等同于 RBFNN 的第三层，其输出节点与 RBFNN 一样，都是线性的。若只从这一层来看，相当于单层线性感知器网络。

PNN 与 RBFNN 各有优点和不足，RBPNN 为了寻求 RBFNN 与 PNN 两者之间的折中，既能利用两种模型的优点，又避免了它们的缺点。

6. 多种神经网络模型比较

从数学角度看，BPNN 算法为一种局部搜索的优化方法，但它要解决的问题为求解复杂非线性函数的全局极值，因此，算法很有可能陷入局部极值，使训练失败。

从分类本质上来看，RBFNN 的输出等价于输入样本的后验概率，而 PNN 分类器等价于输入样本的类条件概率密度。也就是说，在样本数足够多的条件下，两种分类器的分类本质是类似的，即都接近基于最小误差的 Bayes 最优判决。从网络结构上来看，PNN 分类器的隐层单元数正好等于参加训练的样本总数 N，而 RBFNN 却小于或等于 N。从训练方式上来看，RBFNN 需要外监督信号来监督训练，而 PNN 不需要外监督信号，仅靠类别属性标记进行自监督分类。也就是说，RBFNN 的隐层至输出层之间的连接权重需要反复训练至输出误差代价函数达到一定值，才能形成各个类别模式间的判别表面，而 PNN 的隐层至输出层之间的连接权无需训练(取常数值 1 或 0)。RBFNN 和 PNN 是 RBPNN 的一个特例。

从模式类别的相互影响上来看，RBFNN 的输出不但与该类别本身样本的特征有关，而且还与样本集中其他类别的样本特征有关，即 RBFNN 分类器考虑了不同类别模式的交错影响，而 PNN 的输出只与类别样本自身特征有关，没有考虑到样本的总体分布特性，即没有考虑不同类别模式间的交错影响，所以，这种分类器虽然无需训练时间，但其性能是有限的。

7.7 极限学习机

极限学习机(ELM)是用于分类、回归、聚类、稀疏近似、压缩以及具有单层或多层隐藏节点的特征学习的前馈神经网络，其中隐藏节点的参数节点不需要调整。这些隐藏节点可以随机分配并且从不更新，或可以从它们的祖先继承而不被改变。在实际应用中，隐藏节点的输出权重通常可在单个步骤中学习得到，这实质上相当于学习线性模型。ELM 是广义单隐层前馈网络的一种统一框架。与传统的机器学习方法不同，ELM 自动解析地确定所有网络参数，避免了人为的琐碎干预，使其在线和实时应用中有效，且比传统方法运行速度快很多。有研究表明 ELM 分类器比 SVM 分类器更有效。ELM 基本结构如图 7.6 所示。

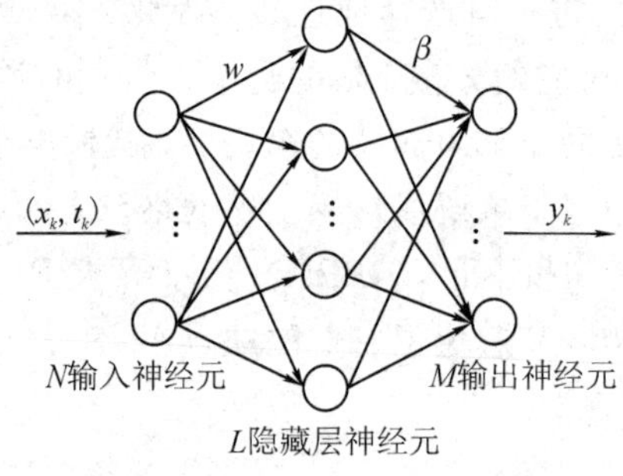

图 7.6　ELM 基本模型结构

输入层为步态图像的 PHOG 特征向量 $\boldsymbol{x}$，特征维数表示为 P。在隐层中，共有 L 个隐藏节点，第 i 个隐藏节点的输出表示为 $g(\boldsymbol{x};\ \boldsymbol{w}_i,\ b_i)$，其中 g 表示激活函数，w_i，b_i 分别为第 i 个隐藏节点与所有输入节点之间的输入权值向量和偏置，$i=1,\ 2,\ \cdots,\ L$。激活函数采用 sigmoid 函数，即

$$g(\boldsymbol{x};\ \boldsymbol{w}_i,\ b_i) = \frac{1}{1+\exp[-(\boldsymbol{x}\boldsymbol{w}_i+b_i)]} \tag{7.34}$$

其中，$\boldsymbol{w}_i$ 和 b_i 是特征映射的参数，即为节点参数，$\boldsymbol{w}_i$ 被称为输入权重。特征映射的参数在计算中会随机初始化且不会调整，因此 ELM 的特征映射也是随机的。

输入层与隐层之间的连接从 P 维空间特征映射到一个 L 维空间，输入一个特征向量 $\boldsymbol{x}$，其映射特征向量为

$$h(\boldsymbol{x}) = [g(\boldsymbol{x};\ \boldsymbol{w}_1,\ b_1),\ g(\boldsymbol{x};\ \boldsymbol{w}_2,\ b_2),\ \cdots,\ g(\boldsymbol{x};\ \boldsymbol{w}_L,\ b_L)] \tag{7.35}$$

因此，第 j 个输出节点的值为

$$f_j(\boldsymbol{x}) = \sum_{i=1}^{N}\beta_{i,\ j}\times g(\boldsymbol{x};\ \boldsymbol{w}_i,\ b_i) \tag{7.36}$$

其中，$i=1,\ 2,\ \cdots,\ L$，$j=1,\ 2,\ \cdots,\ M$。

输入样本 x 在隐层的输出向量可以表示为

$$\boldsymbol{f}(x) = [f_1(x),\ f_2(x),\ \cdots,\ f_M(x)] = \boldsymbol{h}(x)\boldsymbol{\beta} \tag{7.37}$$

其中，

$$\boldsymbol{\beta} = \begin{bmatrix}\beta_1\\ \beta_2\\ \vdots\\ \beta_L\end{bmatrix} = \begin{bmatrix}\beta_{1,\ 1} & \cdots & \beta_{1,\ M}\\ \beta_{2,\ 1} & \cdots & \beta_{2,\ M}\\ \vdots & \ddots & \vdots\\ \beta_{L,\ 1} & \cdots & \beta_{L,\ M}\end{bmatrix} \tag{7.38}$$

在检测阶段，输入测试样本 x 对应的图像类别表示为

$$\text{label}(x) = \arg_{i=1,\ 2,\ \cdots,\ M}\max f_j(x) \tag{7.39}$$

ELM 算法的核心是求解输出权重使得误差函数最小。误差函数有如下表示：

$$\min_{\beta\in R^{L\times m}} \|\boldsymbol{H}\boldsymbol{\beta}-\boldsymbol{T}\|^2 \tag{7.40}$$

其中，$\boldsymbol{H}$ 为输出矩阵，$\boldsymbol{T}$ 为训练目标，$\|\boldsymbol{H}\boldsymbol{\beta}-\boldsymbol{T}\|$ 为矩阵元素的平方和开根。对于正则化 ELM，在求解输出权重时将同时考虑训练误差最小和权重系数本身最小，即

$$\min_{\beta\in \mathbf{R}^{L\times m}} \frac{1}{2}\|\boldsymbol{\beta}\|^2 + \frac{C}{2}\|\boldsymbol{H}\boldsymbol{\beta}-\boldsymbol{T}\|^2 \tag{7.41}$$

其中，C 为正则化系数，解该误差函数等价于岭回归问题，其解有如下形式：

$$\boldsymbol{\beta}^* = \left(\boldsymbol{H}^{\mathrm{T}}+\frac{1}{C}\right)^{-1}\boldsymbol{H}^{\mathrm{T}}\boldsymbol{T} \tag{7.42}$$

奇异值分解也可用于求解权重系数：

$$\boldsymbol{H\beta} = \sum_{i=1}^{N} u_i \frac{d_i^2}{d_i^2 + C} u_i^{\mathrm{T}} X \tag{7.43}$$

其中，u_i 为$\boldsymbol{HH}^{\mathrm{T}}$ 的特征向量，d_i 为 $\boldsymbol{H}$ 的特征值。研究表明相对较小的权重系数能够提升前馈神经网络(SLFN)的泛化能力和稳定性，因此在复杂问题下 ELM 的正则化是必要的。

7.8 Softmax 分类器

Softmax 分类器是除 SVM 以外另一种常见的线性分类器，它利用 Softmax 函数将 Logistic 回归推广到多类分类的形式。Softmax 函数的定义如下所示：

$$S_i = \frac{\exp(v_i)}{\sum_{i=1}^{C} \exp(v_i)} \tag{7.44}$$

其中，S_i 为当前元素的指数与所有元素指数和的比值，v_i 是分类器前级输出单元的输出，i 为类别索引，C 为总的类别数。

Softmax 函数将多分类的输出数值转化为相对概率。Softmax 分类器使用激励函数作为输出层的多层感知机，把任意实值的向量转变成元素取值在 0 到 1 之间且和为 1 的向量。将多个神经元的输出映射到(0，1)区间内，可以看成概率来理解，从而进行多类别分类。卷积神经网络一般采用 Softmax 分类器作为输出层的分类器进行训练。

Softmax 分类器与 SVM 类似但有区别，例如，SVM 输出对应猫、狗、船的得分为[12.5，0.6，−23.0]，由此可以得到判别结果是猫；同一个问题，Softmax 的输出可能为[0.9，0.09，0.01]，表示属于每个类别的概率，也可以得到判别结果为猫。SVM 并不在乎每个类别得到的绝对得分大小，例如，对一个三类问题中的一个样本，输出得分为[10，−2，3]，则判别该样本属于第一类；输出的结果也可能是[10，−100，−100]或[10，9，9]，也判别该样本属于第一类。对于 Softmax 而言，需要将[10，−100，−100] 和[10，9，9]映射到概率域。所以 Softmax 是一个永远不会满足的分类器，在每个得分对应的概率基础上，它总是认为可以让概率分布更接近标准结果一些，使得互熵损失更小一些。

7.9 集成分类器

集成分类器集成多个分类器来对样本进行大多数投票，以此确定样本的类别。它可以改善单个分类器由于学习样本的变化而不稳定的情况，减少由于训练样本少而导致的过拟合，改善弱分类器的准确率。集成分类器可在多次循环中产生多个分类器。在每次循环中，用来训练的数据都会更多地关注上次循环中错分的训练样本，最后集成的分类器是在每次循环中生成的多个分类器的一个权重投票的结果。权重的大小与在训练数据上生成的分类器的准确率有关。下面介绍两种集成分类器。

1. Adaboost 分类器

Adaboost 分类器可以看作是一种迭代算法，其基本思想是针对同一个训练集训练不同的弱分类器，然后把这些弱分类器集合起来构成一个更强的最终分类器(强分类器)。Adaboost 算法本身是通过改变数据分布来实现的，它根据每次训练集之中每个样本的分类是否正确，以及上次的总体分类的准确率，来确定每个样本的权值。将修改过权值的新数据集送给下层分类器进行训练，最后将每次训练得到的分类器融合起来，作为最后的决策分类器。使用 Adaboost 分类器可以排除一些不必要的训练数据特征，并把重要特征放在关键的训练数据上面。

假设一个训练集 $T=\{(t_1, c_1), (t_2, c_2), \cdots, (t_n, c_n)\}$ 和一个分类算法 L。因为只有两类的标签，使用 Boosting 算法把一类样本标记为－1，把另外一类标记为 1。每个样本权重的起始大小都是相同的，都为 $W_1(t_i)=1/n$，$i=1, 2, \cdots, n$。在第 i 次循环中，把样本权重 W_i 的值代进算法 L 中，将会返回一个分类器 L_i。L_i 的分类错误数 ε_i 为 $\sum_{j=1}^{n} W_i(t_j)\{c_i \neq L_i(t_j)\}$。这里 $\{c_i \neq L_i(t_j)\}$ 用于检查分类器是否正确分类样本 t_j，若分类错误将返回 1，否则返回 0。

L_i 的权重可以由 $w_i = \dfrac{1}{2}\log\dfrac{(1-\varepsilon_i)}{\varepsilon_i}$ 得出。训练集 T 的新的权重为 $W_{i+1}(t_i) \propto W_i(t_i)e^{-w_i c_i L_i(t_i)}$，$\sum_{i}^{n} W_{i+1}(t_i) = 1$。假设有 x 个分类器被训练，给定一个测试样本 s，它的类别由下式给出：

$$\text{class}(s) = \text{sign}\Big(\sum_{i=1}^{x} w_i L_i(s)\Big) \tag{7.45}$$

类别标签为 c_i 的样本 t_i 的边界 m_i 的值可以由下式得到

$$m_i = c_i \sum_{j=1}^{K} w_j \, \text{class}_i(t_i) \tag{7.46}$$

K 为类别的个数；t_i 值为正说明 t_i 被正确分类，为负则是被错误分类。m_i 的大小与分类的可信度成正比。在分类器构建过程中，若一个样本在当前循环中被错误分类，这个样本在下次循环中将被赋予更高的权值。因而，算法的目标是关注那些被错分的样本，以收到更好的分类效果。这与增大训练样本边界的努力一致。

Adaboost 其实是一个简单的弱分类算法提升过程，这个过程通过不断的训练，可以提高对数据的分类能力，整个过程表示如下：

(1) 先通过对 N 个训练样本的学习得到第一个弱分类器；

(2) 将分错的样本和其他新数据一起构成新的 N 个的训练样本，通过对这个样本的学习得到第二个弱分类器；

(3) 将(1)和(2)都分类错误的样本加上其他新样本构成另一个新的 N 个训练样本，通过对这个样本的学习得到第三个弱分类器；

(4) 经 T 次循环后，得到 T 个弱分类器，按更新的权重叠加，得到最终的强分类器。某个数据被分为哪一类要由各分类器权值决定。

Adaboost 通过调整的 Boosting 算法对弱学习得到的弱分类器的错误进行适应性调整。上述算法中迭代了 T 次的主循环，每一次循环根据当前的权重分布对样本 x 定一个分布 P，然后对这个分布下的样本使用弱学习算法得到一个弱分类器。每一次迭代，都要对权重进行更新。更新的规则是，减小弱分类器分类效果较好的数据的概率，增大弱分类器分类效果较差的数据的概率。最终的分类器是各个弱分类器的加权平均。

2. 随机森林

随机森林是集成学习的一个子类，是通过集成学习的思想将多棵树集成的一种算法，它的基本单元是决策树。在模式识别中，随机森林是一个包含多个决策树的分类器，它依靠决策树的投票选择来决定最后的分类结果，能够自然地处理多类分类任务，且其输出的类别是由个别树输出的类别的众数而定的。每一棵决策树通过随机选择特征子集和样本子集训练得到，用于测试样本预测时得到对测试样本的预测类别分布的概率模型。然后组合森林中所有决策树对测试样本预测类别分布的概率模型，使用投票策略选定测试样本的输出类别。下面主要介绍如何构建决策树和随机森林。

1) 构建决策树

决策树是一种基本的分类器，一般是将特征分为两类(决策树也可以用来回归)。构建好的决策树呈树形结构，可以认为是 if-then 规则的集合，主要优点是模型具有可读性，分类速度快。

一个决策树包含三种类型的节点：决策节点通常用矩形框来表示；机会节点通常用圆圈来表示；终节点通常用三角形来表示。每个决策树都表述一种树型结构，由其分支来对待分类对象依靠属性进行分类。每个决策树可以依靠对源数据库的分割进行数据测试。这个过程可以递归地对树进行修剪。当不能再进行分割或一个单独的类可以被应用于某一分支时，递归过程就完成了。随机森林分类器将许多决策树结合起来以提升分类的正确率。

2) 构建随机森林

构建随机森林包括两步：数据的随机选取和待选特征的随机选取。

(1) 数据的随机选取：首先，从原始的数据集中采取有放回的抽样，构造子数据集，子数据集的数据量是和原始数据集相同的。不同子数据集的元素可以重复，同一个子数据集中的元素也可以重复。第二，利用子数据集来构建子决策树，将这个数据放到每个子决策树中，每个子决策树输出一个结果。最后，若有了新的数据需要通过随机森林得到分类结果，就可以通过对子决策树的判断结果进行投票，得到随机森林的输出结果。

(2) 待选特征的随机选取：与数据的随机选取类似，随机森林中的子树的每一个分裂过程并未用到所有的待选特征，而是从所有的待选特征中随机选取一定的特征，之后再在随机选取的特征中选取最优的特征。这样能够使得随机森林中的决策树都能够彼此不同，提升系统的多样性，从而提升分类性能。

构建和训练随机森林过程中的主要参数有：

(1) 每棵树的最大深度 D。D 的大小影响随机森林训练的时空性能，D 取值较小时，随机森林的训练时间短、占用存储空间小；D 取值较大时则相反。同时，D 的取值能够明显地影响随机森林的分类性能，D 过小易导致低度拟合、泛化性能不足、分类准确率降低；D 过大易导致过拟合，影响分类准确率。

(2) 森林的随机度 p 及其类型。两种常见的随机度类型为：

① 装袋。森林中每一棵树由训练数据集中随机抽样的不同子集训练得到。此方法能够有效避免过拟合现象，从而提升随机森林的泛化性能。但使用装袋方法训练的随机森林中的每棵决策树没有用到全部的训练数据集，这会忽略一些有用的信息，没有高效地使用训练数据集。

② 随机节点最优化。随机森林的每棵树在训练过程中都基于全部的训练数据集进行训练，避免了对训练样本的抽样操作。每个内部节点随机选择 p 个特征和离散阈值对 $T_j=\{(x_1, t_1), (x_2, t_2), \cdots, (x_p, t_p)\}$，其中 j 表示单棵决策树中的第 j 个节点(内部节点)，特征 x_i 从全部的 d 维特征空间中一致抽样得到，即 $x_i \neq x_j$，$\forall i$，$1 \leqslant i < j \leqslant p$；同样的，离散阈值 t_i 从第 j 个节点的全部训练样本的特征 x_i 的最大值和最小值中一致抽样得到。

(3) 森林中树的总数，即森林的规模 T。T 越大，分类性能越好，T 的选择受限于计算机硬件资源，在计算机硬件资源允许的情况下，T 的取值应该尽可能大。

(4) 分裂函数的选择。分裂函数在训练和测试过程中起关键作用。分裂函数的参数定义为 $\theta=(\phi, \psi, \tau)$，其中 $\phi=\phi(\boldsymbol{v})$ 为特征选择函数，从全部的特征向量 $\boldsymbol{v}$ 中选出当前节点计算所使用特征；ψ 定义了分裂数据所使用的几何模型；τ 包含了二值输出的不等式测试中所使用的阈值。

(5) 训练目标函数的选择。训练过程中目标函数的选择决定了当前节点中数据样本的划分，每棵树的预测与评估准则由此确定，对森林的性能有着重要影响。将信息论和信息增益应用于树中分裂节点的目标函数，可得到以下三种常用目标函数：

① 使用信息增益作为目标函数，定义为

$$I = H(S) - \sum_{i \in \{L, R\}} \frac{|S^i|}{|S|} H(S^i) \tag{7.47}$$

其中，S 为分裂节点的属性数据集，将 S 分为左、右两个子集，即 S^L 和 S^R；H 为信息熵；$|*|$ 表示数据集中的样本总数。

在离散概率分布下，$H(S)$定义为 Shannon 信息熵，即

$$H(S) = -\sum_{c \in C} p(c) \log p(c) \tag{7.48}$$

其中，S 为训练样本集，c 为类别标签，C 为全部的类别标签集，$p(c)$表示集合 S 中的样本属于 c 类的概率。

② 使用信息增益率作为目标函数，定义为

$$I = \frac{H(S) - \sum_{i \in \{L, R\}} \frac{|S^i|}{|S|} H(S^i)}{-\sum_{v \in V} p(v) \log p(v)} \tag{7.49}$$

其中 S、$H(S)$定义与式(7.47)中定义相同，v 为当前分裂属性的取值，V 为当前分裂属性的所有可能取值的集合，$p(v)$表示集合 S 中的样本的当前分裂属性取值为 v 的概率。

③ 使用基尼指标度量作为目标函数，定义为

$$I = G(S) - \sum_{i \in \{L, R\}} \frac{|S^i|}{|S|} G(S^i) \tag{7.50}$$

其中，$G(S)$为

$$G(S) = 1 - \sum_{c \in C} p(c) \log [p(c)]^2 \tag{7.51}$$

其中，c、C 和 $p(c)$的定义与式(7.49)中定义相同。

基尼指标目标选择函数选择具有最大不纯净度的属性作为分裂属性。

(6) 森林中每棵树对测试样本预测结果的组合。随机森林作为多棵决策树的集合，根据森林中所有决策树的预测结果组合确定最终的输出预测结果，组合策略有平均和相乘两种方式：

① 平均全部决策树的预测结果，即

$$p(c|v) = \frac{1}{T} \sum_{t=1}^{T} p_t(c|v) \tag{7.52}$$

其中，T 为森林的规模，$p_t(c|v)$表示第 t 棵树对测试样本 v 的后验概率。森林的最终预测结果为 $p(c|v)$的最大取值所对应的类别，即$\{c|\max(p_t(c|v)),\ t=1,\ 2,\ \cdots,\ T\}$。

② 将全部决策树的预测结果相乘，即

$$p(c|v) = \frac{1}{z} \prod_{t=1}^{T} p_t(c|v) \tag{7.53}$$

其中，划分函数 Z 用以保证概率分布的归一化，与式(7.52)类似，森林的最终预测结果为 $p(c|v)$的最大取值所对应的类别。

3) 随机森林的优缺点

(1) 随机森林的优点。简单、容易实现、计算开销小、模型泛化能力强，并且在很多现实任务中展现出了强大的性能；能够处理很高维度的数据，不用进行特征选择，特征子集

是随机选择；在训练过程中能够检测到特征间的互相影响；在训练完后能够给出哪些特征比较重要；训练速度快，容易进行并行化；对于不平衡的数据集来说，它可以平衡误差。

(2) 随机森林的缺点。它已经被证明在某些噪声较大的分类或回归问题上会过拟合；对于有不同取值的属性的数据，取值划分较多的属性会对随机森林产生更大的影响，所以随机森林在这种数据集上产出的属性权值不可信。

7.10　分类器评估方法

影响一个分类器错误率的因素有：

(1) 训练集的记录数量。分类器要利用训练集进行学习，因而训练集越大，分类器也就越可靠。但是，训练集越大，分类器构造分类器的时间也就越长。所以，错误率改善情况随训练集规模的增大而降低。

(2) 属性的数目。较多的属性对于分类器而言意味着要计算更多的组合，使得分类器难度增大，需要的时间也更长。有些随机的关系会将分类器陷入局部最优解，结果可能构造出不够准确的分类器。因此，若通过常识可以确认某个属性与目标无关，则应该将它从训练集中去除。

(3) 属性中的信息。有时分类器不能从属性中获取足够的信息来正确、低错误率地预测标签(如试图根据某人眼睛的颜色来决定他的收入)。加入其他的属性(如职业、每周工作小时数和年龄)，可以降低错误率。

(4) 待预测记录的分布。若待分类的记录来自不同于训练集中记录的分布，则错误率有可能很高。如，若从包含家用轿车数据的训练集中构造出分类器，那么试图用它来对包含许多运动用车辆的记录进行分类可能没多大用途，因为数据属性值的分布可能有很大差别。

经常用于评估分类器性能的方法有以下两种(假定待预测记录和训练集取自同样的样本分布)：

(1) 保留方法(Holdout)。记录集中的一部分(通常为整个数据集的2/3)作为训练集，剩余的部分用作测试集。分类器使用2/3的数据来构造分类器，然后利用训练后的分类器对测试集进行分类，得出的错误率就是评估错误率。虽然该方法的速度快，但由于仅使用2/3的数据来构造分类器，因此它没有充分利用所有的数据来进行学习。若使用所有的数据，就可能构造出更精确的分类器。

(2) 交叉验证方法(Cross validation)。交叉验证是在机器学习建立模型和验证模型参数时常用的办法。交叉验证就是重复地使用数据，把得到的样本数据进行切分后，组合为不同的训练集和测试集，其中训练集用来训练模型，测试集用来评估模型。在此基础上可以得到多组不同的训练集和测试集，某次训练集中的某样本在下次可能成为测试集中的样本，即所谓“交叉”。交叉验证分为下面两种：K 折交叉验证(K-Folder Cross Validation)、留一交叉验证(Leave-one-out Cross Validation)。

通常 Holdout 评估方法被用在最初试验性的场合，或多于 5000 条记录的数据集；交叉验证法被用于建立最终的分类器，或很小的数据集。

7.11 MATLAB 分类器

MATLAB 工具箱分类器有朴素贝叶斯、K-最近邻、集成学习方法、随机森林、支持向量机、决策树、神经网络和极限学习机等。现将其主要函数使用方法归纳如下，更多细节可以参考 MATLAB 帮助文件。

```
train_data    %训练样本 n×4 矩阵，每行一个样本，每列一个特征
train_label   %训练数据标签为 n×1 列向量，n 为训练样本数量
test_data     %测试样本 n×4 矩阵
test_label    %标测试数据签 n×1 向量%对于所有分类器，先将数据属性归一化
```

1. 朴素贝叶斯分类器(Naive Bayes)

朴素贝叶斯分类器的使用可以参考如下代码：

```
Factor = NaiveBayes. fit(train_data, train_label);
predict_label = predict(Factor, test_data);
[Scores, Predict_label] = posterior(Factor, test_data);
accuracy = length(find(predict_label == test_label))/length(test_label) * 100;
```

2. K-最近邻分类器(K-NN)

K-最近邻分类器的使用可以参考如下代码：

```
mdl = ClassificationK-NN(train_data, train_label, 'NumNeighbors', 1);
predict_label= predict(mdl, test_data);
accuracy = length(find(predict_label == test_label))/length(test_label) * 100;
```

训练及分类语句：

```
mdl = fitcK-NN(train_data, train_label); %此时默认值 k = 1
y = predict(mdl, test_atr_norm)
Matlab 2012 新版本：
Factor = ClassificationK-NN(train_data, train_label, 'NumNeighbors', num_neighbors);
predict_label = predict(Factor, test_data);
[predict_label, Scores] = predict(Factor, test_data);
```

K-NN 分类器程序代码

```
function label = K-NN( X, y, k, x_test )
```

```
% X为n×d训练样本集，y为n×1训练样本标签，x_test为一个1×d测试样本
[n, ~]=size(X); dist=zeros(1, n);
for i=1: n dist(i)=distance(x_test, X(i, : ), 2); end
[~, idx]=sort(dist); y2=y(idx(1: k), 1); labels=unique(y); n_la=length(labels);
maxnum=0;
for i=1: n_la
    num=length(find(y2==labels(i)));
    if num>maxnum maxnum=num; label=labels(i); end
end, end
function dis=distance(x1, x2, p)
dis=(sum((abs(x1-x2)). ^p)). ^(1/p);
end
```

3. 支持向量机(SVM)

支持向量机的使用可以参考如下代码：

```
option = statset('MaxIter', 1000000);
svm_struct = svmtrain(train_data_pca, train_label, 'options', option);
predict = svmclassify(svm_struct, test_data_pca);
% result = multisvm(train_data, train_label, test_data)
correct_num = sum((predict-test_label')==0);
accuracy = correct_num / 3000;
%不能有语义向量Scores(概率输出)
Factor = svmtrain(train_label, train_data, '-b 1');
[predicted_label, accuracy, Scores] = svmpredict(test_label, test_data, Factor, '-b 1');
```

4. 决策树(Decision tree)

决策树的使用可以参考如下代码：

```
t=treefit(train_data, train_label);
t=classregtree(train_data, train_label);
```

5. 神经网络(NN)

神经网络的使用可以参考以下代码：

```
[f1, f2, f3, f4, class]=textread('trainData. txt', '%f%f%f%f%f', 150);
%读取训练数据
[input, minI, maxI]=premnmx([f1, f2, f3, f4]'); %特征值归一化
s=length(class);output=zeros(s, 3); %构造输出矩阵
fori=1: soutput(i, class(i))=1;end
net=newff(minmax(input), [103], {'logsig''purelin'}, 'traingdx'); %创建神经网络
```

```
net. trainparam. show=50; net. trainparam. epochs=500;
net. trainparam. goal=0.01;net. trainParam. lr=0.01; %设置训练参数
net=train(net, input, output'); %开始训练
[t1t2t3t4c]=textread('testData. txt', '%f%f%f%f%f', 150); %读取测试数据
testInput=tramnmx([t1, t2, t3, t4]', minI, maxI); %测试数据归一化
Y=sim(net, testInput) %仿真
[s1, s2]=size(Y); hitNum=0; %统计识别正确率
fori=1: s2 [m, Index]=max(Y(: , i)); if(Index==c(i)) hitNum=hitNum+1;
end, end
sprintf('识别率是%3.3f%%', 100 * hitNum/s2)
```

6. 径向基函数神经网络(RBFNN)

训练集为 20，测试集为 40 时，准确率为 50%左右。

训练集为 40，测试集为 20 时，准确率可达 90%。

首先将标签转化为向量表示：0—[1, 0, 0, 0, 0]，2—[0, 1, 0, 0, 0]，4—[0, 0, 1, 0, 0]，6—[0, 0, 0, 1, 0]，8—[0, 0, 0, 0, 1]。

上述转换可以通过以下程序实现：

```
label = zeros(40, 5);
for i = 1 : 40 index = (test_group(i)/2)+1; test_label(i, index) = 1; end
label = zeros(20, 5);
for i = 1 : 20 index = (train_group(i)/2)+1; train_label(i, index) = 1; end
```

训练及分类语句：

```
net = newrbe(train_data', train_label') %精确 rbf 可以不调参
test_label = sim(net, test_atr_norm')
```

7. 极限学习机(ELM)

首先将训练数据和测试数据保存为. txt 格式，调整测试集，训练集比例后可能会上升：

```
save test. txt—ascii test
save train. txt—ascii train
```

训练及分类语句：

```
[trainingTime, trainingAccuracy] =elm_train('train. txt', 1, 50, 'sig') %50 为节点数，若数据集规模改变可以适当调整
[TestingTime, TestingAccuracy] =elm_predict('test. txt'); %训练结果是程序中的中间结果，但是程序的输出就有准确率
```

8. 随机森林分类器(RandomF)

随机森林分类器的使用可参考以下代码：

```
ntree = 20; B = treeBagger(ntree, train_data_pca, train_label');
```

```
predict_label = predict(B, test_data_pca); predict_label = str2double(predict_label);
accuracy = length(find(predict_label == test_label'))/length(test_label) * 100;
```

训练及分类语句：

```
factor = treeBagger(ntree, train_data, train_label);
[predlabel, scores] = predict(factor, test_data)
%scores 是语义向量(概率输出)。实验中 ntree=500，效果好但慢。2500 行数据耗时 400 秒
```

9. 集成学习器(Ensembles for Boosting, Bagging, or Random Subspace)

集成学习器的使用可以参考如下代码：

```
Factor = fitensemble(train_data, train_label, 'AdaBoostM2', 100, 'tree');
Factor = fitensemble(train_data, train_label, 'AdaBoostM2', 100, 'tree',
'type', 'classification');
Factor = fitensemble(train_data, train_label, 'Subspace', 50, 'K-NN');
predict_label = predict(Factor, test_data);
[predict_label, Scores] = predict(Factor, test_data);
```

7.12 MATLAB 分类器 GUI

在 MATLAB 中，有多种分类器函数可以直接使用，也有图形界面的分类学习工具箱，包含 SVM、决策树、KNN 等分类器，使用非常方便。MATLAB 内置有 Classification Learner 工具箱，并包含训练模型和预测数据，其基本操作过程如下。

1）*启动*

在 MATLAB 自带的 APP 栏中打开 Classification Learner。点击“应用程序”，在面板中找到“Classification Learner”图标点击即启动，也可以在命令行输入“classification learner”，回车启动。如图 7.7 所示。

MATLAB 自带的 Classification Learner 工具箱具备多种可供用户使用的分类算法，如决策树、支持向量机、K-最近邻等等。此外，此工具箱还具备数据的特征选择、方案验证、训练模型、检验训练结果等功能，有着良好的人机交互性。

2）*导入数据*

点击右上角新建一个 session，然后将数据导入其中，可以从工作空间或文件中导入数据。选择数据后，导入数据分为三步：

第一步，确定需要的数据格式。若导入的数据是一个矩阵，既有样本输入也有对应的输出，比如，导入的数据 data 是 3×3000 的矩阵，3000 个样本，每个样本两个特征值，第三行是每个样本对应的输出，这时应该选择“Use Row as Variables”。若数据格式为 3000×3，则选择“Use Column as Variables”。

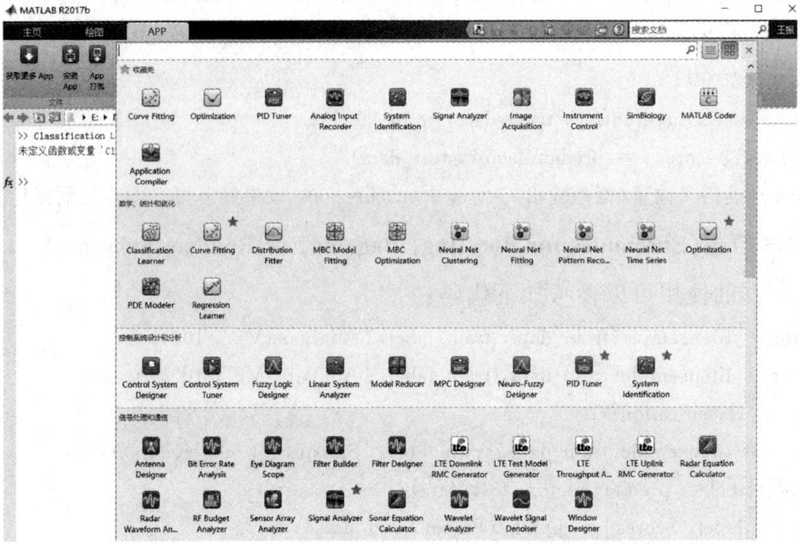

图 7.7　Classication Learner 启动界面

第二步，将代表特征的列向量设置为 predictor，将代表类别的列向量设置为 response 即可。按照矩阵中数据的结构，列向量代表不同的样本，行向量为每个样本的各种特征，最后一列代表样本的类别。

第三步，进行验证的相关设置。一般选择交叉验证“Cross Validation”，folds 自己选择即可。第一个选项为交叉验证，可以用下方的滚动条设置交叉验证的折数；第二个选项为 Holdout Validation，即对验证组对半选择；最后一个选项为不进行验证。确定后，点击“Start Session”。

3）选择分类器

原始数据的散点图会显示出来，如果原始数据只有两维，可以全部显示在二维坐标中。如果数据多于两维，二维坐标系不能完全显示每一维，可以在红圈的 X、Y 下拉条中选择显示哪两维。

训练前可以选择训练的模型，点击红圈中的下拉箭头，可以看到各类训练模型，选择一个即可，也可以选择某一类的“ALL”，该类所有模型都会训练一遍。选好模型后，点击“train”，开始训练。

4）训练结果

训练结果显示在左边，每个模型训练后的准确率都会显示出来，最高准确率会被标注，下面即为模型的信息。

点击“Advance”可以设置模型的具体参数。点击“Confusion Matrix”可以查看混淆矩阵等。点击“Export Model”可以将模型导出到工作空间，这样就可以利用模型来测试新的数据。也可以导出为代码，方便研究。

使用 MATALB 的 Classification Learner 工具箱对鸢尾花进行分类。数据集为 IRIS，包含山鸢尾、变色鸢尾和维吉尼亚鸢尾 3 种共 150 个样本，每类 50 个样本，对应数据集的每行数据，每行数据包含每个样本的花萼长度、花萼宽度、花瓣长度、花瓣宽度 4 个特征和 1 个样本的类别信息。分类步骤如下：

（1）点击“应用程序”，在面板中找到“Classification Learner”图标点击即启动，也可以在命令行输入“classification learner”，回车启动。

（2）打开分类学习机，点击“New Session”，从工作空间或文件中导入数据，如图 7.8 所示。

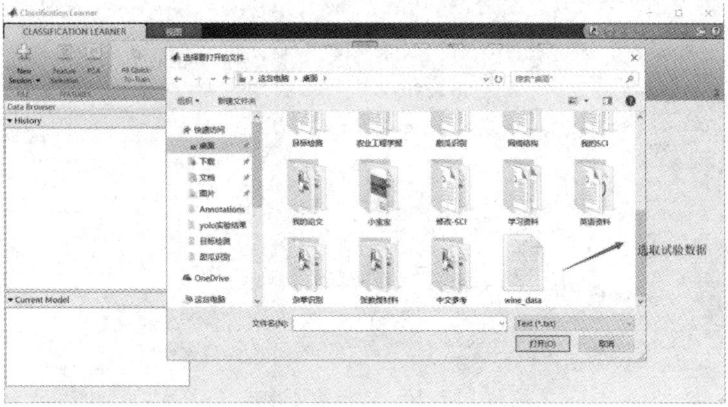

图 7.8　选取试验数据

（3）点击导入数据，如图 7.9 所示。

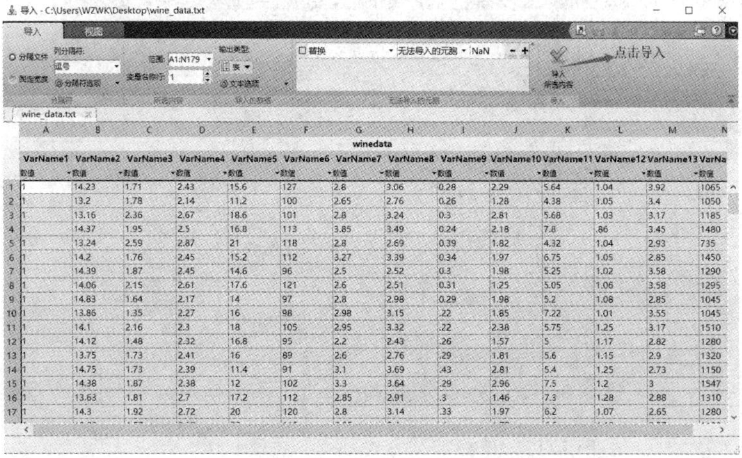

图 7.9　导入数据

（4）由于一组数据的变量需要包括每一列的数据，因此选择 Use Columns as Variables，Response 代表输出的目标，选择第一列，则其余的为 Predictors，即训练的输入数据。验证方式一般选择交叉验证，这里选择 Cross-Validation 选项。然后点击 Start Session 开始运行，如图 7.10 所示。

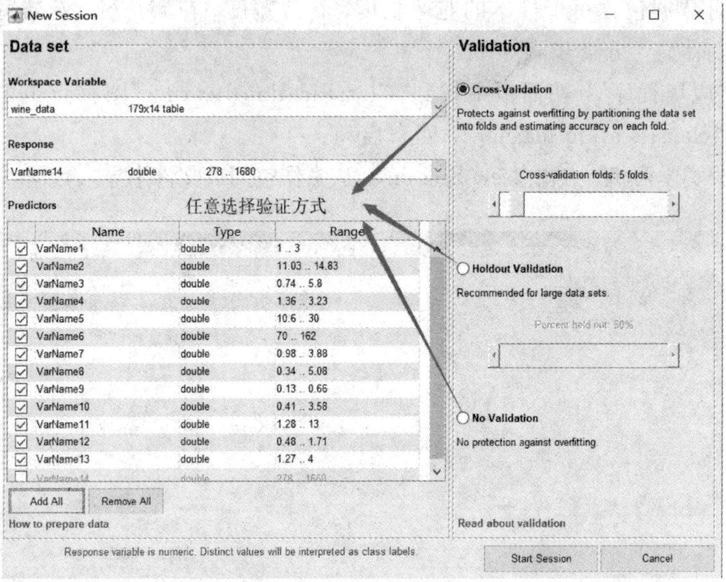

图 7.10　选择验证方式

（5）选择任意训练方式，对数据进行训练，如图 7.11 所示。

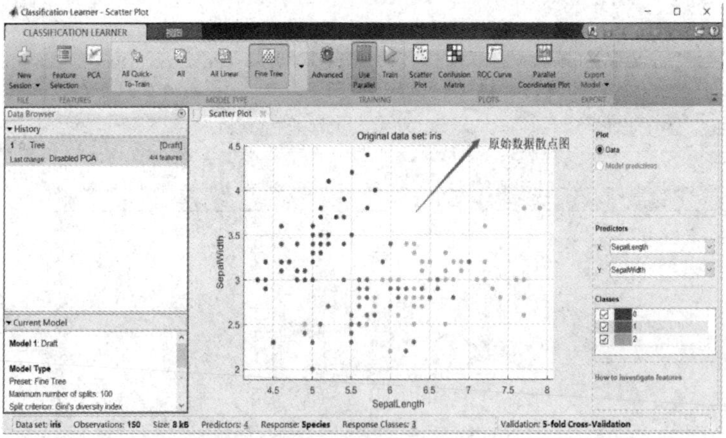

图 7.11　选择训练方式

(6) 经过 SVM 分类器训练后得到预测结果，如图 7.12 所示。

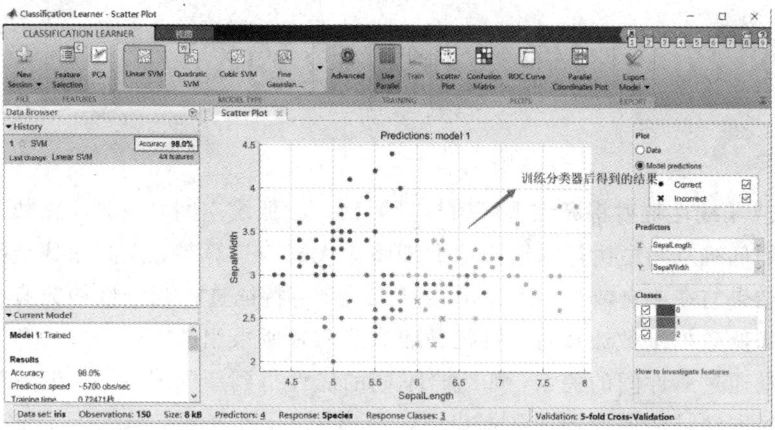

图 7.12　经过 SVM 分类器训练后得到的预测结果

图 7.12 中左下角框中显示了识别精度为 90%，训练时间为 0.72471 秒。点击 Export Model 可以导出模型。

第 8 章　图像数据维数约简

维数约简通过线性或非线性映射将高维观察数据投影到一个低维空间，并保证原数据库的完整性。在约简后的低维空间中执行后续图像处理将大大减少运算量，提高图像分类识别的效率，且得到的结果与在原有数据集上所取得结果一致。特征选择与维数约简有相似之处，两者都是试图降低数据维数或属性、特征数目，但两者所采用的方式、方法却不同：维数约简方法主要是通过属性间的关系，如组合不同的属性得到新的属性，改变原来的特征空间；而特征选择方法是从原始特征数据集中选择出子集，是一种包含关系，没有更改原始的特征空间。本章介绍一些简单常用的二维图像维数约简方法。

8.1 概　　述

维数约简又称为降维，是模式识别中的一种重要的高维数据处理手段。其目的归纳为：从数据中提取特征以便进行分类；压缩数据以减少存储量；降低算法的计算开销，使得数据集更易使用；去除噪声影响；使得结果容易理解；将数据投影到低维可视空间，以便于看清数据的分布。在科学研究中，人们常常遇到高维数据。例如，在处理一个 256×256 的视频图像序列时，往往需要将每幅图像拉成向量，就需要处理 65536 维的数据。若直接处理这些数据，① 可能出现“维数灾难”问题；② 这些数据通常没有反映出数据的本质特征，若直接对它们进行处理，可能得不到理想的效果。所以，需要首先对数据进行维数约简，然后对约简后的数据进行处理。当然要保证约简后的数据特征能反映甚至更能揭示原数据的本质特征。

1. K-最近邻准则(K-NN)

在 K-NN 标准中，当 K 选定在一定的范围内，经典维数约简算法的映射结果还是相对比较稳定的。一般来说，保证映射结果比较稳定的 K 的范围依赖于不同的数据，例如样本点的采样密度和流形的几何结构。一般情况下，确定近邻点数应该遵循以下准则：

(1) 经典维数约简算法的目的是希望找到一个理想的低维映射(维数为 d)，在确定近邻点数时，K 必须大于理想低维映射点的维数 d，这样 d 与 K 之间存在一定的差距，使得数据点之间的拓扑结构能很稳定地保留下来。

(2) 经典维数约简算法建立在局部线性假设的基础上，也是说，一个样本点与其近邻点是位于或近似位于一个线性超平面上的。若 K 选的太大，那么就违背了局部线性假设。

(3) 若样本点本身是一个处在低维空间的数据，即出现 $K>D$ 时每一个样本点都能很精确地由其近邻点线性重构，局部线性重构权值将不再是唯一的。在这种情况下，选择 k 时必须添加一些规范化准则，以保持局部线性重构权值的唯一性。

2. K-最近邻图

基于 K-NN 准则对每个样本寻找其 K 个近邻点，构造带 n 个顶点的邻域关系图，其中每个数据点对应于邻域关系图上的一个顶点。邻域关系图记为 $G(E, V)$，其中顶点集 E 对应于数据集 X 中的数据点，无向边集 E 表示顶点之间的近邻关系。若赋予每条边一个权值，则图 G 就称为加权邻近图 $G(E, V, W)$。一般取边上的权值为两顶点所对应数据点之间的欧氏距离。

对于邻域尺度参数 K 的取值，一般不从 1 开始取值，是为了保证邻域关系图的连通性。事实上，这些使得 G 获得最佳分类精度的邻域参数 K 是保证邻域关系图连通性的最小值。实际应用中，最佳的邻域尺度参数 K 要保证邻域关系图 $G(E, V, W)$ 的顶点之间的连通性表现为：对应于同一类别样本点的顶点保持相互连通而对应于不同类别样本点的顶点要不连通(即相分离)，即最佳的 K 需要保证邻域关系图不连通，而且各个连通的分量关联于某一个类别。

维数约简：给定一个数据集 X，表示为 $n\times D$ 的矩阵，即有 n 个样本，每个样本 x_i $(i=1, \cdots n)$ 均是 D 维，假设数据的本征维是 $d(d<D$，通常 $d\ll D)$，降维技术是在尽可能保持数据几何结构的前提下，将维数是 D 的数据集 X 转变成维数是 d 的矩阵 $\boldsymbol{Y}$，其中 $\boldsymbol{Y}$ 是 $n\times d$ 的矩阵，每一行是 $y_i(i=1, \cdots n)$ 即是 x_i 的低维表达。

3. 维数约简方法分类

维数约简方法很多，按照不同的标准，维数约简方法可分为不同种类。

(1) 根据所作的映射方式是否线性，维数约简方法可分为线性维数约简和非线性维数约简，而非线性的维数约简又分为基于核函数的方法和基于特征值的方法。线性维数约简的方法主要有主成分分析(PCA)、独立成分分析(ICA)、线性判别分析(LDA)、局部特征分析(LFA)等；基于核函数的非线性维数约简方法有基于核函数的 PCA(KPCA)、基于核函数的 ICA(KICA)、基于核函数的决策分析(KDA)等；基于特征值的非线性降维方法有局部线性嵌入(LLE)和等度量映射(ISOMAP)等。

(2) 根据是否将数据集的局部几何结构纳入考虑，可分为局部降维方法与非局部降维方法。如 PCA 和 LDA 等是典型性的全局型降维方法；而 LLE 和 LE 一些维数约简方法以及其对应的线性化方法、局部保持投影(Locality Preserving Projections, LPP)、近邻保持嵌入(Neighborhood Preserving Embedding, NPE)和判别 LPP(DLPP)均为局部型降维方法。

(3) 根据降维过程是否利用监督信息或其他形式的标号，维数约简方法可分为监督型方法、无监督型方法和半监督型方法。

• 监督维数约简其本质是一种监督学习过程，利用一组已知类别的样本调整分类器参数，使其达到所要求性能的过程，也称为监督训练或有教师学习，如 LDA、DLPP 和最大间隔准则(Maximum Margin Criterion，MMC)等；

• 无监督式维数约简指约简过程的学习样本不带有类别信息，如 PCA、LPP 和 LLE 等。

• 半监督式维数约简是利用训练样本中部分有标记样本的标记，训练样本中还有部分是无标记样本，如半监督谱回归(Semi-Supervised Spectral Regression，SSSR)。

(4) 根据所作的映射 F 是否依赖于样本数据集，可分为数据依赖型约简方法与数据独立型约简方法。到目前为止，大多数降维方法中使用的映射 F 都是从数据集 X 中学习获得的，如 PCA 的投影方向与数据集的分布有关；而另外新出现的降维方法，如随机投影 RP 等，所做的映射与数据集的性质并无本质联系，所以称其为数据独立型降维方法。

(5) 按照约简维数的大小，维数约简问题被分为以下三类：

a. 硬维数约简问题。硬维数约简问题处理的是维数范围在几百到成百上千维的高维问题。对于硬维数约简问题来说这个约简过程通常是重要的。模式识别和包括图像与语音在内的分类问题，比如人脸识别、特征识别、听觉模式等都属于这一类。

b. 软维数约简问题。软维数约简问题通常处理的问题仅包含了几十维的数据，比硬维数约简问题的维数要少很多。其约简过程由于只需约简较少的维数而显得不是很激烈。如在社会科学、心理学等领域里的大多数统计分析都属于这一类。

c. 可视化问题。实际数据可能是高维数据，人们不容易知道数据的发布和特点，需要将高维数据约简到一维、二维或三维空间，并绘制和可视化，由此可以对数据进行直观分析。

(6) 按照数据时序的情况，维数约简可以分为静态维数约简和时间相关维数约简。时间相关维数约简通常用于处理时间序列，比如视频序列、连续语音等。

8.2　因子分析

因子分析是指研究从变量集中提取共性因子的统计技术。因子分析可在许多变量中找出隐藏的具有代表性的因子。将相同本质的变量归入一个因子，可减少变量的数目，检验变量间关系。设 X_i 为标准化的原始变量，F_i 为因子变量，则因子分析的数学模型为

$$\begin{cases} x_1 = a_{11}f_1 + a_{12}f_2 + a_{13}f_3 + \cdots + a_{1k}f_k + \varepsilon_1 \\ x_2 = a_{21}f_1 + a_{22}f_2 + a_{23}f_3 + \cdots + a_{2k}f_k + \varepsilon_2 \\ x_3 = a_{31}f_1 + a_{32}f_2 + a_{33}f_3 + \cdots + a_{3k}f_k + \varepsilon_3 \\ \cdots\cdots \\ x_p = a_{p1}f_1 + a_{p2}f_2 + a_{p3}f_3 + \cdots + a_{pk}f_k + \varepsilon_p \end{cases} \tag{8.1}$$

矩阵形式表示为

$$X = AF + \varepsilon \tag{8.2}$$

其中，$\boldsymbol{F}$ 为因子变量，$\boldsymbol{A}$ 为因子载荷矩阵，a_{ij} 为因子载荷，$\boldsymbol{\varepsilon}$ 为特殊因子。

实际上，a_{ij} 表示第 i 个原始变量与第 j 个因子变量的相关系数，a_{ij} 绝对值越大，则 X_i 与 F_i 的关系越强。$h_i^2 = \sum_{j=1}^{k} a_{ij}^2$ 为 X_i 的变量共同度因子载荷矩阵 $\boldsymbol{A}$ 中第 i 行元素的平方和，共同度反映了全部因子变量对 X_i 总方差的解释能力。因子变量 F_i 的方差贡献 $s_j = \sum_{i=1}^{p} a_{ij}^2$ 为因子载荷矩阵 $\boldsymbol{A}$ 中第 j 列各元素的平方和，方差贡献体现了同一因子 F_j 对原始所有变量总方差的解释能力。s_j/p 表示第 j 个因子解释原所有变量总方差的比例。

确定因子变量要计算因子载荷：

$$\boldsymbol{A}=\begin{pmatrix} a_{11} & a_{12} & \cdots & a_{1p} \\ a_{21} & a_{22} & \cdots & a_{2p} \\ \cdots & \cdots & \cdots & \cdots \\ a_{p1} & a_{p2} & \cdots & a_{pp} \end{pmatrix} = \begin{pmatrix} u_{11}\sqrt{\lambda_1} & u_{21}\sqrt{\lambda_2} & \cdots & u_{p1}\sqrt{\lambda_p} \\ u_{12}\sqrt{\lambda_1} & u_{22}\sqrt{\lambda_2} & \cdots & u_{p2}\sqrt{\lambda_p} \\ \cdots & \cdots & \cdots & \cdots \\ u_{1p}\sqrt{\lambda_1} & u_{2p}\sqrt{\lambda_2} & \cdots & u_{pp}\sqrt{\lambda_p} \end{pmatrix}$$

$$= \begin{pmatrix} a_{11} & a_{12} & \cdots & a_{1k} \\ a_{21} & a_{22} & \cdots & a_{2k} \\ \cdots & \cdots & \cdots & \cdots \\ a_{p1} & a_{p2} & \cdots & a_{pk} \end{pmatrix} = \begin{pmatrix} u_{11}\sqrt{\lambda_1} & u_{21}\sqrt{\lambda_2} & \cdots & u_{k1}\sqrt{\lambda_k} \\ u_{12}\sqrt{\lambda_1} & u_{22}\sqrt{\lambda_2} & \cdots & u_{k2}\sqrt{\lambda_k} \\ \cdots & \cdots & \cdots & \cdots \\ u_{1p}\sqrt{\lambda_1} & u_{2p}\sqrt{\lambda_2} & \cdots & u_{kp}\sqrt{\lambda_k} \end{pmatrix} \tag{8.3}$$

根据特征值 λ_i 确定累计贡献率，根据累计贡献率确定需要保留的因子变量数。一般累计贡献率应在 70%以上，有

$$a_1 = \frac{S_1^2}{p} = \frac{\lambda_1}{\sum_{i=1}^{p} \lambda_i}$$

$$a_2 = \frac{(S_1^2 + S_2^2)}{p} = \frac{(\lambda_1 + \lambda_2)}{\sum_{i=1}^{p} \lambda_i}$$

$$a_k = \frac{\sum_{i=1}^{k} S_i^2}{p} = \frac{\sum_{i=1}^{k} \lambda_i}{\sum_{i=1}^{p} \lambda_i}$$

因子碎石图提供了因子数目和特征值大小的图形表示，可以用于直观地判定因子数目。通过观察碎石图就可以确定因子变量数。

因子分析的主要目的是用来描述一组测量到的变量中最基本但又无法直接测量到的隐性变量。当研究中选择的变量变化时，因子的数量也要变化。此外，对每个因子实际含意的解释不是绝对的。在实际应用中，通过因子得分可以得出不同因子的重要性指标，而管理者则可根据这些指标的重要性来决定首先要解决的市场问题或产品问题。

MATLAB 提供了 factoran 函数来进行因子分析。根据原始样本观测数据、样本协方差矩阵和样本相关系数矩阵，利用该函数计算因子模型总的因子载荷矩阵 **A** 的最大似然估计，求特殊方差的估计、因子旋转矩阵和因子得分，还能对因子模型进行检验。

[lambda，psi，T，stats]=factoran(X，m)返回一个包含模型检验信息的结构体变量 stats，模型检验的原假设是 H_0，因子数为 m。输出参数 stats 包括 4 个字段，其中 stats. loglike表示对数似然的最大值，stats. def 表示误差自由度，stats，chisq 表示近似卡方检验统计量，stats. p 表示检验的 p 值。对于给定的显著性水平 a，若检验的 p 值大于显著性水平 a，则接受原假设 H_0，说明用含有 m 个公共因子的模型拟合原始数据是合适的，否则，拒绝原假设，说明拟合是不合适的。

8.3　三个无监督线性维数约简方法

8.3.1　主分量分析

主分量分析(PCA)又称主成分分析，是一种广泛使用的数据维数约简算法，分析对象是以网格点为空间点(多个变量)随时间变化的样本。假设从二元总体 $\boldsymbol{x}=(x_1, x_2)$ 中抽取容量为 n 的样本，绘制样本观测值的散点图，如图 8.1 所示。从图中可以看出，散点大致分布在一个椭圆内，x_1 和 x_2 呈现出明显的线性相关性。这 n 个样品在 x_1 轴方向和 x_2 轴方向具有相似的离散度，离散度可以用 x_1 和 x_2 的方差来表示。x_1 和 x_2 包含了近似相等的信息量，丢掉其中的任意一个变量都会损失比较多的信息。将图中坐标按逆时针旋转一个角度 θ，使得 x_1 轴旋转到椭圆的长轴方向 F_1，x_2 轴旋转到椭圆的短轴方向 F_2，则有

$$
\begin{aligned}
F_1 &= x_1\cos\theta + x_2\sin\theta \\
F_2 &= x_2\sin\theta + x_2\cos\theta
\end{aligned}
\tag{8.4}
$$

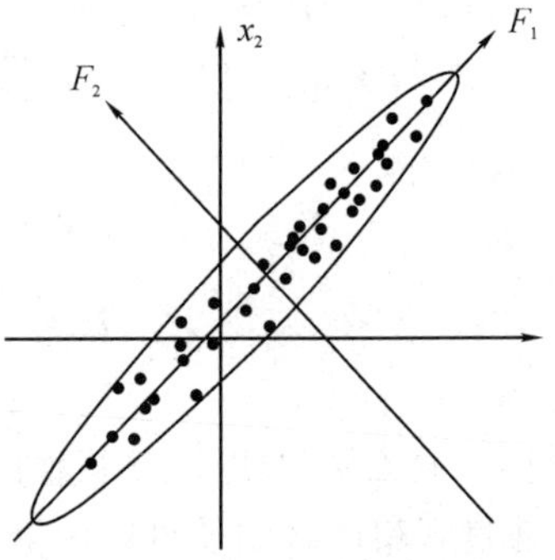

图 8.1　PCA 投影示意图

由图 8.1 可以看出，n 个点在新坐标系下的坐标 F_1 与 F_2 几乎不相关，并且 F_1 的方差要比 F_2 的方差大得多，也就是说 F_1 包含了原始数据中大部分的信息，此时若丢掉变量 F_2，信息的损失比较小，称 F_1 为第一主成分，F_2 为第二主成分。PCA 过程其实是坐标系旋转过程，新坐标系的各个坐标轴方向是原始数据方差最大的方向，主

成分表达式为新旧坐标变换关系式。

PCA 与回归分析、差别分析不同，它是一种分析方法而不是一种预测方法。PCA 旨在根据高维数据在低维空间重构误差最小的原则，来寻找一组最优的单位正交向量基(即主分量)，并通过保留数据分布方差较大的若干主分量来达到降维的目的。PCA 的各个主分量可通过求解基于数据协方差矩阵的特征向量获得。它的目标函数可以表示为

$$\begin{aligned}\boldsymbol{W} &= \arg\max_{\boldsymbol{W}} \sum_{i=1}^{n} \|\boldsymbol{y}_i - \widetilde{\boldsymbol{m}}\|^2 = \arg\max_{\boldsymbol{W}} \sum_{i=1}^{n} \|\boldsymbol{W}^{\mathrm{T}}(\boldsymbol{x}_i - \boldsymbol{m})\|^2 \\ &= \arg\max_{\boldsymbol{W}} \sum_{i=1}^{n} \mathrm{tr}[\boldsymbol{W}^{\mathrm{T}}(\boldsymbol{x}_i - \boldsymbol{m})(\boldsymbol{x}_i - \boldsymbol{m})^{\mathrm{T}}\boldsymbol{W}] \\ &= \arg\max_{\boldsymbol{W}} \mathrm{tr}(\boldsymbol{W}^{\mathrm{T}}\boldsymbol{S}_T\boldsymbol{W}),\end{aligned} \tag{8.5}$$

其中，$\widetilde{\boldsymbol{m}} = \frac{1}{N}\sum_{i=1}^{n}\boldsymbol{y}_i$，$\boldsymbol{m} = \frac{1}{N}\sum_{i=1}^{n}\boldsymbol{x}_i$，$\boldsymbol{S}_T = \sum_{i=1}^{n}(\boldsymbol{x}_i - \boldsymbol{m})(\boldsymbol{x}_i - \boldsymbol{m})^{\mathrm{T}}$ 为总体散度矩阵。对投影矩阵 $\boldsymbol{W}$ 作尺度约束 $\boldsymbol{W}^{\mathrm{T}}\boldsymbol{W}=\boldsymbol{I}$，其中 $\boldsymbol{I}$ 为 $d\times d$ 单位矩阵，则 PCA 目标函数可重新描述为

$$\begin{cases}\arg\max\limits_{\boldsymbol{W}} \mathrm{tr}(\boldsymbol{W}^{\mathrm{T}}\boldsymbol{S}_T\boldsymbol{W}) \\ \text{s. t.} \quad \boldsymbol{W}^{\mathrm{T}}\boldsymbol{W} = \boldsymbol{I}\end{cases} \tag{8.6}$$

式(8.6)中，求解问题转化为 $\boldsymbol{S}_T$ 的标准特征值问题，即 PCA 的最优投影矩阵由 $\boldsymbol{S}_T$ 的 d 个最大特征值所对应的 d 个特征向量组成。

PCA 的基本步骤如下：

输入数据 $\boldsymbol{X}=\{\boldsymbol{x}_1, \boldsymbol{x}_2, \cdots, \boldsymbol{x}_n\}\in R^{p\times n}$ 为 n 个 p 维的列向量。

(1) 去除平均值(数据中心化)，即

$$\mu = \frac{1}{n}\sum_{k=1}^{n} x_k,\ x_i = x_i - \mu,\ i = 1, 2, \cdots, n$$

(2) 计算协方差矩阵：

$$\boldsymbol{M} = \frac{1}{n}\boldsymbol{X}\boldsymbol{X}^{\mathrm{T}}$$

$\boldsymbol{X}$ 为中心化后的数据，$\boldsymbol{M}$ 为 $p\times p$ 维对称矩阵。

(3) 计算协方差矩阵的特征值和特征向量、排序，保留前几个最大的特征值对应的特征向量，构成映射矩阵 $\boldsymbol{A}$。对协方差矩阵 $\boldsymbol{M}$ 进行特征值分解，得到特征值 $\lambda_1\geqslant\lambda_2\geqslant\cdots\geqslant\lambda_p$，选择前 k 个特征值所对应的特征向量，构成映射矩阵 $\boldsymbol{A}=[\boldsymbol{a}_1, \boldsymbol{a}_2, \cdots, \boldsymbol{a}_k]$，$\boldsymbol{a}_i$ 为 p 维列向量。

(4) 将原样本投影到新的特征空间，得到降维样本 $\boldsymbol{X}'=\boldsymbol{W}^{\mathrm{T}}X$，$\boldsymbol{X}'$ 为 $p\times n$ 维矩阵。

PCA 的目标是寻找 $r(r<n)$ 个新变量，使它们能够反映事物的主要特征，压缩原有数据矩阵的规模，将特征向量的维数降低，挑选出最少的维数来概括最重要的特征。每个新

变量是原有变量的线性组合，体现原有变量的综合效果，具有一定的实际含义。r 个新变量称为“主成分”，它们可以在很大程度上反映原来 n 个变量的影响，并且这些新变量是互不相关的，也是正交的。通过 PCA 压缩数据空间，将多元数据的特征在低维空间里直观地表示出来。

MATLAB 提供了实现 PCA 的程序代码：

(1) PC=princomp(X)或[PC, SCORE, latent, tsquare]=princomp(X)对数据矩阵 X 进行主成分分析，给出各主成分(PC)、所谓的 Z-得分 (SCORE)、X 的方差矩阵的特征值(latent)和每个数据点的 HotellingT2 统计量(tsquare)。

(2) PC=pcacov(X)或[PC, latent, explained]=pcacov(X)通过协方差矩阵 X 进行主成分分析，返回主成分(PC)、协方差矩阵 X 的特征值 (latent)和每个特征向量表征在观测量总方差中所占的百分数(explained)。

PCA 用于图像降维的程序代码如下：

```
for i=1: 20 %训练过程
path=strcat(train_path, num2str(i), '. bmp'); Image=imread(path);
Image=imresize(Image, [64, 64]); phi(:, i)=double(reshape(Image, 1, [ ])');
end;
mean_phi=mean(phi, 2); mean_face=reshape(mean_phi, 64, 64); %均值
Image_mean=mat2gray(mean_face); imwrite(Image_mean, 'meanface. bmp',
'bmp');
for i=1: 19 X(:, i)=phi(:, i)-mean_phi; end
Lx=X'*X; tic; [eigenvector, eigenvalue]=eigs(Lx, 19); toc;
for i=1: 19 UL(:, i)=X*eigenvector(:, i)/sqrt(eigenvalue(i, i)); end %归一化
for i=1: 19 Eigenface=reshape(UL(:, i), [64, 64]); figure(i);
imshow(mat2gray(Eigenface)); end
%得到的均值图像 mean_face, 提取前 n 个最大主元对应的“特征脸”得到可视化图像
%使用测试样本进行测试
test_path='. . \Data\TestingSet\'; error=zeros([1, 4]);
for i=1: 4
path=strcat(test_path, num2str(i), '. bmp'); Image=imread(path);
Image=double(imresize(Image, [64, 64])); phi_test=zeros(64*64, 1);
phi_test(:, 1)=double(reshape(Image, 1, [ ])');
X_test=phi_test-mean_phi; Y_test=UL'*X_test; X_test_re=UL*Y_test;
Face_re=X_test_re+mean_phi; e=Face_re-phi_test; %计算误差
Face_re_2=reshape(Face_re(:, 1), [64, 64]); figure(i);
imshow(mat2gray(Image)); title('Original'); figure(10+i);
imshow(mat2gray(Face_re_2)); title('Reconstruct'); error(1, i)=norm(e);
```

```
error_rate=error(1, i); display(error_rate); %显示误差
end
%基于 PCA 的图像聚类、识别、可视化
function [pcaA V]=fastPCA( A, k )
% 快速 PCA, A 为样本矩阵, 每行为一个样本, k 为降维后的维数
%输出: pcaA 为降维后 k 维样本特征向量组成的矩阵, 每行一个样本, 列数 k 为降
%维后的样本特征维数, V 为主成分向量
[r c] = size(A); meanVec = mean(A); % 样本均值
Z = (A-repmat(meanVec, r, 1)); covMatT = Z * Z';
% 计算协方差矩阵的转置 covMatT
[V D] = eigs(covMatT, k); % 计算 covMatT 的前 k 个本征值和本征向量
V = Z' * V; % 得到协方差矩阵 (covMatT)' 的本征向量
% 本征向量归一化为单位本征向量
for i=1: k V(:, i)=V(:, i)/norm(V(:, i)); end
pcaA = Z * V; % 线性变换(投影)降维至 k 维
save('Mat/PCA.mat', 'V', 'meanVec'); % 保存变换矩阵 V 和变换原点 meanVec
[B, L] = bwboundaries(img); %进行边界标记
scatter(data(1: 50, 1), data(1: 50, 2), 'b+'); hold on %可视化散点图
scatter(data(51: 100, 1), data(51: 100, 2), 'r*'); scatter(data(101: 150, 1),
data(101: 150, 2), 'go');
```

8.3.2 多维尺度变换法

多维尺度分析(MDS)是另外一种经典的无监督线性降维方法，起源于心理学研究。对于给定的数据间的不相似性矩阵(距离矩阵)，其目标是寻找数据在低维空间的一种拟合构图，使得数据在低维空间保持原来的不相似性(距离)。若给定的距离矩阵为欧氏距离矩阵，则 MDS 将获得与 PCA 相同的结果。MDS 的基本思想是给定数据点对之间的差异性矩阵，寻找低维空间中的一组构造点，要求这些构造点之间的距离能最佳地拟合所给定的差异性矩阵。MDS 是尽量保持原始样本点之间相对关系的线性方法，即高维空间中的邻近点在低维空间中仍然保持邻近，远离点仍然远离。它的目标是对相似度矩阵进行线性变换，变换到低维空间后的坐标和低维空间的距离矩阵之差最小。MDS 通过研究相似度矩阵，分析这种空间转换方法。

在 MDS 求解时，通过适当定义准则函数来体现在低维空间中对高维距离的重建误差，对准则函数用梯度下降法求解，对于某些特殊的距离可以推导出解析解法。用 $d(x_i, x_j)$ 表示样本点 x_i 与 x_j 的欧氏距离，即

$$d(x_i, x_j)^2 = \|\boldsymbol{x}_i - \boldsymbol{x}_j\|^2 = \boldsymbol{x}_i^{\mathrm{T}}\boldsymbol{x}_i - 2\boldsymbol{x}_i^{\mathrm{T}}\boldsymbol{x}_j + \boldsymbol{x}_j^{\mathrm{T}}\boldsymbol{x}_j \tag{8.7}$$

记 N 维向量 $\boldsymbol{\psi}=[\boldsymbol{x}_1^{\mathrm{T}}\boldsymbol{x}_1, \boldsymbol{x}_2^{\mathrm{T}}\boldsymbol{x}_2, \cdots, \boldsymbol{x}_N^{\mathrm{T}}\boldsymbol{x}_N]^{\mathrm{T}}$，则距离矩阵 $\boldsymbol{A}=(d(\boldsymbol{x}_i, \boldsymbol{x}_j)^2)_{i,j=1}^{\mathrm{T}}$ 可写成

$$\boldsymbol{A}=\boldsymbol{\psi}\boldsymbol{l}_N^{\mathrm{T}}-2\boldsymbol{X}^{\mathrm{T}}\boldsymbol{X}+\boldsymbol{l}_N\psi^{\mathrm{T}} \tag{8.8}$$

其中，$\boldsymbol{l}_N$ 表示所有分量都是 1 的 N 维列向量。

假设样本点被中心化，即有 $\sum_{i=1}^{N} x_i=0$，则

$$\boldsymbol{H}\equiv-\frac{1}{2}\left(I-\frac{\boldsymbol{l}_N\boldsymbol{l}_N^{\mathrm{T}}}{N}\right)\boldsymbol{A}\frac{(I-\boldsymbol{l}_N\boldsymbol{l}_N^{\mathrm{T}})}{N}=\boldsymbol{X}^{\mathrm{T}}\boldsymbol{X} \tag{8.9}$$

记 $\boldsymbol{H}$ 的特征值分解为

$$\boldsymbol{H}=\boldsymbol{U}\mathrm{diag}(\lambda_1, \lambda_2, \cdots, \lambda_N)\boldsymbol{U}^{\mathrm{T}} \tag{8.10}$$

其中，$\boldsymbol{U}\in R^{N\times m}$ 是正交矩阵，且特征值 $\lambda_1\geqslant\lambda_2\geqslant\cdots\geqslant\lambda_N$，则

$$\boldsymbol{Y}=\mathrm{diag}(\lambda_1^{1/2}, \lambda_2^{1/2}, \cdots, \lambda_d^{1/2})\boldsymbol{U}_d \tag{8.11}$$

则 $\boldsymbol{Y}$ 为维数约简结果，其中 $\boldsymbol{U}_d$ 为最大的 d 个特征值所对应的特征向量所构成的矩阵。

MDS 的具体步骤如下：

(1) 由实际问题确定研究对象的相似性度量，必要时对原始的相似性度量加常数变换，变换后表示为 ρ_{ij}（经常以欧氏距离表示），而 ρ_{ij} 为 n 个对象中第 i 与第 j 个相似性的值。

(2) 根据 ρ_{ij} 构造对称矩阵 $\boldsymbol{A}$。

(3) 求矩阵 $\boldsymbol{A}$ 的特征值和对应的正规直交特征向量组，从中选出前 d 个最大特征值所对应的特征向量 $\boldsymbol{a}_1, \boldsymbol{a}_2, \cdots, \boldsymbol{a}_d$。

(4) 取 $\boldsymbol{x}_i=\boldsymbol{a}_i(i=1, 2, \cdots, d)$，矩阵 $\boldsymbol{X}=[\boldsymbol{x}_1, \boldsymbol{x}_2, \cdots, \boldsymbol{x}_d]$ 的 n 行，即为所求的各对象点在维空间中的标度。

(5) 根据对象点的空间分布情况，分析对象点标度的实际含义。

与 PCA 类似，MDS 的目的也是把观察的数据用较少的维数来表达。然而，MDS 利用的是成对样本间相似性构建合适的低维空间，使得样本在此空间的距离与在高维空间中的样本间的相似性尽可能保持一致。原始的 MDS 方法是一种线性映射方法。经过 MDS 方法的映射，原始数据点之间的欧氏距离可以在低维空间近似地保存下来。但是，针对非线性数据，特别是流形分布数据，点与点之间的欧氏距离并不能完全反映它们之间的位置关系，所以这时不适合运用 MDS 进行降维。

MATLAB 中的函数 cmdscale 的能够实现 MDS，用法如下：

(1) y＝cmdscale(d)，d 为 n×n 的距离矩阵，返回 n×p 的配置矩阵 y。y 行是 p(p＜n) 维空间中 n 个点的坐标。当 d 是欧氏距离矩阵时，这些点之间的距离由 d 给出。p 是最小空间的维度。

(2) [y, e]＝cmdscale(d, p)，其中 p 指定所需嵌入 y 的维数。若可以嵌入 p 维数，则 y 的大小为 n×p，e 的大小为 p×1；若只可能嵌入 q(q＜p) 维，那么 y 的大小将为 n×q，e 的

大小将为 p×1。当 n 很大时，指定 p 可以减少计算负担。可以将 d 指定为完全相异矩阵，也可以指定为上三角矢量形式，例如由 pdist 距离函数输出。完全相异矩阵必须是实对称，并且在对角线上有零，在其他地方有正元素。上三角形式的相异矩阵必须有实数、正项。还可将 d 指定为一个完整的相似矩阵，其中一个沿着对角线，所有其他元素都小于一个。cmdscale 将相互距离矩阵转换为相似度矩阵，使 y 中返回的点之间的距离等于或近似 sqrt(1－d)。要使用不同的转换，必须在调用 cmdscale 之前转换相似性。

下面给出我国 6 个城市(哈尔滨、西安、昆明、深圳、新疆及拉萨)之间的距离(千米)，利用 MDS 得出坐标图，代码如下：

```
ities = {'哈尔滨', '昆明', '西安', '乌鲁木齐', '深圳', '拉萨'};
d=[03147 1957 3049 2821 3553;
3147 0 1210 2518 1169 1273;
1957 12100 2110 1397 1742;
3049 2518 2110 0 3379 1610;
2821 1169 1397 3379 0 2413;
3553 1273 1742 1610 2413 0];
[Y, eigvals] = cmdscale(D);
plot(Y(:, 1), Y(:, 2), '. '); text(Y(:, 1)+25, Y(:, 2), cities); xlabel(' Miles ');
ylabel(' Miles ') %绘图
```

8.3.3　独立分量分析

独立分量分析(ICA)可以看作 PCA 的一种扩展，用于将隐含的独立源信号从它们的线性混合中分离出来。这种盲源分离技术已被用于声音信号分离、生物信号处理等领域。从某种意义上来说，ICA 的出发点是要求标准 PCA 的不相关因子必须具备独立性。简而言之，不仅仅考虑数据向量的不相关性，在 ICA 中，它们必须是相互独立（或尽可能的独立）的。这意味着在设计 ICA 算法时，充分利用数据的高阶统计信息是必要的。

设有 $n\times p$ 的矩阵 $\boldsymbol{X}$，其行向量 $\boldsymbol{r}_i\,(i=1,\cdots,n)$ 对应于观测变量，其列向量 $\boldsymbol{c}_j\,(j=1,\cdots,p)$ 表示每个变量的个体，矩阵 $\boldsymbol{X}$ 的 ICA 模型记为

$$\boldsymbol{X}=\boldsymbol{AS} \tag{8.12}$$

不失一般性，$\boldsymbol{A}$ 表示 $n\times n$ 的混合矩阵，$\boldsymbol{S}$ 表示 $n\times p$ 的源矩阵。$\boldsymbol{s}_k$ 为 $\boldsymbol{S}$ 的第 k 列，是统计独立的，称作矩阵 $\boldsymbol{S}$ 的独立分量(ICs)。模型(8.12)表示 $\boldsymbol{X}$ 的各列是 ICs 的线性混合。$\boldsymbol{s}_k$ 之间的统计独立性可以由互信息 $I=\sum_k H(s_k)-H(S)$ 来衡量，其中 $H(s_k)$是变量 s_k 的边缘熵，$H(s)$是 S 的联合熵。估算独立分量可以通过寻找恰当的观测变量的线性组合来完成，运算如下：

$$\boldsymbol{U}=\boldsymbol{S}=\boldsymbol{A}^{-1}\boldsymbol{X}=\boldsymbol{WX} \tag{8.13}$$

ICA 算法用于计算矩阵 $\boldsymbol{W}$，以使 $\boldsymbol{S}$ 的各行尽可能地统计独立。

迄今为止，已经提出了很多的 ICA 算法。由于 FastICA 计算快速并具有处理海量数据的能力，可用该算法对基因表达数据进行分析处理。在 FastICA 中，各分量间的互信息是用下面的近似计算公式来表示的：

$$J(s_k) = (E\{G(s_k)\} - E\{G(\zeta)\})^2 \tag{8.14}$$

其中，G 是任意的非二次函数，ζ 是服从均值为 0、方差为 1 的高斯分布的变量。

与 PCA 一样，ICA 可以去除数据间的所有相关性，同时考虑了数据间的高阶相关性。然而，ICA 又优于 PCA，因为 PCA 只对数据的二阶相关性敏感。除此之外，ICA 在分离变量的幅值和顺序上存在一定的不确定性，通常假定分离变量的方差为 1。为简单起见，独立分量的数目通常与观测变量的数目相等。需要指出，ICA 是一个宽泛的概念。当用来处理超高斯信号时，ICA 可以看作和 PCA 或聚类分析同族的分析技术。当用于处理超高斯数据时，与 PCA 相比，ICA 有以下几个优点：① ICA 可以提供一个更符合实际的统计模型，能更好地用来确定数据在高维空间的具体位置；② ICA 能得到唯一的混合矩阵 $\boldsymbol{A}$；③ ICA 提供了一个非正交基空间，当信号存在噪声时，可以更好地对信号进行重建；④ ICA 对高阶信息比较敏感，而 PCA 只对二阶统计信息敏感。

ICA 的 MATLAB 源程序如下：

```
function Z=ICA(X)
[M, T]=size(X); %获取矩阵的行/列数，行数为观测数据的数目，列数为采样点数
average=mean(X')';
for i=1: M X(i, :)=X(i, :)-average(i)*ones(1, T); end %去均值
Cx =cov(X', 1); %计算协方差矩阵 Cx
[eigvector, eigvalue]= eig(Cx); %计算 Cx 的特征值和特征向量
W=eigvalue^(-1/2)*eigvector'; %白化矩阵
Z=W*X; %正交矩阵
Maxcount=10000; Critical=0.00001; %最大迭代次数、判断是否收敛
m=M; W=rand(m); %需要估计的分量的个数
for n=1: m
    WP=W(:, n); %初始权矢量(任意)
    count=0; LastWP=zeros(m, 1); W(:, n)=W(:, n)/norm(W(:, n));
    while abs(WP-LastWP)&abs(WP+LastWP)>Critical
    count=count+1; LastWP=WP; %迭代次数、上次迭代的值
    for i=1: m
WP(i)=mean(Z(i, :).*(tanh((LastWP)'*Z)))-
(mean(8.(tanh((LastWP))'*Z).^2)).*LastWP(i);
    end
```

```
        WPP=zeros(m, 1);
        for j=1: n-1 WPP=WPP+(WP'*W(:, j))*W(:, j); end
        WP=WP-WPP; WP=WP/(norm(WP));
        if count==Maxcount fprintf('未找到相应的信号); return; end
        end
        W(:, n)=WP;
    end
    Z=W'*Z;
    %以下为主程序，主要为原始数据产生
    clear all;clc;
    N=200;n=1: N;%N 为采样点数
    s1=2*sin(0.02*pi*n);%正弦信号
    t=1: N;s2=2*square(100*t, 50);%方波信号
    a=linspace(1, -1, 25);s3=2*[a, a, a, a, a, a, a, a];%锯齿信号
    s4=rand(1, N); S=[s1;s2;s3;s4]; %随机噪声
    A=rand(4, 4); X=A*S; %观察信号
    figure(1);subplot(4, 1, 1);plot(s1);axis([0N -5, 5]);title('源信号');
    subplot(4, 1, 2);plot(s2);axis([0N -5, 5]);subplot(4, 1, 3);
    plot(s3);axis([0N -5, 5]);
    subplot(4, 1, 4);plot(s4);xlabel('Time/ms');
    figure(2);subplot(4, 1, 1);plot(X(1, :));title('观察信号(混合信号)');
    subplot(4, 1, 2);plot(X(2, :));subplot(4, 1, 3);plot(X(3, :));
    subplot(4, 1, 4);plot(X(4, :));
    Z=ICA(X);
    figure(3);subplot(4, 1, 1);plot(Z(1, :));title('解混后的信号');
    subplot(4, 1, 2);plot(Z(2, :)); subplot(4, 1, 3);plot(Z(3, :));
    subplot(4, 1, 4);plot(Z(4, :));xlabel('Time/ms');
```

MATLAB 工具箱包含实现 PCA 和 ICA 的多个函数，并且包含多个演示示例。在 PCA 中，多维数据被投影到最大奇异值相对应的奇异向量上，有效地将输入信号分解成在数据中最大方差方向上的正交分量。因此，PCA 常用于维数降低的应用中，通过执行 PCA 产生数据的低维表示，同时该低维表示可采用相应的逆操作以近似重构原始数据。在 ICA 中，多维数据被分解成在适当意义上独立性最大化的分量(MATLAB 工具箱以峰度和负熵为衡量标准)。ICA 与 PCA 的不同在于低维信号并没有必要与最大方差方向上的分量相对应，此外，ICA 分量具有最大的统计独立性。在实践中，ICA 经常可以发现多维数据中互不相交的潜在趋势。MATLAB 源码下载地址：http://page5.dfpan.com/fs/9lbc7j22b2e1d289169/。

8.4 二分类线性判别分析和最大边缘准则

1. 线性判别分析

线性判别分析(LDA)是一种经典的线性学习方法，在二分类问题上最早由 Fisher 在 1936 年提出，亦称 Fisher 判别分析(FDA)，是有效的线性监督学习的降维方法，其主要思想是在最大化费舍尔分离准则下，寻找使得类间散度矩阵最大化和类内散度最小化的线性变换。通过这个线性变换，原始的特征表述被投影到一个新的子空间，同时实现类间散度矩阵最大化和类内散度矩阵最小化。LDA 被认为是让同类样本投影更近，让异类样本分离更远。

设有 N 个来自 C 个不同类的 D 维样本 $x_k \in R^D(i=1, 2, \cdots, N)$，$y_i \in \{1, 2, \cdots, c\}$ 为样本 x_i 所对应的类别标号，n_i 是第 i 类样本的个数。LDA 能够最大化类间散度和类内散度比率的投影轴。类间散度矩阵 S_b 和类内散度矩阵 S_w 的定义如下：

$$S_b = \sum_{k=1}^{c} n_k (\boldsymbol{\mu}_k - \boldsymbol{\mu})(\boldsymbol{\mu}_k - \boldsymbol{\mu})^T \tag{8.15}$$

$$S_w = \sum_{k=1}^{c} \sum_{j=1}^{n_k} (\boldsymbol{x}_{kj} - \boldsymbol{\mu}_k)(\boldsymbol{x}_{kj} - \boldsymbol{\mu}_k)^T \tag{8.16}$$

其中，μ 和 μ_k 表示所有样本的均值和第 k 类所有样本的均值，x_{kj} 表示第 k 类中第 j 个样本。

LDA 的目标函数定义为

$$a^* = \arg\max_a \frac{\boldsymbol{a}^T \boldsymbol{S}_b \boldsymbol{a}}{\boldsymbol{a}^T \boldsymbol{S}_w \boldsymbol{a}} \tag{8.17}$$

全局散度矩阵 $\boldsymbol{S}_t$ 的定义为

$$\boldsymbol{S}_t = \sum_{i=1}^{n} (\boldsymbol{x}_i - \boldsymbol{\mu})(\boldsymbol{x}_i - \boldsymbol{\mu})^T = \overline{\boldsymbol{X}}\overline{\boldsymbol{X}}^T \tag{8.18}$$

因 $\boldsymbol{S}_t = \boldsymbol{S}_b + \boldsymbol{S}_w$，LDA 的目标函数等价于

$$a^* = \arg\max_a \frac{\boldsymbol{a}^T \boldsymbol{S}_b \boldsymbol{a}}{\boldsymbol{a}^T \boldsymbol{S}_t \boldsymbol{a}} \tag{8.19}$$

式(8.18)的解是找到 $\boldsymbol{S}_b$ 相对 $\boldsymbol{S}_t$ 的最大的前 d 个特征值对应的广义特征向量，即

$$\boldsymbol{S}_b w = \lambda \boldsymbol{S}_t w \tag{8.20}$$

因此，映射矩阵 $\boldsymbol{W}$ 为

$$\boldsymbol{W} = [\boldsymbol{w}_1, \boldsymbol{w}_2, \cdots, \boldsymbol{w}_m] \tag{8.21}$$

最后，利用 $\boldsymbol{W}$ 将任意一个样本 x 映射为低维特征，即

$$\boldsymbol{V} = \boldsymbol{W}^T x \tag{8.22}$$

在识别阶段，输入的样本数据被映射成低维特征向量 $\mathbf{V}$，然后 $\mathbf{V}$ 与存储模板进行比较

从而得到识别率。

2. 最大边缘准则

在人脸识别应用中，$\boldsymbol{S}_\mathrm{w}$ 的秩最大是 $N-c$，并且通常训练样本数少于训练样本维数 d，在这种情况下，$\boldsymbol{S}_\mathrm{w}$ 是奇异的。为了克服这个问题，通常先用 PCA 对数据降维，如从 d 维降到较低的维数，再重新计算 $\boldsymbol{S}_\mathrm{w}$ 将是非奇异的，并且可以找到投影矩阵，这种方法也被称作 Fisherfaces。

为了克服 LDA 的小样本问题，出现了最大边缘准则（Maximum Margin Criterion, MMC）算法。MMC 基于最大化类间平均边缘来寻找最优的线性子空间。$\boldsymbol{S}_\mathrm{w}$ 和 $\boldsymbol{S}_\mathrm{b}$ 分别表示样本的类内散度矩阵和类间散度矩阵，其定义为

$$\boldsymbol{S}_\mathrm{w} = \sum_{i=1}^{c}\sum_{j=1}^{n_i}(\boldsymbol{x}_j^i - \boldsymbol{m}_i)(\boldsymbol{x}_j^i - \boldsymbol{m}_i)^\mathrm{T} \tag{8.23}$$

$$\boldsymbol{S}_\mathrm{b} = \sum_{i=1}^{c} n_i(\boldsymbol{m}_i - \boldsymbol{m})(\boldsymbol{m}_i - \boldsymbol{m})^\mathrm{T} \tag{8.24}$$

其中，c 是样本类别数，$\boldsymbol{m}$ 是总的样本均值向量，$\boldsymbol{m}_i$ 是第 i 类样本的均值向量，n_i 表示第 i 类样本数，$\boldsymbol{x}_j^i$ 表示第 i 类的第 j 个样本。MMC 算法在投影矩阵 $\boldsymbol{W}$ 下的目标函数可以表示为

$$J(\boldsymbol{W}) = \mathrm{tr}\{\boldsymbol{W}^\mathrm{T}(\boldsymbol{S}_\mathrm{b} - \boldsymbol{S}_\mathrm{w})\boldsymbol{W}\} \tag{8.25}$$

限制 $\boldsymbol{W}$ 的列向量为单位向量，那么 MMC 算法所对应的最优 $\boldsymbol{W}$ 可通过求解式(8.26)所示的特征方程获得。

$$(\boldsymbol{S}_\mathrm{b} - \boldsymbol{S}_\mathrm{w})\boldsymbol{w} = \lambda \boldsymbol{w} \tag{8.26}$$

与 LDA 算法相比，MMC 算法不需要对类内散度矩阵求逆，因此不仅提高了计算效率，而且有效避免了小样本问题。

3. MMC、LDA 及 PCA 之间的关系

MMC 定义了与 LDA 相同的类内散度矩阵和类间散度矩阵，在本质上与 LDA 一样需要最小化类内散度以及最大化类间散度以求解投影矩阵。不同的是，MMC 最终目标函数的计算使用了这两个度量的差的形式，从而自然地克服了小样本问题，这样获得了与 LDA 类似甚至更好的识别性能，具有闭合形式的解，具有较好的鲁棒性。LDA 的基本假设是自变量是正态分布的，当这一假设无法满足时，在实际应用中更倾向于用其他方法。

LDA、PCA 与因子分析紧密相关，它们都在寻找最佳解释数据的变量线性组合。LDA 的目的是为数据类之间的不同建立模型。因子分析是根据不同点而不是相同点来建立特征组合。PCA 是一种无监督维数约简方法，没有用到分类标签，降维后再采用 K-Means 等无监督的算法进行分类。LDA 是一种有监督维数约简方法，它先对训练数据进行学习，找出一个线性判别函数。与 PCA 方法相比，LDA 由于使用了训练集提供的类别信息，因此建立

的子空间维数较低并且更加可靠，提取的特征的判别能力更强。因子分析不是一个相互依存技术，即必须区分出自变量和因变量(也称为准则变量)的不同。在对自变量的每一次观察测量值都是连续量的时候，LDA 能有效地起作用。当处理类别自变量时，与 LDA 相对应的技术称为判别反应分析。当出现超过两类的情况时，可以使用由费舍尔判别派生出的分析方法，它延伸为寻找一个保留了所有类的变化性的子空间。

以上几种典型的线性降维方法，无论是监督的还是无监督的，都是基于某种优化准则寻找高维数据到某一低维子空间的投影来实现降维。由于这些线性降维方法具有很多优良的数学性质，如具有解析解、计算简便易行、容易解释、对确实具有线性结构的数据能取得令人满意的效果，得到了广泛的应用。相比 PCA 和 MDS 等无监督的降维方法，LDA 和 MMC 由于利用了类标号来指导降维，因此在分类和识别问题中具有更好的性能。但 LDA、MMC 与 PCA 等线性降维方法一样，都是通过寻找原始数据的线性投影来寻找投影方向，因此对于具有非线性结构的数据，它们都无能为力。

4. MATLAB 实现

```
%Matlab 代码
mu1=mean(class1); mu2=mean(class2);
s1=cov(class1); s2=cov(class2);
sw=s1+s2; sb=(mu1-mu2)'*(mu1-mu2); %类内、类间散度矩阵
[V, D]=eig(inv(sw)*sb); %特征值分解
w=V(:, 2); %取较大特征值对应的特征向量
    pre_value1=class1*w; pre_value2=class2*w; pre_value=[pre_value1;
    pre_value2];
offset=(mean(pre_value1)+mean(pre_value2))/2;
%offset 相当于 y=w^Tx+b 中的 b 值
for i=1: length(pre_value)
%采用 sigmod 函数进行类别判断
pre_value(i)=pre_value(i)-offset; pre_label(i)=~round(1/(1+exp(- pre_value(i))));
end
data_out=[data, pre_value, pre_label']; xlswrite('D:\机器学习\LDA 数据输出
.xls', data_out);
figure('NumberTitle', 'on', 'Name', 'XXXX'); hold on; grid on;
plot(class1(:, 1), class1(:, 2), 'b*'), plot(class2(:, 1), class2(:, 2), 'r+'),
```

MATLAB 函数 classify 可实现 LDA，用法如下：

```
classify(sample, training, group)
```

其中 sample 表示待预测分类的样本，training 表示训练样本(这些样本已经知道分类)，group 表示 training 中样本的类标签，sample 应该与 training 具有相同的列，group 应该与

training 具有相同的行。

在 MATLAB 中，将已经分类的 m 个数据(长度为 n)作为行向量，得到一个矩阵 training。training 的每行都属于一个分类类别，分类类别构成一个整数列向量 g(共有 m 行)。待分类的 k 个数据(长度为 n)作为行向量，得到一个矩阵 sample，然后利用 classify 函数进行线性判别分析(默认)。classify 函数的格式为

```
classify(sample, training, group)
```

其中 sample 与 training 必须具有相同的列数，group 与 training 必须具有相同的行数，group 是一个整数向量。MATLAB 内部函数 classify 的功能是将 sample 的每一行进行判别，分到 training 指定的类中。较复杂的格式为

```
[class, err]=classify(sample, training, group, type)
```

其中 class 返回分类表，err 返回误差比例信息，sample 是样本数据矩阵，training 是已有的分类数据矩阵，group 是分类列向量，type 有三种选择，即 linear(默认)、quadratic(二次)、mahalanobis(马氏距离)。

LDA 的 MATLAB 源代码如下：

```
function W = FisherLDA(w1, w2)
%w1 为第一类样本，w2 为第二类样本，W 为权值向量，
M1 = mean(w1); M2 = mean(w2); M = mean([w1;w2]); %计算样本均值向量
p = size(w1, 1); q = size(w2, 1);
S1 = 0; S2 = 0;
for i = 1: p S1 = S1 + (w1(i, : )-M1)'*(w1(i, : )-M1); end
for i = 1: q S2 = S2 + (w2(i, : )-M2)'*(w2(i, : )-M2); end
Sw = (p*S1+q*S2)/(p+q); %计算类内离散度矩阵 Sw
S1 = M - M1; S2 = M - M2;
Sb = (p*S1'*S1 + q*S2'*S2)/(p+q); %计算类间离散度矩阵 Sb
A = repmat(0.1, [1, size(Sw, 1)]); B = diag(A);
[V, L]=eig(inv(Sw + B)*Sb); [a, b]=max(max(L));
%求最大特征值和特征向量
W = V(: , b); %最大特征值所对应的特征向量
```

利用 FisherLDA 可以把所有样本分为两类。通过 LDA 算法对训练样本的投影获得判别函数，然后判断测试样本的类别，即输入一个样本的参数，估计该样本类别。示例代码如下：

```
w1=[2.95 6.63;2.53 7.79;3.57 5.65;3.16 5.47]; w2=[2.58 4.46;2.16 6.22;3.27 3.52];
W=FisherLDA(w1, w2);
for i=1: length(w1) y(i)=W'*w1(i, : )'; end
for j=1: length(w2) y(i+j)=W'*w2(j, : )'; end
thre=mean(y(i: i+1)); x(1)=input('参数 A'); x(2)=input('参数 B'); dy=W'*x';
```

```
if (dy<=thre) display('类 1 '); else display('类 2 '); end
```

8.5 多类线性判别分析

本节讨论多个类别的维数约简问题。设有 c 个类别，需要 k 维向量(基向量)来做投影。将这 k 维向量表示为 $\boldsymbol{W}=[\boldsymbol{w}_1, \boldsymbol{w}_2, \cdots, \boldsymbol{w}_k]$。记样本点在这 k 维向量投影后结果表示为 $[y_1, y_2, \cdots, y_k]$，则

$$y_i = \boldsymbol{w}_i^{\mathrm{T}} \boldsymbol{x} \text{ 或 } \boldsymbol{y} = \boldsymbol{W}^{\mathrm{T}} \boldsymbol{x} \tag{8.27}$$

下面仍然从类间散度和类内散度来考虑。当样本为二维时，从几何意义上考虑，如图 8.2 所示，$\boldsymbol{\mu}_i = \dfrac{1}{N_i}\sum_{x\in\omega_i}\boldsymbol{x}$ 和 $\boldsymbol{S}_{\mathrm{W}} = S_1 + S_2$ 与 8.4 节定义的类内散度矩阵意义相同。记 $\boldsymbol{S}_{\mathrm{W1}}$ 是类别 1 里的样本点相对于该类中心点 μ_1 的散列程度，$\boldsymbol{S}_{\mathrm{B1}}$ 是类别 1 中心点相对于样本中心点 μ 的协方差矩阵，即类 1 相对于 μ 的散列程度。$\boldsymbol{S}_{\mathrm{W}} = \sum_{i=1}^{c}\boldsymbol{S}_{\mathrm{W}i}$ 与 LDA 中的类内散度矩阵 $\boldsymbol{S}_{\mathrm{W}}$ 不同，但 $\boldsymbol{S}_{\mathrm{W}i}$ 的计算公式不变，仍然类似于类内部样本点的协方差矩阵，即

$$\boldsymbol{S}_{\mathrm{W}i} = \sum_{x\in\omega_i}(\boldsymbol{x}-\boldsymbol{\mu}_i)(\boldsymbol{x}-\boldsymbol{\mu}_i)^{\mathrm{T}} \tag{8.28}$$

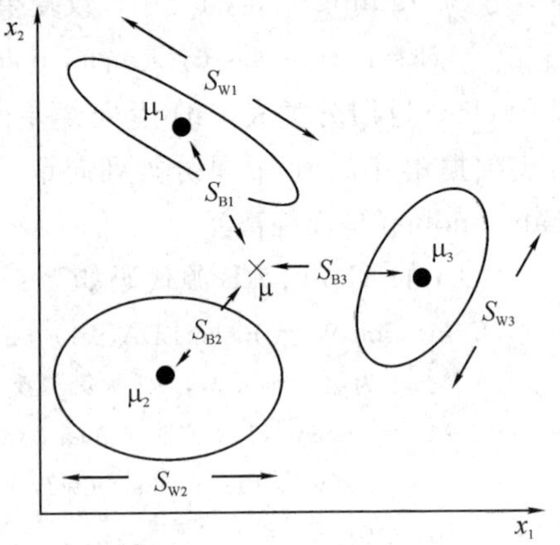

图 8.2 二维样本的布局

传统 LDA 中的类间散度矩阵由两个均值点的散列程度量，多类 LDA 中由类均值点相对子样本中心的散列情况度量。类似于将 μ_i 看作样本点，$\boldsymbol{\mu}$ 是均值的协方差矩阵，若某类里面的样本点较多，那么其权重稍大，权重用 N_i/N 表示，N_i 为第 i 类样本的个数。由于目标函数 $J(\boldsymbol{w})$对倍数不敏感，因此权重使用 N_i。

$$\boldsymbol{S}_{\mathrm{B}} = \sum_{i=1}^{c} N_i(\boldsymbol{\mu}_i - \boldsymbol{\mu})(\boldsymbol{\mu}_i - \boldsymbol{\mu})^{\mathrm{T}} \tag{8.29}$$

其中 μ 是所有样本的均值，即

$$\mu = \frac{1}{N}\sum_{\forall x}\boldsymbol{x} = \frac{1}{N}\sum_{x\in\omega_i}N_i\boldsymbol{x}\boldsymbol{\mu}_i \tag{8.30}$$

上面讨论的都是在投影前的公式变化，但真正的 $J(\boldsymbol{w})$的分子分母都是在投影后计算的。式(8.31)是第 i 类样本点在某基向量上投影后的均值计算式。

$$\tilde{\boldsymbol{\mu}}_i = \frac{1}{N_i}\sum_{y\in\omega_i}\boldsymbol{y},\ \tilde{\boldsymbol{\mu}} = \frac{1}{N}\sum_{\forall y}\boldsymbol{y} \tag{8.31}$$

式(8.32)是在某基向量上投影后的 S_{W} 和 S_{B}：

$$\tilde{\boldsymbol{S}}_{\mathrm{W}}=\sum_{i=1}^{c}\sum_{y\in\omega_i}(\boldsymbol{y}-\tilde{\boldsymbol{\mu}}_i)(\boldsymbol{y}-\tilde{\boldsymbol{\mu}}_i)^{\mathrm{T}},\ \tilde{\boldsymbol{S}}_{\mathrm{B}}=\sum_{i=1}^{c}N_i(\tilde{\boldsymbol{\mu}}_i-\tilde{\boldsymbol{\mu}})(\tilde{\boldsymbol{\mu}}_i-\tilde{\boldsymbol{\mu}})^{\mathrm{T}} \tag{8.32}$$

综合各个投影向量($\boldsymbol{w}$)上的 $\tilde{\boldsymbol{S}}_{\mathrm{W}}$ 和 $\tilde{\boldsymbol{S}}_{\mathrm{B}}$，更新这两个参数，得

$$\tilde{\boldsymbol{S}}_{\mathrm{W}}=\boldsymbol{W}^{\mathrm{T}}\boldsymbol{S}_{\mathrm{W}}\boldsymbol{W},\ \tilde{\boldsymbol{S}}_{\mathrm{B}}=\boldsymbol{W}^{\mathrm{T}}\boldsymbol{S}_{\mathrm{B}}\boldsymbol{W} \tag{8.33}$$

其中，$\boldsymbol{W}$ 是基向量矩阵，$\tilde{\boldsymbol{S}}_{\mathrm{W}}$ 是投影后的各个类内部的散列矩阵之和，$\tilde{\boldsymbol{S}}_{\mathrm{B}}$ 是投影后各个类中心相对于全样本中心投影的散列矩阵之和。

回顾式(8.25)中 $J(\boldsymbol{W})$的分子是两类中心距，分母是每个类自己的散列度。而现在投影方向是多维的(在图中表现为多条直线)，故分子需要做一些改变，不是求两两样本中心距之和(这个对描述类别间的分散程度没有用)，而是求每类中心相对于全样本中心的散列度之和，则 $J(\boldsymbol{w})$为

$$J(\boldsymbol{w})=\frac{|\tilde{\boldsymbol{S}}_{\mathrm{B}}|}{|\tilde{\boldsymbol{S}}_{\mathrm{W}}|}=\frac{|\boldsymbol{W}^{\mathrm{T}}\boldsymbol{S}_{\mathrm{B}}\boldsymbol{W}|}{|\boldsymbol{W}^{\mathrm{T}}\boldsymbol{S}_{\mathrm{W}}\boldsymbol{W}|} \tag{8.34}$$

由于分子分母都是散列矩阵，要将矩阵变成实数，故取其行列式。这是因为行列式的值实际上是矩阵特征值的积，而一个特征值可以用来表示在该特征向量的发散程度。整个问题又回归为求 $J(\boldsymbol{w})$的最大值。固定分母为 1，然后求导，得出最后结果，即

$$\boldsymbol{S}_{\mathrm{B}}w_i=\lambda\boldsymbol{S}_{\mathrm{W}}w_i \tag{8.35}$$

这与 8.4 节得出的结论是一样的。

$$\boldsymbol{S}_{\mathrm{W}}^{-1}\boldsymbol{S}_{\mathrm{B}}w_i=\lambda w_i \tag{8.36}$$

最后还是归结到求矩阵的特征值。首先求出 $\boldsymbol{S}_{\mathrm{W}}^{-1}\boldsymbol{S}_{\mathrm{B}}$ 的特征值，然后取前 k 个特征向量组成 $\boldsymbol{W}$ 矩阵即可。

注意：由于 $\boldsymbol{S}_{\mathrm{B}}$ 中 $\boldsymbol{\mu}_i-\boldsymbol{\mu}$ 的秩为 1，因此 $\boldsymbol{S}_{\mathrm{B}}$ 的秩至多为 c(矩阵的秩小于等于各个相加矩阵的秩的和)。知道了前 $c-1$ 个 $\boldsymbol{\mu}_i$ 后最后一个 $\boldsymbol{\mu}_c$ 可以由前面的 $\boldsymbol{\mu}_i$ 来线性表示，因此 $\boldsymbol{S}_{\mathrm{B}}$ 的秩至多为 $c-1$。那么 k 最大为 $c-1$，即特征向量最多有 $c-1$ 个。特征值大的对应的特征向量分割性能最好。

由于 $\boldsymbol{S}_{\mathrm{W}}^{-1}\boldsymbol{S}_{\mathrm{B}}$ 不一定为对称矩阵，因此得到的 k 个特征向量不一定正交，这点与 PCA 不同。

与神经网络方法相比，LDA 不需要调整参数，因而也不存在学习参数和优化权重以及神经元激活函数的选择等问题；对模式的归一化或随机化不敏感，这在基于梯度下降的各种算法中显得比较突出。在某些实际情形中，LDA 具有与基于结构风险最小化原理的支持向量机(SVM)相当的甚至更优的推广性能，其计算效率远优于 SVM。

在人脸识别问题中，费舍尔判别分析方法同其他特征相结合产生了很多有效的方法，Gabor Fisher 分类器(GFC)方法是其中之一，在很多数据库上取得了很好的结果。GFC 方法首先对图像进行多尺度、多方向的二维 Gabor 变换，提取得到高维的 Gabor 特征，然后

对所得的高维特征进行均匀下采样，由于下采样的结果仍然不能满足类内散度矩阵满秩的条件，所以通常运用主成分分析对下采样的结果进一步降维，最后通过费舍尔判别分析提高特征的判别能力。一般认为，GFC 方法对于光照变换和面部表情具有鲁棒性。

由于在对称性特征的提取过程中也使用了一维 Gabor 滤波器，因此受到 GFC 方法的启发，将费舍尔判别分析用于对称性特征上，可以得到判别能力增强的对称性特征的提取方法。在判别能力增强的对称性特征的提取方法中，首先从输入的头部图像中提取 Gabor 特征，然后对 Gabor 特征使用费舍尔判别分析以提高特征的判别能力。

基于 Fisher 线性分类器实现多类人脸的识别问题，将 FisherLDA 函数改写为多分类函数 FisherLDA2(假设使用四分类)，数据集为 ORL 人脸库。源代码如下：

```
function W = FisherLDA2(w1, w2, w3, w4)
    %w1 为第一类样本，w2 为第二类样本，W 为权值向量
    M1 = mean(w1); M2 = mean(w2); M3=mean(w3); M4=mean(w4);
    M = mean([w1;w2;w3;w4]); %计算样本均值向量
    p = size(w1, 1); q = size(w2, 1); r=size(w3, 1); s=size(w4, 1);
    S1 = 0; S2 = 0; S3 = 0; S4 = 0;
    for i = 1:p   S1 = S1 + (w1(i, :)-M1)'*(w1(i, :)-M1); end
    for i = 1:q   S2 = S2 + (w2(i, :)-M2)'*(w2(i, :)-M2); end
    for i = 1:r   S3 = S3 + (w3(i, :)-M3)'*(w3(i, :)-M3); end
    for i = 1:s   S4 = S4 + (w4(i, :)-M4)'*(w4(i, :)-M4); end
    Sw = (p*S1+q*S2+r*S3+s*S4)/(p+q+r+s); %计算类内离散度矩阵 Sw
    S1 = M - M1; S2 = M - M2; S3=M-M3; S4=M-M4;
    Sb = (p*S1'*S1 + q*S2'*S2+r*S3'*S3+s*S4'*S4)/(p+q+r+s);
    %计算类间离散度矩阵 Sb
    A = repmat(0.1, [1, size(Sw, 1)]); B = diag(A);
    [V, L]=eig(inv(Sw + B) * Sb);
    [a, b]=max(max(L)); %求最大特征值和特征向量
    W = V(:, b);%最大特征值所对应的特征向量
```

8.6 二维主分量分析与二维线性判别分析

8.6.1 二维主分量分析

二维主分量分析(Two-Dimensional Principal Component Analysis, 2DPCA)主要应用于图像维数约简。该方法的主要思想是用图像的矩阵表征代替向量表征，从而直接计算出

所谓的图像协方差矩阵。最佳映射方向的求解和 PCA 一样仍然是矩阵的特征值问题，但是由于图像协方差矩阵的规模很小且基于样本的估计结果较为精确，因此求解图像协方差矩阵的特征向量变得十分便捷和可靠。2DPCA 已经成功应用于人脸识别，实验结果表明，无论是在识别率方面，还是在速度方面，2DPCA 的性能都明显优于传统的 PCA 方法，尤其是特征提取的训练时间得到了大幅度的缩短。

传统的 PCA 把图像的各列首尾相连，每个训练图像作为一个向量进行处理，这样做可能导致维数很大和小样本（SSS）问题。SSS 指训练图像的数量远远小于数据的维数。2DPCA 为了克服这两个问题而提出，它将图像作为一个矩阵处理，直接将图像矩阵映射到一组基向量上，主要思想如下：

$\boldsymbol{X}$ 为 n 维列向量，$\boldsymbol{A}$ 为 $m\times n$ 图像，通过如下变换把图像 $\boldsymbol{A}$ 映射到 $\boldsymbol{X}$ 轴上：

$$\boldsymbol{Y}=\boldsymbol{A}\boldsymbol{X} \tag{8.37}$$

这里，$\boldsymbol{Y}$ 为 m 维的列向量，图像 $\boldsymbol{A}$ 被映射成 $\boldsymbol{Y}$。

2DPCA 以映射后样本总体的离散度为准则选择 $\boldsymbol{X}$。这个离散度准则可以用映射空间训练集的协方差矩阵的迹来表示，即

$$J(\boldsymbol{X})=\mathrm{tr}(\boldsymbol{S}_x) \tag{8.38}$$

其中，$\boldsymbol{S}_x$ 指映射空间训练集的协方差矩阵，$\mathrm{tr}(\boldsymbol{S}_x)$是 $\boldsymbol{S}_x$ 的迹。需要最大化准则函数，以便找到一个映射向量 $\boldsymbol{X}$，使得样本总体在映射（特征）空间分布最大化。协方差矩阵 $\boldsymbol{S}_x$ 可以写成下面的形式：

$$\boldsymbol{S}_x=E(\boldsymbol{Y}-E\boldsymbol{Y})(\boldsymbol{Y}-E\boldsymbol{Y})^{\mathrm{T}}=E[(\boldsymbol{A}-E\boldsymbol{A})\boldsymbol{X}][(\boldsymbol{A}-E\boldsymbol{A})\boldsymbol{X}]^{\mathrm{T}} \tag{8.39}$$

其中，E 表示数学期望运算。

则

$$J(\boldsymbol{X})=\mathrm{tr}(\boldsymbol{S}_x)=\boldsymbol{X}^{\mathrm{T}}E[(\boldsymbol{A}-E\boldsymbol{A})^{\mathrm{T}}(\boldsymbol{A}-E\boldsymbol{A})]\boldsymbol{X} \tag{8.40}$$

假设有 M 个训练图像分别为 $\boldsymbol{A}_1$，$\boldsymbol{A}_2$，…，$\boldsymbol{A}_M$，那么准则函数可以写成

$$J(\boldsymbol{X})=\boldsymbol{X}^{\mathrm{T}}\left[\frac{1}{M}\sum_{j=1}^{M}(\boldsymbol{A}_j-\bar{\boldsymbol{A}})^{\mathrm{T}}(\boldsymbol{A}_j-\bar{\boldsymbol{A}})\right]\boldsymbol{X} \tag{8.41}$$

其中，$\bar{\boldsymbol{A}}$ 是所有训练图像的平均值矩阵。定义如下矩阵：

$$\boldsymbol{G}_{\mathrm{t}}=\frac{1}{M}\sum_{j=1}^{M}(\boldsymbol{A}_j-\bar{\boldsymbol{A}})^{\mathrm{T}}(\boldsymbol{A}_j-\bar{\boldsymbol{A}}) \tag{8.42}$$

那么，

$$J(\boldsymbol{X})=\boldsymbol{X}^{\mathrm{T}}\boldsymbol{G}_{\mathrm{t}}\boldsymbol{X} \tag{8.43}$$

其中，$\boldsymbol{G}_{\mathrm{t}}$ 称为图像协方差矩阵，可以证明 $\boldsymbol{G}_{\mathrm{t}}$ 是 $n\times n$ 非负定矩阵。最佳投影方向 $\boldsymbol{X}_{\mathrm{opt}}$ 是 $J(\boldsymbol{X})$最大化的映射向量，也是 $\boldsymbol{G}_{\mathrm{t}}$ 特征向量中对应最大特征值的特征向量。可以通过计算 $\boldsymbol{G}_{\mathrm{t}}$ 的特征值和特征向量，得到最佳系列投影轴 $\boldsymbol{X}_1$，$\boldsymbol{X}_2$，…，$\boldsymbol{X}_d$。

给定一幅图像$\boldsymbol{A}$，将它逐一映射到$\boldsymbol{X}_1, \boldsymbol{X}_2, \ldots, \boldsymbol{X}_d$上：

$$\boldsymbol{Y}_k = \boldsymbol{A}\boldsymbol{X}_k,\ k = 1, 2, \cdots, d \tag{8.44}$$

$\boldsymbol{Y}_1, \boldsymbol{Y}_2, \cdots, \boldsymbol{Y}_d$称为图像$\boldsymbol{A}$的主成分向量。令

$$\boldsymbol{B} = [\boldsymbol{Y}_1, \boldsymbol{Y}_2, \cdots, \boldsymbol{Y}_d] \tag{8.45}$$

其中，$\boldsymbol{B}$是一个$m \times d$的矩阵，称为图像$\boldsymbol{A}$的特征矩阵或特征图像。

8.6.2 二维线性判别分析

在2DPCA启发下出现了二维线性判别分析(2DLDA)。2DPCA实现了对图像矩阵的直接操作，但它跟传统的PCA方法一样，是以映射后样本总体的离散度作为最优映射方向的优化目标，即没有考虑到样本的类内变化和类间变化。2DLDA考虑了训练样本的类别信息，它用映射后样本的类间离散度与类内离散度之比作为衡量映射方向有效性的准则：

$$J(\boldsymbol{X}) = \frac{\mathrm{tr}(\boldsymbol{TS}_{\mathrm{B}})}{\mathrm{tr}(\boldsymbol{TS}_{\mathrm{W}})} \tag{8.46}$$

其中，$\boldsymbol{TS}_{\mathrm{B}}$和$\boldsymbol{TS}_{\mathrm{W}}$分别表示映射后样本的类间散度矩阵和类内散度矩阵。

经过与2DPCA类似的推导，上式的准则函数可以表示为

$$J(\boldsymbol{X}) = \frac{\boldsymbol{x}^{\mathrm{T}}\boldsymbol{S}_{\mathrm{B}}\boldsymbol{x}}{\boldsymbol{x}^{\mathrm{T}}\boldsymbol{S}_{\mathrm{W}}\boldsymbol{x}} \tag{8.47}$$

其中，$\boldsymbol{S}_{\mathrm{B}}$和$\boldsymbol{S}_{\mathrm{W}}$分别称为图像的类间散度矩阵和图像的类内散度矩阵，它们可以由训练图像样本进行直接估计：

$$\boldsymbol{S}_{\mathrm{B}} = \sum_{i=1}^{c}(\bar{\boldsymbol{A}}_i - \bar{\boldsymbol{A}})^{\mathrm{T}}(\bar{\boldsymbol{A}}_i - \bar{\boldsymbol{A}}) \tag{8.48}$$

$$\boldsymbol{S}_{\mathrm{W}} = \sum_{i=1}^{c}\sum_{\boldsymbol{A}\in D_i}(\boldsymbol{A} - \bar{\boldsymbol{A}}_i)^{\mathrm{T}}(\boldsymbol{A} - \bar{\boldsymbol{A}}_i) \tag{8.49}$$

其中，$\bar{\boldsymbol{A}}_i$表示第i类的平均图像，D_i表示第i类的图像样本集合，c为总类别数。

由式(8.43)可知，求解最优映射方向归结为如下的广义特征值问题：

$$\boldsymbol{S}_{\mathrm{B}}\boldsymbol{x}_{\mathrm{opt}} = \lambda\boldsymbol{S}_{\mathrm{W}}\boldsymbol{x}_{\mathrm{opt}} \tag{8.50}$$

与前d个最大特征值对应的特征向量即为所求的最优映射方向。上式中的$\boldsymbol{S}_{\mathrm{W}}$是一个非奇异矩阵，从而避免了传统LDA方法中SSS困扰。

8.7 基于遗传规划的多类判别分析

由于遗传算法不能直接进行模式分类，因而使用遗传算法的多类特征选择方法几乎都是基于多类分类器，即先使用遗传算法选择部分基因，然后根据选中的基因使用训练集和测试集分别进行分类器的训练和测试。该类方法的泛化能力不高，一个简单的解决思路是：

将多类问题分解成多个两类问题，分别解决每个两类问题，再将各个两类问题的输出综合起来，重新融合成一个多类问题的解。这样做的优点是：首先，即使多类问题变换成多个两类问题后需要更多的运算时间，但无论如何，解决每个两类问题的困难度都比原先问题要低，解决多个简单问题(两类问题)比一个复杂问题(多类问题)容易；其次，有利于搜索对某类样本起重要作用的特征。由遗传规划生成的树为某种分类规则，但该树并不能直接解决多类问题。因为对每个输入的问题，树代表的分类规则只能回答“是”或“非”，只适用于两类问题的判别，而无法直接应用于多类问题。为将遗传规划的应用扩展到多类判别问题，将多类问题分解为多个两类问题，其中每个两类问题都使用一个树来解决。

1. 个体的结构

由于单个最优分类器的稳健性往往不如集成分类器，因此与以往的设计方法不同，不使用单个规则树，而是用 k 个树构成的小规模集成系统来解决一个两类识别问题。这样，即使一个树无法识别某个样本，这个集成系统中其余的树依然可能正确识别该样本，因此最终的集成系统输出仍然可能是正确的识别结果。对 n 类问题，需要 n 个子集成系统。而这样构成的个体，能够直接应用于多类问题的识别，即每个个体为一个多类分类器。由于每个个体需要由 $n\times k$ 个树构成，每个子集成系统的规模不能太大，以保证遗传规划能有较理想的运行效率并减小构成的个体在识别过程中的计算开销。

可以使用十折交叉验证算子来评估每个子集成系统中各个树的推广能力，并使用交叉验证的正确率作为相应树的权重，而每个子集成系统的输出是基于各个树的加权投票结果。令种群中的第 m 个个体、第 i 个子集成系统用于处理第 i 个两类问题，用 SE_m^i 表示该子集成系统。在该子系统中，树 a 用 $T_{i,m}^a$ 表示，其十则交叉验证的正确率为 $\mathrm{Ac}_{i,m}^a$，那么它的权重 $w_{i,m}^a$ 可由下式计算：

$$w_{i,m}^a=\frac{\mathrm{Ac}_{i,m}^a}{\sum\limits_{p=1}^{k}\mathrm{Ac}_{i,m}^p}\tag{8.51}$$

则该子系统的最终输出为 $O_{i,m}$，其中 $O_{i,m}=\sum\limits_{p=1}^{k}$，$w_{i,m}^p O_{Ti,m}^p$，$O_{Ti,m}^p$ 是对应树的输出。只有当 $O_{i,m}$ 大于 0 的时候一个样本才被判断属于第 i 类。

一个个体是由多个子集成系统构成的，其中各个子集成系统分别处理不同的两类问题。因此需要一个有效的方法解决数据不平衡问题和冲突问题，将不同子集成系统的输出结果整合起来，最终构成一个多类分类器。对于数据不平衡问题，一个广泛采用的解决方法是将样本数目较多的类别进行随机抽取，以获得一个平衡的样本集合，或是使用增量学习的方法逐渐使用样本。但这两种方法都不适用于微阵列数据。若数据样本数很少，需要充分利用已有的样本进行分析。有学者采用一种样本加权的方法来处理数据的不平衡问题。例如对第 i 个两类问题，假设 G_{i1} 中有 S_{i1} 个样本，G_{i2} 中有 S_{i2} 个样本，则两组数据中

的样本权重分别为

$$\begin{cases} W_{i1} = \dfrac{S_{i2}}{S_{i1} + S_{i2}} \\ W_{i2} = \dfrac{S_{i1}}{S_{i1} + S_{i2}} \end{cases} \tag{8.52}$$

若 SE_m^i 在 G_{i1} 中正确地分类了 l_{i1} 个样本，在 G_{i2} 中正确分类了 l_{i2} 个样本，定义其加权判别率为

$$C_m^i = \frac{W_{i1} \times l_{i1} + W_{i2} \times l_{i2}}{W_{i1} \times S_{i1} + W_{i2} \times S_{i2}} \tag{8.53}$$

由于 G_{i1} 通常比 G_{i2} 的样本数少得多，因而在 G_{i1} 中正确识别一个样本对 SE_m^i 的加权判别率贡献比在 G_{i2} 中正确识别一个样本的贡献更大。这样的设置能够引导 SE_m^i 尽可能多地识别在 G_{i1} 中的样本。这个加权方法简单而有效，能够促使得到的子集成系统均匀覆盖两组不同的样本。只有当个体中包含的所有子集成系统都能均匀覆盖在相应的两类问题的每个分组上，这个个体才能在识别新样本时具有较高的识别率。

加权判别率能反映一个子集成系统的泛化能力，因此在这里也被作为对应子集成系统的权重。当第一类冲突问题(即同一个个体中不止一个子集成系统判定某个样本是属于该子集成系统所对应的类别)，产生时，则比较这些子系统的权重，将权重最大的子系统对应的类别分配给该样本。使用这种方法能够有效地解决冲突问题。由于权重大的子集成系统识别率高，判别结果更可靠，这样分配往往能够降低最终集成系统的错误率。

对于拒绝识别问题，只有当所有的子集成系统都不能判定一个样本是属于该子集成系统对应的类别，这个样本才被拒绝。由于每个子集成系统都包含多个差异度较大的树，拒绝识别发生的概率将比使用单个规则树的概率低得多，特别是当子集成系统的规模较大时。在此进行简单的分析和说明。设一个样本在单个树构成的系统中被拒绝识别的概率为 r，即其对应类别的规则树对这个样本本应判别输出 1，但误判为 -1，这样的概率为 r。设子集成系统中的各个树相互独立，集成系统规模为 k，且各个规则树的权重相等，产生错误判别的概率均等。对于某一样本，若属于它对应类别的子集成系统要做出正确判断，至少需要 $\lceil k/2 \rceil$ 个树同时输出 1。当拒绝识别发生时，这个子集成系统中至少应存在 $\lceil k/2 \rceil$ 个树同时输出 -1，这样的概率为 $r^{\lceil k/2 \rceil}$。由于 $r<1$，这个概率在 $k \geqslant 3$ 时将远小于 r。这样，在基于子集成系统的设计方案中拒绝识别问题出现的概率将被极大地降低。因此，本章中并没有对这个问题提出特别的解决措施。

2. 个体的生成

在遗传规划的种群进化中，经常发现个体的深度和节点规模会在进化过程中不断增大，因而最终生成的个体不可避免地形成越来越复杂的分类规则，这种现象被称为膨胀

(bloat)现象。可以使用动态最大深度技术控制遗传规划进化中的膨胀现象。使用这种方法时，首先要定义两个不同的参数：严格深度限制和动态最大树深度限制。树的初始深度限制设置为不超过动态最大树深度。若生成的树深度没有超过动态最大树深度限制，则可以加入当前种群；若新生成的树深度超过动态最大深度，同时没有超过严格深度限制，则用十折交叉验证法来估计其推广能力；若得到的十折交叉验证正确率是进化到当前种群时最高的，则将动态最大深度增加至该树的深度，并允许这个树进入种群，否则拒绝这个树进入当前种群。需要注意的是一旦动态最大深度增加了，则这个深度不会再减少。当树的深度超过了严格深度限制时，则该树将被丢弃，而随机从父代树中选择一个进入当前种群。初始动态最大树深度应设置得相对小，这样可以驱使遗传规划在搜索更复杂的树之前先搜索结构简单的树，以期获得简单解。

3. 运算符与适应度函数的设计

一般使用标准运算符对个体进行交叉变异等操作。显然与普通的遗传规划算法不同，此处交叉变异操作不是作用在个体上，而是作用在各个子集成系统中的树上。因此，在使用交叉变异算子生成新个体前，必须先使用一个两步选择算法选择作为父代的树。具体来说，对于第 i 个两类问题，先使用轮盘赌选择方式，根据个体的适应值从当前种群中选出一个个体；其次，在该个体中的第 i 个子集成系统中使用轮盘赌选择方式根据个体中所有树的交叉验证正确率来选择一个树作为一个父代树。对交叉变异操作，分别需要选择两个或一个父代树，生成两个或一个子代树。由于这两步选择均是基于轮盘赌的选择方式，即使在适应值较低的个体中，交叉验证正确率较低的树也能以一定的概率进入新的种群，从而保证了种群的多样性。

在选择了父代之后，算法使用标准的交叉变异算子进行交叉变异操作。变异过程对评估未包含在当前种群中的数据有较重要的意义，即通过变异操作能改变进化过程中搜索的基因数量，因此一般变异率设置得较大。对于新生成的个体，每个子集成系统中仍然需要包含 k 个树，因此仍然需要有效的算法保证各个子集成系统中的差异度。

每个个体的泛化能力与它所包含的子集成系统的泛化能力直接相关，若一个个体中所有子集成系统都能取得较高的加权正确识别率，显然其泛化能力也将较高。适应值越高意味着个体的泛化能力越强。由于特征维数高，搜索空间非常大，当前种群和新生成的子种群中只有适应值最高的个体才能进入下一代。该方式可以加速进化过程。当两个或两个以上的个体获得相同的适应值，树结构简单的个体将被优先选择，由此可以确保最终生成的分类器的运算效率。若多个个体包含的树规模相同，算法优先选择包含基因数量少的个体。

在进化过程中，遗传规划算法能够并行评估不同特征子集，对每个两类问题，算法总是能够找到最优或近似最优解，能够生成高精确度的分类器。

8.8 核维数约简方法

当一个分类问题在它所定义的原始空间中线性不可分时，可以通过某种映射或变换的方法把数据从原始空间映射到一个高维空间，使数据在高维空间中线性可分，从而可以用简单的线性判决函数来解决比较复杂的问题。这种变换空间中的线性判决函数称为原问题的广义线性判决函数。但是，这种高维空间的维数往往很高，极易陷入"维数灾难"，使得这种变换思想在实际中很难实现。核方法则借助基于核函数的非线性映射方法，巧妙地克服了上述问题。从数学角度看，核方法能以较低的时间与空间的计算代价处理高维特征空间问题，尽管最终得到的模式函数比较复杂，但几乎都是解凸优化问题，因而不会受到局部极小化的困扰。其基本思想是，运用核函数将样本数据映射到高维特征空间，然后在高维特征空间中使用相应的线性特征提取算法。

1. 核方法基础

1）核函数定义

设 $\boldsymbol{x}$ 和 $\boldsymbol{y}$ 为样本空间的两个向量，ϕ 为数据空间到非线性特征空间上的映射函数。核方法是内积$\langle \boldsymbol{x}, \boldsymbol{y}\rangle$用函数 $K(\boldsymbol{x}, \boldsymbol{y})$来表示，以实现非线性映射，即

$$K(\boldsymbol{x}, \boldsymbol{y}) = \langle \phi(\boldsymbol{x}), \phi(\boldsymbol{y})\rangle \tag{8.54}$$

其中，非线性函数中 $\phi(\ )$比较复杂，而在运算过程中实际应用的核函数 $K(\ )$却相对简单，这也是核函数吸引众多研究者的原因。

给定 m 个训练样本$\{\boldsymbol{x}^{(1)}, \boldsymbol{x}^{(2)}, \cdots, \boldsymbol{x}^{(m)}\}$，每一个 $\boldsymbol{x}^{(i)}$ 对应一个特征向量。将任意两个 $\boldsymbol{x}^{(i)}$ 和 $\boldsymbol{x}^{(j)}$ 代入 K 中，计算得到 $K_{ij}=K(\boldsymbol{x}^{(i)}, \boldsymbol{x}^{(j)})$。$i$ 可以从 1 到 m，j 可以从 1 到 m，这样可以计算出 $m\times m$ 的核函数矩阵。为了方便，将核函数矩阵与 $K(x, z)$都使用 K 来表示。

若 K 是有效的核函数，那么根据核函数的定义有

$$\begin{aligned} K_{ij} &= K(\boldsymbol{x}^{(i)}, \boldsymbol{x}^{(j)}) = \phi(\boldsymbol{x}^{(i)})^{\mathrm{T}}\phi(\boldsymbol{x}^{(j)}) = \phi(\boldsymbol{x}^{(j)})^{\mathrm{T}}\phi(\boldsymbol{x}^{(i)}) \\ &= K(\boldsymbol{x}^{(j)}, \boldsymbol{x}^{(i)}) = K_{ji} \end{aligned} \tag{8.55}$$

矩阵 $\boldsymbol{K}$ 应该是个对称阵。还可以得出一个更强的结论，假设用符号 $\phi_k(x)$表示映射函数 $\phi(x)$的第 k 维属性值。对于任意向量 $\boldsymbol{z}$ 得

$$\begin{aligned} \boldsymbol{z}^{\mathrm{T}}\boldsymbol{K}\boldsymbol{z} &= \sum_i\sum_j z_i K_{ij} z_j = \sum_i\sum_j z_i \phi(\boldsymbol{x}^{(i)})^{\mathrm{T}}\phi(\boldsymbol{x}^{(j)}) z_j \\ &= \sum_i\sum_j z_i \sum_k \phi_k(\boldsymbol{x}^{(i)})\phi_k(\boldsymbol{x}^{(j)}) z_j = \sum_k\sum_i\sum_j z_i\phi_k(\boldsymbol{x}^{(i)})\phi_k(\boldsymbol{x}^{(j)}) z_j \\ &= \sum_k \Big(\sum_i z_i\phi_k(\boldsymbol{x}^{(i)})\Big)^2 \geqslant 0 \end{aligned} \tag{8.56}$$

若 K 是个有效的核函数，即 $K(x, z)$ 与 $\phi(x)^{\mathrm{T}}\phi(z)$ 等价，则在训练集上得到的核函数矩阵 $\boldsymbol{K}$ 应该是半正定的($\boldsymbol{K}\geqslant 0$)。由此说明，$K$ 若是有效的核函数，则核函数矩阵 $\boldsymbol{K}$ 是对称半正定的。

Mercer 定理： 若函数 K 是 $\mathbf{R}^n\times\mathbf{R}^n\rightarrow\mathbf{R}$ 上的映射(也是从两个 n 维向量映射到实数域)。那么当且仅当训练样本$\{\boldsymbol{x}^{(1)}, \boldsymbol{x}^{(2)}, \cdots, \boldsymbol{x}^{(m)}\}$相应的核函数矩阵是对称半正定矩阵时，$K$ 是一个有效核函数(也称为 Mercer 核函数)。

Mercer 定理表明，实际应用中不必去寻找 ϕ 表明 K 是有效的核函数，而只需在训练集上求出各个 K_{ij}，再判断矩阵 $\boldsymbol{K}$ 是否为半正定的即可。

核函数是影响核方法的最重要的因素，不同的核函数有着不同的应用场景和范围。在不同的应用中，往往需要构造不同的核函数。多项式(Polynomial)核函数、高斯(Gaussian)核函数和多层感知器(Sigmoid)核函数是目前应用广泛的 3 个核函数：

- Polynomial 核函数：$K(x, y)=(1+\langle x, y\rangle)^d$，$d\in N$。
- Gaussian 核函数：$K(x, y)=\exp\left(-\dfrac{\|x-y\|^2}{\beta}\right)$，$\beta>0$。
- Sigmoid 核函数：$K(x, y)=\tanh(\alpha\langle x, y\rangle+\gamma)$，$\alpha>0$，$\gamma<0$。

2）*核方法步骤*

核方法一般有两个步骤：

(1) 由核函数隐式定义初始映射，这个过程一般并不需要显式地知道映射函数，而是利用核技巧实现。

(2) 模式分析算法，即在映射的空间中寻找线性分类面。

二分类问题的核方法的过程如图 8.3 所示。

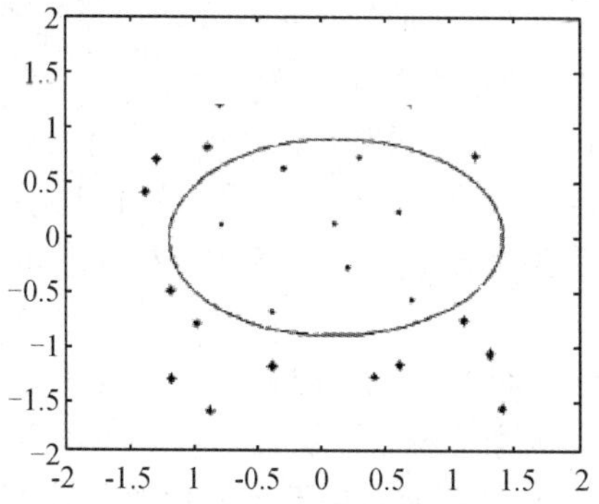

(a) 输入数据集

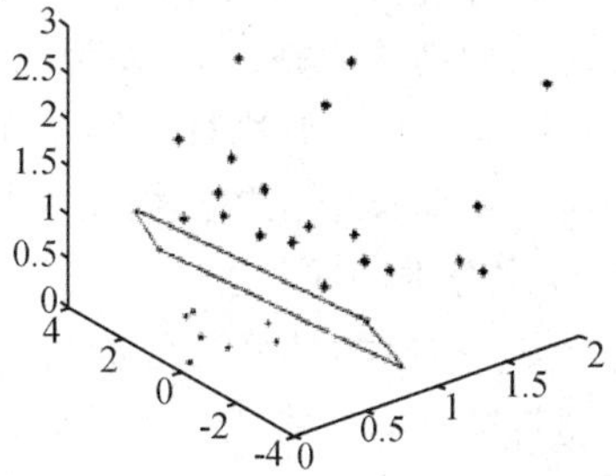

(b) 核方法映射结果

图 8.3　二分类问题的核方法示意图

由图 8.3 可以看出，输入空间不能找到一个超平面将两类数据分开，只能用一个二次判定曲面把它们分开。使用核方法可以将这些数据通过映射的方法转换到一个变换空间，这个变换空间可以寻找把这两类数据分开的超平面。通过核函数的引入，将数据隐式映射到可以发现线性关系的高维特征空间，在特征空间展开线性学习，实现了非线性问题的高效求解，同时避免了求取复杂的非线性映射。粗略地说，在任何一种含有点积的算法中，用核函数来代替点积就被称为核方法。

3）核方法的模块化

核方法问题可以通过模块化的方式来处理，由两个部分组成：① 一个模块执行初始映射，由核函数隐式定义特征空间；② 一种学习方法用来发现特征空间的线性模式。核方法的模块化使它本身作为学习算法具有可重用性，通过与不同学习算法结合来解决各种各样的模式分析问题。在与某个学习算法的结合过程中，需要根据实际数据域的特点选择合适的核函数。原始数据经核函数构造核矩阵，然后采用模式分析算法处理该矩阵，得到模式函数。

4）核方法的优缺点

基于核理论的核方法能够以短时间的计算代价处理很高维的输入空间的非线性问题。尽管算法得到的目标函数比较复杂，现有的核方法几乎都是解凸问题，因而不会受到局部极小化的困扰。核方法一般有坚实的统计学基础，确保了不会发生过度拟合。

尽管核方法显示了较强的非线性特征提取能力，但由于对大数据集进行非线性特征提取时很多核方法需要计算和存储核矩阵，而核矩阵的维数等于样本数的平方，所以随着样本数增加问题的求解难度急剧上升，且有可能无法实现。因此，在保证特征提取性能的前提下，如何减少训练数据是一个有待研究的问题。另外，核函数及其参数的选择仍缺乏理论指导，选择哪些特征提取方法更有利于分类问题也值得研究。

5）典型核方法

(1) 支持向量机(SVM)。SVM是根据统计学习理论中结构风险最小化原则提出的，SVM有很好的推广能力，即使由有限数据样本集训练得到的判别函数对独立的测试集仍能够得到较高的判别准确率。SVM是一个凸二次优化问题，能够保证找到的极值解为全局最优解。这些特点很好地解决神经网络无法避免的局部极值问题及维数灾难问题。SVM在分类方面的研究主要集中在核函数及参数的选取和改进、利用各种智能优化算法选取最优核参数、SVM多分类问题等。

(2) 核聚类。核聚类是聚类分析与核方法结合的产物，即把输入空间的数据通过核函数隐式映射到特征空间，并且在特征空间进行聚类分析。在已提出的核聚类算法中对初始聚类中心的确定以及对迭代过程中新的聚类中心的确定，缺乏令人信服的详细描述，同时尚未出现基于核聚类的旋转机械故障诊断的研究。

(3) 核主成分分析(KPCA)。KPCA是主成分分析与核方法相结合的方法，其基本思想是通过核函数把输入空间的数据隐式映射到特征空间，再在特征空间进行主成分分析，从而有效地提取非线性特征。

(4) 核独立成分分析(KICA)。KICA 是 ICA 与核方法相结合的方法，其基本思想是通过核函数把输入空间的变量隐式映射到特征空间，在特征空间构造目标函数，执行 ICA。KICA 比传统的 ICA 具有更好的灵活性与鲁棒性。

2. 核主成分分析方法

PCA 在维数约简时，首先将人脸图像矩阵拉伸成一个列向量，得到的向量是一个高维向量。对于高维向量的分类决策，PCA 的不足是原始小样本在高维空间中可能是线性不可分的。KPCA 能够挖掘到数据集中的非线性信息，使得在低维空间不是线性可分的数据在高维空间变得线性可分。KPCA 将原始数据通过核函数映射到高维空间，再利用 PCA 进行降维，其关键在于核函数。KPCA 的重要步骤是通过某种事先选择的非线性映射函数 Φ，将输入矢量 $\boldsymbol{X}$ 映射到一个高维线性特征空间 F，然后在空间 F 中使用 PCA 计算主元成分。虽然空间 F 的维数可能非常高，但是 PCA 可以用点积形式表示，通过采用核函数，空间 F 中模式的点积可以直接在输入数据空间中进行计算。

已知 n 个 D 维样本 $\boldsymbol{x}_i \in \mathbf{R}^D(i=1, 2, \cdots, n)$。Mercer 核函数记为 K：$\mathbf{R}^D \times \mathbf{R}^D \to \mathbf{R}$，根据 Mercer 定理，存在映射 Φ：$\mathbf{R}^D \to \mathbf{R}^F$，得 $K(\boldsymbol{x}_i, \boldsymbol{x}_j)=\Phi(\boldsymbol{x}_i)^{\mathrm{T}}\Phi(\boldsymbol{x}_j)$。PCA 是在 $\mathbf{R}^D$ 空间中讨论的，那么 KPCA 在映射后的空间 $\mathbf{R}^F$ 中讨论，即讨论映射后的数据集 $\Phi(\boldsymbol{x}_1)$，$\Phi(\boldsymbol{x}_2)$，…，$\Phi(\boldsymbol{x}_n)$在 $\mathbf{R}^F$ 中的 PCA。假设数据集 $\Phi(\boldsymbol{x}_i) \in \mathbf{R}^F(i=1, 2, \cdots, n)$的均值为 0(若均值不为 0，要先对其做去中心化处理，或直接减去均值)。

求在特征空间 F 中的协方差矩阵：

$$\boldsymbol{C} = \frac{1}{n}\sum_{j=1}^{n}\Phi(\boldsymbol{x}_i)\Phi(\boldsymbol{x}_j)^{\mathrm{T}} \tag{8.57}$$

求解下面方程的特征值 λ 和对应的特征向量 $\boldsymbol{w}$：

$$\boldsymbol{C} \cdot \boldsymbol{w} = \lambda \boldsymbol{w} \tag{8.58}$$

特征向量可以由数据集线性表示，即 $\boldsymbol{w} = \sum_{i=1}^{n} a_i \Phi(\boldsymbol{x}_i)$，则

$$\lambda \sum_{i=1}^{n} a_i[\Phi(\boldsymbol{x}_i) \cdot \Phi(\boldsymbol{x}_j)] = \frac{1}{n}\sum_{i=1}^{n} a_i \Phi(\boldsymbol{x}_i) \cdot \sum_{j=1}^{n}\Phi(\boldsymbol{x}_i)[\Phi(\boldsymbol{x}_j) \cdot \Phi(\boldsymbol{x}_i)] \tag{8.59}$$

令 $K_{ij} \equiv \Phi(\boldsymbol{x}_j) \cdot \Phi(\boldsymbol{x}_i)$组成一个对称矩阵 $\boldsymbol{K}$，则由式(8.59)可得

$$n\lambda \boldsymbol{K}\boldsymbol{w} = \boldsymbol{K}^2 \boldsymbol{w} \tag{8.60}$$

约简后得到与 PCA 相似度极高的求解方程：

$$n\lambda \boldsymbol{w} = \boldsymbol{K}\boldsymbol{w} \tag{8.61}$$

求解式(8.61)可得要求的特征值和对应的特征向量。由于 $\boldsymbol{K}$ 为对称矩阵，所得的特征向量之间必定是正交的。

得到高维空间的一组基 $\boldsymbol{w}$ 后，由这组基构成高维空间的一个子空间，得到测试样本在这个子空间中的线性表示，也就是降维之后的特征向量。

由以上分析，得到 KPCA 的基本步骤如下：

(1) 对原始数据去除平均值，进行去中心化处理。

(2) 利用核函数求核矩阵 $\boldsymbol{K}$，用核函数将原始数据由数据空间映射到特征空间。

(3) 对 $\boldsymbol{K}$ 进行中心化，得核矩阵 $\boldsymbol{K}_c$，用于修正核矩阵：

$$\boldsymbol{K}_c = \boldsymbol{K} - \boldsymbol{l}_n\boldsymbol{K} - \boldsymbol{K}\boldsymbol{l}_n + \boldsymbol{l}_n\boldsymbol{K}\boldsymbol{l}_n \tag{8.62}$$

其中，$\boldsymbol{l}_n$ 为 $n\times n$ 的矩阵(与核矩阵维数相同)，所有元素的值都为 $1/n$。

(4) 计算矩阵 $\boldsymbol{K}_c$ 的特征值 。特征值决定方差的大小，即特征值越大所蕴含的有用信息越多。按特征值降序排序，特征向量作相应调整。

(5) 通过施密特正交化方法正交化并单位化特征向量。

(6) 计算特征值的累计贡献率，根据给定的贡献率要求 p，若前 d 个的累计贡献率大于 p，则选取前 d 个主分量作为降维后的数据。

KPCA 使用非线性核函数代替标准点积，隐式地在可能与输入空间非线性相关的高维空间 F 中执行 PCA。若处理的对象是一幅图像，那么就可以在 d 个像素的所有乘积的空间中工作，在进行 PCA 时考虑更高阶的统计量。

需要指出，在实践中，KPCA 不等价于通过显式映射到特征空间 F 中得到的非线性 PCA 的形式：使点积矩阵的秩可能受样本大小的限制，但若维度太高，还是需要更快的方法计算矩阵。通过提供在该子空间中的向量之间计算点积的方法，KPCA 通过自动选择 F 的子空间来处理这个问题(由 $\boldsymbol{K}$ 的秩确定维数)。这样需要在输入空间中计算核函数，而不是在高维空间中计算点积。

实际应用中，不考虑 $\Phi(\boldsymbol{x}_i)$ 以 F 为中心的假设的情况。因为一般不知道数据中心，而且不能计算没有显式的一组点的平均值。

KPCA 相比 PCA 的优势在于可以将原始数据投影至线性可分的情况。

PCA 只能用于线性特征的提取。当数据不是线性可分时，提取特征的效果不是很好，特征选择后的分类精度低于 KPCA。KPCA 可以提取与样本数量一样的特征，只需要按照累积贡献率的大小选择前面几个核主元就可以达到很高的分类精度，所以 KPCA 能够选择更有利于数据分类的特征。KPCA 对于图像的非线性特征更为敏感，更适合于非线性数据的特征选择，例如人脸图像中普遍存在的非线性现象，而且能有效降低原始特征数据的维数，降低分类器的设计复杂度。KPCA 通过核方法将 PCA 拓展到非线性处理领域，利用内积运算求取原始特征的非线性主元，而无需考虑非线性映射的具体形式，保留了 PCA 的优点，在核空间根据主元的贡献率选择合适的核主成分个数。KPCA 对噪声不敏感，具有很强的抗噪能力。

8.9 关联分析

8.9.1 问题描述

在线性回归中，人们使用直线来拟合样本点，寻找 n 维特征向量 $\boldsymbol{X}$ 和输出结果(或叫作标签 label)$\boldsymbol{Y}$ 之间的线性关系。其中 $\boldsymbol{X}\in\mathbf{R}^n$，$\boldsymbol{Y}\in\mathbf{R}$。然而当 $\boldsymbol{Y}$ 也是多维时，或者说 $\boldsymbol{Y}$ 也有多个特征时，希望分析出 $\boldsymbol{X}$ 和 $\boldsymbol{Y}$ 的关系。

可以使用回归的方法来分析，做法如下：

设 $\boldsymbol{X}\in\mathbf{R}^n$，$\boldsymbol{Y}\in\mathbf{R}^m$，那么可以建立等式 $\boldsymbol{Y}=\boldsymbol{A}\boldsymbol{X}$ 如下：

$$\begin{bmatrix} y_1 \\ y_2 \\ \vdots \\ y_m \end{bmatrix} = \begin{bmatrix} w_{11} & w_{12} & \cdots & w_{1n} \\ w_{21} & w_{22} & \cdots & w_{2n} \\ \vdots & \vdots & & \vdots \\ w_{m1} & w_{m2} & \cdots & w_{mn} \end{bmatrix} \begin{bmatrix} x_1 \\ x_2 \\ \vdots \\ x_n \end{bmatrix} \tag{8.63}$$

其中 $y_i=\boldsymbol{w}_i^{\mathrm{T}}\boldsymbol{x}$，形式与线性回归一样，需要训练 m 次得到 m 个 $\boldsymbol{w}_i$。其缺点是，$\boldsymbol{Y}$ 中的每个特征都与 $\boldsymbol{X}$ 的所有特征关联，而 $\boldsymbol{Y}$ 中的特征之间没有什么联系。

换一种思路来看这个问题，若将 $\boldsymbol{X}$ 和 $\boldsymbol{Y}$ 都看成整体，考察这两个整体之间的关系。将整体表示成 X 和 Y 各自特征间的线性组合，也是考察 $\boldsymbol{a}^{\mathrm{T}}\boldsymbol{x}$ 和 $\boldsymbol{b}^{\mathrm{T}}\boldsymbol{y}$ 之间的关系。这样的应用其实很多，举个简单的例子：想考察一个人解题能力 $\boldsymbol{X}$(解题速度 x_1，解题正确率 x_2)与其阅读能力 $\boldsymbol{Y}$(阅读速度 y_1，理解程度 y_2)之间的关系，其形式化为

$$u=a_1x_1+a_2x_2,\ v=b_1y_1+b_2y_2 \tag{8.64}$$

然后使用 Pearson 相关系数

$$\rho_{X,Y}=\mathrm{corr}(\boldsymbol{X},\boldsymbol{Y})=\frac{\mathrm{cov}(\boldsymbol{X},\boldsymbol{Y})}{\sigma_X\sigma_Y}=\frac{E[(\boldsymbol{X}-\mu_X)(\boldsymbol{Y}-\mu_Y)]}{\sigma_X\sigma_Y} \tag{8.65}$$

度量 u 和 v 的关系，期望寻求一组最优的解 $\boldsymbol{a}$ 和 $\boldsymbol{b}$，使得 $\mathrm{corr}(u, v)$最大，这样得到的 $\boldsymbol{a}$ 和 $\boldsymbol{b}$ 是使得 u 和 v 具有最大关联的权重。这基本上是经典相关分析(Canonical Correlation Analysis，CCA)的目的。

8.9.2 经典相关分析

经典相关分析(CCA)的基本过程描述如下：

给定两组向量 $\boldsymbol{x}_1$ 和 $\boldsymbol{x}_2$，其中 $\boldsymbol{x}_1$ 的维度为 p_1，$\boldsymbol{x}_2$ 维度为 p_2，默认 $p_1\leqslant p_2$，记：

$$\boldsymbol{x}=\begin{bmatrix} \boldsymbol{x}_1 \\ \boldsymbol{x}_2 \end{bmatrix},\ E[\boldsymbol{x}]=\begin{bmatrix} \mu_1 \\ \mu_2 \end{bmatrix},\ \boldsymbol{\Sigma}=\mathrm{Var}(\boldsymbol{x})=\begin{bmatrix} \boldsymbol{\Sigma}_{11} & \boldsymbol{\Sigma}_{12} \\ \boldsymbol{\Sigma}_{21} & \boldsymbol{\Sigma}_{22} \end{bmatrix},\ \boldsymbol{u}=\boldsymbol{a}^{\mathrm{T}}\boldsymbol{x}_1,\ \boldsymbol{v}=\boldsymbol{b}^{\mathrm{T}}\boldsymbol{x}_2$$

其中，$\boldsymbol{\Sigma}$ 是 $\boldsymbol{x}$ 的协方差矩阵；$\boldsymbol{\Sigma}_{11}$ 是 x_1 自己的协方差矩阵；$\boldsymbol{\Sigma}_{12}$ 是 $\mathrm{Cov}(x_1, x_2)$；$\boldsymbol{\Sigma}_{21}$ 是

$\mathrm{Cov}(x_2, x_1)$，也是 $\boldsymbol{\Sigma}_{12}$ 的转置；$\boldsymbol{\Sigma}_{22}$ 是 x_2 的协方差矩阵。

计算 $\boldsymbol{u}$ 和 $\boldsymbol{v}$ 的方差和协方差：

$$\mathrm{Var}(\boldsymbol{u}) = \boldsymbol{a}^{\mathrm{T}}\boldsymbol{\Sigma}_{11}\boldsymbol{a},\ \mathrm{Var}(\boldsymbol{v}) = \boldsymbol{b}^{\mathrm{T}}\boldsymbol{\Sigma}_{22}\boldsymbol{b},\ \mathrm{cov}(\boldsymbol{u}, \boldsymbol{v}) = \boldsymbol{a}^{\mathrm{T}}\boldsymbol{\Sigma}_{12}\boldsymbol{b} \tag{8.66}$$

则

$$\mathrm{Var}(\boldsymbol{u}) = \mathrm{Var}(\boldsymbol{a}^{\mathrm{T}}\boldsymbol{x}_1) = \frac{1}{N}\sum_{i=1}^{N}(\boldsymbol{a}^{\mathrm{T}}\boldsymbol{x}_1 - \boldsymbol{a}^{\mathrm{T}}\mu_1)^2 = \boldsymbol{a}^{\mathrm{T}}\frac{1}{N}\sum_{i=1}^{N}(\boldsymbol{x}_1 - \mu_1)^2\boldsymbol{a} = \boldsymbol{a}^{\mathrm{T}}\boldsymbol{\Sigma}_{11}\boldsymbol{a}$$

$$\mathrm{corr}(\boldsymbol{u}, \boldsymbol{v}) = \frac{\boldsymbol{a}^{\mathrm{T}}\boldsymbol{\Sigma}_{12}\boldsymbol{b}}{\sqrt{\boldsymbol{a}^{\mathrm{T}}\boldsymbol{\Sigma}_{11}\boldsymbol{a}}\ \sqrt{\boldsymbol{b}^{\mathrm{T}}\boldsymbol{\Sigma}_{22}\boldsymbol{b}}} \tag{8.67}$$

期望 $\mathrm{corr}(u, v)$ 越大越好。为此，设计如下的一个优化问题：

$$\begin{aligned} &\max \boldsymbol{a}^{\mathrm{T}}\boldsymbol{\Sigma}_{12}\boldsymbol{b} \\ &\text{s.t.}\quad \boldsymbol{a}^{\mathrm{T}}\boldsymbol{\Sigma}_{11}\boldsymbol{a} = 1,\ \boldsymbol{b}^{\mathrm{T}}\boldsymbol{\Sigma}_{22}\boldsymbol{b} = 1 \end{aligned} \tag{8.68}$$

则 Lagrangian 等式为

$$\mathscr{L} = \boldsymbol{a}^{\mathrm{T}}\boldsymbol{\Sigma}_{12}\boldsymbol{b} - \frac{\lambda}{2}(\boldsymbol{a}^{\mathrm{T}}\boldsymbol{\Sigma}_{11}\boldsymbol{a} - 1) - \frac{\theta}{2}(\boldsymbol{b}^{\mathrm{T}}\boldsymbol{\Sigma}_{22}\boldsymbol{b} - 1)$$

求导并令导数为 0 后得

$$\begin{cases} \dfrac{\partial \mathscr{L}}{\partial a} = \boldsymbol{\Sigma}_{12}\boldsymbol{b} - \lambda\boldsymbol{\Sigma}_{11}\boldsymbol{a} = 0 \\ \dfrac{\partial \mathscr{L}}{\partial b} = \boldsymbol{\Sigma}_{21}\boldsymbol{a} - \theta\boldsymbol{\Sigma}_{22}\boldsymbol{b} = 0 \end{cases} \tag{8.69}$$

式(8.69)的第一个等式左乘 $\boldsymbol{a}^{\mathrm{T}}$，第二个等式左乘 $\boldsymbol{b}^{\mathrm{T}}$，再根据 $\boldsymbol{a}^{\mathrm{T}}\boldsymbol{\Sigma}_{11}\boldsymbol{a}=1$，$\boldsymbol{b}^{\mathrm{T}}\boldsymbol{\Sigma}_{22}\boldsymbol{b}=1$ 得

$$\lambda = \theta = \boldsymbol{a}^{\mathrm{T}}\boldsymbol{\Sigma}_{12}\boldsymbol{b} \tag{8.70}$$

也就是说求出的 λ 即是 $\mathrm{corr}(\boldsymbol{u}, \boldsymbol{v})$，只需找最大的 λ 即可。把上面的方程组进一步简化，并写成矩阵形式，得

$$\begin{cases} \boldsymbol{\Sigma}_{11}^{-1}\boldsymbol{\Sigma}_{12}\boldsymbol{b} = \lambda\boldsymbol{a} \\ \boldsymbol{\Sigma}_{22}^{-1}\boldsymbol{\Sigma}_{21}\boldsymbol{a} = \lambda\boldsymbol{b} \end{cases} \tag{8.71}$$

写成矩阵形式并赋予每个矩阵以字母表示：

$$\underbrace{\begin{bmatrix} \boldsymbol{\Sigma}_{11}^{-1} & 0 \\ 0 & \boldsymbol{\Sigma}_{22}^{-1} \end{bmatrix}}_{\boldsymbol{B}^{-1}} \underbrace{\begin{bmatrix} 0 & \boldsymbol{\Sigma}_{12} \\ \boldsymbol{\Sigma}_{21} & 0 \end{bmatrix}}_{\boldsymbol{A}} \underbrace{\begin{bmatrix} \boldsymbol{a} \\ \boldsymbol{b} \end{bmatrix}}_{\boldsymbol{w}} = \lambda \begin{bmatrix} \boldsymbol{a} \\ \boldsymbol{b} \end{bmatrix} \tag{8.72}$$

上式可写为

$$\boldsymbol{B}^{-1}\boldsymbol{A}\boldsymbol{w} = \lambda\boldsymbol{w} \tag{8.73}$$

解特征方程，即求得 $\boldsymbol{B}^{-1}\boldsymbol{A}$ 的最大特征值 $\lambda_{\max}$。但若直接去计算 $\boldsymbol{B}^{-1}\boldsymbol{A}$ 的特征值，复杂度有点高。若将式(8.71)中的第二个式子代入第一个，得

$$\boldsymbol{\Sigma}_{11}^{-1}\boldsymbol{\Sigma}_{12}\boldsymbol{\Sigma}_{22}^{-1}\boldsymbol{\Sigma}_{21}\boldsymbol{a} = \lambda^2\boldsymbol{a} \tag{8.74}$$

这样先对 $\boldsymbol{\Sigma}_{11}^{-1}\boldsymbol{\Sigma}_{12}\boldsymbol{\Sigma}_{22}^{-1}\boldsymbol{\Sigma}_{21}$ 求特征值 λ^2 和特征向量 $\boldsymbol{a}$，然后根据第二个式子求得 $\boldsymbol{b}$。按照此过程，得到了 λ 最大时的 a_1 和 b_1。那么 a_1 和 b_1 就称为典型变量，λ 即是 $\boldsymbol{u}$ 和 $\boldsymbol{v}$ 的相关系数。

最后，得到 $\boldsymbol{u}$ 和 $\boldsymbol{v}$ 的等式为

$$\boldsymbol{u}=\boldsymbol{a}_1^{\mathrm{T}}x_1,\ \boldsymbol{v}=\boldsymbol{b}_1^{\mathrm{T}}x_2 \tag{8.75}$$

也可以接着去寻找第二组典型变量对，其最优化条件是

$$\max \boldsymbol{a}_2^{\mathrm{T}}\boldsymbol{\Sigma}_{12}\boldsymbol{b}_2 \tag{8.76}$$

$$\boldsymbol{a}_2\boldsymbol{\Sigma}_{11}\boldsymbol{a}_2=1,\ \boldsymbol{b}_2^{\mathrm{T}}\boldsymbol{\Sigma}_{22}\boldsymbol{b}_2=1,\ \boldsymbol{a}_2^{\mathrm{T}}\boldsymbol{\Sigma}_{11}\boldsymbol{a}_1=0,\ \boldsymbol{b}_2^{\mathrm{T}}\boldsymbol{\Sigma}_{22}\boldsymbol{b}_1=0$$

后二组约束条件是 $\mathrm{cov}(\boldsymbol{u}_2,\boldsymbol{u}_1)=0$，$\mathrm{cov}(\boldsymbol{v}_2,\boldsymbol{v}_1)=0$。计算步骤同第一组计算方法，只不过是 λ 取 $\boldsymbol{\Sigma}_{11}^{-1}\boldsymbol{\Sigma}_{12}\boldsymbol{\Sigma}_{22}^{-1}\boldsymbol{\Sigma}_{21}$ 的第二大特征值。得到的 $\boldsymbol{a}_2$ 和 $\boldsymbol{b}_2$ 其实也满足：$\boldsymbol{a}_2^{\mathrm{T}}\boldsymbol{\Sigma}_{11}\boldsymbol{a}_1=0$，$\boldsymbol{b}_2^{\mathrm{T}}\boldsymbol{\Sigma}_{22}\boldsymbol{b}_1=0$，即 $\mathrm{cov}(\boldsymbol{u}_2,\boldsymbol{u}_1)=0$，$\mathrm{cov}(\boldsymbol{v}_2,\boldsymbol{v}_1)=0$。

设用 i、j 表示序号，则关联系数与特征值的关系如下：

$\mathrm{corr}(\boldsymbol{u}_i,\boldsymbol{v}_i)=\lambda_i$，$\mathrm{corr}(\boldsymbol{u}_i,\boldsymbol{u}_j)=0$，$\mathrm{corr}(\boldsymbol{v}_i,\boldsymbol{v}_j)=0$，$\mathrm{corr}(\boldsymbol{u}_i,\boldsymbol{v}_j)=0(i\neq j)$。

例如，评价一个人解题和阅读能力的关系。假设通过对样本计算协方差矩阵得到如下结果：

$$\boldsymbol{\Sigma}=\begin{bmatrix}\boldsymbol{\Sigma}_{11} & \boldsymbol{\Sigma}_{12}\\ \boldsymbol{\Sigma}_{21} & \boldsymbol{\Sigma}_{22}\end{bmatrix}=\begin{bmatrix}1 & 0.4 & 0.5 & 0.6\\ 0.4 & 1 & 0.3 & 0.4\\ 0.5 & 0.3 & 1 & 0.2\\ 0.6 & 0.4 & 0.2 & 1\end{bmatrix} \tag{8.77}$$

然后求 $\boldsymbol{\Sigma}_{11}^{-1}\boldsymbol{\Sigma}_{12}\boldsymbol{\Sigma}_{22}^{-1}\boldsymbol{\Sigma}_{21}$，得

$$\boldsymbol{\Sigma}_{11}^{-1}\boldsymbol{\Sigma}_{12}\boldsymbol{\Sigma}_{22}^{-1}\boldsymbol{\Sigma}_{21}=\begin{bmatrix}0.452 & 0.289\\ 0.146 & 0.495\end{bmatrix}$$

对 $\boldsymbol{\Sigma}_{11}^{-1}\boldsymbol{\Sigma}_{12}\boldsymbol{\Sigma}_{22}^{-1}\boldsymbol{\Sigma}_{21}$ 求特征值和特征向量，得到 $\lambda_1^2=0.5457$，$\lambda_2^2=0.0009$，$\boldsymbol{\Sigma}_{11}^{-1}\boldsymbol{\Sigma}_{12}\boldsymbol{\Sigma}_{22}^{-1}\boldsymbol{\Sigma}_{21}$ 的特征向量为 $\begin{bmatrix}0.951 & -0.54\\ 0.309 & 0.842\end{bmatrix}$。然后根据 $\boldsymbol{\Sigma}_{22}^{-1}\boldsymbol{\Sigma}_{21}\boldsymbol{a}=\lambda\boldsymbol{b}$ 求 $\boldsymbol{b}$，但也可以采用类似求 $\boldsymbol{a}$ 的方法来求 $\boldsymbol{b}$。

将第一个式子代入第二个式子得：

$$\boldsymbol{\Sigma}_{22}^{-1}\boldsymbol{\Sigma}_{21}\boldsymbol{\Sigma}_{11}^{-1}\boldsymbol{\Sigma}_{12}\boldsymbol{b}=\lambda^2\boldsymbol{b} \tag{8.78}$$

然后直接对 $\boldsymbol{\Sigma}_{22}^{-1}\boldsymbol{\Sigma}_{21}\boldsymbol{\Sigma}_{11}^{-1}\boldsymbol{\Sigma}_{12}$ 求特征向量即可，注意 $\boldsymbol{\Sigma}_{22}^{-1}\boldsymbol{\Sigma}_{21}\boldsymbol{\Sigma}_{11}^{-1}\boldsymbol{\Sigma}_{12}$ 和 $\boldsymbol{\Sigma}_{11}^{-1}\boldsymbol{\Sigma}_{12}\boldsymbol{\Sigma}_{22}^{-1}\boldsymbol{\Sigma}_{21}$ 的特征值相同。不管使用哪种方法，都可以得到

$$\boldsymbol{\Sigma}_{22}^{-1}\boldsymbol{\Sigma}_{21}\boldsymbol{\Sigma}_{11}^{-1}\boldsymbol{\Sigma}_{12}=\begin{bmatrix}0.206 & 0.251\\ 0.278 & 0.340\end{bmatrix}$$

其特征向量为 $\begin{bmatrix}0.595 & -0.774\\ 0.804 & 0.633\end{bmatrix}$，得到 $\boldsymbol{a}$ 和 $\boldsymbol{b}$ 的两组向量，还需要让它们满足之前的约束

条件：

$$\boldsymbol{a}_i^{\mathrm{T}}\boldsymbol{\Sigma}_{11}\boldsymbol{a}_i = 1,\ \boldsymbol{b}_i^{\mathrm{T}}\boldsymbol{\Sigma}_{22}\boldsymbol{b}_i = 1 \tag{8.79}$$

其中，$\boldsymbol{a}_i$ 应该是之前得到的 $\boldsymbol{\Sigma}_{11}^{-1}\boldsymbol{\Sigma}_{12}\boldsymbol{\Sigma}_{22}^{-1}\boldsymbol{\Sigma}_{21}$ 的特征向量 $\begin{bmatrix}0.951 & -0.54\\ 0.309 & 0.842\end{bmatrix}$ 中的列向量的 m 倍，只需要求得 m，然后将这两个列向量乘以 m 即可。

$$m^2\boldsymbol{a}'^{\mathrm{T}}_i\boldsymbol{\Sigma}_{11}\boldsymbol{a}'_i = 1 \tag{8.80}$$

其中，$\boldsymbol{a}'_i$ 是 $\boldsymbol{\Sigma}_{11}^{-1}\boldsymbol{\Sigma}_{12}\boldsymbol{\Sigma}_{22}^{-1}\boldsymbol{\Sigma}_{21}$ 特征向量的列向量。

$$\boldsymbol{A} = \mathrm{vec}\boldsymbol{A}\begin{pmatrix}1.23 & 0\\ 0 & 0.636\end{pmatrix}^{-\frac{1}{2}} = \begin{bmatrix}0.856 & -0.677\\ 0.278 & 1.055\end{bmatrix} \tag{8.81}$$

$$\boldsymbol{B} = \mathrm{vec}\boldsymbol{B}\begin{pmatrix}1.19 & 0\\ 0 & 0.804\end{pmatrix}^{-\frac{1}{2}} = \begin{bmatrix}0.545 & -0.863\\ 0.737 & 0.706\end{bmatrix} \tag{8.82}$$

所以，第一组典型变量为

$$\begin{cases}u_1 = 0.856z_1 + 0.278z_2\\ v_1 = 0.545z_3 + 0.737z_4\end{cases}$$

相关系数为

$$\mathrm{corr}(u_1,\ v_1) = \sqrt{\lambda_1^2} = \sqrt{0.5457} = 0.74$$

第二组典型变量为

$$\begin{cases}u_2 = -0.677z_1 + 1.055z_2\\ v_2 = -0.863z_3 + 0.706z_4\end{cases}$$

相关系数为

$$\mathrm{corr}(u_2,\ v_2) = \sqrt{\lambda_2^2} = \sqrt{0.0009} = 0.03$$

其中，z_1 指解题速度，z_2 指解题正确率，z_3 指阅读速度，z_4 指阅读理解程度，系数不是特征对单个 $\boldsymbol{u}$ 或 $\boldsymbol{v}$ 的贡献比重，而是从 $\boldsymbol{u}$ 和 $\boldsymbol{v}$ 整体关系看。当两者关系最密切时，特征计算时的权重。

基于 MATLAB 的 CCA 程序代码如下：

```
function[ccaEigvector1, ccaEigvector2] = CCA(data1, data2)
dataLen1 = size(data1, 2); dataLen2 = size(data2, 2);
data = [data1 data2]; covariance = cov(data);
Sxx = covariance(1 : dataLen1, 1 : dataLen1);
Syy = covariance(dataLen1 + 1 : size(covariance, 2),
dataLen1 + 1 : size(covariance, 2));
Sxy = covariance(1 : dataLen1, dataLen1 + 1 : size(covariance, 2));
Hx = (Sxx)^(-1/2); Hy = (Syy)^(-1/2); H = Hx * Sxy * Hy;
```

```
[U, D, V] = svd(H, 'econ');
ccaEigvector1 = Hx * U; ccaEigvector2 = Hy * V;
ccaEigvector1 = ccaEigvector1 * diag(diag((eye(size(ccaEigvector1, 2))
  ./sqrt(ccaEigvector1' * Sxx * ccaEigvector1))));
ccaEigvector2 = ccaEigvector2 * diag(diag((eye(size(ccaEigvector2, 2))
  ./sqrt(ccaEigvector2' * Syy * ccaEigvector2))));
end
```

8.9.3　核经典相关分析

当提取的特征的线性组合效果不够好时，或两组集合关系是非线性时，可以尝试核经典相关分析(KCCA)。在 SVM 中通过某非线性变换 $\Phi(x)$，将输入空间映射到高维特征空间。特征空间的维数可能非常高。若 SVM 的求解只用到内积运算，而在低维输入空间又存在某个函数 $K(\boldsymbol{x}, \boldsymbol{x}')$恰好等于在高维空间中这个内积，即 $K(\boldsymbol{x}, \boldsymbol{x}')=\langle\Phi(\boldsymbol{x}), (\Phi(\boldsymbol{x}')\rangle$。那么 SVM 就不用计算复杂的非线性变换，而由这个函数 $K(\boldsymbol{x}, \boldsymbol{x}')$直接得到非线性变换的内积，便可大大简化计算。这样的函数 $K(\boldsymbol{x}, \boldsymbol{x}')$称为核函数。当对两个向量作内积 $\langle\boldsymbol{x}, \boldsymbol{y}\rangle = \sum x_i y_i$ 时，可以使用 $\Phi(\boldsymbol{x})$和 $\Phi(\boldsymbol{y})$来替代 $\boldsymbol{x}$ 和 $\boldsymbol{y}$。若 $\Phi(\boldsymbol{y})$与 $\Phi(\boldsymbol{x})$的构造一样，则

$$\begin{aligned}\langle\Phi(\boldsymbol{x}), \Phi(\boldsymbol{y})\rangle &= \sum_{i=1}^{n}\sum_{j=1}^{n}(x_i x_j)(y_i y_j) = \sum_{i=1}^{n}\sum_{j=1}^{n} x_i y_i x_j y_j \\ &= \sum_{i=1}^{n}(x_i y_i)\sum_{j=1}^{n}(x_j y_j) = (\boldsymbol{x}^{\mathrm{T}}\boldsymbol{y})^2 = K\langle\boldsymbol{x}, \boldsymbol{y}\rangle \end{aligned} \tag{8.83}$$

这样，仅通过计算 $\boldsymbol{x}$ 与 $\boldsymbol{y}$ 的内积的平方可以达到在高维空间(这里为 n^2)中计算 $\Phi(\boldsymbol{y})$与 $\Phi(\boldsymbol{x})$内积的效果。由核函数可以得到核矩阵 $\boldsymbol{K}$，其中 $K_{i,j}=K(\boldsymbol{x}^{(i)}, \boldsymbol{y}^{(j)})$，即第 i 行第 j 列的元素是第 i 个和第 j 个样本在核函数下的内积。一个好的核函数定义为

$$\phi: \boldsymbol{x} = (\boldsymbol{x}_1, \cdots, \boldsymbol{x}_n) \rightarrow \phi(\boldsymbol{x}) = (\phi_1(\boldsymbol{x}), \cdots, \phi_N(\boldsymbol{x}))\ (n < N) \tag{8.84}$$

其中，样本 $\boldsymbol{x}$ 有 n 个特征，经过变换后从 n 维特征上升到了 N 维特征，其中每一个特征是 $\phi_i(\boldsymbol{x})=f(x_1, \cdots, x_n)$。在使用核函数之前定义：

$$\boldsymbol{u} = \boldsymbol{a}^{\mathrm{T}}\boldsymbol{x}, \ \boldsymbol{v} = \boldsymbol{b}^{\mathrm{T}}\boldsymbol{y} \tag{8.85}$$

假设 $\boldsymbol{x}$ 和 $\boldsymbol{y}$ 都是 n 维的，引入核函数后，$\phi_x(\boldsymbol{x})$和 $\phi_y(\boldsymbol{y})$变为了 N 维。使用核函数后，$\boldsymbol{u}$ 和 $\boldsymbol{v}$ 为

$$\boldsymbol{u} = \boldsymbol{c}^{\mathrm{T}}\phi_x(\boldsymbol{x}), \ \boldsymbol{v} = \boldsymbol{d}^{\mathrm{T}}\phi_y(\boldsymbol{y}) \tag{8.86}$$

其中，$\boldsymbol{c}$ 和 $\boldsymbol{d}$ 都是 N 维向量。

现在有样本$\{(\boldsymbol{x}_i, \boldsymbol{y}_i)\}_{i=1}^{M}$，这里的 $\boldsymbol{x}_i$ 表示样本 $\boldsymbol{x}$ 的第 i 个样本，是 n 维向量。根据前面介绍的相关系数，构造拉格朗日公式如下：

$$\mathscr{L}_0 = E[(\boldsymbol{u}-E[u])(\boldsymbol{v}-E[\boldsymbol{v}])] - \frac{\lambda_1}{2}E[(\boldsymbol{u}-E[\boldsymbol{u}])^2] - \frac{\lambda_2}{2}E[(\boldsymbol{v}-E[\boldsymbol{v}])^2] \tag{8.87}$$

其中，$E[\boldsymbol{u}] = \frac{1}{M}\sum_i \boldsymbol{c}^{\mathrm{T}}\phi_x(\boldsymbol{x}_i)$，$E[\boldsymbol{uv}] = \frac{1}{M}\sum_i \boldsymbol{c}^{\mathrm{T}}\phi_x(\boldsymbol{x}_i)\boldsymbol{d}^{\mathrm{T}}\phi_y(\boldsymbol{y}_i)$。

然后，$\mathscr{L}_0$ 对 $\boldsymbol{a}$ 求导，并令导数等于 0，得

$$\boldsymbol{c} = \sum_i a_i \phi_x(\boldsymbol{x}_i) \tag{8.88}$$

同样对 $\boldsymbol{b}$ 求导，令导数等于 0，得

$$\boldsymbol{d} = \sum_i \beta_i \phi_y(\boldsymbol{y}_i) \tag{8.89}$$

引入核函数的初衷是希望在式子中有 $\phi^{\mathrm{T}}(\boldsymbol{x})\phi(\boldsymbol{y})$，然后用 $\boldsymbol{K}$ 替换之，而根本不去计算出实际的 ϕ。因此即使按照原始 CCA 的方式计算出了 $\boldsymbol{c}$ 和 $\boldsymbol{d}$，也是没用的，因为根本没有实际的 ϕ 用于计算 $\boldsymbol{c}^{\mathrm{T}}\phi(\boldsymbol{x})$。此外核函数(如高斯径向基核函数)可以上升到无限维(N 是无穷的)，因此 $\boldsymbol{c}$ 和 $\boldsymbol{d}$ 也是无穷维的，根本没办法直接计算出来。所以，解题的思路是在原始的空间中构造出权重 $\boldsymbol{\alpha}$ 和 $\boldsymbol{\beta}$，然后利用 ϕ 将 $\boldsymbol{\alpha}$ 和 $\boldsymbol{\beta}$ 上升到高维，它们在高维中对应的权重是 $\boldsymbol{c}$ 和 $\boldsymbol{d}$。

虽然 $\boldsymbol{\alpha}$ 和 $\boldsymbol{\beta}$ 在原始空间中(维度为样本个数 M)，但其作用点不是在原始特征上，而是原始样本上。$\boldsymbol{\alpha}$ 通过控制每个高维样例的权重来控制 $\boldsymbol{c}$。

利用 $\boldsymbol{\alpha}$ 和 $\boldsymbol{\beta}$ 得 $\boldsymbol{u}$ 和 $\boldsymbol{v}$，如下所示：

$$\boldsymbol{u} = \langle \boldsymbol{c}, \phi(\boldsymbol{x})\rangle = \sum_i \alpha_i \langle \phi_x(\boldsymbol{x}_i), \phi_x(\boldsymbol{x})\rangle \tag{8.90}$$

$$\boldsymbol{v} = \langle \boldsymbol{d}, \phi(\boldsymbol{y})\rangle = \sum_i \beta_i \langle \phi_y(\boldsymbol{y}_i), \phi_y(\boldsymbol{y})\rangle \tag{8.91}$$

其中，$\phi_x(\boldsymbol{x}_i)$表示可以将第 i 个样本上升为 N 维向量，$\phi_x(\boldsymbol{x})$的意义可以类比于原始 CCA 的 $\boldsymbol{x}$。

鉴于这样的表示接下来会越来越复杂，改用如下的矩阵形式表示：

$$\begin{bmatrix} c_1 \\ c_2 \\ \vdots \\ c_N \end{bmatrix} = \begin{bmatrix} \vdots & \vdots & \vdots & \vdots \\ \phi_x(\boldsymbol{x}_1) & \phi_x(\boldsymbol{x}_2) & \cdots & \phi_x(\boldsymbol{x}_M) \\ \vdots & \vdots & \vdots & \vdots \end{bmatrix} \begin{bmatrix} \alpha_1 \\ \alpha_2 \\ \vdots \\ \alpha_M \end{bmatrix} \tag{8.92}$$

简写为

$$\boldsymbol{c} = \boldsymbol{X}^{\mathrm{T}}\boldsymbol{\alpha} \tag{8.93}$$

其中，$\boldsymbol{X}$ 为

$$\begin{bmatrix} \cdots & \phi_x^{\mathrm{T}}(\boldsymbol{x}_1) & \cdots \\ \cdots & \phi_x^{\mathrm{T}}(\boldsymbol{x}_2) & \cdots \\ \cdots & \vdots & \cdots \\ \cdots & \phi_x^{\mathrm{T}}(\boldsymbol{x}_M) & \cdots \end{bmatrix}$$

则

$$K_x = XX^{\mathrm{T}} \tag{8.94}$$

可以算出 $\boldsymbol{u}$ 和 $\boldsymbol{v}$ 的方差和协方差(这里事先对样本 $\boldsymbol{x}$ 和 $\boldsymbol{y}$ 做了均值归零处理)如下：

$$\mathrm{var}(\boldsymbol{u}) = \boldsymbol{c}^{\mathrm{T}}\mathrm{var}(\phi_x(\boldsymbol{x}))\boldsymbol{c} = \boldsymbol{c}^{\mathrm{T}}\boldsymbol{X}^{\mathrm{T}}\boldsymbol{X}\boldsymbol{c} = \boldsymbol{\alpha}^{\mathrm{T}}\boldsymbol{X}\boldsymbol{X}^{\mathrm{T}}\boldsymbol{X}\boldsymbol{X}^{\mathrm{T}}\boldsymbol{\alpha} = \boldsymbol{\alpha}^{\mathrm{T}}\boldsymbol{K}_x\boldsymbol{K}_x\boldsymbol{\alpha}$$

$$\mathrm{var}(\boldsymbol{v}) = \boldsymbol{\beta}^{\mathrm{T}}\boldsymbol{K}_y\boldsymbol{K}_y\boldsymbol{\beta}$$

$$\mathrm{cov}(\boldsymbol{u},\ \boldsymbol{v}) = \boldsymbol{c}^{\mathrm{T}}\mathrm{cov}(\phi_x(\boldsymbol{x}),\ \phi_y(\boldsymbol{y}))\boldsymbol{d} = \boldsymbol{c}^{\mathrm{T}}\boldsymbol{X}^{\mathrm{T}}\boldsymbol{Y}\boldsymbol{d} = \boldsymbol{\alpha}^{\mathrm{T}}\boldsymbol{X}\boldsymbol{X}^{\mathrm{T}}\boldsymbol{Y}\boldsymbol{Y}^{\mathrm{T}}\boldsymbol{\beta} = \boldsymbol{\alpha}^{\mathrm{T}}\boldsymbol{K}_x\boldsymbol{K}_y\boldsymbol{\beta}$$

这里 $\phi_x(\boldsymbol{x})$、$\phi_y(\boldsymbol{y})$的维度可以不一样。

最后，得到 $\mathrm{corr}(\boldsymbol{u},\ \boldsymbol{v})$为

$$\mathrm{corr}(\boldsymbol{u},\ \boldsymbol{v}) = \frac{\boldsymbol{\alpha}^{\mathrm{T}}\boldsymbol{K}_x\boldsymbol{K}_y\boldsymbol{\beta}}{\sqrt{\boldsymbol{\alpha}^{\mathrm{T}}\boldsymbol{K}_x\boldsymbol{K}_x\boldsymbol{\alpha}}\ \sqrt{\boldsymbol{\beta}^{\mathrm{T}}\boldsymbol{K}_y\boldsymbol{K}_y\boldsymbol{\beta}}} \tag{8.95}$$

可以看到，在将 $\boldsymbol{x}_1$ 和 $\boldsymbol{x}_2$ 处理成 $E(\boldsymbol{x}_1)=0$，$E(\boldsymbol{x}_2)=0$ 后，得到的结果与之前的形式基本一样，只是将 $\boldsymbol{\Sigma}$ 替换成了两个 $\boldsymbol{K}$ 的乘积。

引入核函数后，得

$$\boldsymbol{B}^{-1}\boldsymbol{A}\boldsymbol{w} = \lambda\boldsymbol{w} \tag{8.96}$$

其中，$\boldsymbol{B}=\begin{bmatrix}\boldsymbol{K}_x\boldsymbol{K}_x & 0\\ 0 & \boldsymbol{K}_y\boldsymbol{K}_y\end{bmatrix}$，$\boldsymbol{A}=\begin{bmatrix}0 & \boldsymbol{K}_x\boldsymbol{K}_y\\ \boldsymbol{K}_y\boldsymbol{K}_x & 0\end{bmatrix}$，$\boldsymbol{w}=\begin{bmatrix}\boldsymbol{\alpha}\\ \boldsymbol{\beta}\end{bmatrix}$。

注意，前面 $\boldsymbol{a}$ 的维度和 $\boldsymbol{x}$ 的特征数相同，$\boldsymbol{b}$ 的维度与 $\boldsymbol{y}$ 的特征数相同。后面 $\boldsymbol{\alpha}$ 的维度与 $\boldsymbol{x}$ 的样本数相同，$\boldsymbol{\beta}$ 的维度与 $\boldsymbol{y}$ 的样本数相同。严格来说，α 的维度等于 β 的维度。

8.10　应　　用

1. 利用 PCA 对数据进行降维

利用 PCA 能够对数据进行降维。假设有一组数据，是 20 个同学期中考试的语文、数学和英语成绩。利用 PCA 降维，即把这个三维数据降到一维，步骤如下：

第一步，数据中心化，去均值；第二步，求解协方差矩阵；第三步，利用特征值分解或奇异值分解计算特征值以及特征向量；第四步，利用特征向量构造投影矩阵；第五步，利用投影矩阵得出降维的数据。

程序代码如下：

```
clc;clear all;close all;set(0, 'defaultfigurecolor', 'w') ;
x = [10 60 70 80 90 84 80 57 81 90 19 63 66 74 60 80 46 74 76 88];%语文成绩
y = [80 82 84 86 88 80 43 89 30 32 44 36 63 94 69 54 92 93 31 80];%数学成绩
z = [78 62 80 56 68 91 78 63 46 44 61 83 60 43 62 44 57 94 52 45];%英语成绩
figure(), subplot(1, 2, 1) %绘图
scatter3(x, y, z, 'r*', 'linewidth', 5);xlim([10, 100]);ylim([10, 100]);
```

```
  zlim([10, 100]);
grid on;xlabel('语文成绩');ylabel('数学成绩');zlabel('英语成绩')
data = [x;y;z]; %构造数据
mu = mean(data, 2);%按行取平均值
data(1, :) = data(1, :)-mu(1); %去均值
data(2, :) = data(2, :)-mu(2);
data(3, :) = data(3, :)-mu(3);
R = data * data';
[V, D] = eig(R); %特征值分解
[EigR, PosR] = sort(diag(D), 'descend');%特征值按降序排列
VecR = V(PosR, :); %利用特征向量构造投影矩阵
K = 1; Proj = VecR(1: K, :); %降到一维
DataPCA = Proj * data; x0 = -30: 30; %利用投影矩阵得出降维的数据
subplot 122, scatter3(data(1, :), data(2, :) , data(3, :), 'r *', 'linewidth', 5);
  hold on;
plot(x0, Proj(2)/Proj(1) * x0, 'b', 'linewidth', 3);hold on;%绘出投影方向
xlim([-30, 30]);ylim([-30, 30]); zlim([-30, 30]);
grid on;xlabel('语文成绩');ylabel('数学成绩'); zlabel('英语成绩')
```

结果如图 8.4 所示。

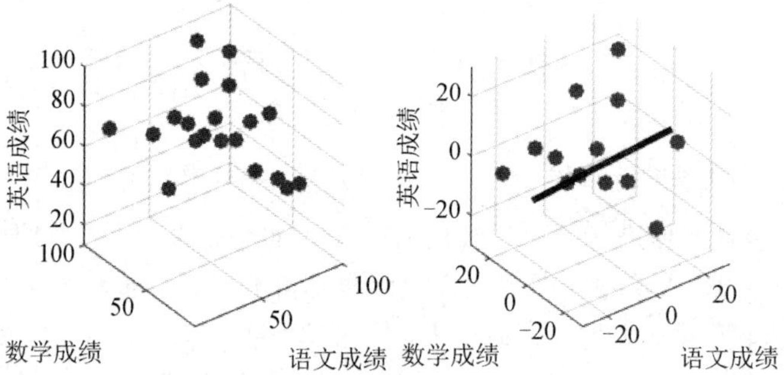

图 8.4　三维数据降为一维

类似于上面的实例，可以将 D 维数据降为 d 维，一般有 D≫d。

2. 利用 LDA 进行人脸识别

从网上直接下载 ORL_92×112 人脸数据集，其中包含 40 个人脸，每个人脸有 10 幅不同的图像，每人选取 5 幅共 200 幅作为训练样本，其余作为测试集。利用 MATLAB 中的 reshape 函数将每一幅图像(92×112)写成列向量形式 $\boldsymbol{x}_i$ (10304×1)，即一幅人脸图像用 10304 维的一个列向量表示。可以看出，维数太大，不利于人脸识别。下面利用 LDA 对图

像进行维数约简，然后利用 K -最近邻分类器进行人脸识别。

假设降到 20 维，根据 LDA 方法，求出 10304×20 的一个投影矩阵，每一列都是矩阵的特征根对应的特征向量，第一列是最大的特征根对应的特征向量，第二列是第二大的特征根对应的特征向量，以此类推。用投影矩阵的转置矩阵(20×10304)乘以 10304 维的列向量(10304×1)，即可得到 20 维的列向量(20×1)，并用这 20 维的列向量来表示该测试集中的人脸图像。

将待识别的人脸图像用投影矩阵进行降维，得到 20 维的列向量，并通过 K -最近邻分类器求出与之最相近的那一类，可简单计算待识别人脸与训练集中每个样本的欧氏距离，距离最小的训练集对应类别即为待识别人脸的类别。

程序代码如下：

```
clear all; clc; close all
% You can customize and fix initial directory paths
trainDatabasePath = uigetdir(strcat(matlabroot, '\work'),
'Select training database path' );
datatrain=creatData(trainDatabasePath);
TestDatabasePath = uigetdir(strcat(matlabroot, '\work'),
'Select test database path');
dataTest=creatData(TestDatabasePath);
trainLabel=creattrainLabelMat(); testLabel=creatTestLabelMat();
[train_lda, test_lda]=LDA(datatrain, trainLabel, dataTest);
[accurcy]=knnRecognition(train_lda, trainLabel, test_lda, testLabel, 3);
accurcy=strcat(num2str(accurcy * 100), '%')
```

最后两行程序对测试集进行识别，并计算识别准确率。该步骤有一个限制，测试集中的人脸图像要包含在训练集中，否则得出的结果没有意义。识别的方法和最初的图像匹配方法类似：将测试集中的每一幅降维后图像与降维后的训练集图像进行匹配，然后将其分类到距离最小的训练集头像中，如果两个人脸图像表示一个人，表示识别成功；否则表示识别失败。与原始的图像匹配相比，由于对图像进行了降维，所以匹配速度大大提升。

参考文献

[1] 孙即祥，王晓华．模式识别中的特征提取与计算机视觉不变量[M]．北京：国防工业出版社，2001.

[2] 范立南，张广渊，韩晓微．图像处理与模式识别[M]．北京：科学出版社，2007.

[3] 孙亮．模式识别原理[M]．北京：北京工业大学出版社，2009 年．

[4] 西奥多里德斯．模式识别(英文版) [M]．4 版．北京：机械工业出版社，2009.

[5] 张学工．模式识别[M]．3 版．北京：清华大学出版社，2010.

[6] 范会敏，王浩．模式识别方法概述[M]．电子设计工程，2012，20(19)：48－51.

[7] 杨帮华．模式识别技术及其应用[M]．北京：科学出版社，2017.

[8] 杨淑莹，张桦．模式识别与智能计算 MATLAB 技术实现[M]．3 版．北京：电子工业出版社，2018.

[9] 周润景．模式识别与人工智能(基于 MATLAB)[M]．北京：清华大学出版社，2019.

[10] 牟少敏，时爱菊．模式识别与机器学习技术[M]．北京：冶金工业出版社，2019.

[11] J. Wood. Invariant Pattern Recognition：A Review[J]. Pattern Recognition，1996，29 (1)：1－17.

[12] Liu J，Sun J，Wang S. Pattern Recognition：An overview[J]. International Journal of Computer Science & Network Security，2006，2(6)：57－61.

[13] Fazel A，Chakrabartty S. An Overview of Statistical Pattern Recognition Techniques for Speaker Verification[J]. IEEE Circuits and Systems Magazine，2011，11(2)：62－81.

[14] Dutt V，Chaudhry V，Khan I. Pattern Recognition：an Overview[J]. International Journal of Computer Science & Network Security，2012，2(6)：57－61.